普通高等院校机械类专业"十四五"规划教材

机械工程训练

主 编 陈继兵

副主编 贺战文 李菊英 张可维

U0278716

华中科技大学出版社
http://www.hustp.com
中国·武汉

图书在版编目(CIP)数据

机械工程训练/陈继兵主编. —武汉:华中科技大学出版社,2019.8(2024.9重印)
ISBN 978-7-5680-5254-2

Ⅰ.①机… Ⅱ.①陈… Ⅲ.①机械工程-高等学校-教材 Ⅳ.①TH

中国版本图书馆 CIP 数据核字(2019)第 182730 号

机械工程训练   陈继兵　主编

Jixie Gongcheng Xunlian

策划编辑:张　毅

责任编辑:刘　静

封面设计:孢　子

责任监印:朱　玢

出版发行:华中科技大学出版社(中国·武汉)　　　电话:(027)81321913
　　　　　武汉市东湖新技术开发区华工科技园　　　邮编:430223

录　排:武汉楚海文化传播有限公司

印　刷:武汉邮科印务有限公司

开　本:787mm×1092mm　1/16

印　张:27.5

字　数:715 千字

版　次:2024 年 9 月第 1 版第 7 次印刷

定　价:68.00 元(含训练报告)

为了满足应用型本科院校的教学需求,提高应用型本科人才培养的质量,编者整合了全国各地应用型本科院校的优势资源,编写了本书。全书涉及内容广泛,既涵盖了传统教学中的金属切削加工原理、金属材料及冷加工中的钳工加工、车削加工、铣削加工、刨削加工、磨削加工等内容,也涵盖了热加工中的铸造、焊接、锻压、热处理等内容,并对数控车、数控铣、加工中心方法,以及特种加工、塑料成型加工等做了重点介绍。本书既可作为高校机械类、近机械类专业学生的教材,也可以作为相关工程基础训练的辅助参考教材。

本书根据本科学生在校四年期间"工程训练不断线"的新思想,以工程实训为载体,以全面提高学生的工程素质为目的,紧紧围绕工程训练实践教学课程体系、实践教学内容、实践教学方法与手段的改革,充分利用学科建设优势,注重实践教学基地建设与学科建设、课群建设及科研相融合,利用最新科学研究成果,不断更新工程实训内容,将前沿的科学技术知识传授给学生,缩短学生与现代技术的距离,扩展工程实训内涵,提升工程实训水平,突破以传统"金工实习"为主的实践教学框架,实现"金工实习"向全面工程实训的转变,建立了分阶段、多层次、模块化、开放型、综合性工程实训教学新模式,形成指导本科学生进行大工程、大机械以及工程集成综合工程实训的特色。

本书由武汉轻工大学机械工程学院陈继兵任主编,由武汉轻工大学机械工程学院贺战文、李菊英和张可维任副主编,全书由陈继兵统稿。参加各章编写工作的人员分工如下:陈继兵编写第 1、4、7、8、9、10、11、12、13、14、15、16、18 章和训练报告,贺战文编写第 3、5、6 章,李菊英编写第 2 章,张可维编写第 17 章。

在本书的编写过程中,编者参加了华中科技大学出版社专门组织的教材编写研讨会议并参加了该社为教材编写参与者所做的"如何编写一本好教材"的专题培训讲座。在此感谢为我们提供帮助的各位领导和老师,特别感谢华中科技大学出版社编校人员在本书出版过程中付出的辛勤劳动。

由于编者水平有限,书中不足或不妥之处在所难免,敬请读者批评指正。

第1章 概　　论

1.1　机械工程训练的目的与任务

1.1.1　机械工程训练的目的

为了切实提高工科学生的实践能力,必须在重视理论基础教育的同时强化实验和实践教学环节,加强实践能力培养,这是培养新时期合格工程技术人才的较好的一个途径。机械工程训练是高等院校各专业教学计划中一个重要的实践性教学环节,是学生获得工程实践知识、建立工程意识、训练操作技能的主要教育形式,是学生接触实际生产、获得生产技术及管理知识、进行工程师基本素质训练的必要途径。机械工程训练是一门实践性很强的技术基础课,是对大学生进行工程训练,使其学习工艺知识、增强实践能力、提高综合素质、培养创新意识和创新能力不可缺少的重要环节。机械工程训练的目的如下。

1. 学习工艺知识

通过机械工程训练,使学生建立起对机械制造生产基本过程的感性认识,学习机械制造的基础工艺知识,了解机械制造生产的主要设备。在训练中,学生要学习机械制造的各种主要加工方法及其所用主要设备的基本结构、工作原理和操作方法,并正确使用各类工具、夹具、量具,熟悉各种加工方法、工艺技术、图纸文件和安全技术,了解加工工艺过程和工程术语,使对工程问题从感性认识上升到理性认识。这些实践知识将为以后学习有关专业技术基础课、专业课及进行毕业设计等打下良好的基础。

2. 增强实践能力

通过机械工程训练,培养学生的实践动手能力,对学生进行工程师的基本训练。工科院校是工程师的摇篮。为了培养学生的工程实践能力,强化工程意识,学校安排了各种实验、实训、设计等多种实践性教学环节和相应的课程,机械工程训练就是其中一门重要的实践性教学课程。在机械工程训练中,让学生直接参加生产实践,操作各种设备,使用各类工具、夹具、量具,独立完成简单零件的加工制造全过程,以使学生具有初步选择简单零件的加工方法和分析简单零件的工艺过程的能力,并具有操作主要设备和进行加工作业的技能,初步奠定工程师应具备的基础知识和基本技能。

3. 提高综合素质

通过机械工程训练,全面开展素质教育,使学生树立实践观点、劳动观点和团队协作观点,培养高质量人才。机械工程训练一般在学校工程训练中心的现场进行,实训现场不同于教室,它是生产、教学、科研三结合的基地,教学内容丰富,实训环境多变,接触面宽广,这样一个特定的教学环境正是对学生进行思想作风教育的好场所。在实训现场,可增强学生的劳动观念,督促学生遵守组织纪律,培养学生的团队协作的工作作风;可教育学生爱惜国家财产,使学生建立经济观点和质量意识,培养学生理论联系实际和一丝不苟的科学作风;可初步培养学生在生产实践中调查、观察问题的能力,以及运用所学知识分析问题、解决工程实际问题的能力。这都是全面开展素质教育不可缺少的重要组成部分,也是机械工程训练为提高人才综合素质、培养高质量人才需要完成的一项重要任务。

4. 培养创新意识和创新能力

启蒙式的潜移默化对培养学生的创新意识和创新能力非常重要。在机械工程训练中,学生要接触到很多机械、电气与电子设备,并了解、熟悉和掌握其中一部分设备的结构、原理和使用方法。这些设备是人类的创造发明,强烈地映射出创造者们历经长期追求和苦苦探索所燃起的智慧火花,在这种环境下学习有利于培养学生的创新意识。在机械工程训练过程中,教师还应有意识地安排一些自行设计、自行制作的创新训练环节,以培养学生的创新能力。

1.1.2 机械工程训练的任务

通过机械工程训练,使学生熟悉机械制造的一般过程,掌握金属加工的主要工艺方法和工艺过程,熟悉各种设备和工具的安全操作使用方法;使学生了解新工艺和新技术在机械制造中的使用;培养学生对简单零件进行冷热加工方法选择和工艺分析的能力;培养学生认识图样、加工符号及了解技术条件的能力;让学生养成热爱劳动、遵守纪律的好习惯,培养学生务实严谨和理论联系实际的作风,使学生为后续课程的学习和以后的工作打下良好的实践基础。

1.2 机械工程训练的内容及有关规定

1.2.1 机械工程训练的主要内容

1. 铸工实训

1)基本知识要求

(1)了解铸造生产过程、特点和应用。

(2)了解型砂、芯砂应具备的性能、组成和制备。

(3)了解铸型结构,分清零件、模型和铸件的区别。

(4)了解型芯的作用、结构和制造方法。

(5)熟悉分型面的选择,掌握手工两箱造型(含整模造型、分模造型、挖砂造型、活块造型等)的特点和应用,了解三箱造型、刮板造型等造型方法的特点和应用,了解机器造型的特点。

(6)了解浇注系统的作用和组成。

(7)了解熔炼设备和浇注工艺、铸铁和有色金属的熔化过程、铸铁浇注的基本方法。

(8)了解铸件的落砂、清理,以及常见铸造缺陷的特征、产生原因和防止方法。

(9)了解特种铸造。

(10)了解现代铸造技术及其发展方向。

2)基本技能要求

(1)会使用造型工具,掌握两箱造型的操作技能,能独立完成手工两箱造型等作业。

(2)独立完成考核作业件带芯分模造型和挖砂造型操作,并用石蜡模拟进行浇注。

(3)能对铸件进行初步的造型工艺方法分析。

(4)能识别常见缺陷,分析其产生原因并提出防止方法。

2. 焊接实训

1)基本知识要求

(1)了解焊接生产工艺的过程、特点和应用。

(2)了解手工弧焊机的种类结构、性能和使用方法。

(3)了解焊条的组成和作用、酸性焊条和碱性焊条的性能特点,熟悉结构钢焊条的牌号及其含义。

(4)熟悉手工电弧焊接工艺参数对焊缝质量的影响。

(5)了解常用焊接接头形式、坡口形式及其作用,以及不同空间位置的焊接特点。

(6)了解气焊、气割设备的组成和作用,气焊火焰的种类和应用,焊丝和焊剂的作用;熟悉氧气切割原理、气割过程及金属切割条件。

(7)了解其他焊接方法(埋弧自动焊、气体保护焊、电阻焊、钎焊)的特点和应用。

(8)了解常见焊接缺陷产生的原因和防止方法。

(9)了解焊接生产安全技术及其简单经济分析。

2)基本技能要求

(1)能正确选择焊接规范,独立完成简单手工电弧焊操作。

(2)能进行简单的气焊操作。

3. 锻压实训

1)基本知识要求

(1)了解锻压生产过程、特点和应用。

(2)了解坯料加热的目的和方法、加热炉的大致结构和操作、常见加热缺陷、碳钢的锻造温度范围,以及锻件的冷却方法。

(3)了解自由锻造设备的结构和作用;掌握自由锻造的基本工序的特点、操作方法和主要用途,以及典型零件的自由锻造工艺过程。

(4)了解模锻的特点、锻模的结构、模锻的工艺过程和应用范围。

(5)了解冲压设备的结构和工作原理,以及板料冲压的基本工序、冲模结构和模具安装方法。

(6)了解锻压生产安全技术和简单经济分析。

2)基本技能要求

(1)掌握简单自由锻造的操作技能,能分析锻造缺陷原因。

(2)能独立完成简单冲压件的加工。

4. 金属热处理

1)基本知识要求

(1)了解金属及合金的组织结构、结晶过程、塑性变形与再结晶、二元合金相图的基本理论。

(2)了解热处理的基本原理、工艺和目的。

(3)熟悉常用碳钢、合金钢、铁的成分、牌号、性能和用途;了解常用有色金属的性能特点和用途;了解当前的一些新型非金属材料,如高分子材料、复合材料等。

(4)了解钢的淬火、回火、正火、退火。

2)基本技能要求

(1)能正确使用金相显微镜、金相试样、抛光机、砂轮机、金相砂纸、嵌镶机。

(2)了解热处理加热设备、坩埚回火炉、冷却设备、冷却剂、布氏硬度计、洛氏硬度计、常用工具的使用。

5.车工实训

1)基本知识要求

(1)了解金属切削加工的基本知识。

(2)了解车削加工的工艺特点、加工范围、所能达到的尺寸精度、表面粗糙度和测量方法。

(3)熟悉普通车床的组成部分及其功用,了解普通车床的传动系统和通用车床的型号。

(4)熟悉常用车刀的组成和结构、车刀的主要角度和作用、车刀刃磨和安装方法、常用的车刀材料,了解对车刀切削部分材料的性能要求。

(5)了解车床常用的工件装夹方法和特点、常用附件的大致结构和用途。

(6)掌握车削加工外圆、车削加工端面、钻孔和镗孔的基本方法。

(7)熟悉切槽,切断,圆锥面、成形面、螺纹车削加工的方法。

(8)了解车削加工安全技术和简单经济分析。

2)基本技能要求

(1)掌握车床的基本操作技能,能按零件的加工要求正确选择刀具、夹具、量具,独立完成简单零件的车削加工。

(2)能独立完成考核作业件手锤柄、短轴和轴套组件的车削加工。

(3)能制定一般零件的车削加工工艺。

(4)初步具备独立进行创新设计与制作的技能。

6.铣工实训

1)基本知识要求

(1)了解铣削加工的工艺特点、加工范围、加工精度和表面粗糙度。

(2)了解铣床的种类、组成和作用。

(3)了解铣削加工方法,所用刀具的种类、用途和安装方法,工件的装夹方法。

(4)了解常用附件的大致结构、用途和使用方法。

(5)了解铣削加工安全技术和简单经济分析。

2)基本技能要求

(1)掌握铣刀的安装和使用、量具的正确使用,会使用分度头进行简单分度。

(2)掌握平面、沟槽等普通的铣削加工操作。

(3)独立完成考核作业件六面体和槽扁轴的铣削加工。

7.刨工实训

1)基本知识要求

(1)了解刨削加工的特点和加工范围。

(2)了解刨床的种类、组成和作用,以及牛头刨床的传动系统;熟悉摆杆机构和棘轮棘爪机构的作用。

（3）了解刨削加工的方法及刀具、工件的安装方法。

（4）了解和遵守刨削加工安全操作技术。

2）基本技能要求

（1）能正确调整刨床的行程长度、起始位置、移动速度和进给量。

（2）能正确装夹工件，完成平面、沟槽等普通的刨削加工操作。

（3）能独立完成考核作业件六面体和槽扁轴的刨削加工。

8. 磨工实训

1）基本知识要求

（1）了解磨削加工的特点、加工范围、加工精度和表面粗糙度。

（2）了解磨床的种类、用途、组成、运动和液压传动特点。

（3）砂轮的组成和分类、磨削加工安全操作。

2）基本技能要求

掌握普通磨床的基本操作。

9. 钳工实训

1）基本知识要求

（1）了解钳工工作在机械制造和维修中的作用。

（2）掌握划线、锯切、锉削、钻孔、螺纹加工的基本操作方法和应用。

（3）熟悉各种工具、量具的操作和测量方法。

（4）了解錾削、刮削的方法和应用。

（5）了解钻床的主要结构、传动系统和安全使用方法，了解扩孔、铰孔等方法。

（6）了解机器装配的基本知识。

（7）了解钳工安全生产技术。

2）基本技能要求

（1）掌握常用工具、量具的使用方法，能正确独立完成钳工的各种操作。

（2）能独立完成考核作业件工具锤锤头、垫铁和六方螺帽的加工。

（3）初步具备独立进行创新设计与制作的技能。

（4）初步具备拆装简单部件的技能。

10. 数控车削加工实训

1）基本知识要求

（1）了解数控车床的型号、规格、主要结构、各组成部分的名称和作用等。

（2）了解数控机床的加工原理和主要加工特点。

（3）掌握加工编程中涉及的工艺路线确定、刀具确定及工件材料、加工速度的综合应用。

（4）掌握数控车削常用编程指令代码的使用方法和意义。

（5）在编程软件中独立完成数控车削加工程序的编制。

2）基本技能要求

掌握数控车床的操作。

11. 数控铣削加工实训

1）基本知识要求

（1）了解数控铣床的型号、性能特点、加工范围以及结构、各组成部分名称、工作原理和西门子的数控系统。

(2)掌握机床操作面板的使用、机床坐标系和工件坐标系的确定,以及对刀的方法。

(3)掌握编程简介、编程的主功能代码G代码和辅助代码。

(4)掌握机床的操作并示范加工零件。

2)基本技能要求

掌握数控铣床的操作。

12.加工中心实训

1)基本知识要求

掌握数控加工中心在铣削加工中的手工编程和计算机辅助编程方法及其基本操作步骤。

2)基本技能要求

掌握数控加工中心的操作。

13.特种加工实训

1)基本知识要求

(1)熟悉电火花加工和电火花线切割加工安全操作规程。

(2)了解电火花加工和电火花线切割加工的基本知识。

(3)了解电火花线切割加工机床的基本构造、组成、用途。

(4)了解电极的常用材料和制作方法。

(5)了解电加工的适用范围、数控编程的基本操作。

(6)掌握基础的绘图方法及电火花加工和电火花线切割加工的基础技能。

(7)了解激光束、电子束、离子束加工基本知识。

(8)了解快速成形制造技术基本知识。

(9)了解超声波加工方法和电化学加工方法。

2)基本技能要求

(1)掌握电火花线切割加工的绘图方法。

(2)掌握电火花线切割加工机床的操作。

14.塑料成型加工实训

1)基本知识要求

(1)熟悉塑料的基础知识。

(2)了解塑料的特性。

(3)了解塑料常用的成型方法。

2)基本技能要求

掌握塑料的注射成型操作。

1.2.2 机械工程训练的有关规定

1.关于考勤的规定

(1)实训人员须按工厂规定的时间上、下课。

(2)实训时间中途不得擅离岗位,否则按旷课处理。

(3)实训中不得请假、外出,如有特殊情况需经批准。

（4）实训中需请病假的，必须有医生证明，到医院看病需指导人员批准。

（5）实训中因故请假而影响某工种实训，应予补做，否则该工种不予评定成绩。

2. 关于遵守实训纪律

（1）应虚心听从指导人员的指导，注意听课及示范。

（2）按指定地点工作，不得随便离岗走动、高声喧哗和嬉戏打闹。

（3）实训中，要尊敬指导人员，虚心请教，热情礼貌，如有意见可向上级反映。

（4）不带与机械工程训练无关的书报及 MP3 和手机等电子设备进厂，不穿拖鞋、凉鞋、高跟鞋进厂。

（5）一切机器设备，未经许可，不准擅自动手；否则所发生事故，由本人自负并酌情赔偿。

（6）操作机器须绝对遵守安全操作规程，严禁两个人同时操作一台机床。

1.2.3 机械工程训练的其他注意事项

（1）学生进车间实训，均应由教学主管人员、教师进行严格的入厂教育和安全教育，在每道工序教学实训过程中，必须有教学师傅分工负责，严守安全操作规程。

（2）工作前必须按规定穿戴好防护用品，女同学要把发辫放入帽内，旋转机床严禁戴手套操作。

（3）保证安全防护、信号保险装置齐全、灵敏、可靠，保持设备润滑和通风条件良好。

（4）不准带小孩进入工作场所，不准赤脚、赤膊、穿拖鞋、穿裙、戴头巾，上课前不准饮酒。

（5）工作中应集中精力、坚守岗位，不准擅自把自己的工作交给他人，不准打闹、睡觉和做与本职工作无关的事。

（6）不准跨越机床传递工件和触动危险部位，不得用手拿、嘴吹铁屑，不准站在砂轮正前方进行磨削加工。调整检查设备需要拆卸防护罩时，要先停电关车。不准无罩开车。各种机具不准超限使用。中途停电，应关闭电源。

（7）强调文明实训，文明生产，保持厂区、车间、库房、通道马路等整齐清洁和畅通无阻，严禁乱堆乱放。

第 2 章　工程材料基础

2.1　工程材料概述

工程材料是指在机械、船舶、建筑、化工、交通运输、航空航天等各行各业的工程中经常使用的各类材料,是人类用来制造各种产品的物质,是生产和生活的物质基础。

工程材料可分为金属材料、非金属材料和特种金属材料三大类。

1. 金属材料

金属材料又可分为钢铁金属材料(又称黑色金属材料)和非铁金属材料(又称有色金属材料)两类。

1)钢铁金属材料

钢铁金属材料主要指各类钢和铸铁,包括含铁 90% 以上的工业纯铁,含碳 2%~4% 的铸铁,含碳小于 2% 的碳钢,以及各种用途的结构钢、不锈钢、耐热钢、高温合金、不锈钢、精密合金等。

2)非铁金属材料

非铁金属材料主要指铝及铝合金、铜及铜合金、钛及钛合金等。非铁金属是指除铁、铬、锰以外的所有金属及其合金,通常分为轻金属、重金属、贵金属、半金属、稀有金属和稀土金属等。有色合金的强度和硬度一般比纯金属高,且电阻大、电阻温度系数小。

2. 非金属材料

非金属材料包括高分子材料、陶瓷材料和复合材料等。高分子材料可分为塑料、合成纤维、橡胶和黏结剂四类。陶瓷材料可分为普通陶瓷、特种陶瓷、金属陶瓷等。复合材料是由两种或两种以上的材料组合而成的材料。

3. 特种金属材料

特种金属材料按照不同用途分为结构金属材料和功能金属材料两类。其中结构金属材料有通过快速冷凝工艺获得的非晶态金属材料,以及准晶、微晶、纳米晶等结构金属材料;功能金属材料有隐身、超导、形状记忆、耐磨、减振阻尼等特殊功能合金以及金属基复合材料等。

2.2　金属材料

金属材料在现代工农业生产中占有极其重要的地位,是工业、农业、国防、科学技术和日常生活用品的重要物资。我国劳动人民使用金属材料制造生产工具和生活用具已有悠久的历史,创造和积累了许多经验,继石器时代之后出现的青铜时代、铁器时代,均以金属材料的应用为时代的显著标志。随着社会的发展、材料科学技术的突飞猛进,现在金属材料的品种繁多、性能各异、应用广泛。

金属材料又可分为钢铁金属材料(又称黑色金属材料)和非铁金属材料(又称有色金属材料)两类。金属材料的分类方法很多。金属材料通常按化学成分、质量等级、用途、金相组织和冶炼方法进行分类。在金属材料的这些分类方法中,按化学成分分类最为常用。金属材料按化学成分分类如图 2.1 所示。

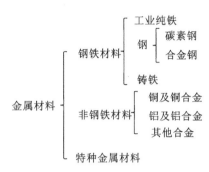

图 2.1　金属材料按化学成分的分类

在选择材料时,必须选择能满足零件工作要求的材料,另外要考虑材料的工艺性能和经济性。金属材料满足零件工作的要求是选择材料的关键,主要是满足零件工作中的受力、工作环境和工作介质要求。例如,为防止过载断裂,吊装用钢丝绳应用抗拉强度高的材料制作。满足工艺性能主要是根据所设计零件的制造方法,选用工艺性能优良的材料,以降低制造成本和减少废品的产生。例如,在设计焊接件时,应优先选用焊接性能优良的低碳钢或低碳合金钢;盆形或桶形冲压件要选用塑性优良的低碳钢。考虑经济性主要是优先选用价格低廉的材料,以用最低的成本生产出优质成品。

工程材料的类型很多,包括金属材料、高分子材料、陶瓷及复合材料等。常用的金属材料主要有各种碳钢、合金钢、铸铁、非铁金属材料。钢材在工业生产中应用非常广泛。钢材按化学成分不同可分为碳素钢和合金钢两大类。钢材的编号主要由字母和符号组成。常用钢材的编号如表 2.1 所示。

表 2.1　常用钢材的编号

类　　别	牌　　号	说　　明
碳素结构钢	Q215A	屈服强度为 215 MPa 的 A 级镇静钢
	Q235-AF	屈服强度为 235 MPa 的 A 级沸腾钢
优质碳素结构钢	08F	碳的平均质量分数为 0.08% 的沸腾钢
	20	碳的平均质量分数为 0.20% 的锅炉钢
	45	碳的平均质量分数为 0.45% 的优质碳素结构钢
碳素工具钢	T8	碳的平均质量分数为 0.8% 的碳素工具钢
	T10A	碳的平均质量分数为 1.0% 的高级优质碳素工具钢
低合金高强钢	Q345A	屈服强度为 345 MPa 的 A 级低合金高强钢

续表

类　　别	牌　号	说　　明
合金结构钢	20CrMnTi	碳的平均质量分数为 0.20%，铬、锰和钛的平均质量分数均小于 1.50% 的合金结构钢
	40Cr	碳的平均质量分数为 0.40%，铬的平均质量分数小于 1.50% 的合金结构钢
	60Si2MnA	碳的平均质量分数为 0.60%，硅的平均质量分数为 2%，锰的平均质量分小于 1.50% 的高级优质合金结构钢
合金工具钢	9SiCr	碳的平均质量分数为 0.9%，硅和铬的平均质量分数均小于 1.50% 的低合金工具钢
	W18Cr4V	钨的平均质量分数为 18%，铬的平均质量分数为 4%，钒的平均质量分数小于 1.50% 的高速工具钢（高速工具钢的碳质量分数数字在牌号中不出）
特殊性能钢	2Cr13	碳的平均质量分数为 0.2%，铬的平均质量分数为 13% 的不锈钢
	4Cr9Si2	碳的平均质量分数为 0.4%，铬的平均质量分数为 9%，硅的平均质量分数为 2% 的耐热钢

2.2.1　碳钢

碳钢是碳的质量分数小于 2.11% 的铁碳合金。碳钢由于冶炼方便，加工容易，价格低，在许多场合性能可以满足使用要求，所以在工业中应用非常广泛。

实际生产中使用的碳钢含有少量的锰、硅、硫、磷等元素。这些元素是从矿石、燃料和冶炼等渠道进入钢中的。硫和磷是钢中的有害杂质。磷可使钢的塑性、韧性下降，特别是使钢低温时的脆性增加，为此通常将钢的含磷量限制在 0.045% 以下。含硫量较高的钢在高温热加工时容易产生裂纹，所以通常将钢的含硫量限制在 0.05% 以下。硅和锰可提高钢的强度，锰还可以抵消硫的有害作用，它们是钢中的有益元素。

碳钢的分类方法很多，通常主要按碳的质量分数、钢的质量、钢的用途、钢冶炼时脱氧的程度来分类。碳钢的分类如表 2.2 所示。

表 2.2　碳钢的分类

分 类 方 法	钢　　种	质量分数或脱氧情况	特　　点
按碳的质量分数分类	低碳钢	$\omega(C) \leqslant 0.25\%$	强度低，塑性和焊接性能较好
	中碳钢	$0.25\% < \omega(C) \leqslant 0.6\%$	强度较高，但塑性和焊接性能较差
	高碳钢	$\omega(C) > 0.6\%$	塑性和焊接性能很差，强度和硬度高

分类方法	钢　种	质量分数或脱氧情况	特　点
按钢的质量分类	普通钢	$0.040\% < \omega(S) \leqslant 0.055\%$，$0.040\% < \omega(P) \leqslant 0.045\%$	含 S,P 量较高,质量一般
	优质钢	$0.030\% < \omega(S) \leqslant 0.040\%$，$0.035\% < \omega(P) \leqslant 0.040\%$	含 S,P 量较少,质量较好
	高级优质钢	$\omega(S) \leqslant 0.030\%$，$\omega(P) \leqslant 0.035\%$	含 S,P 量很少,质量好
按钢的用途分类	结构钢	$0.08\% < \omega(C) \leqslant 0.65\%$	适用于制造各种工程构件和机器零件
	工具钢	$\omega(C) > 0.65\%$	适用于制造各种刀具、量具和模具
按钢冶炼时脱氧的程度分类	沸腾钢	仅用弱脱氧剂脱氧,FeO 较多	钢锭内分布有许多小气泡,偏析严重
	镇静钢	浇注时完全脱氧,凝固时不沸腾	气泡疏松少,质量较高
	半镇静钢	介于沸腾钢和镇静钢之间	质量介于沸腾钢和镇静钢之间

常用的碳钢主要有碳素结构钢、优质碳素结构钢、碳素工具钢和工程铸造碳钢。常用碳钢的牌号和用途如表 2.3 所示。

表 2.3　常用碳钢的牌号和用途

分　类	编号方法 举　例	编号方法 说　明	常用牌号	用　途
碳素结构钢	Q235-AF	屈服强度为 235 MPa,质量为 A 级的沸腾钢	Q195、Q215A、Q235B、Q255A、Q255B、Q275A 等	制造一般以型材供应的工程结构件,以及不太重要的机械零件和焊接件
优质碳素结构钢	45	平均含碳量 $\omega(C) = 0.45\%$ 的优质碳素结构钢	08F、10、20、35、40、50、60、65	制造曲轴、传动轴、齿轮、连杆等重要零件
碳素工具钢	T8A	平均含碳量 $\omega(C) = 0.8\%$ 的碳素工具钢,A 表示高级优质	T7、T8Mn、T9、T10、T11、T12、T13	制造硬度高、耐磨性能好,又能承受一定冲击的工具,如手锤、冲头等
工程铸造碳钢	ZG200-400	屈服强度为 200 MPa,抗拉强度为 400 MPa 的工程铸造碳钢	ZG230-45、ZG270-500、ZG310-570、ZG340-640	制造形状复杂、铸造成形的钢质零件

2.2.2　合金钢

在铁碳合金中加入一些其他的金属或非金属元素构成的钢称为合金钢。在铁碳合金中加入一些其他的金属或非金属元素是为了改善碳钢的组织和性能,加入的元素称为合金元素。合金元素的加入使碳钢的淬透性能、强度、硬度、耐热性能、耐腐性能、耐磨性能等都得到了很大程度的提高。合金钢主要包含合金结构钢、合金工具钢、合金调质钢、合金渗碳钢、合金弹簧钢、特殊性能钢等。

1. 合金结构钢

合金结构钢是用于制造工程结构和机器零件的钢。用于制造工程结构的钢大多是普通质量钢,承受静载荷的作用。用于制造机器零件的钢大多是优质钢,承受动载荷的作用,一般均需进行热处理,以充分发挥钢材的潜力。常用高强度低合金结构钢的用途举例及新旧牌号对照如表2.4所示。

表2.4 常用高强度低合金结构钢的用途举例及新旧牌号对照

牌 号	质量等级	用 途 举 例	对应的旧牌号
Q295	A、B	制造低、中压化工容器,低压锅炉汽包,车辆冲压件,建筑金属构件,输油管,储油罐,有低温要求的金属构件等	09MnV、09MnNb、09Mn2、12Mn
Q345	A、B、C、D、E	制造各种大型船舶、铁路车辆、桥梁、管道、锅炉、压力容器、石油储罐、水轮机蜗壳、起重及矿山机械、电站设备、厂房钢架等承受动载荷的各种焊接结构件、一般金属构件、零件等	12MnV、14MnNb、16Mn、16MnRE、18Nb
Q390	A、B、C、D、E	制造中、高压锅炉汽包,中、高压石油化工容器,大型船舶,桥梁,车辆及其他承受较高载荷的大型焊接结构件,承受动载荷的焊接结构件,如水轮机蜗壳等	15MnV、15MnTi、15MnNb
Q420	A、B、C、D、E	制造大型焊接结构、大型桥梁、大型船舶、电站设备、车辆、高压容器、液氨罐车等	15MnVN、14MnVRE
Q460	C、D、E	可淬火、回火,用于制造大型挖掘机、起重运输机、钻井平台等	—

注:屈服强度试样厚度(直径、边长)小于或等于16 mm。

2. 合金工具钢

工具钢是用于制造刃具、量具、模具等各种工具的钢的总称。工具钢应具有高硬度、高耐磨性、高淬透性和足够的强度、韧度。合金工具钢中S、P的含量均小于0.03%,故合金工具钢都是高级优质钢。

合金工具钢牌号中$\omega(C)$以千分之几表示,当$\omega(C) \geq 1.0\%$时,不标出数字。合金元素的含量表示方法与合金结构钢相同。例如W18Cr4V,$\omega(C) = 0.70\% \sim 1.65\%$,$\omega(W) = 17.5\% \sim 18.5\%$,$\omega(Cr) = 3.8\% \sim 4.4\%$,$\omega(V) = 1.00\% \sim 1.40\%$。常用合金工具钢的牌号和用途举例如表2.5所示。

表 2.5   常用合金工具钢的牌号和用途举例

牌　　号	用　途　举　例
9SiCr	制造板牙、丝锥、铰刀、搓丝板、冷冲模等
CrMn	制造各种量规和块规等
9Mn2V	制造变形小的各种量规、丝锥、板牙、铰刀、冲模等
CrWMn	制造板牙、拉刀、量规及形状复杂、高精度的冷冲模等

3. 合金调质钢

合金调质钢是用来制造对综合力学性能要求高的重要零件,如坦克中重要的连接螺栓、轴等。合金调质钢按淬透性不同分为低淬透性、中淬透性、高淬透性三类。常用合金调质钢的牌号和用途举例如表 2.6 所示。

表 2.6   常用合金调质钢的牌号和用途举例

类　　别	牌　　号	用　途　举　例
低淬透性	40Cr	制造重要的齿轮、曲轴、套筒、连杆等
	40Mn2	制造轴、蜗杆、连杆等
	40MnB	可代替 40Cr 制造小截面重要零件,如汽车转向节、半轴、蜗杆、花键轴等
	40MnVB	可代替 40Cr 制造柴油机缸头螺栓、机床齿轮、花键轴等
中淬透性	35CrMo	制造截面不大、要求力学性能高的重要零件,如主轴、曲轴,锤杆等
	30CrMnSi	制造截面不大而要求力学性能高的重要零件,如齿轮、轴、轴套等
	40CrNi	制造截面较大、要求力学性能较高的零件,如轴、连杆、齿轮轴等
	38CrMoAl	是氮化零件专用钢,制造磨床、自动车床的主轴、精密丝杠、精密齿轮等
高淬透性	40CrMnMo	制造截面较大,要求强度高、韧度高的重要零件,如汽轮机轴、曲轴等
	40CrNiMo	制造截面较大,要求强度高、韧度高的重要零件,如汽轮机轴、叶片曲轴等
	25Cr2Ni4WA	制造要求淬透的大截面重要零件

4. 合金渗碳钢

合金渗碳钢是指经渗碳、淬火及低温回火热处理后的合金钢。它主要用于制造对性能要求较高或截面尺寸较大,在工作时承受较强烈的冲击和受磨损的重要零件。合金渗碳钢按淬透性不同可分为低淬透性、中淬透性、高淬透性三类。常用合金渗碳钢的牌号和用途举例如表 2.7 所示。

表 2.7   常用合金渗碳钢的牌号和用途举例

类　别	牌　号	用途举例
低淬透性	15Cr	制造截面不大、芯部韧度较高的受磨损零件,如齿轮、活塞、活塞环、小轴等
	20Cr	制造芯部强度要求较高的小截面受磨损零件,如机床齿轮、活塞环、凸轮轴等
	20MnV	制造凸轮、活塞销等
中淬透性	20CrNi3	制造承受重载荷的齿轮、凸轮、机床主轴、传动轴等
	20MnVB	代替20CrMnTi,用于制造汽车齿轮、重型机床上的轴和齿轮等
高淬透性	20Cr2Ni4	制造大截面重要渗碳件,如大齿轮、轴、飞机发动机齿轮等
	18Cr2Ni4WA	制造大截面、高强度、高韧度的重要渗碳件,如大齿轮、传动轴、曲轴等

5. 合金弹簧钢

合金弹簧钢是指用于制造各种弹簧和弹性元件的合金钢。合金弹簧钢按化学成分组成可分为硅锰系、硅铬系、铬锰系、铬钒系四种类型。常用合金弹簧钢的牌号和用途举例如表 2.8 所示。

表 2.8   常用合金弹簧钢的牌号和用途举例

类　别	牌　号	用途举例
硅锰系	55Si2Mn	有较好的淬透性,较高的弹性极限、屈服强度和疲劳强度,广泛用于制造汽车、拖拉机、铁道车辆的弹簧、止回阀和安全弹簧,并可用于制造在 250 ℃ 以下使用的耐热弹簧
	60Si2Mn	
硅铬系	60Si2CrA	制造承受重载荷和重要的大型螺旋弹簧和板簧,如汽轮机汽封弹簧、调节阀和带冷凝器的弹簧等,并可用来制造在 300 ℃ 以下使用的耐热弹簧
	60Si2CrVA	
铬锰系	55CrMnA	制造载荷较重、应力较大的载重汽车、拖拉机和小轿车的板簧和直径较大(50 mm)的螺旋弹簧
	60CrMnA	
铬钒系	50CrVA	制造特别重要的,承受大应力的各种尺寸的螺旋弹簧,并可用来制作在 400 ℃ 以下使用的耐热弹簧
	30W4Cr2VA	制造在高温(≤500 ℃)下使用的重要弹簧,如锅炉主安全阀弹簧等

6. 特殊性能钢

特殊性能钢是指具有特殊物理、化学性能的钢。机械工程中常用的特殊性能钢主要有不锈钢、耐热钢、耐磨钢三类。

1)不锈钢

不锈钢是指在腐蚀介质中具有耐腐蚀性能的钢。按组织不同,不锈钢可分为奥氏体型、奥氏体-铁素体型、铁素体型、马氏体型和沉淀硬化型等。

常用不锈钢的牌号和用途举例如表 2.9 所示。

表 2.9 常用不锈钢的牌号和用途举例

类 别	牌 号	用 途 举 例
奥氏体型	1Cr18Ni9	制造生产硝酸、化肥等的化工设备的零件,以及建筑用装饰部件
	00Cr18Ni10N	作化学、化肥、化纤工业的耐腐蚀材料
奥氏体-铁素体型	0Cr26Ni5Mo3Si2	有较高的强度、抗氧化性,用于制造防海水腐蚀的零件
	00Cr18Ni5Mo3Si2	有较高强度,耐应力腐蚀,用于制造化工行业的热交换器、冷凝器
铁素体型	1Cr17	制造重油燃烧部件、化工容器、管道、食品加工设备、家庭用具等
	00Cr30Mo2	制造与乙酸等有机酸有关的设备、苛性碱设备
马氏体型	1Cr13	制造汽轮机的叶片阀、螺栓、螺母、日常生活用品等
	3Cr13	制造要求硬度较高的医疗工具、量具、不锈弹簧阀门等
	1Cr17Ni2	制造要求有较高强度的耐硝酸、有机酸腐蚀的零件、容器和设备
沉淀硬化型	0Cr17Ni7Al	制造用于耐腐蚀的弹簧、垫圈等

2)耐热钢

耐热钢是指在高温条件下工作,具有抗氧化性能,并具有足够强度的合金钢。按正火状态下组织不同,耐热钢分为奥氏体型、铁素体型、马氏体型等。常用耐热钢的牌号和用途举例如表 2.10 所示。

表 2.10 常用耐热钢的牌号和用途举例

类 别	牌 号	用 途 举 例
奥氏体型	4Cr14Ni14W2Mo	有较高的热强性能,用于制造内燃机重负荷排气阀
	3Cr18Mn12Si2N	有较高的高温强度和一定的抗氧化性能,较好的抗碱、抗增碳性能,用于制造渗碳炉构件
铁素体型	0Cr13Al	因冷却硬化少,用于制造燃气透平压缩机的叶片、退火箱、淬火台架
	1Cr17	用于制造 900 ℃以下的耐氧化部件,如散热器、炉用部件、油喷嘴等
马氏体型	4Cr9Si2	有较高的热强性能,用于制造内燃机的进气阀、轻负荷发动机的排气阀
	1Cr13	用于制造 800 ℃以下的耐氧化部件

3)耐磨钢

耐磨钢主要用于制造承受严重磨损和强烈冲击的零件或构件。对耐磨钢的主要性能要求是有很高的耐磨性能、塑性和韧性。

常用高锰耐磨钢铸件的牌号和用途举例如表 2.11 所示。

表 2.11 常用高锰耐磨钢铸件的牌号和用途举例

牌 号	用 途 举 例
ZGMn13-1	制造低冲击耐磨零件,如齿板、铲齿等
ZGMn13-2	制造普通耐磨零件
ZGMn13-3	制造高冲击耐磨零件,如坦克、拖拉机履带板等

牌　　号	用　途　举　例
ZGMn13-4	制造复杂耐磨零件,如铁道道岔等
ZGMn13-5	制造特殊耐磨铸钢件

2.2.3　铸铁

铸铁也是应用广泛的一种铁碳合金,$\omega(C) > 2.11\%$。铸铁材料基本上以铸件的形式使用,但近年来铸铁板材、棒材的应用也日渐增多。铸铁中的碳除极少量固溶于铁素体中外,还因化学成分、熔炼处理工艺和结晶条件的不同,或以游离形态(石墨)存在,或以化合形态(渗碳体或其他碳化物)存在,也可以二者并存。

铸铁可分为一般工程应用铸铁和特殊性能铸铁两类。在一般工程应用铸铁中,碳主要以石墨形态存在。按照石墨形貌的不同,这类铸铁又可分为灰铸铁(片状石墨)、可锻铸铁(团絮状石墨)、球墨铸铁(球状石墨)和蠕墨铸铁(蠕虫状石墨)四种。特殊性能铸铁既有含石墨的,也有不含石墨的(如白口铸铁)。这类铸铁的合金元素含量较高($\omega(ME) > 3\%$),可应用于高温、腐蚀或磨料磨损的工作条件。

铸铁成本低,铸造性能良好,体积收缩不明显,力学性能、可加工性能、耐磨性能、耐腐蚀性能、热导率和减振性能之间有良好的配合。由于先进的生产技术和检测手段的应用,铸铁件的可靠性有明显的提高。球墨铸铁在铸铁中力学性能最好,兼有灰铸铁的工艺优点,故它的应用领域正在扩大。铸铁用于制造基座和箱体类零件,可充分发挥减振性能强和抗压强度高的特点。在批量生产中与钢材焊接制造相比,采用铸铁制造可以明显降低制造成本。

1. 灰铸铁

按 GB/T 9439—2010 规定,灰铸铁有八个牌号,即 HT100、HT150、HT200、HT225、HT250、HT275、HT300 和 HT350。HT 表示"灰铁"汉语拼音的首字母,后续数字表示直径为 30 mm 铸铁件试样的最低抗拉强度值(单位:MPa)。灰铸铁的牌号和用途举例如表 2.12 所示。

表 2.12　灰铸铁的牌号和用途举例

灰铸铁类别	牌　　号	用　途　举　例
铁素体灰铸铁	HT100	制造受力很小不重要的铸铁件,如防护罩、盖、手轮、支架、底板等
铁素体-珠光体灰铸铁	HT150	制造受力中等的铸铁件,如机座、支架、罩壳、床身轴承座、阀体等
珠光体灰铸铁	HT200 HT225 HT250	制造受力较大的铸铁件,如气缸、齿轮、机床床身、齿轮箱、冷冲模上托、底座等
孕育铸铁	HT275 HT300 HT350	制造受力大、耐磨和高气密性的重要铸铁件,如中型机床床身、机架、高压油缸、泵体、曲轴、气缸体等

2. 可锻铸铁

将白口铸铁件在高温下经长时间的石墨化退火或氧化脱碳处理,可获得具有团絮状石墨的铸铁件。具有团絮状石墨的铸铁称为可锻铸铁。可锻铸铁常用于制造承受冲击振动的薄小零件,如汽车、拖拉铁的后桥壳、管接头、低压阀门等。根据 GB/T 9440—2010,可锻铸铁分为珠光体可锻铸(如 KTZ 550-04)、黑心可锻铸铁(如 KTH 330-08)和白心可锻铸铁(如 KTB 380-12)等。常用可锻铸铁的牌号和用途举例如表 2.13 所示。

表 2.13 常用可锻铸铁的牌号和用途举例

种 类	牌 号	用途举例
黑心可锻铸铁	KTH 300-06	制造弯头、三通管件、中低压阀门等
	KTH 330-08	制造扳手、犁刀、犁柱、车轮壳等
	KTH 350-10	制造汽车、拖拉机的前后轮壳、减速器壳、转向节壳、制动器及铁道零件
	KTH 370-12	
珠光体可锻铸铁	KTZ 450-06	制造载荷较高和耐磨零件,如曲轴、凸轮轴、连杆、齿轮、活塞环、轴套、铁芭片、万向节头、棘轮、扳手、传动链条
	KTZ 550-04	
	KTZ 650-02	
	KTZ 700-02	

3. 球墨铸铁

球墨铸铁的组织特征是,在室温下钢的基体上分布着球状的石墨。它是向铁水中加入定量的球化剂(如镁、稀土元素等)进行球化处理而获得的,成本低廉,但强度较好,是以铁代钢的重要材料,近年来得到广泛应用。根据 GB/T 1348—2009,按照热处理方法不同,球墨铸铁可分为铁素体球墨铸铁(QT400-18、QT400-15、QT450-10)和珠光体球墨铸铁(QT500-7、QT600-3、QT700-2、QT800-2)。常用球墨铸铁的牌号和用途举例如表 2.14 所示。

表 2.14 常用球墨铸铁的牌号和用途举例

牌 号	用途举例
QT400-18	制造承受冲击、振动的零件,如汽车、拖拉机的轮毂、驱动桥壳、差速器壳、拨叉、农机具零件,中低压阀门,上、下水及输气管道,压缩机的高低压气缸,电动机机壳,齿轮箱,飞轮壳等
QT400-15	
QT450-10	
QT500-7	制造机器座架、传动轴、飞轮、电动机机架、内燃机的机油泵齿轮、铁路机车车辆的轴瓦等
QT600-3	制造载荷大、受力复杂的零件,如汽车、拖拉机的曲轴、连杆、凸轮轴、气缸套,部分磨床、铣床、车床的主轴,机床的蜗杆、蜗轮、轧钢机的轧辊、大齿轮,小型水轮机的主轴,气缸体,桥式起重机的大小滚轮等
QT700-2	
QT800-2	
QT900-2	制造高强度齿轮,如汽车后桥螺旋锥齿轮、大减速器齿轮、内燃机曲轴、凸轮轴等

4. 蠕墨铸铁

蠕墨铸铁基体中的石墨主要以蠕虫状存在。蠕墨铸铁是 1960 年开始发展并逐步受到重视的材料。蠕墨铸铁石墨的形状和性能介于灰铸铁和球墨铸铁之间,力学性能优于灰铸铁,铸造性能优于球墨铸铁,并具有优良的抗热疲劳性能。根据 GB/T 26655—2011,蠕墨铸铁的牌号为 RuT420、RuT380、RuT340、RuT300、RuT260 等。球墨铸铁的力学性能一般以 Y 型单铸试块的抗拉强度作为验收依据。常用蠕墨铸铁的牌号和用途举例如表 2.15 所示。

表 2.15　常用蠕墨铸铁的牌号和用途举例

牌　　号	用 途 举 例
RuT260	制造增压器废气进气壳体、汽车底盘零件等
Ru300	制造排气管、变速箱体、气缸盖、液压件、纺织机零件、钢锭模等
RuT340	制造重型机床件、大型齿轮箱体、盖、座、飞轮、起重机卷筒等
RuT380	制造活塞环、气缸套、制动盘、钢球研磨盘、吸淤泵体等
RuT420	

5. 合金铸铁

通过合金化来达到某些特殊性能要求(如耐磨、耐热、耐蚀等)的铸铁称为合金铸铁。

1)耐磨铸铁

(1)冷硬铸铁。

冷硬铸铁用于制造高硬度、高抗压强度及耐磨的工作表面,同时有一定的强度和韧度的零件,如轧辊、车轮等。

(2)抗磨铸铁。

抗磨铸铁分为抗磨白口铸铁和中锰球墨铸铁。抗磨白口铸铁硬度高,具有很高的抗磨性能,但由于脆性较大,应用受到一定的限制,不能用于制造承受大的动载荷或冲击载荷的零件。根据 GB/T 8263—2010,抗磨白口铸铁的牌号有 BTMCr9Ni5、BTMCr2 等。中锰球墨铸铁具有一定的强度和韧度,耐磨料磨损。抗磨铸铁可制造承受干摩擦及在磨料磨损条件下工作的零件,在矿山、冶金、电力、建材和机械制造等行业有广泛的应用。

2)耐热铸铁

耐热铸铁是指在高温下具有较好的抗氧化和抗生长能力的铸铁。所谓生长,是指由于氧化性气体沿石墨片的边界和裂纹渗入铸铁内部而造成的氧化,以及由于 Fe_3C 分解而发生的石墨化引起的铸铁体积膨胀。为了提高铸铁的耐热性能,可在铸铁中加入 Si、Al、Cr 等元素,使铸铁表面在高温下形成一层致密的氧化膜,保护内层不被继续氧化。根据 GB/T 9437—2009,耐热铸铁的牌号有 HTRCr、QTRAl22 等。

3)耐蚀铸铁

耐蚀铸铁广泛应用于化工部门。提高铸铁耐蚀性能主要靠加入大量的 Si、Al、Cr、Ni、Cu

等合金元素。合金元素的作用是提高铸铁基体组织的电位,使铸铁表面形成一层致密的保护膜,最好具有单相基体加孤立分布的球状石墨,而且尽量使石墨量减少。耐蚀铸铁的牌号有 HTS-Si11Cu2CrR 等。

2.2.4 非铁金属材料

钢、铁以外的金属材料称为非铁金属材料(旧称有色金属材料)。非铁金属元素有 80 余种,一般分为轻金属、重金属、贵金属、高熔点金属、稀土金属、放射性金属和半金属等七类。轻金属密度不大于 4.5 g/cm³,常用的有铝、镁、钛、钾、钠、钙、锂等。重金属密度大于 4.5 g/cm³,常用的有铜、铅、锌、镍、钴、锑、锡、铋、汞、镉等。贵金属包括金、银及铂族元素。高熔点金属包括钨、钼、钽、铌、锆、铪、钒、铼等。稀土金属包括钪、钇和澜系元素。放射性金属包括钋、镭、锕、钍、铀等元素。半金属是指物理和化学性质介于金属与非金属之间的元素,如硅、硒、砷、硼等。

目前,全世界的金属材料总产量约 10.11 亿吨,其中钢铁约占 95%,是金属材料的主体;非铁金属材料约占 5%,处于补充地位,但它的作用是钢铁材料无法代替的。

就消耗量的增长率而言,非铁金属材料的增长率大大超过了钢的增长率。目前,世界原铝产量达 1 900 万吨,其中 50% 用来制取型材与深加工产品。我国的铝合金品种约占美国的一半,然而规格不足美国的 1/4。

在金属材料中,铝的产量仅次于钢铁,位非铁金属材料产量之首。铝用途广泛,主要是由于它具有如下的特性:密度小,约为铁的密度的 1/3;可强化,通过添加普通元素和热处理而获得不同程度的强化,最佳者的比强度可与优质合金钢媲美;易加工,可铸造、压力加工、机械加工成各种形状;导电、导热性能好,仅次于金、银和铜;室温时,铝的导电能力约为铜的 62%,如按单位质量的导电能力计算,则为铜的 200%。铝的强度低($R_m = 80 \sim 100$ MPa),经冷塑性变形之后明显提高($R_m = 150 \sim 200$ MPa)。纯铝强度很低,所以不能用来制造承受载荷的结构件。但在铝中加入适量的 Si、Cu、Mg、Mn 等合金元素,就可得到具有较高强度的铝合金。

在非铁金属材料中,铜的产量仅次于铝。铜用途广泛是由于它有如下优点:优良的导电性能和导热性能,优良的冷热加工性能和良好的耐腐蚀性能。铜的导电性能仅次于银,导热性能在银和金之间。铜为面心立方结构,强度和硬度较低,而冷、热加工性能都十分优良,可以加工成极薄的片和极细的丝(包括高纯高导电性能的丝),且易于连接。铜还可与很多金属元素形成许多性能独特的合金。

滑动轴承因承压面积大,承载能力强,工作平稳无噪声,且检修方便,在动力机械中得到广泛应用。为了减少轴承对轴颈的磨损,确保机器的正常运转,轴承应具有良好的磨合性能、抗振性能,与轴瓦之间的摩擦因数应尽可能小。制造轴瓦及其内衬的合金称为轴承合金。最常用的轴承合金有锡基轴承合金和铅基轴承合金。

常用非铁合金的类型、主要性能特点、典型牌号、主要用途如表 2.16 所示。

表 2.16　常用非铁合金的类型、主要性能特点、典型牌号、主要用途

类	主要性能特点	类　别		典型牌号	主要用途
铝及铝合金	熔点低,密度小,比强度高,加工工艺性能优良,导电性能和导热性能优良,耐大气腐蚀性能优良	铝合金	变形铝合金		
			防锈铝合金	5A05、5A21	制造容器、管道、铆钉等
			硬铝合金	2A11	制造叶片、骨架、铆钉等
			超硬铝合金	7A04	制造飞机大梁、桁架等
			锻铝合金	1A50、2A70	制造重载锻件等
		铸造铝合金	Al-Si 系铸造铝合金	ZAlSi12	制造仪表壳体、水泵壳体等
			Al-Cu 系铸造铝合金	ZAlCu5Mn	制造发动机机体、气缸体等
			Al-Mg 系铸造铝合金	ZAlMg10	制造舰船配件、氨用泵体等
			Al-Zn 系铸造铝合金	ZAlZn11Si7	制造结构形状复杂的汽车零件等
铜及铜合金	加工工艺性能优良,导电性能和导热性能极佳,耐腐蚀性能优良,色泽美观,具有抗磁性能	铜合金	黄铜		
			普通黄铜	H62	制造铆钉、螺母、散热器等
			特殊黄铜	HPb59-1	制造销、螺钉等冲压件或加工件
		青铜	锡青铜	QSn4-3	制造弹簧、管配件等
			铝青铜	QAl7	制造重要的弹簧和弹性元件
			铍青铜	QBe2	制造重要仪表的弹簧、齿轮等
轴承合金	抗压强度、硬度较高,疲劳强度高,具有足够的塑性和韧性;耐磨性能好,具有良好的磨合能力、较小的摩擦因数;具有良好的耐蚀性能、导热性能、较小的膨胀系数;工艺性能良好,价格便宜	锡基轴承合金		ZSnSb11Cu6	制造汽轮机、发动机的高速轴承
		铅基轴承合金		ZPbSb10Sn6	制造重载、耐蚀、耐磨用轴承
		铜基轴承合金		ZCuPb30	制造航空发动机、高速柴油机轴承
		铝基轴承合金		ZAlSn6Cu1Ni1	制造高速、在重载下工作的轴承

2.3　金属材料的力学性能

2.3.1　强度

强度是材料在外力的作用下抵抗变形和断裂的能力。材料在外力的作用于下产生塑性变形而不断裂的能力称为塑性。材料的强度和塑性是极为重要的力学性能指标,采用拉伸试验方法来测定。

1. 屈服强度

屈服强度(yield limit)是指当材料呈现屈服现象时,在试验期间达到塑性变形发生而力不增加的应力点。屈服强度的单位为 MPa。应区分上屈服强度和下屈服强度。上屈服强度(R_{eH})是指试样发生屈服而力首次下降前的最大应力,下屈服强度(R_{eL})是指在屈服期间不计初始瞬时效应时的最小应力。读取力首次下降前的最大载荷和不计初始瞬时效应时屈服阶段中的最小载荷,将其分别除以试样原始横截面积(S_o),便得到上屈服强度(R_{eH})和下屈服强度(R_{eL}),即

$$R_{eH} = F_{eH}/S_o, \quad R_{eL} = F_{eL}/S_o$$

式中:F_{eH}——试样发生屈服而力首次下降前承受的最大载荷(N);

$\quad\quad F_{eL}$——试样发生屈服时承受的最小载荷(N);

$\quad\quad S_o$——试样原始横截面积(mm^2)。

对于没有明显的屈服现象的材料,通常规定以试样残余应变量为 0.2% 时的应力值作为屈服强度,即规定残余延伸强度以 $R_{r0.2}$ 表示。

对大多数零件而言,塑性变形就意味着零件脱离了设计尺寸和公差的要求,机械零件在工作状态下一般不允许产生明显的塑性变形,因此 R_{eL} 或 $R_{r0.2}$ 是机械零件设计和选材的主要依据,用以确定材料的许用应力。

2. 抗拉强度

抗拉强度(tensile strength)是材料在断裂前所能承受的最大应力,用 R_m 表示,即

$$R_m = F_m/S_o$$

式中:F_m——拉断试样所需的最大载荷(N);

$\quad\quad S_o$——试样原始横截面积(mm^2)。

R_m 和 R_{eL} 是零件设计时的主要强度依据,也是评定金属材料强度的重要指标。

R_e 和 R_m 的比值称为屈强比。屈强比越小,工程构件的可靠性越高,因为万一超载也不至于马上断裂。屈强比太小,则材料强度的有效利用率太低。合金化、热处理、冷热加工对材料的 R_e 和 R_m 数值会产生很大的影响。

材料除了承受拉伸载荷外,还有可能受到压缩、弯曲和剪切等载荷作用,因而对应有抗压强度、抗弯强度和抗剪强度等。

2.3.2 塑性

塑性(plasticity)是指断裂前材料产生不可逆永久变形的能力,也通过拉伸试验测定。常用的塑性判据是断后伸长率 A 和断面收缩率 Z,即

$$A = \frac{L_u - L_o}{L_o} \times 100\%, \quad Z = \frac{S_o - S_u}{S_o} \times 100\%$$

式中:L_o——试样原始标距(mm);

$\quad\quad L_u$——试样断后标距(mm);

$\quad\quad S_o$——试样原始横截面积(mm^2);

$\quad\quad S_u$——试样断后横截面积(mm^2)。

材料的断后伸长率 A 和断面收缩率 Z 越大,则材料的塑性越好。良好的塑性是塑性成形

(如锻造、轧制、冲压等)不可缺少的条件,可以缓和应力集中和防止突然脆裂。工程上一般认为 $A < 5\%$ 的材料为脆性材料。

A、Z 越大,表示材料的塑性越好。由于 A 值与试样尺寸有关,为了便于比较,必须采用标准试样尺寸。对于比例试样(指试样原始标距与原始横截面积有 $L_o = kS_o^{1/2}$ 关系者),当原始标距 L_o 等于 $5.65S_o$ 时,测得的断后伸长率用 A 表示;当原始标距 L_o 不满足该条件时,符号 A 应附脚注说明所使用的比例系数,如 $A_{11.3}$ 表示原始标距 $L_o = 11.3S_o$ 的断后伸长率。

目前,金属材料室温拉伸实验方法采用最新标准 GB/T 228.1—2010,但是由于现在原有各有关手册和有关工厂企业所使用的金属力学性能数据均是按照国家标准《金属拉伸试验方法》(GB/T 228—1987)的规定测定和标注的,为了方便读者阅读,本书列出了新、旧标准关于金属材料强度与塑性有关指标的名词术语及符号对照表,如表 2.17 所示。

表 2.17　新、旧标准金属材料强度与塑性有关指标的名词术语及符号对照表

GB/T 228.1—2010		GB/T 228—1987	
名词术语	符　　号	名词术语	符　　号
屈服强度	R_c	屈服点	σ_s
上屈服强度	R_{eH}	上屈服点	σ_{sU}
下屈服强度	R_{eL}	下屈服点	σ_{sL}
规定残余伸长强度	R_r,如 $R_{r0.2}$	规定残余伸长应力	σ_r,如 $\sigma_{r0.2}$
抗拉强度	R_m	抗拉强度	σ_b
断后伸长率	A 和 $A_{11.3}$	断后伸长率	δ
断面收缩率	Z	断面收缩率	ψ

2.3.3　硬度

硬度是指金属表面抵抗其他硬物压入的能力,或者说是材料对局部塑性变形的抗力。它反映出金属材料在化学成分金相组织和热处理状态上的差异及抵抗局部塑性变形的抗力,是检验产品质量、研制新材料和确定合理的加工工艺所不可缺少的检测性能之一,是毛坯或成品件、热处理件的重要性能指标。

通常材料的硬度越高,耐磨性能越好。生产中常用硬度值来评估材料耐磨性能的好坏。硬度试验方法很多,一般可分为三类,即压入法(测量布氏硬度、洛氏硬度、维氏硬度、显微硬度等)、划痕法(测量莫氏硬度)和回跳法(测量肖氏硬度、里氏硬度)。工程上常用的硬度有布氏硬度、洛氏硬度和维氏硬度。

1. 布氏硬度

布氏硬度试验按《金属材料　布氏硬度试验　第 1 部分:试验方法》(GB/T 231.1—2018)进行。布氏硬度试验的原理是:对一定直径 D(mm)的碳化钨合金球施加试验力 F(N),压入试样表面,如图 2.2 所示,保持规定时间后,卸除试验力,用读数显微镜测量试样表面压痕直径 d(m),并计算出压痕的表面积 S(mm^2),以压痕单位面积上承受的压力(F/S)作为布氏硬度值。布氏硬度的单位为 N/mm^2,但习惯上不标出,以 HBW 表示。

从几何关系可求得

$$HBW = \frac{2F}{\pi D(D - \sqrt{D^2 - d^2})}$$

当试验压力的单位为 N 时,则

$$HBW = 0.102 \frac{2F}{\pi D(D - \sqrt{D^2 - d^2})}$$

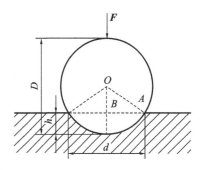

图 2.2　布氏硬度试验原理

上式中只有 d 为变量,因此,只要在试验后测出压痕平均直径 d,即可求得布氏硬度值。

布氏硬度试验适用于固定式布氏硬度计和便携式布氏硬度计。表示布氏硬度时,在符号 HBW 之前为硬度值,符号后面按一定顺序用数值表示试验条件(球体直径、试验力大小和保持时间等)。当保持时间为 10 ~15 s 时,不需要标注。例如,350HBW5/750 表示用直径为 5 mm 的碳化钨合金球在7.355 kN (750 kgf)试验力作用下保持10~15 s 测得的布氏硬度值为 350;600HBW1/30/20 表示用直径为 1 mm 的碳化钨合金球在 294.2 N(30 kgf)试验力作用下保持 20 s 测得的布氏硬度值为 600。

布氏硬度试验的优点是测定结果较准确,数据重复性强。但由于压痕较大,对金属表面的损伤较大,布氏硬度试验不宜用于测定太小或太薄的试样。布氏硬度试验主要用于测定原材料,如铸铁、非铁金属、经退火或正火处理的钢材及其半成品的硬度,不适合用于成品检验。

2. 洛氏硬度

洛氏硬度试验按《金属材料　洛氏硬度试验　第 1 部分:试验方法》(GB/T 230.1—2018)进行。洛氏硬度试验的原理是:将特定尺寸、形状和材料的压头按图 2.3 所示分两个步骤压入试样表面,经规定保持时间后,卸除主试验力,测量在初试验力下的残余压痕深度 h,根据下列公式计算洛氏硬度:

$$洛氏硬度 = N - \frac{h}{S}$$

式中,N 和 S 为常数。

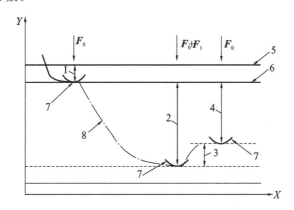

图 2.3　洛氏硬度试验原理

X—时间;Y—压头位置;1—在初试验力 F_0 作用下的压下深度;2—由主试验力 F_1 引起的压入深度;

3—卸除主试验力 F_1 后的弹性回复深度;4—残余压痕深度;5—试样表面;

6—测量基准面;7—压头位置;8—压头深度相对时间的曲线

压痕越深，材料越软，硬度值越低；反之，硬度值越高。通常被测材料硬度可直接由硬度计刻度盘读出。根据所加试验力和压头的不同，常用的洛氏硬度有 A、B、C 三种标尺，用它们测得的洛氏硬度分别以 HRA、HRBW、HBC 来表示，如表 2.18 所示。

表 2.18 洛氏硬度符号、试验条件和应用举例

硬 度 符 号	压 头 类 型	总试验力/N	硬度值有效范围	应 用 举 例
HRA	金刚石圆锥	588.4	20～95 HRA	硬质合金，表面淬硬层，渗碳层
HRBW	直径为 1.587 5 mm 的球	980.7	10～100 HRBW	非铁金属，退火、正火钢等
HRC	金刚石圆锥	1 471	20～70 HRC	淬火钢

洛氏硬度试验简便易行，压痕小，甚至可以检测较薄工件或表面较薄的硬化层的硬度。在生产中以 HRC 应用最多。在中等硬度情况下，洛氏硬度 HRC 与布氏硬度 HBW 之比约为 1∶10，如 40 HRC 相当于 400 HBW 左右。

3. 维氏硬度

维氏硬度试验按《金属材料 维氏硬度试验 第 1 部分：试验方法》(GB/T 4340.1—2009) 进行。维氏硬度试验的原理是：将顶部两相对面具有规定角度的正四棱锥体金刚石压头用一定的试验力 F 压入试样表面，保持规定时间后，卸除试验力，测量试样表面压痕对角线长度 d（见图 2.4），计算得出维氏硬度。维氏硬度值与试验力除以压痕表面积的商成正比。

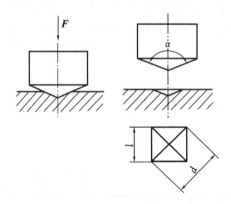

图 2.4 维氏硬度试验原理

维氏硬度用 HV 表示，单位为 N/mm^2，一般不予标出。同样，HV 前面的数值为硬度值。

维氏硬度试验所用载荷小，压痕深度浅，适用于零件薄的表面硬化层、金属镀层及薄片金属硬度的测量。因压头为正四棱锥体金刚石压头，载荷可调范围大，故维氏硬度试验对软、硬材料均适用，测定范围为 0～1 000 HV。

值得注意的是，上述三种硬度值之间不能直接进行比较，必须通过相应的硬度换算表换算成同一种硬度值后，才可进行比较。

硬度试验方便、迅速，又不必破坏工件，而且硬度与抗拉强度之间存在一定的关系。工程上已总结出如下的经验公式。

低碳钢：$R_m \approx 3.53$ HBW。

高碳钢：$R_m \approx 3.33$ HBW。

合金调质钢：$R_m \approx 3.19$ HBW。

灰铸铁：$R_m \approx 0.98$ HBW。

退火铝合金：$R_m \approx 4.70$ HBW。

硬度测定的详细办法在实验课中介绍。

2.3.4 冲击韧度

在生产实践中,许多机械零件和工具,如锻锤锤杆、冲床冲头、飞机起落架、汽车齿轮等都在冲击载荷的作用下工作。由于冲击载荷的加载速度大、作用时间短,机件常常因局部载荷而产生变形和断裂。因此,承受冲击载荷的机件仅具有高强度是不够的,还必须具有足够的抵抗冲击载荷的能力。

金属材料在冲击载荷下抵抗破坏的能力称为冲击韧度(impact toughness)。冲击韧度一般以在冲击载荷作用下材料破坏时单位面积所吸收的能量来表示。测定冲击韧度常用的方法为夏比摆锤冲击试验方法(夏比摆锤冲击试验机见图 2.5)。试样的安装如图 2.6 所示。

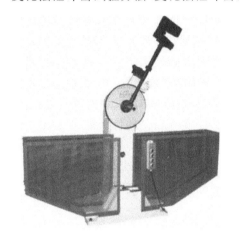

图 2.5 夏比摆锤冲击试验机

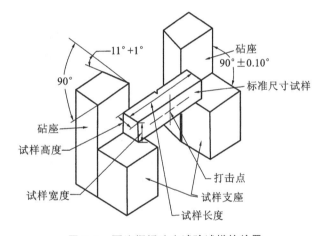

图 2.6 夏比摆锤冲击试验试样的放置

试验时,将一个带有 V 形或 U 形缺口的标准试样(GB/T 229—2007)放在试验机的两个砧座上,试样缺口背向摆锤冲击方向,将重量为 W(N)的摆锤放至一定高度 H(m),释放摆锤,摆锤击断试样后向另一方向升至高度 h(m)。根据摆锤重量和冲击前后摆锤高度,可算出击断试样所耗冲击吸收能量 K(J)。

$$K = W(H-h)$$

K 值可由刻度盘直接读出。用字母 V 或 U 表示试样缺口的形状,用下标数字 2 或 8(单位为 mm)表示锤刀刃的半径,如 K_{V2}、K_{U8} 等。冲击韧度为

$$\alpha_K = K/S$$

式中：S——试样缺口处截面积(cm^2)。

材料的冲击韧度除了取决于材料本身之外,还与环境温度及缺口的状况密切相关。所以,冲击韧度试验除了用来测量材料的韧度大小外,还用来测量金属材料随环境温度下降由塑性状态转变为脆性状态的韧脆转变温度,也用来考查材料对于缺口的敏感性。

2.3.5 断裂韧度

工程上实际使用的材料的内部不可避免地存在一定的缺陷,如有夹杂物、气孔、微裂纹等。这些缺陷破坏了材料的连续性,当材料受到外力作用时,裂纹的尖端附近便出现应力集中,如图

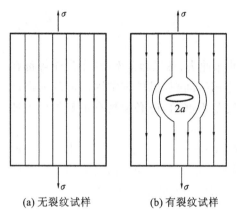

(a) 无裂纹试样   (b) 有裂纹试样

图 2.7　无裂纹试样和有裂纹试样的应力线

2.7 所示。当局部应力大大超过材料的允许应力值时,裂纹会失稳扩展,最终导致材料断裂。根据断裂力学的观点,只要裂纹很尖锐,顶端前沿各点的应力就按一定形状分布,即外加应力增大时,各点的应力按相应比例增大,这个比例系数称为应力强度因子 K_I,表示为

$$K_I = YR\sqrt{a}$$

式中:Y——与裂纹形状、加载方式及试样几何尺寸有关的量,为无量纲系数;

R——外加应力(N/mm^2);

a——裂纹半长(m)。

当外力增大或裂纹增长时,裂纹尖端的应力强度因子也相应增大。当 K_I 达到某临界值时,裂纹突然失稳扩展,材料快速脆断,这一临界值称为材料的断裂韧度(fracture toughness),用 K_{IC} 表示。K_{IC} 可通过试验测定,反映了材料抵抗裂纹扩展的能力,是材料本身的一个力学性能指标。同其他力学性能一样,断裂韧度主要取决于材料的成分、组织结构及各种缺陷,并与生产工艺过程有关。可见,只要工作应力小于临界断裂应力,就可以安全使用带有长度小于 $2a$ 的裂纹的构件。例如,通常使用的中、低强度钢,其 K_{IC} 往往在 50 $MN/m^{3/2}$ 以上,而其工作应力常小于 200 N/mm^2,此时存在几厘米甚至更长的裂纹也不会脆断。但对高强度材料来说,K_{IC} 常小于 30 $MN/m^{3/2}$,而工作应力很高,此时几毫米长的裂纹就很危险了。可见,理想的材料是强而韧,在强度与韧度不可兼得时,则可以略为降低强度而保证足够的韧度,这样较为安全。

2.3.6 疲劳强度

疲劳强度(fatigue strength)是指在指定寿命下使试样失效的应力水平,用来表示材料抵抗交变应力的能力。许多机械零件(如齿轮、轴、弹簧等)或材料在交变应力的作用下,往往出现在工作应力低于其屈服强度的情况下发生断裂的现象,这种断裂称为疲劳断裂。疲劳断裂是突然发生的,无论是脆性材料还是韧性材料,发生疲劳断裂前都无明显的塑性变形,很难事先发现,因此疲劳断裂具有很大的危险性。

材料的疲劳强度是在疲劳试验机上测定的。材料所能承受的交变应力与断裂前的应力循环次数 N 的变化规律可用疲劳应力寿命曲线(见图 2.8)表示出来。由图 2.8 可见,应力越小,材料所能承受的应力

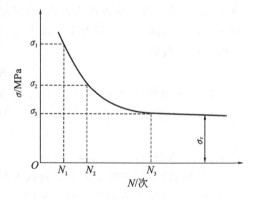

图 2.8　疲劳应力寿命曲线

循环次数越多;当应力小到某一应力值以后,材料能承受无限次应力循环而不断裂。试样能承受无限次的应力周期变化的应力振幅极限值称为材料的疲劳极限(fatigue limit)。切忌将这里所说的"无限次"理解成数学上的无穷大,否则疲劳强度就测不出来了。工程上规定,钢铁材料的应力循环次数 N 为 10^7 次,非铁金属材料的应力循环次数 N 为 10^8 次。

金属的疲劳强度 S 与抗拉强度 R_m 之间存在近似的比例关系。

对于灰铸铁,$S \approx 0.4 R_m$。

对于碳素钢,$S \approx (0.4 \sim 0.55)R_m$。

对于非铁金属材料,$S \approx (0.3 \sim 0.4)R_m$。

金属材料的疲劳强度通常都小于屈服强度,这说明材料抵抗交变载荷的能力比抵抗静载荷的能力低。材料的疲劳强度虽然取决于材料本身的组织结构状态,但也随试样表面粗糙度和张应力的增加而下降。疲劳强度对缺口也很敏感。除改善内部组织和外部结构形状以避免应力集中外,还可以通过降低零件表面粗糙度和采取表面强化方法(如表面淬火、喷丸处理、表面滚压等)来提高零件的疲劳强度。

2.3.7　蠕变

在高压蒸汽锅炉、汽轮机、化工炼油设备及航空发动机中,很多零件长期在高温下运转,对于这类零件仅考虑常温性能显然不行。一方面,温度对材料力学性能指标有影响,随着温度升高,强度、刚度、硬度要下降,塑性要增加;另一方面,在较高温度下,载荷的持续时间对力学性能有影响,会产生明显的蠕变(creep)。材料在长时间的恒温、恒应力作用下,即使应力小于屈服强度,也会缓慢地发生塑性变形的现象称为蠕变。蠕变的一般规律是温度越高,工作应力越大,蠕变的发展越快,而产生断裂的时间就越短。因此,在高温下工作的金属材料零件,应具备足够的抗蠕变能力。工程塑料在室温下受到应力作用就可能发生蠕变,对塑料受力件应予以注意。

蠕变的另一种表现形式是应力松弛。所谓应力松弛,是指承受弹性变形的零件,在工作过程中总变形量应保持不变,但随时间的延长发生蠕变,从而导致工作应力自行逐渐衰减的现象。例如,高温紧固件若出现应力松弛,将会使紧固失效。

高温下,金属的强度可用蠕变强度和持久强度来表示,对于金属材料,可按《金属材料　单轴拉伸蠕变试验方法》(GB/T 2039—2012)进行测定,蠕变强度是指金属在一定温度下、一定时间内产生一定变形量时所能承受的最大应力。例如,$R_{0.1/1000}^{600} = 88$ MPa 表示金属在 600 ℃下、1 000 h 内,引起 0.1% 变形量所能承受的最大应力为 88 MPa。

2.3.8　磨损

两个物体沿接触表面作相对运动时会发生摩擦,物体表面层的物理、化学、力学性能会变化,并因此出现几何形状、尺寸及物体质量的变化过程,称为磨损。

磨损的发展一般可分为初期磨损阶段、稳定磨损阶段和加剧磨损阶段三个阶段。初期磨损阶段又称磨合阶段,是摩擦开始时,两摩擦体相对的两个表面之间接触不良,使实际接触面积很小,单位面积的比压很大(负荷很大),所以磨损很快。随着工作时间的增加,由于接触面积的增加,磨损反而变慢,过渡到稳定磨损阶段。在稳定磨损阶段,磨损速度基本上是恒定的。稳定磨损阶段是零部件工作的主要阶段,这个阶段时间的长短可作为评定材料耐磨性能优劣的依据。

随着机器运行时间的增长,摩擦体表面层的物理、化学性能显著变化,零件表面质量下降,间隙增大,润滑膜被破坏,引起机器剧烈振动,进入加剧磨损阶段。由于机器设备工作条件恶化,剧烈振动又引起磨损加快,机器设备很快就会失效。

根据机器零件的工作条件、摩擦表面运动速度、所加的压力及其产生的塑性变形、介质的性质和摩擦表面破坏的特征,磨损可分为咬合磨损、腐蚀磨损、疲劳磨损、热磨损和磨料磨损五种类型。

1. 咬合磨损

咬合磨损是指在低速滑动摩擦时,在零件工作表面缺少润滑剂和氧化膜的情况下,由于实际接触面上的比压超过了材料的屈服强度,产生塑性变形,使局部区域首先被咬合,然后咬合的表面被剪断,分离出金属粒屑而造成零件被破坏。火电厂球磨机蜗轮之间的磨损就是这种情况。

2. 腐蚀磨损

因气体或酸、碱等腐蚀介质的作用所造成的磨损,属于腐蚀磨损。锅炉受热面管子工作时受到高温烟气的氧腐蚀(氧化)、硫腐蚀,都属于腐蚀磨损。

3. 疲劳磨损

各类滚动轴承的磨损,属于疲劳磨损。疲劳磨损又称麻点磨损或接触磨损。在滚动摩擦时(无论有无润滑剂),由于比压超过了表面层的屈服强度,滚动接触过程中,在周期性接触应力的作用下产生塑性变形,材料表面层不断地被硬化,因而在受力最大的部位产生显微裂纹。显微裂纹继续发展,逐渐形成单个或多个斑点,然后变成凹坑,使机件破坏。

4. 热磨损

热磨损是指两摩擦体的表面因温度升高,软化部位发生咬合(黏着),使部分金属被撕落或剥离下来。热磨损是强烈的一种破坏过程。

5. 磨料磨损

磨料磨损是指在零件相对滑动摩擦运动时,介质中的硬质颗粒(外界加入的磨粒或从零件表面剥落的粒屑)嵌入零件表面,使金属产生塑性变形,遭受刮伤或切削,使零件表面的形状、尺寸和性能发生变化的过程。

2.4 非金属材料

2.4.1 高分子材料

材料根据性能及使用工况,有机高分子通常可分为塑料、橡胶、合成纤维、涂料及黏结剂五类。此外,在前三类的基础上加入其他金属或非金属材料,则可制成具有某种特殊性能的复合材料。在此仅就塑料、橡胶、黏结剂做简单介绍。

1. 塑料

塑料是应用较广的高分子材料,质量轻,比强度高,耐腐蚀,消声,隔热,且具有良好的减摩耐磨性能和绝缘性能。因此,塑料制品不仅在日常生活中屡见不鲜,而且由于工程塑料的发展,在工农业、交通运输业以及国防工业等各领域中也得到广泛的应用。

塑料是以合成树脂为主要成分,加入适量的添加剂组成的。

合成树脂是由低分子化合物经聚合反应所形成的高分子化合物,如聚乙烯、聚氯乙烯、酚醛树脂等。合成树脂受热可软化,起黏结作用,塑料的性能主要取决于合成树脂的种类。

加入添加剂的目的是弥补合成树脂某些性能的不足。添加剂有填料、增强材料、增塑剂、固化剂、润滑剂、稳定剂、着色剂、阻燃剂等。

塑料按性能和用途可分通用塑料、工程塑料和特种塑料三种。

通用塑料是指价格低、产量高、应用范围广的塑料,主要包括聚乙烯、聚氯乙烯、聚丙烯、聚苯乙烯、酚醛塑料和氨基塑料等六大品种。通用塑料的产量占全部塑料产量的四分之三以上。

工程塑料是指强度高、刚性大、韧性好,具有良好的耐蚀性能、耐磨性能、自润滑性能等,可以部分代替金属材料制造机器零件和工程结构件的塑料。工程塑料主要包括 ABS、聚酰胺、聚碳酸酯、聚甲醛、改性聚苯醚、聚对苯二甲酸丁二酯等。

特种塑料是指耐热或具有特殊性能和特殊用途的塑料。通常此类塑料的价格较高、产量低。特种塑料主要包括氟塑料、有机硅树脂、环氧树脂、聚酰亚胺、聚砜、有机玻璃等。

塑料可采用各种措施来改性和增强性能,因此上述各种塑料的分类并没有很严格的限定。

塑料按受热时的行为分热塑性塑料和热固性塑料两大类。热塑性塑料的特点是加热时软化或熔融,凝固后硬化,并可反复加热使用,加工成型性能好,力学性能较好,但耐热性能和刚性较差。热塑性塑料主要包括聚乙烯、聚氯乙烯、聚丙烯、聚苯乙烯、聚甲醛、ABS、聚酰胺、聚碳酸酯、聚苯醚、聚砜等。

热固性塑料的特点是加热软化或熔融,可成形为塑料制品,经一次成形后,加热不变形、不软化,不能回用,性硬且脆,力学性能不强。热固性塑料主要包括酚醛塑料、环氧塑料、氨基塑料、有机硅树脂等。

2. 橡胶

橡胶是具有轻度交联的线型高聚物,使用时的力学状态与塑料不同。橡胶在高弹态的力学状态下使用。橡胶的突出特点是在很宽的温度范围($-40 \sim 150$ ℃)内具有高弹性,即橡胶受外力作用所产生的变形是可逆的,外力去除后,可在瞬间(千分之一秒)恢复到原来的形状。橡胶还具有良好的回弹性能,如天然橡胶的回弹高度可达 80%。橡胶的强度、弹性模量较低,比金属材料的小得多:只有 1 MPa 左右,而钢铁在 200 000 MPa 以上。橡胶经硫化处理和炭黑增强后,强度提高。此外,橡胶还具有良好的伸缩性能、储能能力,具有耐磨、隔音、绝缘等性能,广泛用作弹性材料、密封材料、传动材料和绝缘材料等。

橡胶有天然和合成之分,主要成分是生胶(即未加配合剂,未经硫化的橡胶)。生胶是线型非晶态高聚物,分子中有不稳定的双键存在,受热发黏,低温变硬发脆,并能被溶剂溶解、溶胀,只能在 $5 \sim 35$ ℃范围内保持弹性,而且强度差、不耐磨。生胶的这些缺点可以通过添加配合剂并进行硫化处理来克服。

橡胶是以生胶为原料,加入适当的配合剂(硫化剂、填充剂、防老剂、增塑剂、发泡剂等),经硫化处理后所得的具有轻度交联的线型高聚物。

橡胶按原材料的来源可分为天然橡胶和合成橡胶,按用途可分为通用橡胶和特种橡胶。

3. 黏结剂

黏结剂又称粘合剂。用黏结剂将两个固体表面粘合在一起的方法称为黏结。与其他连接材料方法(如焊接、铆接、螺纹连接等)相比较,黏结具有如下特点。

(1)黏结不受材料种类和几何形状的限制,适用范围广。可以在同种材料之间实现黏结,也可在异种材料之间实现黏结;还可在板子和极薄、极脆的零件之间实现黏结。

(2)黏结接头处应力分布均匀,应力集中小,表面光滑美观,密封性好。此外,黏结工艺操作简单,可在较低温度下(甚至室温)进行,成本低。

黏结的缺点是黏结件的使用温度过高时,接头处的强度会迅速降低。

黏结剂是在具有黏性或弹性的基料中加入固化剂、填料、增韧剂、稀释剂、抗老化剂等添加剂获得的一类物质。基料通常是某种高分子化合物,或由几种高分子化合物混合而成,分为天然(如淀粉、天然橡胶、动物的骨胶等)和合成(如合成树脂和合成橡胶)两大类。

黏结剂按其中黏性基料的化学成分可分为无机胶和有机胶,按主要用途可分为通用黏结剂、结构黏结剂和特种黏结剂,按固化工艺特点分可分为化学反应固化黏结剂、热塑性树脂溶液黏结剂、压敏黏结剂等。

2.4.2 陶瓷材料

陶瓷(ceramics)是陶器与瓷器的总称,是一种既古老而又现代的工程材料,同时也是人类最早利用自然界所提供的原料制造而成的材料,又称为无机非金属材料(inorganic nonmetallic materials)。陶瓷材料由于具有耐高温(high temperature stability)、耐蚀(high chemical stability)、高硬度(high hardness)、绝缘(insulation)等优点,在现代宇航、国防等高科技领域得到越来越广泛的应用。随着现代科学技术的发展,出现了许多性能优良的新型陶瓷材料。

1. 按原料来源分类

按原料来源分类可将陶瓷材料分为普通陶瓷(传统陶瓷)和特种陶瓷(先进陶瓷)。普通陶瓷又叫硅酸盐陶瓷,是以天然硅酸盐矿物(黏土、长石、石英)为原料,经过原料加工、成形、烧结而制得的。特种陶瓷是采用纯度较高的人工合成化合物(如 Al_2O_3、ZrO_2、SiC、Si_3N_4、BN),经配料、成型、烧结而制得的。

2. 按化学成分分类

按化学成分分类可将陶瓷材料分为氮化物陶瓷、氧化物陶瓷、碳化物陶瓷等。氧化物陶瓷种类多,应用广,常用的有 Al_2O_3、ZrO_2、SiO_2、MgO、CaO、BeO、Cr_2O_3、CeO、ThO_2 等。氮化物陶瓷常用的有 Si_3N_4、AlN、TiN、BN 等。

3. 按用途分类

按用途分类可将陶瓷材料分为日用陶瓷和工业陶瓷。其中工业陶瓷又可分为工程陶瓷和功能陶瓷。在工程结构上使用的陶瓷称为工程陶瓷。利用陶瓷特有的物理性能制造的陶瓷材料称为功能陶瓷。二者的物理性能差异往往很大,用途很广。

4. 按性能分类

陶瓷材料按性能分类可分为高强度陶瓷、高温陶瓷、耐酸陶瓷等。

2.5 复合材料

复合材料是由两种或两种以上的不同材料(金属之间、非金属之间、金属与非金属之间),通过适当制备工艺复合而成的新材料。它既保留了原组分材料的特性,又具有原单一组分材料所无法获得的更优异的特性。材料复合充分发挥了材料的性能潜力,成为改善材料性能的新手段,为现代尖端工业的发展提供了技术和物质基础。

2.5.1　复合材料的种类

按基体材料,复合材料可分为聚合物基(PMC)、金属基(MMC)、陶瓷基(CMC)和碳/碳(C/C)四大类。

按增强体的形态,复合材料可分为纤维增强复合材料、颗粒增强复合材料、层状复合材料和填充骨架型(如连续织物型、蜂窝型)复合材料。其中纤维增强复合材料又分为长纤维增强复合材料、短纤维增强复合材料和晶须增强复合材料。

按用途,复合材料可分为结构复合材料和功能复合材料两大类。前者主要是利用其力学性能,用于工程结构;后者具有独特的物理、化学性质,如换能、阻尼、吸波、电磁、超导、屏蔽、光学、摩擦润滑等,作为功能材料使用。

2.5.2　复合材料的性能特点

1. 性能的可设计性

可以根据对材料的性能要求,选择基体材料和增强体材料,人为设计增强体的数量形态、在材料中的分布方式以及基体和增强体的界面状态,并进行适当的制备与加工,以获得常规材料难以提供的某一性能或综合性能,满足更为复杂、恶劣和极端使用条件的要求。

2. 力学性能特点

与相应的基体材料相比较,常用工程复合材料的力学性能特点如下。

(1)比强度(强度/密度)和比模量(弹性模量/密度)高。

(2)耐疲劳性能好。

(3)高韧性和热冲击性能。

(4)高温性能好。

(5)减振性能好。

(6)耐磨、耐腐蚀性能良好。

3. 物理性能特点

复合材料的物理性能优异,如密度低(增强体的密度一般较低)、膨胀系数小(甚至可达到零膨胀)、导热、导电性能好、阻尼性能好、吸波性能好、耐烧蚀、抗辐射等。

4. 工艺性能

复合材料的成型加工工艺简单。例如,长纤维增强的树脂基复合材料、金属基复合材料和陶瓷基复合材料可整体成型,能大大减少结构件中装配零件数,提高产品的质量和使用可靠性;而短纤维或颗粒增强复合材料完全可用传统的工艺(如铸造、粉末冶金)制备,并可进行二次加工成形,适应性强。

2.5.3　复合材料的应用

航空航天技术要求制造飞行器的材料有高比强度、高比模量,以减轻飞行器的质量,提高飞行速度,增加运载火箭有效负载,保证气动特性等。因此,在航空航天领域、现代国防工业中,现代复合材料首先得到了广泛的应用。

2.6 其他新型材料

新型材料是指最近发展或正在发展中的具有特殊功能和效用的材料。国民经济各行业,尤其是高科技领域,不论是在信息时代还是在生物时代,都强烈地依赖新型功能材料的研制和开发。近十多年来,功能材料成为材料科学与工程领域最活跃的部分,每年以约5%的速度增长,相当于每年有1.25万种新材料问世。本节简要介绍高温合金、形状记忆合金、非晶态材料、超导材料和纳米材料。

2.6.1 高温合金

高温合金又称为热强合金、耐热合金或超合金,可以在600~1 100 ℃的氧化、燃气腐蚀、承受复杂应力的条件下长期、可靠地工作。高温合金主要用来制造航空发动机的热端部件。高性能的先进军用和民用飞机、大型节能的运输机的关键之一是需要有先进的航空发动机,需要大幅度地提高发动机推重比,提高涡轮进口温度,降低耗油率,提高寿命和可靠性。未来的飞机发动机涡轮进口温度可能高达2 000 ℃,因此要求采用能耐更高温度、高比强度、高比模量、低密度、耐磨损、耐腐蚀和抗氧化的新材料。高温合金在发动机中主要用来制造涡轮叶片、导向片(主要用铸造合金)、涡轮盘和燃烧室(主要用变形合金)。此外,高温合金也是航天、能源、交通运输和化学工业的重要材料,是高技术领域不可缺少的新材料。

2.6.2 形状记忆合金

形状记忆合金是一种有形状记忆效应的特殊功能材料。它经热处理"记忆"形状后,在低温下不管将其如何变形,一旦加热到某一特定温度时便又能恢复到所"记忆"的高温形状。

形状记忆合金与普通金属材料的变形和恢复不同。当变形超过弹性范围后,普通金属材料会发生永久变形,如在其后加热,这部分的变形并不会消除。形状记忆合金在变形超过弹性范围时,去除载荷后也会发生残留变形,但这部分残留变形在其后加热到某一温度时即会消除而恢复到原来的形状。有的形状记忆合金,当变形超过弹性范围时,在某一程度内,去除载荷后能徐徐恢复原形,这种现象称为超弹性或伪弹性。铜铝镍合金就是一种超弹性合金,当伸长率超过20%(大于弹性极限)后,一旦去除载荷,铜铝镍合金又可恢复原形。

2.6.3 非晶态材料

将液态或气态的无序状态保留到室温,并阻止原子进一步迁移转变为晶态相,即可得到非晶体材料。非晶体材料所处的热力学亚稳状态,可看作是固化的过冷液态,有时也称之为无定型态或玻璃态。非晶态材料又称为金属玻璃。

2.6.4 超导材料

超导性是在特定温度、特定磁场和特定电流条件下,电阻趋于零的材料特性。凡具有超导

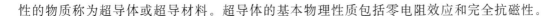

性的物质称为超导体或超导材料。超导体的基本物理性质包括零电阻效应和完全抗磁性。

2.6.5 纳米材料

纳米材料(nanometer material)是指结构尺寸在 1～100 nm 范围内的材料。纳米材料可划分为两层次,一是纳米微粒,二是纳米固体(包括块体、薄膜、多层膜和纤维)。纳米微粒是指尺度为 1～100 nm 的超微粒,纳米固体是由纳米微粒组成的凝聚态固体。

第3章 铸 造

3.1 铸造概述

将熔融的金属浇入与零件的形状相适应的铸型型腔中,经冷却、凝固,从而获得一定的形状和性能的铸件的金属成形方法称为铸造。大多数铸件只是毛坯,需要经过机械加工后才能成为各种机器零件。铸造在机械制造中的应用十分广泛。例如,在普通机床中,铸件占总质量的60%~80%;在起重机械、矿山机械、水力发电等设备中,铸件占总质量的80%以上。

铸造是机械制造业中一项重要的毛坯制造工艺过程,它的质量、产量和精度等直接影响产品的质量、产量和成本。铸造生产的现代化程度反映了机械工业的先进程度,同时也反映了环保生产和节能省材的工艺水准。

3.1.1 铸造的分类

铸造的工艺方法有很多。按造型方法,铸造一般分为砂型铸造和特种铸造两大类。

1. 砂型铸造

砂型铸造又称砂铸、翻砂,用型(芯)砂制造铸型。将液态金属浇注后获得铸件的铸造方法称为砂型铸造。砂型铸造的生产工序很多,如轴套铸件的生产过程如图 3.1 所示。砂型铸造按造型方法分为手工造型铸造、机器造型铸造、湿型铸造、干型铸造和表面干型铸造等。

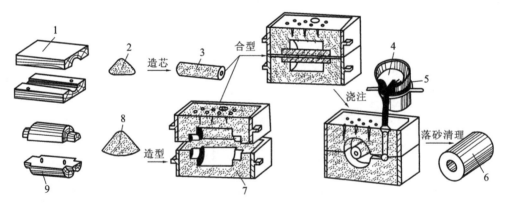

图 3.1 轴套铸件的生产过程

1—芯盒;2—芯砂;3—型芯;4—浇包;5—金属液;6—铸件;7—砂型;8—型砂;9—模样

砂型铸造是指将固态金属熔化成具有一定温度、一定化学成分的金属液后,将金属液浇注到与零件的形状相适应的砂型型腔中,待其凝固成形后,获得具有一定的形状和性能的毛坯或零件的方法。它的工艺流程包含型(芯)+砂配制、造型、造芯、合型、金属熔炼及浇注、落砂、清理和检验等工序,具体如图 3.2 所示。型芯的制造(即造型)方法是根据型芯的尺寸、形状、生产批量及具体生产条件进行选择的。在生产中,型芯的制造从总体上可分为手工造芯和机器造芯。

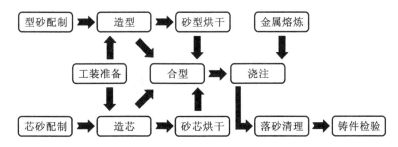

图 3.2　砂型铸造的工艺流程

2. 特种铸造

特种铸造分为熔模铸造、金属型铸造、压力铸造、连续铸造、低压铸造和离心铸造等。不同于砂型铸造的所有铸造方法，统称为特种铸造。铸造是机械制造工业中提供毛坯的主要途径之一，是人类掌握得比较早的一种金属热加工工艺。铸造的优越性在于它适用于各种金属，生产成本低、设备简单，对各种结构、形状复杂的毛坯有很好的适应性，原材料来源广泛。近年来，随着铸造合金和铸造工艺技术的发展，各种新合金材料、新技术的广泛应用，铸件的表面质量、力学性能、尺寸精度都有显著提高，铸造生产应用范围正在日益扩大。

3.1.2　铸造的特点

铸造在现代工业中应用非常广泛，主要是由于铸造具有以下特点。

（1）铸造可制成形状复杂，特别是具有复杂内腔的毛坯。

（2）工业上常用的金属材料（如碳素钢、合金钢、铸铁、铜合金、铝合金等）都可用于铸造。其中广泛应用的铸铁件只能通过铸造获得。

（3）铸件的质量和壁厚几乎不受限制，质量从几克到几百吨、壁厚从 1 mm 到 1 m 的毛坯都能通过铸造获得。

（4）生产方法灵活。铸造既适用于大批量生产，也适用于单件、小批量生产。

（5）节约生产成本。铸造可直接利用成本低廉的废机件和切屑，而且铸造设备费用小，成本低。

（6）铸件加工余量小，节省金属，减少切削加工量，从而降低制造成本。

3.2　造型和造芯

造型和造芯是利用造型材料和工艺装备制作铸型的工序。造型按成形方法可分为手工造型和机械造型。本节主要介绍应用广泛的砂型造型和造芯。

3.2.1　铸型的组成

铸型是根据零件形状用造型材料制成的。图 3.3 所示为铸型的装配图。砂型各组成部分的名称及作用和说明如表 3.1 所示。砂型外围常用砂箱加固。一般铸件的砂型多由上、下两个半型装配组成；有些复杂铸件的砂型可分为多个组元。各组元之间的配合面称为分型面。在分型面上应撒分型砂，使组元在分型面上互不黏合。用于在铸造生产中形成铸件本体的空腔称为型腔。型腔中的型芯可形成铸件上的孔或凹槽等内腔轮廓。型芯上用来安放和固定型芯的部分称为芯头,芯头坐落在砂型的芯座上。

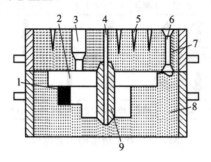

图 3.3　铸型的装配图

1—冷铁;2—型腔;3—冒口;4—排气道;5—通气孔;6—浇注系统;7—上型;8—下型;9—型芯

　　砂型设有浇注系统,金属液从外浇道浇入,经直浇道、横浇道和内浇道流入型腔。型腔最高处开有冒口,冒口的作用是显示金属液是否流满、排除型腔中的气体等。型芯及砂型上均扎有通气孔,以排出浇注时型芯和砂型中的气体。质量合格的砂型应达到以下要求:型腔表面光洁,轮廓清晰,尺寸准确,浇注系统位置开设合理;砂型的紧实程度适当,能承受搬运、翻转和金属液冲刷等外力作用,以及保证砂型排气畅通。

表 3.1　砂型各组成部分的名称及作用和说明

名　　称	作用和说明
上型(上箱)	浇注时砂型的上部组元
下型(下箱)	浇注时砂型的下部组元
分型面	砂型组元间的配合面
型砂	按一定比例配制、经过混制、符合造型要求的混合料
浇注系统	为金属液填充型腔和冒口而开设于砂型中的一系列通道,通常由外浇道、直浇道、横浇道和内浇道组成
冒口	在砂型内储存熔融金属的空腔。该空腔中充填的金属也称为冒口。冒口有时还起排气、集渣的作用
型腔	铸型中造型材料所包围的空腔部分,型腔不包括模样上芯头部分形成的相应空腔
排气道	在型砂和型芯中,为排除浇注时的气体而设置的沟槽或孔道
型芯	为获得铸件的内孔或局部外形,用芯砂或其他材料制成的、安装在型腔内部的砂型组元
出气孔	在砂型或砂芯上,用针或成形扎气板扎出的通气孔,出气孔的底部要与型腔相隔一定距离
冷铁	为加快局部的冷却速度,在砂型、砂芯表面或型腔中安放的金属物

3.2.2　造型(芯)材料

　　造型(芯)材料包括制造砂型的型砂和制造型芯的芯砂,以及砂型和型芯的表面涂料。造型材料性能的好坏将直接影响造型和造芯工艺及铸件质量。型(芯)砂的组成原料有原砂、水、有机黏结剂或者无机黏结剂和其他附加物。

1. 原砂

砂子是型砂及芯砂的骨干材料,属于耐高温的物质。并非所有砂子都能用于铸造,铸造用砂必须满足一定的条件,符合一定的技术要求。最常用的原砂是硅砂,它的二氧化硅含量为$80\% \sim 98\%$,二氧化硅含量越高,杂质含量越少,原砂的耐火度越高。原砂的粒度大小和均匀性、表面状态、颗粒形状对铸造性能有很大影响。

2. 黏结剂

黏结剂的作用是将砂粒黏结起来,从而使型砂具有一定的强度和可塑性。黏土是铸造生产中应用较广的一种黏结剂。此外,水玻璃、植物油、合成树脂、水泥等也是常用的黏结剂。

用黏土作黏结剂制成的型砂又称为黏土砂。黏土砂的结构如图 3.4 所示。黏土资源丰富,价格低廉,耐火度高,复用性好。水玻璃可以适应造型、造芯工艺的多样性,在高温下有较好的退让性。油类黏结剂具有很好的流动性和溃散性、很高的干强度,适合用于制造复杂的砂芯。

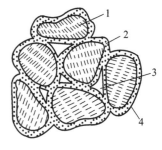

图 3.4　黏土砂的结构
1—砂粒;2—黏土;3—空隙;4—附加物

3. 涂料

为了使铸件表面光洁,防止高温金属液熔化型腔表面的砂粒,造成铸件黏砂,常在型腔和型芯的表面涂刷液状涂料或喷撒粉状涂料。铸铁件的干砂型(芯)用由石墨粉、黏土、水和少量其他添加剂调成的涂料,湿砂型(芯)直接将石墨粉喷撒到砂型(芯)表面;铸钢件熔点高,含碳量低,它的砂型(芯)需用不含碳的硅石粉或锆石粉涂料;有色合金铸件砂型(芯)可用滑石粉涂料。型砂中除含有原砂、黏结剂、水等材料外,还要加入一些辅助材料,如煤粉、重油、锯木屑、淀粉等,使砂型和型芯的透气性、退让性提高,提高铸件的黏砂能力和铸件的表面质量,使铸件具有一些特定的性能。

3.2.3　型(芯)砂的性能要求

砂型芯的材料为型(芯)砂。型(芯)砂的质量直接影响着铸件的质量、生产率和成本。它们必须具备一定的铸造工艺性能,才能保证造型、造芯、起模、修型、下芯、合模、搬运等顺利进行,同时还要能承受高温金属液的冲刷和烘烤。铸件的一些缺陷(如砂眼、夹砂、气孔等)往往与造型材料直接相关,因此要求型(芯)砂要具备以下性能。

1. 透气性

型砂让气体通过的能力称为透气性。当高温金属液浇入砂型时,砂型中的水分在高温作用下会产生水蒸气;有机物挥发、分解和燃烧也会产生大量气体。此外,金属液在熔化过程中所吸收的气体,当金属液冷凝时也会随温度降低而析出。型腔中的空气及浇注时随金属液卷入的气体,都应在金属液开始凝固以前排出型外,否则气体便会留在铸件内,形成内表面光滑的气孔缺陷。

型砂透气性的好坏取决于型砂颗粒间空隙通道的大小和数量。空隙通道越大、数量越多,型砂的透气性就越好。显然,粗颗粒型砂的透气性比细颗粒型砂的好;对于相同粒度的砂子,圆形颗粒型砂的透气性比其他粒型型砂的好。当砂粒间的空隙通道被堵塞时,型砂的透气性就会下降。例如,反复浇注后的旧砂,在高温金属液的热作用和机械作用下会破碎变细,甚至形成部分粉尘,使透气性显著降低。此外,型砂的紧实度过大,透气性也会下降。

2. 强度

紧实的型砂在外力作用下不被破坏的性能称为强度。型砂的强度一般用型砂强度仪进行测定。若型砂的强度不足,当搬运、翻转和经受金属液冲刷时,铸件易产生垮砂、冲砂、砂眼及胀砂等缺陷。型砂的强度过高,会限制型砂自身的受热膨胀、阻碍铸件收缩、降低型砂的透气性,使铸件产生夹砂、裂纹和气孔等缺陷。因此,型砂的强度应适当。

砂子本身无黏结能力,型砂之所以具有强度,主要是因为在砂粒表面黏附着一层均匀的黏结剂膜,它使砂粒间产生黏结强度。黏结剂的质量和用量是决定型砂强度的主要因素。此外,型砂的紧实度也影响其强度。

3. 耐火性

型砂在高温金属液的作用下不软化和不烧结的性能称为耐火性。耐火性差的型砂易被金属液熔化,并黏在铸件表面,产生黏砂缺陷。黏砂严重时,不仅清理铸件困难,而且难以进行切削加工,甚至导致铸件成为废品。

耐火性主要取决于原砂的物理、化学性质。原砂成分越纯,颗粒越粗、越圆,型砂的耐火性越高。

4. 退让性

型砂的体积随铸件的冷凝收缩被压缩的性能称为退让性。型砂的退让性不好,会阻碍铸件自由收缩,使铸件产生裂纹。

凡促使型砂在高温下烧结的因素,均导致型砂的退让性降低。例如,用黏土作黏结剂时,由于黏土在高温下烧结,强度进一步增加,型砂的退让性降低。使用有机黏结剂(如油类、树脂等),在型砂中加入少量木屑等附加物,可提高型砂的退让性。

此外,型砂还需具有回用性好、发气性低和出砂性好等特点。回用性好的型砂可重复使用,由此降低铸件的成本。发气性低的型砂,浇注时自身产生的气体少,铸件不易产生气孔。出砂性好的型砂,浇注冷却后所残留的强度低,铸件易于清理,可以节约工时。

型芯大部分被金属液包围,承受高温金属液流的热作用、冲击力、浮力大,排气条件差,冷却后被铸件收缩力包紧,清理困难,所以对芯砂性能的要求应比型砂高。

5. 型(芯)砂的类型

根据所用黏结剂的不同,型(芯)砂可分为黏土砂、水玻璃砂和树脂砂等类型。

黏土砂是以黏土(包括膨润土和普通黏土)为黏结剂的型砂。它的用量占整个铸造用砂量的 $70\%\sim80\%$。其中湿型砂使用较为广泛,因为:湿型铸造不用烘干,可节省烘干设备和燃料,降低成本;工序简单,生产率高;便于组织流水生产,实现铸造机械化和自动化。由于强度不高,黏土砂不能用于大铸件生产。

为了节约原材料、合理使用型砂,往往把湿型砂分为面砂和背砂两种。与模样接触的那层型砂称为面砂。一般对面砂的强度、透气性等要求较高,面砂需专门配制。远离模样、在砂箱中起填充加固作用的型砂称为背砂。背砂一般使用旧砂。在机械化造型生产中,为了提高生产率、简化操作,一般不分面砂和背砂,而用单一砂。

水玻璃砂是用水玻璃(硅酸钠的水溶液)作为黏结剂配制而成的型砂。水玻璃加入量为砂子质量的 $6\%\sim8\%$。水玻璃砂型浇注前需进行硬化,以提高强度。硬化的方法主要是通入 CO_2,使其产生化学反应后自行硬化。由于取消或缩短了烘干工序,水玻璃砂使大件造型工艺大为简化。但水玻璃砂的溃散性差,落砂、清砂和旧砂回用都很困难,在铸铁件浇注时黏砂严重,故水玻璃砂不适合铸铁件的生产,主要应用在铸钢件的生产中。

树脂砂是以合成树脂(酚醛树脂和呋喃树脂等)为黏结剂的型砂。树脂加入量为砂子质量的 3%～6%,另加入少量的催化剂水溶液,其余为新砂。树脂砂加热后 1～2 min 可快速硬化,干强度很高,做出的砂型尺寸精确、表面光洁。树脂砂的溃散性极好,落砂时只要轻轻敲打铸件,型砂就会自动溃散落下。树脂砂具有快干自硬的特点,造型过程易于实现机械化和自动化。树脂砂主要用于制造复杂的砂芯和大铸件造型。

3.2.4 型(芯)砂的制备

根据在合箱和浇注时的砂型烘干,黏土砂可分为湿型砂、干型砂和表面烘干型砂。湿型砂造型后不需要烘干,生产率高,主要用于小铸件的生产。干型砂需要烘干,主要靠涂料保证铸件表面质量,可采用粒度较粗的原砂。干型砂透气性好,铸件不易产生冲砂、黏砂等缺陷,主要用于浇注中大型铸件。表面烘干型砂只在浇注前将型腔表面用适合的方法烘干至一定的程度。它兼具湿型砂和干型砂的特点,主要用于中型铸件的生产。

型砂和芯砂主要由原砂、黏结剂、附加物和水混制而成。制备型(芯)砂的工序是将上述各种造型材料按一定比例定量加入混砂机,经过混砂过程,在砂粒表面形成均匀的黏结剂膜,使其达到造型或造芯的工艺要求。型(芯)砂的性能可用型砂性能试验仪(如锤击式制样机、透气性测定仪,SQY 液压万能强度试验仪等)进行检测。检测项目包括型(芯)砂的含水量、透气性、强度等。单件小批量生产时,可用手捏法检验型砂的性能,如图 3.5 所示。

(a) 型砂干湿度适当　　　(b) 手放开后可看　　　(c) 折断时断面不碎裂,
　　时,可用手攥成砂团　　　出清晰的手纹　　　　表明有足够的强度

图 3.5　用手捏法检验型砂的性能

3.2.5 模样和芯盒

模样和芯盒是造砂型和型芯的模具。模样的形状和铸件外形相同,只是尺寸比铸件增大了一个合金的收缩量,用来形成砂型型腔。芯盒用来造芯,它的内腔与铸件内腔相似,所造出型芯的外形与铸件内腔相同。图 3.6 所示为零件与模样的关系示意图。

制造模样和芯盒的材料很多,现在使用最多的是木材。使用木材制造出来的模样称为木模,使用金属制造出来的模样称为金属模。木模适用于小批量生产,大批量生产大多采用金属模。金属模比木模耐用,但制造困难,成本高。模样和芯盒的形状尺寸根据零件图的尺寸、加工余量、金属材料及制造和造芯方法确定。

在设计和制造模样和芯盒时,必须注意分型面和分模面的选择。应选择铸件截面尺寸最大、有利于模样从型腔中取出,并方便铸造和有利于保证铸件质量的位置作为分型面。此外还应注意:零件需要加工的表面要留有加工余量;垂直于分型面的铸件侧壁要有起模斜度,以利于起模;模样的外形尺寸要比铸件的外形尺寸大出一个合金收缩量。为了便于造型及避免铸件在冷缩时尖角处产生裂纹和黏砂等缺陷,模壁间交角处做成圆角;铸件上大于 25 mm 的孔均要

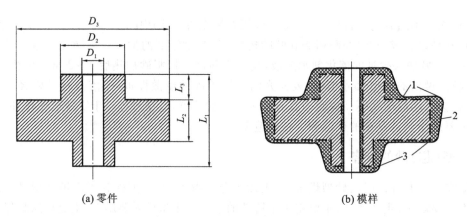

(a) 零件　　　　　　　　　　　　　　　　　(b) 模样

图 3.6　零件与模样的关系示意图

1—铸造圆角；2—起模斜度；3—加工余量

用型芯铸造出。为了安放和固定型芯，型芯上要有芯头。模样的相应部分要有在砂型中形成芯座的芯头，且芯头端部应有斜度。

模样是铸造生产中必要的工艺装备。对于具有内腔的铸件，在铸造时内腔由砂芯形成，因此还需要制造砂芯用的芯盒。模样和芯盒常用木材、金属或塑料制成。在单件、小批量生产时广泛采用木模和芯盒，在大批量生产时多采用金属模或塑料模和芯盒。金属模和芯盒的使用寿命长达 30 万次，塑料模和芯盒的使用寿命最多几万次，而木模和芯盒的使用寿命仅 1 000 次左右。

为了保证铸件的质量，在设计和制造模样和芯盒时，必须先设计出铸造工艺图，然后根据铸造工艺图的形状和尺寸，制造模样和芯盒。在设计铸造工艺图时，要考虑下列问题。

（1）分型面的选择。分型面是上、下砂型的分界面，选择分型面时必须使模样能从砂型中取出，并方便造型和有利于保证铸件的质量。

（2）拔模斜度。为了易于从砂型中取出模样，凡垂直于分型面的表面，要设置 0.5°～4°的拔模斜度。拔模斜度的存在使毛坯上的平直面变为斜面，不利于后期机械加工过程中零件的装夹，所以对于形状简单、无实际起模困难的铸件，可不设置拔模斜度。

（3）加工余量。铸件需要加工的表面，均需留出适当的加工余量（是指为保证零件精度和表面粗糙度，在毛坯上增加的而在切削加工中切除的金属层厚度）。

（4）收缩量。铸件冷却时要收缩，模样的尺寸应考虑铸件收缩的影响。通常用于铸铁件的模样要加大 1%，用于铸钢件的模样要加大 1.5%～2%，用于铝合金件的模样要加大 1%～1.5%。

（5）圆角铸件上各表面的转折处要做成过渡圆角，以利于造型和保证铸件的质量。

（6）芯头有砂芯的砂型，必须在模样上做出相应的芯头。

图 3.7 所示为压盖零件的零件图、铸造工艺图、模样图和芯盒。从图 3.7 中可见，模样的形状和尺寸和零件图往往是不完全相同的：在形状上，模样相对零件增加了斜度、圆角和芯头；在尺寸上，相对于零件，模样的尺寸要大一个加工余量和收缩量。

3.2.6　造型

在砂型铸造中，主要的工作是用型砂和模样制造砂型。按紧实型砂的方法，造型分为手工造型和机械造型。

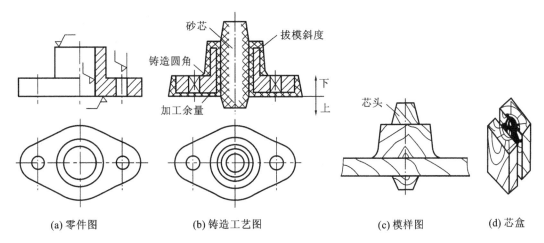

(a) 零件图　　　　　(b) 铸造工艺图　　　　　(c) 模样图　　　(d) 芯盒

图 3.7　压盖零件的零件图、铸造工艺图、模样图和芯盒

1. 手工造型

造型的主要工序为填砂、舂砂、起模和修型。填砂是将型砂填充到已放置好模样的砂箱内，舂砂是把砂箱内的型砂紧实，起模是把形成型腔的模样从砂型中取出，修型是起模后对砂型损伤处进行修理。手工完成这些工序的操作方式即为手工造型。手工造型方法很多，有砂箱造型、脱箱造型、刮板造型、组芯造型、地坑造型和泥芯块造型等。砂箱造型又可分为两箱造型、三箱造型、叠箱造型和劈箱造型等。常用手工造型方法的特点和应用范围如表 3.2 所示。下面介绍几种常用的手工造型方法。

表 3.2　常用手工造型方法的特点和应用范围

分类	造型方法	特　　点			应用范围
		模样结构和分型面	砂　　箱	操　　作	
按模样特征分类	整模造型	整体模；分型面为平面	两个砂箱	简单	较广泛
	分模造型	分开模；分型面多为平面	两个或三个砂箱	较简单	回转类铸件
	活块造型	模样上妨碍起模的部分被做成活块；分型面多为平面	两个或三个砂箱	较费事	单件小批生产
	挖砂造型	整体模，铸件最大截面不在分型面处；造型时须挖去阻碍起模的型砂；分型面一般为曲面	两个或三个砂箱	费事，对操作技能要求高	单件小批生产的中小铸件
	假箱造型	为免去挖砂操作，用假箱；分型面仍为曲面	两个或三个砂箱	较简单	需挖砂造型的成批铸件
	刮板造型	与铸件截面相适应的板状模样；分型面为平面	两箱或地坑	很费事	大中型轮类、管类铸件，单件小批生产

续表

分类	造型方法	特 点			应用范围
		模样结构和分型面	砂 箱	操 作	
按砂箱特征分类	两箱造型	各类模样手工或机器造型均可;分型面为平面或曲面	两个砂箱	简单	较广泛
	三箱造型	铸件截面为中间小、两端大,用两箱造型取不出模样,必须用分开模;分型面一般为平面,有两个	三个砂箱	费事	各种大小铸件,单件小批生产
	地坑造型	中、大型整体模、分开模、刮板模均可;分型面一般为平面	上型用砂箱、下型用地坑	费事	大、中型铸件单件生产

1)整模造型

整模造型的特点是模样为整体式的,砂型的型腔一般只在下箱。造型时,整个模样能从分型面方便地取出。整模造型操作简便,砂型型腔不受上、下砂箱错位的影响,所得砂型型腔的形状和尺寸精度较好,适用于外形轮廓上有一个平面可作分型面的简单铸件,如齿轮坯、轴承、皮带轮、罩等。图 3.8 所示为整模造型的基本工艺过程。

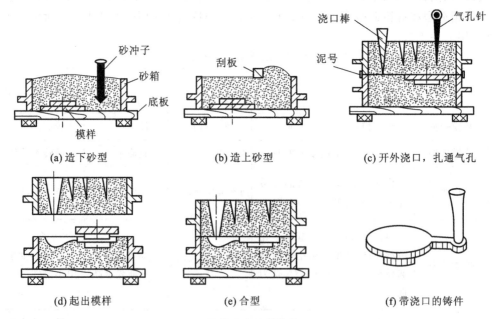

(a) 造下砂型　　　　(b) 造上砂型　　　　(c) 开外浇口,扎通气孔

(d) 起出模样　　　　(e) 合型　　　　(f) 带浇口的铸件

图 3.8　整模造型的基本工艺过程

2)分模造型

分模造型的特点是当铸件截面中间小、两端大时,如果采用整体造型,很难从铸型中起模,因此将模样在最大截面处分开(用销钉定位,可合可分),以便于造型时顺利起模。

分模造型操作较简便,适用于形状较复杂的铸件,广泛用于有孔或带有型芯的铸件,如套筒、水管、阀体、箱体等。图 3.9 所示为轴套零件的分模造型工艺过程。

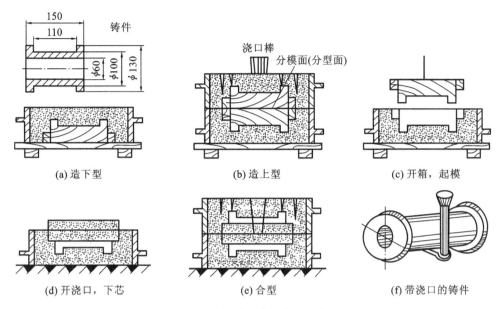

图 3.9　轴套零件的分模造型工艺过程

3）挖砂造型

有些铸件的最大截面在中部,且不宜做成分开结构,必须做成整体,在造型过程中局部被砂型埋住不能起出模样,这时就需要采用挖砂造型,即沿着模样最大截面挖掉一部分型砂,形成不太规则的分型面。手轮的挖砂造型工艺过程如图 3.10 所示。挖砂造型工作麻烦,适用于单件或小批量的铸件生产。对于分型面为阶梯面或曲面的铸件,当生产数量较多时,可用成形底板代替平面底板,并将模样放置在成形底板上造型,省去挖砂操作。成形底板可根据生产数量的不同,用金属或木材制作。如果件数不多,也可用黏土较多的型砂春紧制成砂质成形底板,称为假箱。假箱造型是利用预先制好的成形底板或假箱来代替挖砂造型中所挖去的型砂。用假箱和成形底板造型如图 3.11 所示。

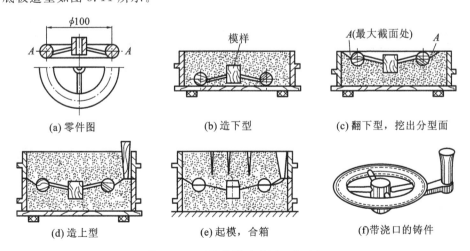

图 3.10　手轮的挖砂造型工艺过程

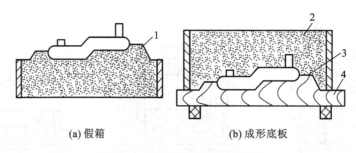

(a) 假箱　　　　　　　　　　　(b) 成形底板

图 3.11　用假箱和成形底板造型

1—假箱；2—下砂型；3—最大分型面；4—成形底板

4）活块造型

有些零件的侧面带有凸台等突起部分，造型时这些突出部分会妨碍模样从砂型中起出，故在模样制作时，将凸起部分做成活块，用销钉或燕尾榫将其与模样主体连接，起模时，先取出模样主体，然后从侧面取出活块．这种造型方法称为活块造型。活块造型的工艺过程如图 3.12 所示。

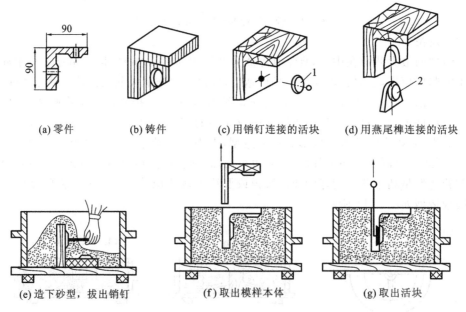

(a) 零件　　　　(b) 铸件　　　　(c) 用销钉连接的活块　　　　(d) 用燕尾榫连接的活块

(e) 造下砂型，拔出销钉　　　　(f) 取出模样本体　　　　(g) 取出活块

图 3.12　活块造型的工艺过程

5）刮板造型

刮板造型是用与铸件断面形状相适应的刮板代替模样的造型方法。造型时，刮板围绕固定轴回转，将型腔刮出。刮板造型的工艺过程如图 3.13 所示。刮板造型可以节省制模时间以及材料，但操作麻烦，要求工人有较高的操作技术，生产率低，多用于制造单件或小批量生产的较大回转体铸件。

6）三箱造型

一些形状复杂的铸件，只用有一个分型面的两箱造型难以正常取出型砂中的模样，必须采用三箱造型或更多箱造型的方法。三箱造型有两个分型面，操作过程较两箱造型复杂，生产率低，只适用于单件小批量生产。三箱造型的工艺过程如图 3.14 所示。

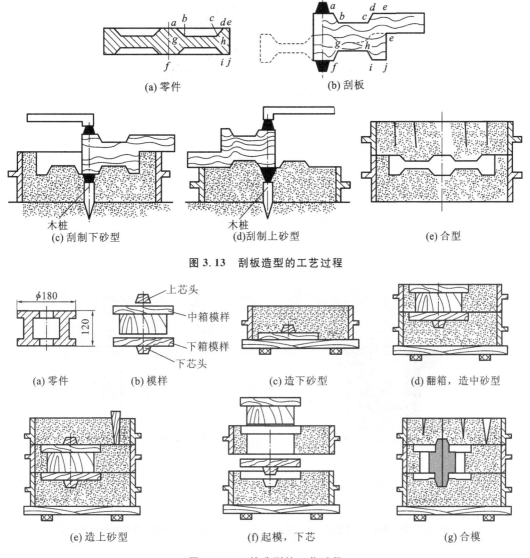

(a) 零件　　　　　　　　　(b) 刮板

(c) 刮制下砂型　　　　(d) 刮制上砂型　　　　(e) 合型

图 3.13　刮板造型的工艺过程

(a) 零件　　　(b) 模样　　　(c) 造下砂型　　　(d) 翻箱，造中砂型

(e) 造上砂型　　　(f) 起模，下芯　　　(g) 合模

图 3.14　三箱造型的工艺过程

7）地坑造型

直接在铸造车间的砂地上或砂坑内造型的方法称为地坑造型。大型铸件单件生产时，为了节省砂箱、降低砂型高度、便于浇注操作，多采用地坑造型。图 3.15 所示为地坑造型结构。造型时需考虑浇注时能顺利将地坑中的气体引出地面，常以焦炭、炉渣等透气物料垫底，并用铁管引出气体。

2. 机械造型

手工造型虽然投资少，灵活性和适应性强，但生产率低，铸件质量差，因此适合单件小批量生产时采用，而成批大量生产时，就要采用机械造型。

用机械全部地完成或至少完成紧砂操作的造型称为机械造型。机械造型实质上是用机械方法取代手工进行造型过程中的填砂、舂砂和起模。填砂过程常在造型机上用加砂斗完成，要

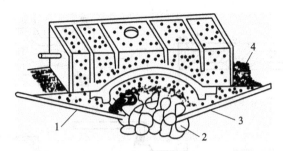

图 3.15 地坑造型结构

1—通气管;2—焦炭;3—草垫;4—定位桩

求型砂松散、填砂均匀。舂砂就是使砂型紧实,达到一定的强度和刚度。型砂被紧实的程度通常用单位体积内型砂的质量表示,称作紧实度。机械造型可以降低工人的劳动强度,提高生产率,保证铸件的质量,适用于批量铸件的生产。

机械造型的主要方法有振压造型、抛砂造型、射砂造型、静压造型、多触头高压造型、垂直分型无箱射压造型、真空密封造型等。振实造型机的工作原理示意图如图 3.16 所示。

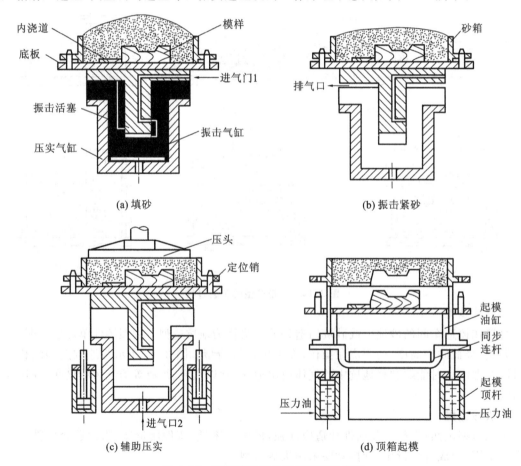

图 3.16 振实造型机的工作原理示意图

机械造型方法的选择应综合考虑多方面的因素。铸件要求精度高、表面粗糙度值低时,选择砂型紧实度高的造型方法;与非铁合金铸件相比,铸钢件、铸铁件对砂型刚度要求高,也应选用砂型紧实度高的造型方法;铸件批量大、产量大时,应选用生产率高或专用的造型设备;铸件形状相似、尺寸和质量相差不大时,应选用同一造型机和统一的砂箱。

机械起模也是铸造机械化生产的一道工序。机械起模比手工起模平稳,能降低工人的劳动强度。机器起模有顶箱起模和翻转起模两种。

1)顶箱起模

顶箱起模如图 3.17 所示。起模时,利用液压或油气压,用 4 根顶杆顶住砂箱四角,使砂箱垂直上升,而固定在工作台上的模板不动,砂箱与模板逐渐分离,实现起模。

2)翻转起模

翻转起模如图 3.18 所示。起模时,用翻台将砂型和模板一起翻转 180°,然后用接箱台将砂型接住,而固定在翻台上的模板不动,接着下降接箱台使砂箱下移,完成起模。

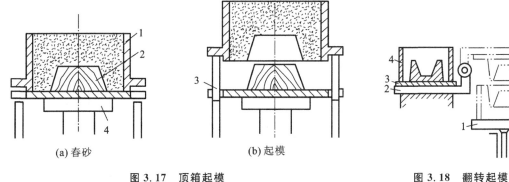

(a)舂砂 (b)起模

图 3.17　顶箱起模 图 3.18　翻转起模

1—砂箱;2—模板;3—顶杆;4—造型机工作台 1—接箱台;2—翻台;3—模板;4—砂箱

3.2.7　造芯

型芯的主要作用是形成铸件的内腔和孔,有时也用于形成铸件外形上妨碍起模的凸台和凹槽。浇注时,型芯被金属液冲刷和包围,因此要求型芯有更好的强度、透气性、耐火性和退让性。

1.造芯工艺

1)放芯骨

芯骨又称为型芯骨,被芯砂包围,作用是加强型芯的强度。通常芯骨由金属制成。根据型芯的尺寸不同,用来制造芯骨的材料、形状也不同。小型芯的芯骨用铁丝、铁钉制成;中、大型型芯一般采用铸铁芯骨(见图 3.19(a))或由型钢焊接而成的钢管芯骨(见图 3.19(b))。为了保证型芯的强度,芯骨应伸入型芯头,但不能露出型芯表面,应有 20~50 mm 的吃砂量,以免阻碍铸件收缩。大型芯骨还需要做出吊环,以利于吊运。

2)开通气孔

在型芯中开设通气孔,可提高型芯的排气能力。通气孔应贯穿型芯内部,并从芯头引出。形状简单的型芯大多用通气针扎出通气孔;对于形状复杂的型芯(如弯曲芯),可在型芯中埋放蜡线,以便在烘干时蜡线熔化或燃烧后形成通气孔;对于大型型芯,为了使气体易于排出和改善制性,可在型芯内部填放焦炭,以减小砂层厚度、增大孔隙。常见的提高型芯通气性的方法如图 3.20 所示。

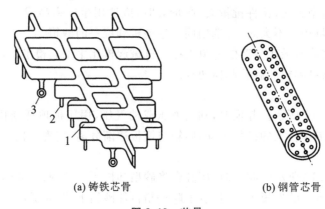

(a) 铸铁芯骨　　　　　　　　　　　　　(b) 钢管芯骨

图 3.19　芯骨

1—芯骨框架；2—芯骨齿；3—吊环

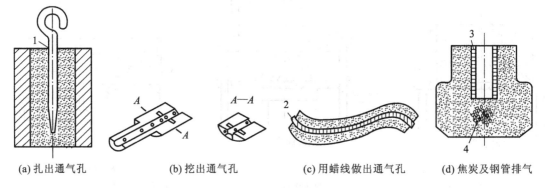

(a) 扎出通气孔　　(b) 挖出通气孔　　(c) 用蜡线做出通气孔　　(d) 焦炭及钢管排气

图 3.20　常见的提高型芯通气性的方法

1—通气针；2—蜡线；3—钢管；4—焦炭

3）上涂料

涂刷涂料可降低铸件表面的粗糙度值，减少铸件黏砂、夹砂等缺陷。一般中、小铸钢件和部分铸铁件可用硅粉涂料，大型铸钢件用刚玉粉涂料，石墨粉涂料常用于铸铁件生产中。

4）烘干

型芯一般需要烘干，以增强透气性和强度。应根据芯砂的成分，选择适当的烘干温度和烘干时间。例如，黏土砂型芯的烘干温度为 250～350 ℃，保温 3～6 h；油砂型芯的烘干温度为200～220 ℃，保温 1～2 h。

2.造芯方法

造芯方法一般分为两种：手工造芯和机械造芯。在单件小批量生产中，大多采用手工造芯；在成批大量生产中，广泛采用机械造芯。

1）手工造芯

手工造芯可分为芯盒造芯和刮板造芯两类。图 3.21 所示为整体翻转式芯盒造芯。

2）机械造芯

机械造芯与机械造型相同，也有振实式、微振压实式和射芯式等多种方法。机械造芯生产率高，型芯的紧实度均匀，质量好，但安放芯骨、取出活块或开气道等工序有时仍需手工完成。

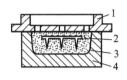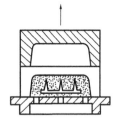

(a) 舂砂，放芯骨 　　(b) 放烘干板 　　(c) 翻转，脱去芯盒

图3.21　整体翻转式芯盒造芯

1—烘干板；2—芯骨；3—型芯；4—芯盒

3.2.8　浇注系统

为了保证金属液能顺利地填充型腔而开设于铸型内部的一系列用来引入金属液的通道称为浇注系统。浇注系统的作用如下。

(1)使金属液平稳地充满铸型型腔，避免冲坏型腔壁和型芯。

(2)阻挡金属液中的熔渣进入型腔。

(3)调节铸型型腔中金属液的凝固顺序。

浇注系统对获得合格铸件、减少金属的消耗有重要作用。合理的浇注系统可以确保得到高质量的铸件，不合理的浇注系统会使铸件产生冲砂、砂眼、渣眼、浇不足、气孔和缩孔等缺陷。

1.浇注系统的组成

典型的浇注系统如图3.22所示。它主要由外浇道、直浇道、横浇道和内浇道组成。

1)外浇道

外浇道又称为外浇口，常用的形式有漏斗形和浇口盆形两种。漏斗形外浇道是在造型时将直浇道上部扩大成漏斗形，结构简单，常用于中、小型铸件的浇注。浇口盆形外浇道用于大、中型铸件的浇注。外浇道的作用是承受来自浇包的金属液的作用，缓和金属液的冲刷，使金属液平稳地流入直浇道。

图3.22　典型的浇注系统

1—外浇道；2—直浇道；3—横浇道；4—内浇道

2)直浇道

直浇道是浇注系统中的垂直通道，一般呈有锥度的圆柱体状。它的作用是将金属液从外浇道平稳地引入横浇道，并形成充型的静压力。

3)横浇道

横浇道是连接直浇道和内浇道的水平通道，截面形状多为梯形。它除了向内浇道分配金属液外，还起到挡渣作用，阻止夹杂物进入型腔。为了便于集渣，横浇道必须开在内浇道上面，末端距最后一个内浇道要有一段距离。

4)内浇道

内浇道是引导金属液流入型腔的通道，截面形状为扁梯形、三角形或月牙形。内浇道的作用是控制金属液流入型腔的速度和方向，调节铸型各部分的温度分布。

2. 浇注系统的类型

1）顶注式浇口

顶柱式浇口金属消耗少,补缩作用少,但容易冲坏砂型和产生飞溅,挡渣作用也差,主要用于浇注不太高且形状简单、薄壁的铸件。

2）底注式浇口

底注式浇口浇注时液体金属流动平稳,不易冲砂和飞溅,但补缩作用较差,不易浇满薄壁铸件,主要用于浇注形状较复杂、壁厚、高度较大的大中型铸件。

3）中间注入式浇口

中间注入式浇口是介于顶注式浇口和底注式浇口之间的一种浇口,开设方便,应用广泛,主要用于浇注不很高但水平尺寸较大的中型铸件。

4）阶梯式浇口

阶梯式浇口由于内浇口从铸件底部、中部、顶部分层开设,因而兼有顶注式浇口和底注式浇口的优点,主要用于浇注高大铸件。

图 3.23 所示为上述几种浇注系统的示意图。

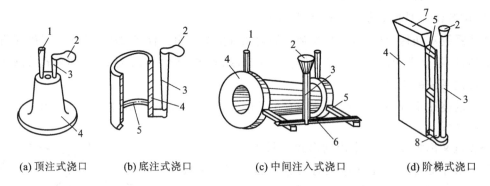

| (a) 顶注式浇口 | (b) 底注式浇口 | (c) 中间注入式浇口 | (d) 阶梯式浇口 |

图 3.23 浇注系统的类型

1—出气口;2—外浇道;3—直浇道;4—铸件;5—内浇道;6—横浇道;7—冒口;8—分配直浇道

3.2.9 冒口和冷铁

1. 冒口

对于大铸件或收缩率大的合金铸件,由于凝固时收缩大,如果不采取措施,在最后凝固的地方(一般是铸件的厚壁部分)会形成缩孔和缩松。为了使铸件在凝固的最后阶段能及时地得到金属液而增设的补缩部分称为冒口。冒口就是为在铸型内储存供补缩铸件用的熔融金属的空腔,也指该空腔中充填的金属。冒口的大小、形状应保证冒口在铸型中最后凝固,这样才能形成由铸件至冒口的凝固顺序。冒口有明冒口和暗冒口两种,如图 3.24 所示。

2. 冷铁

为了增大铸件局部的冷却速度,在砂型、型芯表面或型腔中安放的金属物,称为冷铁。位于铸件下部的厚截面很难用冒口补缩,如果在这种厚截面处安放冷铁,冷铁处的金属液冷却速度较快,可使厚截面处先凝固,从而实现自下而上的顺序凝固。冷铁通常用钢或铸铁制成,分为外

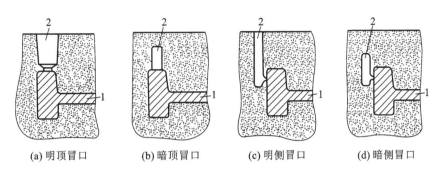

(a) 明顶冒口　　(b) 暗顶冒口　　(c) 明侧冒口　　(d) 暗侧冒口

图 3.24　冒口

1—铸件；2—冒口

冷铁和内冷铁两种，如图 3.25 所示。

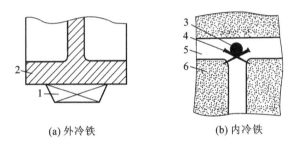

(a) 外冷铁　　　　　　(b) 内冷铁

图 3.25　冷铁

1—冷铁；2—铸件；3—长圆柱形冷铁；4—钉子；5—型腔；6—型砂

3.3　铸造合金及其浇注

3.3.1　铸造合金的种类

铸造用金属材料种类繁多，有铸铁、铸钢、铸造非铁合金等。其中铸铁是应用最广泛的铸造合金。据统计，铸铁件产量约占铸件总产量的 80%。

1. 铸铁

工业上常用的铸铁是碳的质量分数大于 2.11%，以铁、碳、硅为主要元素的多元合金。它具有良好的铸造性能、加工性能、耐磨性能、减振性能、导热性能，硬度适当，而且生产成本低廉。因此，铸铁在工程上有比铸钢更广泛的应用。铸铁的强度较低，塑性较差，所以制造受力大而复杂的铸件，特别是中、大型铸件时，往往采用铸钢。铸铁按用途分为常用铸铁和特种铸铁两大类。常用铸铁包括灰铸铁、球墨铸铁、可锻铸铁、蠕墨铸铁，特种铸铁包括抗磨铸铁、耐腐蚀铸铁等。

2. 铸钢

铸钢包括碳钢（碳的质量分数为 0.20%~0.60% 的铁-碳二元合金）和合金钢（碳钢和其他合金元素组成的多元合金）。铸钢强度较高，塑性较好，具有耐热、耐蚀、耐磨等特殊性能，某些高合金钢具有特种铸铁所没有的良好的加工性能和焊接性能。除用于制造一般工程结构件外，铸钢还广泛用于制造受力复杂、要求强度高且韧性好的铸件,如水轮机转子、高压阀体、大齿轮、辊子、球磨机的衬板和挖掘机的斗齿等。

3. 铸造非铁合金

常用的铸造非铁合金有铸造铜合金、铸造铝合金和铸造镁合金等。其中铸造铝合金应用较为广泛。铸造铝合金密度小,具有一定的强度、塑性和耐腐蚀性能,广泛应用于制造汽车的轮毂,发动机的气缸体、气缸盖、活塞等。铸造铜合金具有比铸造铝合金好得多的力学性能,并具有优良的导电性能、导热性能和耐腐蚀性能,可以用于制造承受高应力、耐腐蚀、耐磨损的重要零件,如阀体、泵体、齿轮、蜗轮、轴承套、叶轮、船舶螺旋桨等。铸造镁合金是目前最轻的金属结构材料,也是21世纪最具有发展前景的金属材料之一,它的密度小于铸造铝合金,但比强度和比刚度高于铸造铝合金。铸造镁合金已经开始广泛应用于汽车、航空航天、兵器、电子电器、光学仪器以及电子计算机等制造部门,如制造飞机的框架、壁板、起落架的轮毂,汽车发动机的气缸盖等。

3.3.2 浇注工艺

将金属液注入铸型的过程称为浇注。浇注是铸造生产中的重要工序,若操作不当会造成冷隔、气孔、缩孔、夹渣和浇不足等缺陷。

1. 准备工作

(1)根据待浇铸件的大小准备浇包并烘干预热,以免导致金属液飞溅和急剧降温。常见的浇包有一人使用的端包、两人操作的抬包和用吊车装运的吊包,容量分别为20 kg、50~100 kg、大于200 kg。

(2)去掉盖在铸型浇道上的护盖并清除周围的散砂,以免落入型腔中。

(3)应明了待浇铸件的大小、形状和浇注系统的类型等,以便正确控制金属液的流量并保证在整个浇注过程中不断流。

(4)浇注场地应畅通,如果地面潮湿、积水,应用干砂覆盖,以免造成金属液飞溅伤人。

2. 浇注方法

1)控制浇注速度

浇注速度要适中:浇注速度太慢会使金属液降温过多,易产生浇不足、冷隔、夹渣等缺陷;浇注速度太快,金属液充型过程中气体来不及逸出,易产生气孔,同时金属液的动压力增大,易冲坏砂型或产生抬箱、跑火等缺陷。浇注速度应根据铸件的大小、形状决定。浇注开始时,浇注速度应慢些,以利于减小金属液对型腔的冲击和气体从型腔排出;随后浇注速度应加快,以提高生产率,并避免产生缺陷;在结束阶段应再降低浇注速度,以防止发生抬箱现象。

2)控制浇注温度

金属液浇注温度,应根据铸件的材质、大小和形状来确定。浇注温度过低时,金属液的流动性差,易产生浇不足、冷隔、气孔等缺陷;浇注温度偏高时,铸件收缩大,易产生缩孔、裂纹、晶粒粗大和黏砂等缺陷。铸铁件的浇注温度一般为1 250~1 360 ℃。形状复杂的薄壁铸件的浇注温度应高些,厚壁、形状简单的铸件的浇注温度可低些。

3）估计好金属液的质量

金属液不够时不应浇注,因为浇注中不能断流。

4）扒渣

为了使熔渣变稠,便于扒出或挡住,可在浇包内金属液液面上加些干砂或稻草灰。浇注前进行扒渣操作,即清除金属液液面的熔渣,以免熔渣进入型腔。

5）引火

用红热的挡渣钩点燃从砂型中逸出的气体,防止一氧化碳等有害气体污染空气和形成气孔。

3.4　铸件的落砂、清理和缺陷分析

3.4.1　落砂

用手工或机械方法使铸件和型砂、砂箱分开的操作,称为落砂,在工厂中又称为开箱或打箱。浇注后的铸件必须有适当的落砂时间和温度:落砂过早,铸件由于温度高、冷却速度快,容易产生变形和裂纹,同时还有可能烫伤操作者;落砂过迟,又会影响铸件的固态收缩和生产率。落砂时间和温度要根据铸件的大小、形状和铸造合金的种类来确定。一般铸铁件的落砂温度为400～500 ℃,有些金属件的落砂温度为低于相变温度 100～150 ℃。单件小批量生产时采用手工落砂,常用的工具有铁锤、铁杆等。落砂时应避免用铁锤敲击砂箱的砂挡和定位部分,也不能敲击铸件的薄壁部分和棱角。成批大量生产时,常用振动落砂机落砂。

3.4.2　清理

对落砂后的铸件必须进行清理。铸件清理包括清除表面黏砂、型芯、浇冒口、飞翅和氧化皮等。对于小型灰铸铁件上的浇冒口,可用手锤或大锤敲掉,敲击时要选好敲击的方向,以免将铸件敲坏,并应注意安全,敲打方向不要正对他人;铸钢件塑性好,浇冒口要用气割切除;有色金属铸件上的浇冒口多用锯削。铸件内腔的型芯可用手工或机械方法清除。手工清除的方法是用钩铲、风铲、铁棍、钢凿和手锤等工具在型芯上慢慢铲削,或者轻轻敲击铸件,振松型芯,使其掉落;机械清除可采用振砂机清砂、水力清砂等方法。表面黏砂、飞翅和浇冒口余痕的清除工作,一般使用钢丝刷、錾子、锉刀等手工工具进行。手工清理的劳动强度大,条件差,效率低,现已多用机械方法代替。常用的清理机械有清理滚筒、喷砂和抛丸机等。清理滚筒是最简单且普遍使用的清理机械。为了提高清理效率,在清理滚筒中可装入一些白口铸铁制的铁星,当清理滚筒转动时,铸件和铁星互相撞击、摩擦而将铸件表面清理干净。清理滚筒的端部有抽气出口,用以所产生的灰尘吸走。

3.4.3　缺陷分析

由于铸造生产工序繁多,产生缺陷的原因相当复杂。常见铸件缺陷的特征及其产生的主要原因如表 3.3 所示。

表 3.3　常见铸件缺陷的特征及其产生的主要原因

名　称	简图及特征	原　因
气孔	 铸件内部或者表面有大小不等的孔眼,孔的内壁光滑,多呈圆形	(1)造型材料水分过多或含有大量发气物质; (2)砂型、型芯透气性差,型芯未烘干; (3)浇注系统不合理,浇注速度过快; (4)浇注温度低,金属液除渣不良,黏度过高; (5)型砂、芯砂和涂料成分不当,与金属液发生反应
缩孔与缩松	 缩孔　　　　　　缩松 (1)缩孔产生于铸件厚断面内部、两交界面的内部及厚断面和厚断面交接处的内部或表面,形状不规则,孔内壁粗糙不平,晶粒粗大; (2)缩松是指在铸件内部微小而不连贯的缩孔聚集在一处或多处,金属晶粒间存在很小的孔眼,水压试验渗水	(1)浇注温度不当,过高易产生缩孔,过低易产生缩松; (2)合金凝固时间过长或凝固间隔过宽; (3)合金中杂质和溶解的气体过多,金属成分中缺少晶粒细化元素; (4)铸件结构设计不合理,壁厚变化大; (5)浇注系统、冒口、冷铁等设置不当,使铸件在冷缩时得不到有效补缩
渣眼	 孔眼内充满熔渣,孔形不规则	(1)浇注温度过低; (2)浇注时断流或浇注速度太慢; (3)浇口位置不当或浇口太小
冷隔	 铸件上有未完全融合的缝隙,接头处边缘圆	(1)浇注温度过低; (2)浇注时断流或者浇注速度太慢; (3)浇口位置不对或浇口太小

名　　称	简图及特征	原　　因
黏砂	铸件表面黏着一层难以除掉的砂粒,使表面粗糙	(1)砂型春得太松; (2)浇注温度过高; (3)砂型的透气性不好
夹砂和结疤	在铸件表面上,有金属夹杂物或片状、瘤状物,表面粗糙,边缘锐利,在金属瘤片和铸件之间夹有型砂	(1)砂型受热膨胀,表层鼓起或开裂; (2)型砂热湿强度较低; (3)型砂局部过紧,水分过多; (4)内浇口过于集中,使局部砂型被烘烤得厉害; (5)浇注温度过高,浇注速度太慢
偏芯	铸件形状和尺寸由于型芯位置偏移而变动	(1)砂型变形; (2)下芯时放偏; (3)型芯没有固定好,浇注时被冲偏
浇不足	铸件未浇满,形状不完整	(1)浇注温度太低; (2)浇注时液体金属量不够; (3)浇口太小或未开出气口
错箱	铸件在分型面处错开	(1)合箱时上、下型未对准; (2)定位销或定位标记不准; (3)造型时上、下砂型未对准

续表

名　称	简图及特征	原　因
热裂和冷裂	 热裂:铸件开裂,裂纹处表面氧化,呈蓝色。冷裂的裂纹处表面不氧化,不发亮	(1)铸件结构设计不合理,厚薄差别大; (2)铸造合金的化学成分不当,收缩大; (3)型砂(芯)的退让性差,阻碍铸件收缩; (4)浇注系统开设不当,使铸件各部分冷却和收缩不均匀,造成过大的内应力

3.5　特种铸造

随着科学技术的发展和生产水平的提高,对铸件质量、劳动生产率、劳动条件和生产成本有了进一步的要求,促使铸造方法有了长足的发展。砂型铸造是铸造中应用最广的一种方法,但砂型铸造的精度低、表面质量差、加工余量大、生产率低,很难满足各种类型生产的需求。为了满足生产的需要,往往采用其他一些铸造方法。除砂型铸造以外的铸造方法统称为特种铸造。特种铸造能获得迅速的发展,主要是由于特种铸造一般能提高铸件的尺寸精度和表面质量,或提高铸件的物理、力学性能。此外,特种铸造大多能提高金属的利用率,减少原料消耗量;有些特种铸造方法更适合用于高熔点、低流动性、易氧化合金铸件的铸造;有些特种铸造方法还能明显改善劳动条件,并便于实现机械化和自动化生产,提高生产率。目前特种铸造方法已发展到几十种,常用的特种铸造方法有金属型铸造、熔模铸造、低压铸造等。

3.5.1　金属型铸造

通过将金属液浇入用金属材料(铸铁或钢)制成的铸型中来获得铸件的方法称为金属型铸造,又称硬模铸造。铸型一般用铸铁、碳钢或低合金钢等金属材料制成,可反复使用,所以金属型铸造有永久型铸造之称。图3.26所示为铸造铝活塞的金属型结构简图。左半型3、右半型7铰接,以开合铸型,由于铝活塞内腔存在销孔内凸台,整体型芯无法抽出,故采用组合金属型芯,浇注后,先抽出中间型芯5,然后取出左侧型芯4、右侧型芯6。由于金属型导热快,且没有退让性和透气性,为保证铸件的质量和延长金属型的使用寿命,必须严格控制金属型铸造工艺。

1. 金属型的铸造工艺

1)喷刷涂料

金属型的型腔和型芯表面必须喷刷涂料。涂料可分衬料和表面涂料两种。前者以耐火材料为主,厚度为0.2～1.0 mm。后者为可燃物质(如油类),每次浇注喷涂一次,以产生隔热气膜。

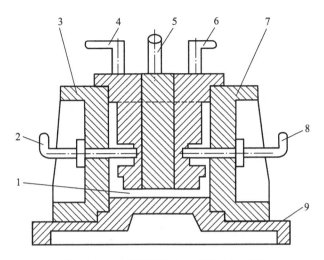

图 3.26 铸造铝活塞的金属型结构简图

1—型腔；2,8—销孔型芯；3—左半型；4—左侧型芯；5—中间型芯；

6—右侧型芯；7—右半型；9—底板

2）金属型工作温度

通常铸铁件的金属型的工作温度为 250～350 ℃，以减缓金属型对浇入金属的激冷作用，减少铸件缺陷。同时，由于这个工作温度减小了金属型与浇入金属的温差，可提高金属型的寿命。

3）出型时间

浇注之后，铸件在金属型内停留的时间越长，铸件的出型和抽芯越困难，铸件的裂纹倾向加剧。同时，铸铁件的白口倾向加剧，金属型铸造的生产率也会降低。为此，应使铸件在凝固后尽早出型。通常小型铸铁件的出型时间为 10～60 s，铸件温度为 780～950 ℃。此外，为避免灰铸铁件产生白口组织，除应采用碳、硅含量高的铁液外，涂料中应加入一些硅铁粉。对于已经产生白口组织的铸件，要利用出型时铸件的自身余热及时进行退火。

2. 金属型铸造的特点和应用

金属型铸造的优点是可"一型多铸"，便于实现机械化和自动化生产，从而大大提高生产率。同时，铸件的精度和表面质量比砂型铸造显著提高（尺寸精度 IT16～IT12，表面粗糙度值 Ra 25～15 μm）。由于结晶组织致密，铸件的力学性能得到显著提高，如铸铝件的屈服强度平均提高 20%。此外，金属型铸造还使铸造车间面貌大为改观，工人的劳动条件得到显著改善。

金属型铸造的主要缺点是金属型的制造成本高、生产周期长。同时，铸造工艺要求严格，否则容易出现浇不足、冷隔、裂纹等铸造缺陷，而灰铸铁件又难以避免白口缺陷。此外，金属型铸件的形状和尺寸也受到一定的限制。

根据铸件的结构特点，金属型的结构类型可分为水平分型式、垂直分型式、复合分型式和铰链开合式四种，如图 3.27 所示。其中垂直分型式开设浇口和取出铸件都较方便，易实现机械化，故应用较多。

金属型铸造的主要特点如下。

（1）一型多铸，生产率高。

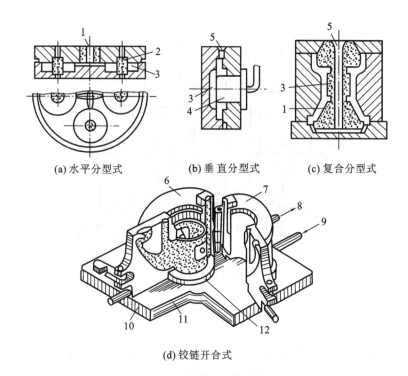

(a) 水平分型式　　　(b) 垂 直 分 型 式　　　(c) 复合分型式

(d) 铰链开合式

图 3.27　金属型的结构类型

1,5—浇口；2—砂芯；3—型腔；4—金属芯；6—左半型；7—右半型；8—冷却水出口；

9—冷却水入口；10—底板；11—冷却水管；12—底型

(2)金属液冷却快,铸件内部组织致密,力学性能较好。

(3)铸件的尺寸精度和表面粗糙度较砂型铸件好。

金属型铸造主要用于铜合金铸件、铝合金铸件的大批量生产,如铝合金活塞、气缸盖、油泵壳体、铜瓦、衬套、轻工业品等。

3.5.2　熔模铸造

熔模铸造又称失蜡铸造,是指用易熔材料(蜡或塑料等)制成精确的可熔性模型,并涂以若干层耐火涂料,经干燥、硬化后形成整体型壳,再将模型熔化以排出型外,经高温焙烧而形成耐火型壳,在型壳中浇注形成铸件的铸造方法。熔模铸造的铸型是没有分型面的。

熔模铸造的主要特点如下。

(1)无起模、分型、合型等操作,能获得形状复杂、尺寸精度高、表面粗糙度小的铸件,故又有精密铸造之称。

(2)适用于各种铸造合金,尤其是高熔点、难加工的耐热合金。

熔模铸造由于受到蜡模强度的限制,目前主要用于生产形状复杂、精度要求高或难以进行锻压、切削加工的中小型铸钢件、不锈钢件、耐热钢件等,如汽轮机的叶片、成形刀具、锥齿轮等。

1.熔模铸造的工艺流程

熔模铸造的工艺流程为:压型制造→蜡模压制→蜡模组装→浸涂料→撒砂→硬化和干燥→

脱蜡→造型→焙烧→浇注→落砂和清理。

图 3.28 所示为熔模铸造的主要工艺流程。

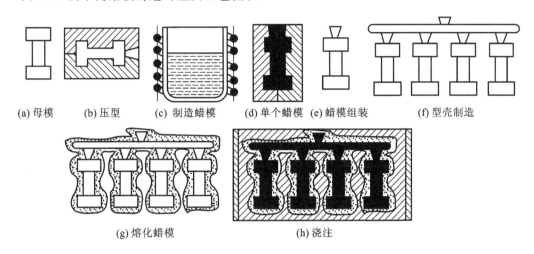

(a) 母模　(b) 压型　(c) 制造蜡模　(d) 单个蜡模 (e) 蜡模组装　(f) 型壳制造

(g) 熔化蜡模　　　　(h) 浇注

图 3.28　熔模铸造的主要工艺流程

1）压型制造

熔模铸造生产的第一道工序就是制造熔模。熔模是用来形成耐火型壳中型腔的模型，所以要获得尺寸精度高和表面粗糙度值小的铸件，首先熔模本身应该具有高的尺寸精度和表面质量。此外，熔模本身的性能还应尽可能使随后的制造型壳等工序简单易行。为了得到上述高质量要求的熔模，除了应有好的压型（压制熔模的模具）外，还必须选择合适的制模材料（简称模料）和合理的制模工艺。小批量生产时，压型材料常使用锡铋合金。锡铋合金容易制造和切削加工。大批量生产时，压型材料常用碳素钢。碳素钢耐磨、寿命长，但制造困难。压型制造要考虑蜡料和铸造合金的双重收缩。

2）蜡模压制

制模材料的性能不仅应保证方便地制得尺寸精确高和表面粗糙度值小、强度好、质量轻的熔模，还要为型壳的制造和获得良好铸件创造条件。模料通常采用蜡料、天然树脂和塑料（合成树脂）配制。配制模料的目的不仅是将组成模料的各种原材料混合成均匀的一体，而且使模料的状态符合压制熔模的要求。配制时，主要用加热的方法使各种原材料熔化混合成一体，而后在冷却情况下，将模料剧烈搅拌，使模料变为糊膏状供压制熔模用。也有将模料熔化为液体直接浇注熔模的情况。生产中大多采用压力把糊状模料压入压型的方法制造熔模。压制熔模之前，需要先在压型表面涂薄层分型剂，以便从压型中取出熔模。压制蜡基模料时，分型剂可采用机油、松节油等；压制树脂基模料时，常用麻油和酒精的混合液或硅油作分型剂。分型剂层越薄越好，以使熔模能更好地复制压型的表面，提高熔模的表面质量。制模材料常用 50% 的石蜡和 50% 的硬脂酸配制而成。这种蜡料的全熔温度为 70～90 ℃，为了加速蜡料凝固，减少蜡料收缩，制模时蜡料是 45～48 ℃ 的糊状稠蜡，用 2～4 个大气压压入制好的压型中成型。从压型中取出模型后放入 14～24 ℃ 的水中冷却，以防止变形。最好使环境温度保持在 18～28 ℃ 范围内，使蜡模具有足够的强度，并保持准确的尺寸和形状。

3）蜡模组装

熔模组装是把形成铸件的熔模和形成浇、冒口系统的熔模组合在一起。熔模组装主要有两种方法：焊接法和机械组装法。焊接法是用薄片状的烙铁，将熔模的连接部位熔化，使熔模焊在一起。此法应用较普遍。机械组装法在大量生产小型熔模铸件时采用。国外已广泛采用机械组装法组合模组。采用此种方法，模组组合效率大大提高，工作条件也得到了改善。若干个蜡模使用蜡料焊接在一个直浇口上，装配成蜡模组。直浇口的中心是一个铁芯，外围是蜡制的直浇口，它的直径较大，同时起补缩冒口的作用。

4）浸涂料

浸涂料是指将蜡模组置于涂料中浸渍，使涂料均匀地覆盖在蜡模组表面。涂料是由耐火材料（石英粉）、黏结剂（水玻璃）组成的糊状混合物，它使型腔获得光洁的面层。涂料一般由55%～60%的石英粉和40%～45%的水玻璃组成。在熔模铸造中用得最普遍的黏结剂是硅酸胶体溶液（简称硅酸溶胶），如硅酸乙酯水解液、水玻璃和硅溶胶等。组成它们的物质主要为硅酸（H_2SiO_3）和溶剂，有时也有稳定剂，如硅溶胶中的NaOH。硅酸乙酯水解液是硅酸乙酯经水解后所得的硅酸溶胶，是熔模铸造中用得最早、最普遍的黏结剂。水玻璃壳型易变形、开裂，用它浇注的铸件尺寸精度和表面质量都较差。但在我国，当生产精度要求较低的碳素钢铸件和熔点较低的有色合金铸件时，水玻璃仍被广泛应用于生产中。硅溶胶的稳定性好，可长期存放，制造型壳时不需要专门的硬化剂，但硅溶胶对熔模的润湿作用稍差，型壳硬化过程是一个干燥过程，需较长时间。

5）撒砂

撒砂是使浸渍涂料的蜡模组均匀地黏附一层耐火材料，以迅速增厚型壳。小批量生产用人工手工撒砂，大批量生产在专门的撒砂设备上撒砂。目前熔模铸造中所用的耐火材料主要为石英和刚玉，以及硅酸铝耐火材料，如耐火黏土、铝矾土、焦宝石等，有时也用锆英石、镁砂（MgO）等。

6）硬化和干燥

为了使耐火材料层结成坚固的型壳，撒砂后应进行硬化和干燥。以水玻璃为黏结剂时，在空气中干燥一段时间后，将蜡模组浸在饱和浓度（25%）的NH_4Cl溶液中1～3 min，这样硅酸凝胶就将石英砂粘得很牢，而后在空气中干燥7～10 min，形成1～2 mm厚的薄壳。

为了使型壳具有一定的厚度和强度，上述的浸涂料、撒砂、硬化及干燥需重复4～6次，最后形成5～12 mm厚的耐火型壳。此外，面层（最内层）所用的石英粉和石英砂应较以后各加固层细小，以获得高质量的型腔表面。

7）脱蜡

为了取出蜡模形成铸型型腔，必须进行脱蜡。最简单的脱蜡方法是将附有型壳的蜡模组浸泡于80～95 ℃的热水中，使蜡料熔化，经朝上的浇口上浮而脱除。脱出的蜡料经回收处理后仍可重复使用。

除上述热水法外，还可用高压蒸汽法脱蜡：将蜡模组倒置于高压釜内，通入2～5个大气压的高压蒸汽，使蜡料熔化。

8)造型

造型是指将脱蜡后的型壳置于铁箱中,周围用粗砂填充的过程。如果在加固层涂料中加入一定比例的黏土形成高强度型壳,则可不经造型过程,直接进入焙烧环节。

9)焙烧

为去除型壳中的水分、残余蜡料和其他杂质,脱蜡后,必须将置于铁箱中的型壳送入 800~1 000 ℃的加热炉中进行焙烧,使型壳强度提高,并且干净。

10)浇注

浇注是指将熔炼出的预定化学成分和温度的金属液趁热浇注到型壳中的过程。熔模铸造时常用的浇注方法有热型重力浇注法和真空吸气浇注法。热型重力浇注法是应用最广泛的一种浇注方法,是指将型壳从焙烧炉中取出后,在高温下进行浇注。此时金属液在型壳中冷却较慢,能在流动性较高的情况下充填铸型,故铸件能很好地复制型腔的形状,可提高铸件的精度。但铸件在热型中的缓慢冷却会使晶粒粗大,这会降低铸件的力学性能。在浇注碳钢铸件时,冷却较慢的铸件表面还易氧化和脱碳,从而降低铸件的表面硬度和尺寸精度,增大表面粗糙度值。真空吸气浇注法是指将型壳放在真空浇注箱中,通过型壳中的微小孔隙吸走型腔中的气体,使液态金属能更好地充填型腔,复制型腔的形状,提高铸件的精度,防止气孔、浇不足等缺陷。

11)落砂和清理

铸件冷却后,破坏型腔,取出铸件,去掉浇口,清理毛刺。熔模铸件清理的内容主要为:从铸件上清除型壳;从浇注系统中取下铸件;去除铸件上所黏附的型壳耐火材料;进行铸件热处理后的清理,如除氧化皮、切边和切除浇口残余等。

2.熔模铸造的特点和应用

熔模铸造的特点是:铸件尺寸精度高,表面粗糙度低;适用于各种铸造合金、各种生产批量;生产工序繁多,生产周期长,铸件不能太大。

熔模铸造主要适用于高熔点合金精密铸件的成批、大量生产,特别是生产形状复杂、难以切削加工的小零件,如汽轮机的叶片。目前熔模铸造在汽车、拖拉机、机床、刀具、汽轮机、仪表、航空、兵器等制造领域已得到广泛应用,成为少切削加工、无切削加工中最重要的工艺方法。

3.5.3 低压铸造

低压铸造是指使液体金属在压力的作用下充填型腔,从而形成铸件的一种方法。由于所用的压力较低,所以称为低压铸造。低压铸造的金属液充型压力介于重力铸造和压力铸造之间。低压铸造在浇注时压力和速度可人为控制,适用于各种不同的铸型;充型压力和时间易于控制,充型平稳;铸件在压力下结晶,自上而下定向凝固,铸件组织致密,力学性能好,金属利用率高,铸件合格率高。

1.低压铸造的工艺

低压铸造的工艺示意图如图 3.29 所示。在密封的坩埚(或密封罐)中,通入干燥的压缩空气,金属液在气体压力的作用下,沿升液管上升,通过浇口平稳地进入型腔,并保持坩埚内液面上的气体压力,一直到铸件完全凝固为止。然后解除液面上的气体压力,使升液管中未凝固的金属液流回坩埚。

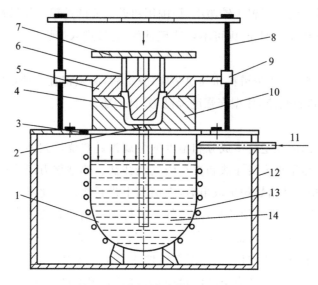

图 3.29　低压铸造的工艺示意图

1—坩埚;2—浇口;3—密封垫;4—型腔;5—上型;6—顶杆;7—顶板;8—导柱;9—滑套;

10—下型;11—压缩空气;12—保温炉;13—液态金属;14—升液管

2. 低压铸造的特点和应用

低压铸造的优点表现在以下方面:液体金属充型平稳;铸件成形性好,有利于形成轮廓清晰、表面光洁的铸件,对于大型薄壁铸件的成形更为有利;铸件组织致密,力学性能高;提高了金属液的利用率;一般情况下不需要开设冒口,这使得金属液的利用率大大提高,一般可达 90%;劳动条件好;设备简单,易于实现机械化和自动化(这也是低压铸造的突出优点)。

低压铸造主要用来生产质量要求高的铝合金铸件、镁合金铸件,如气缸体、气缸盖、曲轴箱、高速内燃机的活塞、纺织机的零件等。

第4章 焊　　接

4.1　焊接概述

焊接是指通过局部加热、局部加压或二者兼用等手段,加填充金属或不加填充金属,使分离的金属材料形成永久性连接的一种加工方法。被焊的金属材料之所以能够形成永久性连接,是因为通过局部加热、局部加压或两者兼用等手段,借助金属表面原子的扩散和结合作用,实现了原子间的结合。不同于螺栓连接和铆钉连接等连接方法,焊接是一种永久连接金属材料的加工方法。

4.1.1　焊接的分类

焊接的种类很多。按焊接过程的特点,焊接可以分成以下三大类。

1. 熔焊

熔焊是指利用局部加热的方法,把两块被焊金属的接头处加热到熔化状态,冷却结晶后形成焊缝而将两块金属连接成为一个整体的焊接方法。熔焊的基本方法有气焊、电弧焊、电渣焊、电子束焊、激光焊等。

2. 压焊

压焊是指对两块被焊金属接头施加压力(加热或不加热),通过焊件的塑性变形而使接头表面紧密接触,彼此连接起来的焊接方法。压焊的基本方法有摩擦焊、超声波焊、扩散焊、电阻对焊和闪光对焊。

3. 钎焊

钎焊是指利用熔点比母材低的填充金属熔化之后,填充接头间隙并与固态母材相互扩散实现连接的焊接方法。

图 4.1 所示为根据焊接过程的特点而划分的基本焊接工艺方法。

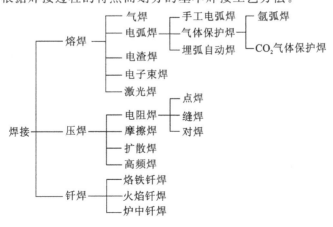

图 4.1　根据焊接过程的特点而划分的基本焊接工艺方法

4.1.2　焊接的优点

与铸造、锻压等其他加工方法比起来,焊接的主要优点如下。

(1)简化了生产工艺。

将大型结构或者复杂部件分成形状简单的几部分分别制造,再将各部分焊接起来,便可获得所要求的大型结构或复杂部件。这种通过化大为小、化复杂为简单的工艺是其他成形加工方法难以做到的。

(2)能焊接异种材料。

焊接既可节省贵重材料,又可保证零部件的使用性能。例如,在碳钢刀杆上焊上硬质合金刀片或者将碳钢钻柄与高速钢刀刃相对接制成车刀和钻头,既可节省硬质合金和高速钢等贵重材料,又可满足刀具高速、重负荷切削加工的要求。此外,利用异种材料的焊接,还可生产复合材料的容器。例如,以廉价的低碳钢为基层,以不锈钢为复层制成的焊接容器,在节约贵重不锈钢的同时还可获得耐蚀、耐热、无磁性等特殊性能。

(3)可修复部分丧失功能的机件。

对于磨损件,采用堆焊的方法在受磨损的部位堆焊上一层耐磨材料,不仅可恢复零件的尺寸和形状,而且可使易磨损部位的耐磨性能得到提高,延长零件的使用寿命。对那些在制造或使用过程中出现裂纹甚至断裂的构件,也可通过适当的焊接工艺来修复。

(4)焊接件质优、生产周期短。

焊接接头性能优良、气密性好、质量轻、节约材料,构件的厚度可在很大范围内选择。此外,焊接结构生产周期短。例如,制造一艘三十万吨的邮轮,采用焊接制造只需三个月,而用铆接方法制造需要一年多的时间。

4.1.3　焊接的应用

焊接的这些优越性,使焊接在现代工业中的应用日趋广泛。到 20 世纪 90 年代,焊接结构不仅取代了铆接结构,还部分替代了铸造结构和锻造结构。如今,采用焊接工艺为国民经济各工业部门生产了各种重要的零部件、构件和装备,如能源工业中的水轮机和汽轮机的主轴和转轮、锅炉、核能设备等,冶金工业中的高炉和炼钢炉壳体、大型轧辊、机架等,机械制造业中的锻压机械、汽车、拖拉机部件和切削加工工具等,石油化工工业中的各种压力容器、管道、反应塔等,船舶和海洋开发中的船体、深潜设备和海洋石油钻井平台等,交通运输业中的桥梁、车辆和起重运输设备等,以及航空航天工业中的高压气瓶、返回舱、飞机和火箭壳体等。

4.2　电弧焊

电弧焊是指利用焊条与焊件间的电弧热熔化焊条和焊件进行手工焊接的过程。在焊接过程中,电弧把电能转化成热能,加热焊件,使焊丝或焊条熔化并过渡到焊缝熔池中去,熔池冷却后形成一个完整的焊接接头。电弧焊机动性强、灵活、适应性强、设备简单耐用、维护费用低,但工人劳动强度大,焊接质量受工人技术水平影响,焊接质量不稳定。电弧焊多用于焊接单件、小批量产品和难以实现自动化加工的焊缝,可焊接板厚在 1.5 mm 以上的各种焊接结构件,并能灵活应用于空间位置不规则焊缝的焊接,适用于碳钢、低合金钢、不锈钢、铜及铜合金等金属材料的焊接。

4.2.1 电弧焊的原理

电弧焊示意图如图 4.2 所示。焊机电源两输出端通过电缆、焊钳和电缆、地线夹头分别与焊条和焊件相连。在焊接过程中,焊条与焊件之间燃烧的电弧热熔化焊条端部和焊件的局部,受电弧力作用,焊条端部熔化后的熔滴过渡到母材上,与熔化的母材融合在一起形成熔池。随着电弧向前移动,熔池中的液态金属逐渐冷却结晶并形成焊缝。

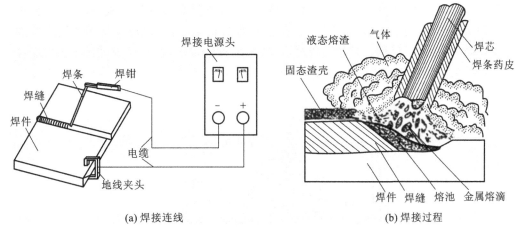

(a) 焊接连线　　　　　　　　　　　　(b) 焊接过程

图 4.2　电弧焊示意图

焊接电弧是指在电极与焊件间的气体介质中强烈和持久的放电现象。电极可以是金属丝、钨极、碳棒或焊条。电弧焊就是利用焊接中电弧放电时产生的热量来加热、熔化焊条(焊丝)和母材,形成焊接接头的。焊接时,采用将焊条与焊件短路的办法来引燃电弧。焊条与焊件接触后立刻拉开并保持 2～4 mm 的距离,即能引燃电弧。焊接电弧的产生过程如图 4.3 所示。

焊接电弧由阴极区、阳极区和弧柱区三个部分组成,如图 4.4 所示。阴极区是电子发射的地方,即靠近阴极很薄的一层(10^{-5}～10^{-6} cm)。发射电子需要消耗一定的能量,所以阴极区产生的热量不多。阳极区是受电子轰击的区域,即靠近阳极很薄的一层(10^{-3}～10^{-4} cm)。高速电子撞击阳极表面并进入阳极区而释放能量,因此阳极区产生的热量较多。弧柱区是指阴极区与阳极区之间的区域,弧柱区的热量是带电粒子相互碰撞复合时释放出来的,弧柱中心温度最高可达 8 000 K,等离子弧温度可达 30 000 K。

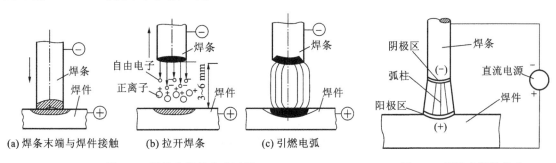

(a) 焊条末端与焊件接触　　(b) 拉开焊条　　(c) 引燃电弧

图 4.3　焊接电弧的产生过程　　　　　　图 4.4　焊接电弧的组成

4.2.2 焊接设备和工具

焊接设备是实现焊接工艺所需要的装备。焊接设备包括弧焊机、焊接工艺装备和焊接辅助器具(如焊钳、面罩、焊条保温桶、敲渣锤和钢丝刷等)等。

1. 弧焊机

弧焊机按电流种类可分为交流弧焊机和直流弧焊机两种。

(1)直流弧焊机。

直流弧焊机的电源输出端有正极、负极之分,焊接时电弧两端极性不变,如图4.5所示。弧焊机正、负两极与焊条、焊件有两种不同的接线法;将焊件接到弧焊机正极,将焊条接到电焊机负极,这种接法称为正接,又称为正极性;反之,将焊件接到电焊机负极,将焊条接到电焊机正极,称为反接,又称为反极性。焊接厚板时,一般采用直流正接,这是因为电弧正极的温度和热量比负极高,采用正接能获得较大的熔深;焊接薄板时,为防止烧穿,常采用反接。在使用碱性低氢钠型焊条时,均采用直流反接。

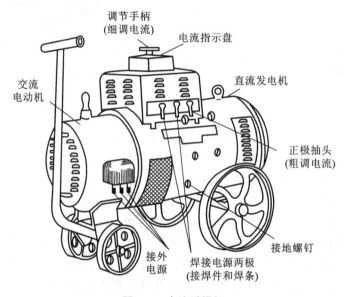

图4.5 直流弧焊机

(2)交流弧焊机。

交流弧焊机又称弧焊变压器,是一种符合焊接要求的降压变压器,如图4.6所示。这种弧焊机具有结构简单、噪声小、价格便宜、使用可靠、维护方便等优点,但它的电流波形为正弦波,输出呈交流下降外特性,电弧稳定性较差,功率因数低。交流弧焊机极少发生磁偏吹现象,空载损耗小,一般应用于手工电弧焊、埋弧自动焊和钨极氩弧焊等。

弧焊机包括焊接能源设备、焊接机头和焊接控制系统。

1)焊接能源设备

焊接能源设备用于提供焊接所需的能量。常用的焊接能源设备是各种弧焊电源,也称电焊机。它的空载电压为60~100 V,工作电压为25~45 V,输出电流为50~1 000 A。进行手工电弧焊时,弧长常发生变化,引起焊接电压变化。为了使焊接电流稳定,所用弧焊电源的外特性应

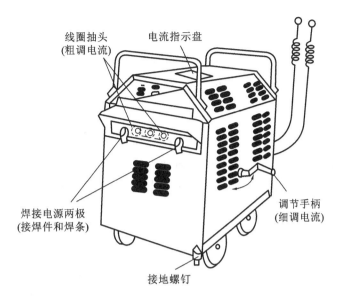

线圈抽头
(粗调电流)

电流指示盘

焊接电源两极
(接焊件和焊条)

调节手柄
(细调电流)

接地螺钉

图 4.6　交流弧焊机

是陡降的,即随着输出电压的变化,输出电流的变化应很小。熔化极气体保护电弧焊和埋弧自动焊可采用平特性电源,它的输出电压在电流变化时变化很小。弧焊电源一般有弧焊变压器、直流弧焊发电机和弧焊整流器。弧焊变压器提供交流电,应用较广。直流弧焊发电机提供直流电,制造较复杂,消耗材料较多且效率较低,有渐被弧焊整流器取代的趋势。弧焊整流器是 20 世纪 50 年代发展起来的直流弧焊电源,采用硅二极管或可控硅作整流器。20 世纪 60 年代出现的用大功率晶体管组成的晶体管式弧焊电源,能获得较高的控制精度和优良的性能,但成本较高。

2)焊接机头

焊接机头的作用是将焊接能源设备输出的能量转换成焊接热,并不断送进焊接材料,同时焊接机头自身向前移动,实现焊接。手工电弧焊用的焊钳,随焊条的熔化,需要不断手动向下送进焊条,并向前移动形成焊缝。自动弧焊机有自动送进焊丝机构,并有焊接机头行走机构使焊接机头向前移动。常用的焊接机头有小车式焊接机头和悬挂式焊接机头两种。电阻点焊和电阻凸焊的焊接机头是电极及其加压机构,用以对焊件施加压力和通电。缝焊另有传动机构,以带动焊件移动。对焊时,需要有静、动夹具和夹具夹紧机构,以及移动夹具焊接设备和顶锻机构。

3)焊接控制系统

焊接控制系统的作用是控制整个焊接过程,包括控制焊接程序和焊接规范参数。一般的交流弧焊机没有焊接控制系统。高效或精密弧焊机用电子电路、数字电路和微处理机进行控制。

2.焊接工艺装备

焊接工艺装备是完成焊接操作的辅助设备,包括:保证焊件尺寸、防止焊接变形的焊接夹具;焊接小型工件用的焊接工作台;将焊件回转或倾斜,使焊接接头处于水平或船形位置的焊接变位机;将焊件绕水平轴翻转的焊接翻转机;将焊件绕垂直轴作水平回转的焊接回转台;带动圆筒形或锥形焊件旋转的焊接滚轮架;焊接大型工件时,带动操作者升降的焊工升降台。

3. 焊接辅助器具

1）焊钳

电弧焊时,用于夹持焊条同时传导焊接电流的器械称为焊钳。手工电弧焊时,用焊钳来夹持和操纵焊条。对焊钳的要求是导电性能好、外壳的绝缘性能好、质量轻、装换焊条方便、夹持牢固和安全耐用等。焊钳如图 4.7(a)所示。

2）面罩

面罩是防止焊接时的飞溅和弧光、紫外线、红外线及其他辐射对焊工面部及颈部损伤的一种遮蔽工具。面罩有手持式和头盔式两种。对面罩的要求是质量轻、坚韧、绝缘性能和耐热性能好。面罩的正面装有护目滤光片,即护目镜,护目镜起减弱弧光强度、过滤红外线和紫外线以保护焊工眼睛的作用。护目镜有各种颜色,从人眼对颜色的适应角度考虑,护目镜以墨绿、蓝绿和黄褐色为好。护目镜的颜色有深浅之分,应根据焊接电流大小、焊接方法以及焊工的年龄和视力情况选用。面罩如图 4.7(b)所示。

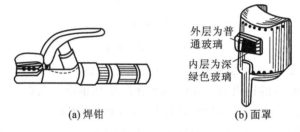

外层为普通玻璃

内层为深绿色玻璃

(a) 焊钳　　　　　　(b) 面罩

图 4.7　焊钳和面罩

3）焊条保温桶

焊条保温桶是装载已烘干的焊条,且能保持一定温度以防止焊条受潮的一种筒形容器。焊条保温桶分为卧式和立式两种。工人可随身携带焊条保温桶,方便取用焊条。通常利用弧焊电源二次电压对焊条保温桶加热,维持焊条药皮含水率不大于 0.4%。

4）清渣锤

清渣锤是尖头锤,用来清除焊缝表面的渣壳。

5）钢丝刷

在焊接之前,钢丝刷用来清除焊件接头处的污垢;在焊后,钢丝刷用来清刷焊缝表面和飞溅物。

6）焊接电缆

焊接电缆常采用多股细铜线电缆,一般可选用 YHH 型电焊橡皮套电缆或 THHR 型电焊橡皮套特软电缆。在焊钳与弧焊机之间起连接作用的电缆称为把线(火线)。在弧焊机与焊件之间用另一根电缆(地线)连接,焊钳外部用绝缘材料制成,具有绝缘和绝热的作用。

4.2.3　焊条

1. 焊条的组成和作用

焊条是由焊芯和药皮两个部分组成的。焊条的结构如图 4.8 所示。

焊芯在焊接回路中作为引燃电弧的一个电极,既可传导电流,又可在电弧热的作用下与药皮同时融化,形成熔池并成为焊缝的填充金属,与熔化了的母材共同组成焊缝金属。焊芯采用

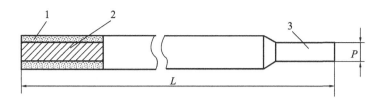

图 4.8 焊条的结构

1—药皮；2—焊芯；3—焊条夹持部分

焊接专用金属丝。常用的焊芯直径有 1.6 mm、2.0 mm、2.5 mm、3.2 mm、4 mm、5 mm 等，焊芯的长度一般为 200～450 mm。

药皮是由稳弧剂、造渣剂、脱氧剂、合金剂、黏结剂、稀渣剂、增塑剂组成的。药皮的原材料归纳起来有矿石、铁合金、有机物和化工产品四类。各种原材料粉末按一定比例配成涂料压涂在焊芯上即成为药皮。表 4.1 所示为结构钢焊条药皮配方示例。焊条药皮的主要作用如下。

表 4.1 结构钢焊条药皮配方示例

焊条型号	人造金刚石	钛白粉	大理石	萤石	长石	菱苦土	白泥	钛铁	45硅铁	硅锰合金	纯碱	云母
E4303	28%	8%	12.4%	—	8.6%	7%	14%	1%	—	14%	—	7%
E5015	—	5	45%	20%	—	—	—	13%	5.5%	7.5%	1%	3%

(1)改善焊接工艺性能。药皮中的稳弧剂具有易于引弧和稳定电弧燃烧的作用，可减少金属飞溅，便于保证焊接质量，并使焊缝成形美观。

(2)机械保护作用。药皮熔化后产生气体和熔渣，隔绝空气，保护熔滴和熔池金属。

(3)冶金处理作用。药皮中的铁合金等能脱氧、去硫、渗合金。碱性焊条的药皮还能去氢。因为碱性焊条的药皮中含有较多的萤石(CaF_2)，氟能与氢结合形成稳定气体 HF，从而防止氢进入熔池产生"氢脆"现象。

2. 焊条的分类、型号和牌号

由于焊条药皮类型不同，焊条的种类繁多。按酸碱度，焊条可分为酸性焊条和碱性焊条。

1) 酸性焊条

药皮熔渣中的酸性氧化物（如 SiO_2、TiO_2、Fe_2O_3）比碱性氧化物（如 CaO、FeO、MnO、Na_2O）多的焊条称为酸性焊条。酸性焊条的焊接工艺性能好，适用于各种电源，可操作性较好，电弧稳定，可交直流两用，飞溅小，脱渣性能好，焊缝外表美观，氧化性强，焊缝金属塑性和韧性较低。酸性焊条成本低，但焊缝塑性、韧性差，渗合金作用较弱，常用于焊接一般钢结构，不宜焊接承受动载荷和强度要求高的重要结构件。

2) 碱性焊条

药皮熔化后形成的熔渣中含碱性氧化物（如 CaO、FeO、MnO、Na_2O 等）比酸性氧化物（如 SiO_2、TiO_2、Fe_2O_3）多的焊条称为碱性焊条或低氢焊条。碱性焊条的熔渣脱硫能力强，焊缝金属中氧、氢和硫的含量低，抗裂性好；但电弧稳定性差，应采用直流反接。碱性焊条一般要求采用直流电源，焊缝的塑性、韧性较好，抗冲击能力强，但可操作性差，电弧不够稳定，价格较高，一般用于焊接较重要的焊接结构或承受动载的结构。

酸性焊条和碱性焊条的比较如表 4.2 所示。

表 4.2　酸性焊条和碱性焊条的比较

焊条	酸性焊条	碱性焊条
特点	药皮氧化性强,脱硫脱磷能力差	药皮还原性强,合金元素氧化烧损少
	焊缝冲击韧度一般	脱硫脱磷能力强,焊缝冲击韧度高
	焊缝含氢量高	焊缝含氢量极低
	焊缝抗裂性能差	焊缝抗裂性能好
	焊条工艺性能(稳弧性、脱渣性、全位置焊接性等)好	焊条工艺性能不如酸性焊条
	对铁锈、油污、水分不敏感	对铁锈、油污、水分敏感,焊条使用前需严格烘干,并保温存放
	焊接烟尘较少	产生 HF 有毒气体,应加强通风
	可交、直流两用	需直流反极性焊接
应用	焊接一般结构件	焊接重要结构(如压力容器和承受动载荷的结构件)

我国将焊条按化学成分分为七大类,即碳钢焊条、低合金钢焊条、不锈钢焊条、堆焊焊条、铸铁焊条、铜及铜合金焊条、铝及铝合金焊条,如表 4.3 所示。其中应用最多的是碳钢焊条和低合金钢焊条。

表 4.3　焊条的分类

国 家 标 准			焊接材料产品样本		
焊条分类	代号	标 准 号	焊条分类	焊条牌号 字 母	焊条牌号 汉 字
碳钢焊条	E	GB/T 5177—2012	结构钢焊条	J	结
低合金钢焊条	E	GB/T 5118—2012	钼及铬-钼耐热钢焊条	R	热
			低温钢焊条	W	温
不锈钢焊条	E	GB/T 983—2012	—	G	铬
				A	奥
堆焊焊条	ED	GB/T 984—2001	堆焊焊条	D	堆
铸铁焊条	EZ	GB/T 1004—2006	铸铁焊条	Z	铸
镍及镍合金焊条	ENi	GB/T 13814—2008	镍及镍合金焊条	Ni	镍
钢及钢合金焊条	ECu	GB/T 3670—1995	钢及钢合金焊条	T	钢
铝及铝合金焊条	EAl	GB/T 3669—2001	铝及铝合金焊条	L	铝
			特殊用途焊条	TS	特

焊条型号是国家标准中的焊条代号。碳钢焊条型号见相关国家标准,如 E4303、E5016 等。"E"表示焊条;前两位数字表示熔敷金属最小抗拉强度代号;第三位数字表示焊条的焊接位置(0 和 1 表示焊条适用于全位置焊接,2 适用于平焊,4 表示适用于立焊);第三位和第四位数字组合时表示焊接电流种类及药皮类型,如"03"为钛型药皮,交流或直流正、反接;"15"为碱性药

皮,直流反接;"16"为碱性药皮,交流或直流反接。后面还可以添加附加代号和所含元素等。焊条型号编制方法示例如图 4.9 所示。

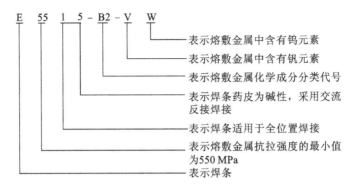

图 4.9 焊条型号编制方法示例

焊条牌号是按焊条的主要用途、性能特点等对焊条产品的具体命名,是焊条行业统一的焊条代号。焊条牌号的表示方法为:一般用一个大写拼音字母和三个数字表示,如 J422、J507 等。拼音字母表示焊条的大类,如"J"表示结构钢焊条(碳钢焊条和普通低合金钢焊条),"B"表示不锈钢焊条,"Z"表示铸铁焊条等;前两位数字表示各大类中若干小类,如结构钢焊条前面两位数字表示焊缝金属抗拉强度等级,单位为 kgf/mm^2,抗拉强度等级有 42、50、70、85 等;最后一个数字表示药皮类型和电流种类。结构钢焊条药皮类型和电源种类编号如表 4.4 所示。

表 4.4 结构钢焊条药皮类型和电源种类编号

编号	1	2	3	4	5	6	7
药皮类型	钛型	钛钙型	钛铁矿型	氧化铁型	纤维素型	低氢钾型	低氢钠型
电源种类	直流或交流	交、直流	交、直流	交、直流	交、直流	交、直流	直流

3.焊条的选用原则

选用焊条的基本原则是在确保焊接结构安全使用的前提下,尽量选用工艺性能好、生产率高的焊条。

1)等强度原则

在焊接接头设计的过程中,必须考虑焊缝金属与母材的匹配问题。对于承载用途的焊接接头,应根据等强度原则,选择熔敷金属的抗拉强度与母材相等或接近母材的焊条。应注意的是,非合金结构(碳素结构)钢、低合金高强度结构钢的牌号是按屈服强度的强度等级确定的,而非合金结构钢、低合金高强度结构钢焊条的等级是指抗拉强度的最低保证值。

2)同成分原则

焊接耐热钢、不锈钢等有特殊性能要求的金属材料时,应选用与焊件化学成分相适应的专用焊条,以保证焊缝的主要化学成分和性能与母材相同。

3)抗裂性原则

焊接刚性大、结构复杂或承受动载的构件时,应选用抗裂性好的碱性焊条。

4)低成本原则

在满足使用要求的条件下,优先选用工艺性能好、成本低的酸性焊条。

此外,根据施焊操作的需要或现场条件的限制,应选择满足一定工艺性能要求的焊条,如全位置焊焊条等。

4.2.4 焊接接头形式、坡口形式及焊接位置

1. 焊接接头形式

在手工电弧焊中,由于焊件厚度、结构形状和对质量要求不同,焊接接头的类型也不同。焊接接头主要可分为对接接头、角接接头、T 形接头、搭接接头四种,如图 4.10 所示。

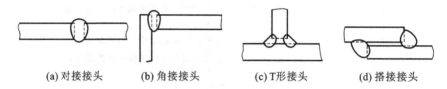

(a) 对接接头　　(b) 角接接头　　(c) T形接头　　(d) 搭接接头

图 4.10　焊接接头的基本类型

1)对接接头

两焊件端面相对平行的焊接接头称为对接接头,如图 4.10 (a)所示。这种焊接接头能承受较大的载荷,是焊接结构中最常用的焊接接头。

2)角接接头

两焊件端面间构成大于 30°、小于 135°夹角的焊接接头称为角接接头,如图 4.10 (b)所示。角接接头焊缝的承载能力不强,所以角接接头一般用于不重要的焊接结构中。

3)T 形接头

一焊件端面与另一焊件表面构成直角或近似直角的接头称为 T 形接头,如图 4.10 (c)所示。这种接头在焊接结构中是较常用的,承受载荷,特别是承受动载荷的能力较强。

4)搭接接头

两焊件重叠放置或两焊件表面之间的夹角不大于 30°构成的端部接头称为搭接接头,如图 4.10(d)所示。搭接接头的应力分布不均匀,承载能力低。在结构设计中,应尽量避免采用搭接接头。

2. 坡口形式

根据设计或工艺的需要,焊接前把两焊件间的待焊处加工成所需的几何形状的沟槽称为坡口。坡口的作用是保证电弧能深入焊缝根部,使根部能焊透,便于清除熔渣,以获得较好的焊缝成形和保证焊缝质量。坡口加工称为开坡口。常用的坡口加工方法有刨削加工、车削加工和乙炔火焰切割加工等。坡口形式应根据焊件的结构、厚度和焊接方法、焊接位置、焊接工艺等进行选择;同时还应考虑保证焊缝焊透、容易加工、节省焊条、焊后减少变形以及提高劳动生产率等问题。

坡口包括斜边和钝边。为了便于施焊和防止焊穿,坡口的下部都要留有 2 mm 的直边,称为钝边。根据坡口形状的不同,坡口可分成 I 形(不开坡口)、Y 形、双 Y 形、U 形和双 U 形等形式,如图 4.11 所示。

焊件厚度小于 6 mm 时,采用 I 形坡口,如图 4.11(a)所示,或者不开坡口,在接缝处留出 0～2 mm 的间隙即可。焊件厚度大于 6 mm 时,应开坡口,坡口形式如图 4.11(b)～(e)所示。其中:Y 形坡口加工方便;双 Y 形坡口焊缝对称,焊接应力和变形小;U 形坡口容易焊透,焊件变形小,用于焊接锅炉。对于高压容器等重要厚重壁件,在板厚相同的情况下,双 Y 形坡口和

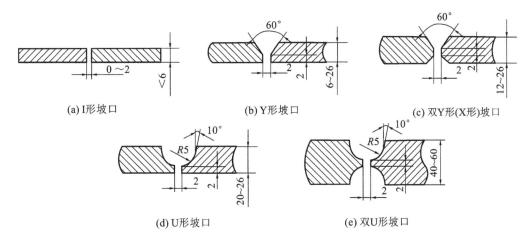

(a) I形坡口　　　　　　　(b) Y形坡口　　　　　　(c) 双Y形(X形)坡口

(d) U形坡口　　　　　　　(e) 双U形坡口

图 4.11　焊缝的坡口形式

U 形坡口的加工比较费时。

　　Y 形坡口为最常见的坡口形式。这种坡口便于加工,焊接时为单面焊,不用翻转焊件,但焊后焊件容易产生变形。双 Y 形坡口焊成对接接头,这种坡口是在单 Y 形坡口的基础上发展起来的。当焊件厚度增大时,Y 形坡口的空间面积随之加大,因此大大增加了填充金属(焊条或焊丝)的消耗量和焊接作业时间。采用双 Y 形坡口后,在同样的厚度下,能减少焊缝金属量约 1/2,并且是对称焊接,所以焊后焊件的残余变形比较小。双 Y 形坡口的缺点是焊接时需要翻转焊件,或需要在圆筒形焊件的内部进行焊接,劳动条件较差。在焊件厚度相同的条件下,U 形坡口的空间面积比 Y 形坡口小得多,所以当焊件厚度较大,只能单面焊接时,为了提高焊接生产率,可采用 U 形坡口。但是由于这种坡口有圆弧,加工比较复杂,特别是在圆筒形焊件的筒壳上加工更加困难。当工艺上有特殊要求时,生产中还经常采用各种比较特殊的坡口。例如,焊接厚壁圆筒形容器时,为了减少容器内部的焊接工作量,可采用双单边 Y 形坡口,即内浅外深。厚壁圆筒形容器的终接环缝采用较浅的 Y 形坡口,而外壁为了减少埋弧自动焊的工作量,可采用 U 形坡口,于是形成一种组合坡口。氩弧焊打底的焊缝采用不留根部间隙的 U 形坡口,根部斜度起减少焊接部位的刚性、预防裂纹的作用。

　　坡口的形式及其尺寸一般随板厚而变化,同时还与焊接方法、焊接位置、热输入量、坡口加工方法和工件材质等因素有关。

　　对 I 形坡口、Y 形坡口和 U 形坡口,采取单面焊和双面焊均可焊透。单面焊和双面焊如图 4.12 所示。当焊件一定要焊透时,在条件允许的情况下,应尽量采用双面焊,因为它能保证焊透。

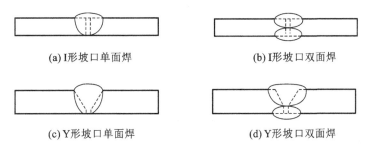

(a) I形坡口单面焊　　　　　　　(b) I形坡口双面焊

(c) Y形坡口单面焊　　　　　　　(d) Y形坡口双面焊

图 4.12　单面焊和双面焊

焊件较厚时,要采用多层焊才能焊满坡口,如图 4.13(a)所示,如果坡口较宽,同一层中还可采用多道焊,如图 4.13(b)所示。多层焊时,要保证焊缝根部焊透,第一层焊道应采用直径为 3~4 mm 的焊条,以后各层可根据焊件厚度选择较大直径的焊条。每焊完一道后,必须仔细检查、清理,才能施焊下一道,以防止产生夹渣、未焊透等缺陷。焊接层数应以每层厚度小于 4~5 mm 的原则确定。当每层厚度为焊条直径的 80%~120% 时,生产率较高。

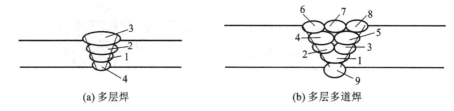

(a) 多层焊　　　　　　　　　(b) 多层多道焊

图 4.13　对接 Y 形坡口的多层焊

3. 焊接位置

熔焊时,焊接位置是指焊件接缝所处的空间位置。按焊缝空间位置的不同,焊接可分为平焊、立焊、横焊和仰焊等四种,如图 4.14 所示。

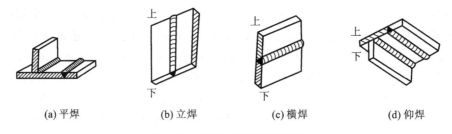

(a) 平焊　　　　(b) 立焊　　　　(c) 横焊　　　　(d) 仰焊

图 4.14　各种空间位置的焊接

焊接位置对施焊的难易程度影响很大,从而也影响了焊接质量和生产率。水平固定管的对接焊缝,包括了平焊、立焊、横焊和仰焊四种焊接位置。在平焊位置施焊时,熔滴可借助重力落入熔池。熔池中的气体、熔渣容易浮出表面。因此,平焊可以用较大电流焊接,生产率高,焊缝成形好,位置操作方便,劳动强度小,熔化金属不会外流,飞溅较少,易于保证焊接质量,平焊位置是最理想的操作空间位置,应尽可能地采用。立焊和横焊熔化金属有下流倾向,不易操作。仰焊位置最差,仰焊操作难度大,不易保证质量,对焊工操作技术要求较高。

4.2.5　焊接工艺参数

焊接工艺参数是为获得质量优良的焊接接头而选定的物理量的总称,包括焊条直径、焊接电流、电弧电压、焊接速度、焊弧长度、焊接层数、电源种类和极性等。焊接工艺参数的选择是否合理,对焊接质量和生产率都有很大影响,其中焊接电流的选择最重要。

1. 焊条直径

焊条电弧焊工艺参数的选择一般是先选择焊条直径,然后根据焊条直径选择焊接电流。焊条直径应根据焊件厚度、接头形式、焊接位置等来加以选择。立焊、横焊和仰焊时,焊条直径不得超过 4 mm,以免熔池过大,导致熔化金属和熔渣下流。平板对接时焊条直径的选择可参考表 4.5。

表 4.5　平板对接时焊条直径的选择

焊件厚度/mm	≤1.5	2.0	3	4～7	8～12	>13
焊条直径/mm	1.6	1.6～2.0	2.5～3.2	3.2～4.0	4.0～4.5	4.0～5.8

2. 焊接电流

焊接电流是电弧焊的主要参数。焊接电流过大或过小都会影响焊接质量。所以应根据焊条的类型、直径、焊件的厚度、接头形式、焊缝空间位置等因素来选择焊接电流,其中焊条直径和焊缝空间位置最为关键。在一般钢结构的焊接中,焊接电流可用以下经验公式进行计算:

$$I = dK$$

式中:I——焊接电流;

　　　d——焊条直径;

　　　K——经验系数。

焊接电流经验系数与焊条直径的关系如表 4.6 所示。

表 4.6　焊接电流经验系数与焊条直径的关系

焊条直径 d/mm	1.6	2.0～2.5	3.2	4～6
经验系数 K/(A/cm)	20～25	25～30	30～40	40～50

另外,立焊时,焊接电流应比平焊时小 15%～20%;横焊和仰焊时,焊接电流应比平焊时小10%～15%。

3. 电弧电压

根据电源特性,由焊接电流决定相应的电弧电压。此外,电弧电压还与电弧长度有关:电弧长,电弧电压高;电弧短,电弧电压低。一般要求电弧长小于或等于焊条直径,即短弧焊。在使用酸性焊条焊接时,为了预热部位或降低熔池温度,有时也将电弧稍微拉长进行焊接,即所谓的长弧焊。

4. 焊接速度

焊接速度是指单位时间所完成的焊缝长度。它对焊缝质量影响也很大。焊接速度由焊工凭经验掌握,在保证焊透和焊缝质量的前提下,应尽量快速施焊。焊件越薄,焊接速度应越快。

5. 焊弧长度

电弧过长,则燃烧不稳定,熔深减小,空气易侵入熔池产生缺陷。电弧长度超过焊条直径者为长弧,反之为短弧。因此,操作时尽量采用短弧以保证焊接质量,即弧长 $L = (0.5～1)d$,一般多为 2～4 mm。

6. 焊接层数

焊接层数应视焊件的厚度而定。除薄板外,一般都采用多层焊。焊接层数过少,每层焊缝的厚度过大,对焊缝金属的塑性有不利的影响。施工中每层焊缝的厚度不应大于 4 mm。

7. 电源的种类和极性

由于采用直流电源时电弧稳定,飞溅小,焊接质量好,所以直流电源一般用在重要的焊接结构或厚板大刚度结构上。在其他情况下,应首先考虑交流弧焊机。根据焊条的形式和焊接特点的不同,利用电弧中的阳极温度比阴极高的特点,选用不同的极性来焊接各种不同的构件。用碱性焊条或焊接薄板时,采用直流反接(焊件接负极);而用酸性焊条时,通常采用直流正接(焊件接正极)。

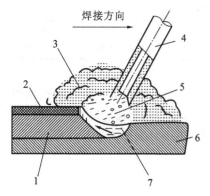

图 4.15 手工电弧焊的焊接过程
1—焊缝；2—熔渣；3—保护气体；4—焊条；
5—熔滴；6—母材；7—焊接熔池

4.2.6 焊接过程和基本操作

手工电弧焊的焊接过程如图 4.15 所示。电弧在焊条和焊件间燃烧，在电弧高温的作用下，焊条和焊件（母材）同时熔化成为熔池。电弧热还使焊条的药皮熔化和燃烧。药皮熔化后和液体金属起物理化学作用，所形成的熔渣不断地从熔池中向上浮起，药皮燃烧产生的大量 CO_2 气流围绕在电弧周围，熔渣和气流可防止空气中氧、氮的侵入，起保护熔化金属的作用。

当电弧向前移动时，焊件和焊条金属不断熔化汇成新的熔池。原先的熔池不断地冷却凝固，构成连续的焊缝。覆盖在焊缝表面的熔渣逐渐凝固成固态渣壳，这层熔渣和渣壳对焊缝成形质量和减缓焊缝金属的冷却速度有着重要的作用。焊后敲去渣壳，即可露出表面呈鱼鳞纹状的焊缝金属。

1. 焊接接头处的清理

焊接前应除尽接头处的铁锈、油污，以便于引弧、稳弧和保证焊缝质量。除锈要求不高时，可用钢丝刷；除锈要求高时，应用砂轮打磨。

2. 操作姿势

焊接时的操作姿势如图 4.16 所示。以对接接头和丁字形接头的平焊从左向右进行操作为例（见图 4.16(a)），操作者应位于焊缝前进方向的右侧，右手握焊钳；左肘放在左膝上，以控制身体上部不做向下跟进动作；大臂必须离开肋部，不要有依托，应伸展自由。

(a) 平焊　　　　　　　　　　　　　(b) 立焊

图 4.16 焊接时的操作姿势

3. 引弧

引弧就是使焊条与焊件之间产生稳定的电弧，以加热焊条和焊件进行焊接的过程。常用的引弧方法有划擦法和敲击法两种，如图 4.17 所示。焊接时将焊条端部与焊件表面通过划擦或轻敲接触，形成短路，然后迅速将焊条提起 2~4 mm，电弧即被引燃。若焊条提起距离太大，则电弧立即熄灭；若焊条与焊件接触时间太长，就会黏条，产生短路，这时可左右摆动，拉开焊条重新引弧，或松开焊钳，切断电源，待焊条冷却后再做处理；若焊条与焊件经接触而未起弧，往往是焊条端部有药皮等妨碍了导电，这时可重击几下，将这些绝缘物清除，露出焊芯金属表面。

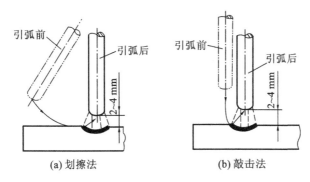

图 4.17 引弧方法

焊接时,一般选择焊缝前端 10~20 mm 处作为引弧的起点。对焊接表面要求很平整的焊件,可以另外用引弧板引弧。如果焊件厚薄不一致、高低不平、间隙不相等,则应在薄处上引弧向厚处施焊,从大间隙处引弧向小间隙处施焊,由低处引弧向高处施焊。

4. 焊接的点固

为了固定两焊件的相对位置,以便施焊,在焊接装配时,每隔一定距离焊上 30~40 mm 长的短焊缝,使焊件相互位置固定,称为点固或定位焊。焊接的点固如图 4.18 所示。

5. 运条

焊条的操作运动简称为运条。焊条的操作运动实际上是一种合成运动,即焊条同时完成三个基本方向的运动:焊条沿焊接方向的前移运动、焊条向熔池方向的送进运动、焊条的摆动运动,如图 4.19 所示。

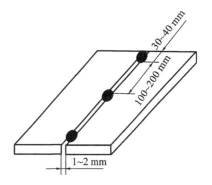

图 4.18 焊接的点固

1)焊条沿焊接方向的前移运动

焊条沿焊接方向前移的速度称为焊接速度。握持焊条前移时,首先应掌握好焊条与焊件之间的角度。各种焊接接头在空间的位置不同,与焊件之间的角度有所不同。例如,平焊时,焊条应向前倾斜 70°~80°,如图 4.20 所示。焊条的角度即焊条在纵向平面内,与正在进行焊接的一点上垂直于焊缝轴线的垂线,向前所成的夹角。此角度影响填充金属的熔敷状态、熔化的均匀性及焊缝外形。合理的焊条角度能避免咬边与夹渣,有利于气流吹去覆盖焊缝表面的熔渣,对焊件起预热和提高焊接速度等作用。

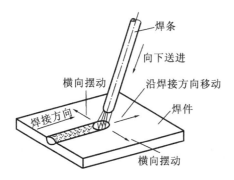

图 4.19 焊条的三个基本方向

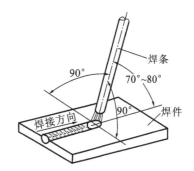

图 4.20 平焊时焊条角度

2）焊条向熔池方向的送进运动

焊条向熔池方向的送进运动是焊条沿轴线向焊件方向的下移运动。维持电弧靠焊条均匀地送进，以逐渐补偿焊条端部的熔化过渡到熔池内。焊条向熔池方向的送进运动应使电弧保持适当长度，以便焊条稳定燃烧。

3）焊条的摆动运动

焊条的摆动运动是指焊条在焊缝宽度方向上的横向运动。摆动焊条是为了加宽焊缝，并使焊接接头达到足够的熔深，同时延缓熔池金属的冷却结晶时间，以利于熔渣和气体浮出。焊缝的宽度和深度之比称为宽深比，窄而深的焊缝易出现夹渣和气孔。焊条电弧焊的宽深比为2～3。焊条摆动幅度越大，焊缝就越宽。焊接薄板时，不必过大摆动焊条，甚至焊条作直线运动即可，这时的焊缝宽度为焊条直径的80%～150%；焊接较厚的焊件，需摆动焊条，焊缝宽度可达直径的3～5倍。根据焊缝在空间中的位置不同，焊条几种简单的横向摆动方式和常用的焊接走势如图4.21所示。

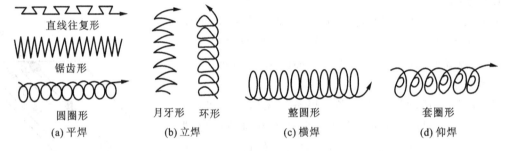

图4.21　焊条几种简单的横向摆动方式和常用的焊接走势

综上所述，引弧后应按三个运动方向正确运条。对接平焊的操作要领是掌握好"三度"：焊条角度、电弧长度和焊接速度。

（1）焊接角度：焊条应向前倾斜70°～80°。

（2）电弧长度：一般合理的电弧长度约等于焊条直径。

（3）焊接速度：合适的焊接速度应使所得焊道的熔宽约等于焊条直径的两倍，此时焊缝表面平整、波纹细密。焊接速度太高时，焊道窄而高，波纹粗糙，熔合不良。焊接速度太低时，熔宽过大，焊件容易被烧穿。

同时要注意，焊接电流要合适，焊条要对正，电弧要低。

6. 灭弧（熄弧）

在焊接过程中，电弧的熄灭是不可避免的。灭弧不好，会形成很浅的熔池，焊缝金属的密度和强度差，因此最易导致裂纹、气孔和夹渣等缺陷。灭弧时，将焊条端部逐渐往坡口斜角方向拉，同时逐渐抬高电弧，以缩小熔池，减小金属量和热量，使灭弧处不致产生裂纹、气孔等缺陷。灭弧时，堆高弧坑的焊缝金属，使熔池饱满地过渡。焊好后，锉去或铲去多余部分。灭弧操作方法有多种，如图4.22所示。图4.22(a)所示是运条至接头的尾部，焊成稍薄的熔敷金属，将运条方向反过来，然后将焊条拉起来灭弧；图4.22(b)所示是将焊条握住不动一定时间，填好弧坑后拉起来灭弧。

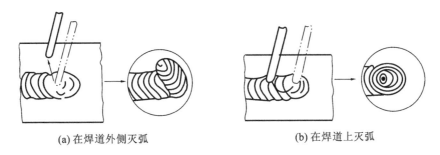

(a) 在焊道外侧灭弧   (b) 在焊道上灭弧

图 4.22 灭弧

7. 焊缝的起头、连接和收尾

1）焊缝的起头

焊缝的起头是指刚开始焊接的部分,如图 4.23 所示。在一般情况下,因为焊件在未焊时温度低,引弧后常不能迅速使温度升高,所以这部分熔深较浅,使焊缝强度减弱。为此,应在起弧后先将电弧稍拉长,以利于对端头进行必要的预热,然后适当缩短弧长,进行正常焊接。

2）焊缝的连接

焊条电弧焊时,由于受焊条长度的限制,不可能一根焊条完成一条焊缝,因而出现了两段焊缝前后之间连接的问题。应使后焊的焊缝和先焊的焊缝均匀连接,避免产生连接处过高、脱节和宽窄不一的缺陷。常用的焊缝连接方式有图 4.24 所示的几种。

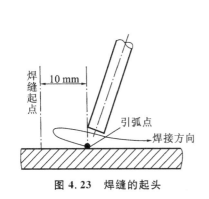

图 4.23 焊缝的起头

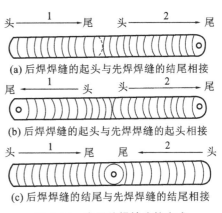

(a) 后焊焊缝的起头与先焊焊缝的结尾相接

(b) 后焊焊缝的起头与先焊焊缝的起头相接

(c) 后焊焊缝的结尾与先焊焊缝的结尾相接

图 4.24 常用的焊缝连接方式

3）焊缝的收尾

焊缝的收尾是指一条焊缝焊完后,应把收尾处的弧坑填满。当一条焊缝结尾时,如果熄弧动作不当,则会形成比母材低的弧坑,从而使焊缝强度降低,并形成裂纹。碱性焊条因熄弧不当而引起的弧坑中常伴有气孔出现,所以不允许有弧坑出现。因此,必须正确掌握焊缝的收尾工作。焊缝收尾方法一般有以下几种。

（1）划圈收尾法。

划圈收尾法如图 4.25(a)所示,电弧在焊缝收尾处作圆圈运动,直到弧坑填满后再慢慢提起焊条熄弧。此方法最宜用于厚板焊接,若用于薄板焊接,则易烧穿薄板。

（2）反复断弧收尾法。

反复断弧收尾法是指在焊缝收尾处在较短时间内，电弧反复熄弧和引弧数次，直到弧坑填满，如图 4.25(b)所示。此方法多用于薄板焊接和多层焊的底层焊中。

（3）回焊收尾法。

回焊收尾法是指电弧在焊缝收尾处停住，同时改变焊条的方向，如图 4.25(c)所示，由位置 1 移至位置 2，待弧坑填满后，再稍稍后移至位置 3，然后慢慢拉断电弧。此方法对碱性焊条较为适用。

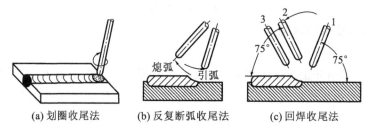

(a) 划圈收尾法　　(b) 反复断弧收尾法　　(c) 回焊收尾法

图 4.25　焊缝收尾方法

8.焊件清理

焊后用钢丝刷等工具将焊渣和飞溅物清理干净。

4.3　气焊和气割

4.3.1　气焊

1.气焊原理

图 4.26　气焊原理图

1—焊件；2—焊丝；3—焊嘴；4—焊缝；5—熔池

利用可燃气体与助燃气体混合燃烧后，产生的高温火焰对金属材料进行熔焊的方法，称为气焊。气焊原理图如图 4.26所示。将乙炔和氧气在焊炬中混合均匀后，从焊嘴喷出燃烧火焰，将焊件和焊丝熔化后形成熔池，待冷却凝固后形成焊缝连接。

气焊所用的可燃气体很多，有乙炔、氢气、液化石油气、煤气等，而最常用的是乙炔。乙炔的发热量大，燃烧温度高，制造方便，使用安全，焊接时火焰对金属的影响最小，火焰温度高达 3 300 ℃。作为助燃气时，氧气的纯度越高，耗气越少。因此，气焊也称为氧-乙炔焊。

2.气焊的特点和应用

1)气焊的特点

（1）火焰对熔池的压力及对焊件的热输入量的调节方便，故熔池温度、焊缝形状和尺寸、焊缝背面成形等容易控制。

（2）设备简单，移动方便，操作易掌握，但设备占用生产面积较大。

（3）焊炬尺寸小、使用灵活，由于气焊热源温度较低，加热缓慢，生产率低，热量分散，热影响区大，焊件有较大的变形，焊接接头质量不高。

（4）适用于各种位置的焊接。

2）气焊的应用

气焊适于焊接厚度在 3 mm 以下的低碳钢薄板、高碳钢薄板、铸铁薄板以及铜、铝等有色金属。在船上无电或电力不足的情况下，气焊能发挥更大的作用。常用气焊火焰对工件、刀具进行淬火处理，对紫铜皮进行回火处理，并矫直金属材料和净化工件表面等。此外，由微型氧气瓶和微型熔解乙炔气瓶组成的手提式或肩背式气焊气割装置，在旷野、山顶、高空作业中应用十分简便。

3.气焊设备

气焊所用设备及气路连接如图 4.27 所示。

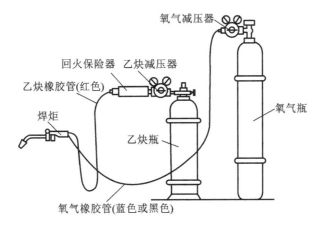

图 4.27 气焊所用设备及气路连接

1）焊炬

焊炬俗称焊枪。焊炬是气焊中的主要设备，它的构造多种多样，但基本原理相同。焊炬是气焊时用于控制气体混合比、流量和火焰并进行焊接的手持工具。焊炬有射吸式和等压式两种，常用的是射吸式焊炬。射吸式焊炬如图 4.28 所示。它是由主体、手把、乙炔阀门、氧气阀门、射吸管、喷嘴、混合管、焊嘴等组成。它的工作原理是：打开氧气阀门，氧气经射吸管从焊嘴快速射出，并在焊嘴外围形成真空而造成负压（吸力）；再打开乙炔阀门，乙炔即聚集在焊嘴的外围；由于氧射流负压的作用，乙炔很快被氧气吸入混合管，并从焊嘴喷出，形成焊接火焰。

射吸式焊炬的型号有 H01-2 和 H01-6 等。其中 H01-2 的意义如图 4.29 所示。

2）乙炔瓶

乙炔瓶是储存、溶解乙炔的钢瓶。在瓶的顶部装有瓶阀供开闭气瓶和装减压器用，并套有瓶帽做保护；在瓶内装有浸满丙酮的多孔性填充物（活性炭、木屑、硅藻土等），丙酮对乙炔有良好的溶解能力，可使乙炔安全地储存于瓶内。当使用时，溶在丙酮内的乙炔分离出来，通过瓶阀输出，而丙酮仍留在瓶内，以便溶解再次灌入瓶中的乙炔；在瓶阀下面的填充物中心部位的长孔内放有石棉绳，用以促使乙炔与填充物分离。

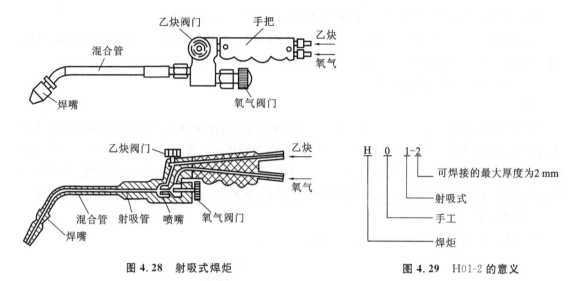

图 4.28　射吸式焊炬　　　　　　图 4.29　H01-2 的意义

乙炔瓶的外壳漆成白色，用红色写明"乙炔"字样和"火不可近"字样。乙炔瓶的容量为40 L,工作压力为 1.5 MPa,而输给焊炬的压力很小,因此乙炔瓶必须配备减压器,同时还必须配备回火安全器。

乙炔瓶一定要竖立放稳,以免丙酮流出。乙炔瓶要远离火源,防止乙炔瓶受热,因为乙炔温度过高会降低丙酮对乙炔的溶解度,从而使瓶内乙炔压力急剧增高,甚至发生爆炸。乙炔瓶在搬运、装卸、存放和使用时,要防止遭受剧烈的振荡和撞击,以免瓶内的多孔性填料下沉而形成空洞,从而影响乙炔的储存。

3)回火安全器

回火安全器又称回火防止器或回火保险器,是装在乙炔减压器和焊炬之间,用来防止火焰沿乙炔橡胶管回烧的安全装置。正常气焊时,气体火焰在焊嘴外面燃烧。但当气体压力不足、焊嘴堵塞、焊嘴离焊件太近或焊嘴过热时,气体火焰会进入焊嘴内逆向燃烧,这种现象称为回火。发生回火时,焊嘴外面的火焰熄灭,同时伴有爆鸣声,随后有"吱吱"的声音。如果回火火焰蔓延到乙炔瓶,就会发生严重的爆炸事政。因此,发生回火时,回火安全器可使回流的火焰在倒流至乙炔瓶以前被熄灭。同时应首先关闭乙炔阀门,然后关闭氧气阀门。

干式回火保险器的核心部件是粉末冶金制造的金属止火管。正常工作时,乙炔推开单向阀,经金属止火管、乙炔橡胶管输往焊炬。产生回火时,高温高压的燃烧气体倒流至回火保险器,由带非直线微孔的金属止火管吸收爆炸冲击波,使燃烧气体的扩张速度趋近于零,而透过金属止火管的混合气体流顶上单向阀,迅速切断乙炔源,有效地防止火焰继续回流,并在金属止火管中熄灭回火的火焰。发生回火后,不必人工复位,又能继续正常使用。

4)氧气瓶

氧气瓶是储存氧气的一种高压容器钢瓶。由于氧气瓶要经受搬运、滚动,甚至还要经受振动和冲击等,因此对氧气瓶的材质要求很高,对氧气瓶的质量要求十分严格,出厂前氧气瓶要经过严格检验,以确保氧气瓶安全可靠。

氧气瓶是一个圆柱形瓶体,瓶体上有防振圈;瓶体的上端有瓶口,瓶口的内壁和外壁均有螺纹,用来装设瓶阀和瓶帽;瓶体的下端还套有一个增强用的钢环圈瓶座,一般为正方形,便于立稳,卧放时也不至于滚动。为了避免腐蚀和产生火花,所有与高压氧气接触的零件都用黄铜制作。氧气瓶外表漆成天蓝色,用黑漆标明"氧气"字样。氧气瓶的容积为 40 L,储氧最大压力为 15 MPa,但提供给焊炬的氧气压力很小,因此氧气瓶必须配备减压器。由于氧气化学性质极为活泼,能与自然界中绝大多数元素化合,与油脂等易燃物接触会剧烈氧化,引起燃烧或爆炸,所以使用氧气时必须注意安全,要隔离火源,禁止撞击氧气瓶,严禁在瓶上沾染油脂,且瓶内氧气不能用完,应留有余量等。

5)减压器

减压器是将高压气体降为低压气体的调节装置,因此,它的作用是减压、调压、量压和稳压。气焊时所需的气体工作压力一般都比较低,如氧气压力通常为 0.2~0.4 MPa,乙炔压力最高不超过 0.15 MPa,因此必须将氧气瓶和乙炔瓶输出的气体经减压器减压后再使用,而且可以调节减压器输出气体的压力。松开调压手柄(逆时针方向),活门弹簧闭合活门,高压气体就不能进入低压室,即减压器不工作,从气瓶来的高压气体停留在高压室的区域内,高压表量出高压气体的压力(也是气瓶内气体的压力)。拧紧调压手柄(顺时针方向),使调压弹簧压紧低压室内的薄膜,再通过传动件将高压室与低压室通道处的活门顶开,使高压室内的高压气体进入低压室,此时的高压气体体积膨胀,气体压力得以降低,低压表可量出低压气体的压力,低压气体从出气口通往焊炬。如果低压室气体压力高了,向下的总压力大于调压弹簧向上的力,即薄膜和调压弹簧受压迫,使活门开启的程度逐渐减小,直至达到焊炬工作压力时,活门重新关闭;如果低压室的气体压力低了,向上的总压力小于调压弹簧向上的力,此时薄膜上鼓,使活门重新开启,高压气体又进入低压室,从而增加低压室的气体压力;当活门的开启度恰好使流入低压室的高压气体流量与输出的低压气体流量相等时,即稳定地进行气焊工作。减压器能自动维持低压气体的压力,只要通过调压手柄的旋入程度来调节调压弹簧压力,就能调整气焊所需的低压气体压力。

6)橡胶管

橡胶管是输送气体的管道,分为氧气橡胶管和乙炔橡胶管两类。需要注意的是,氧气橡胶管和乙炔橡胶管不能混用。国家标准规定,氧气橡胶管为蓝色或黑色,乙炔橡胶管为红色。氧气橡胶管的内径为 8 mm,工作压力为 1.5 MPa;乙炔橡胶管的内径为 10 mm,工作压力为 0.5 MPa 或 1.0 MPa;乙炔橡胶管长一般为 10~15 m。

氧气橡胶管和乙炔橡胶管不可有损伤和漏气发生,严禁使用明火检漏。特别要经常检查橡胶管的各接口处是否紧固,橡胶管有无老化现象,橡胶管是否沾有油污等。

4. 气焊工艺和焊接规范

气焊的接头形式和焊接空间位置等工艺问题的考虑与焊条电弧焊基本相同。气焊尽可能用对接接头,厚度大于 5 mm 的焊件必须开坡口以便焊透。焊前应清除接头处的铁锈、油污、水分等。气焊的焊接规范主要需要确定焊丝直径、焊嘴大小、焊接速度等。

焊丝直径由焊件厚度、接头和坡口形式决定,焊开坡口焊件时第一层应选较细的焊丝。焊丝直径的选用可参考表 4.7。

焊嘴大小影响生产率。对于导热性能好、熔点高的焊件,在保证质量的前提下应选较大号焊嘴(较大孔径的焊嘴)。

平焊时,焊件越厚,焊接速度应越慢。对于熔点高、塑性差的焊件,焊接速度应慢。在保证质量的前提下,尽可能提高焊接速度,以提高生产率。

表 4.7 不同厚度焊件配用焊丝的直径

焊件厚度/mm	1.0~2.0	2.0~3.0	3.0~5.0	5.0~10	10~15
焊丝直径/mm	1.0~2.0	2.0~3.0	3.0~4.0	3.0~5.0	4.0~6.0

4.3.2 气割

1. 气割的原理和应用特点

气割即氧气切割,是指利用割炬喷出乙炔与氧气混合燃烧形成的预热火焰,将金属的待切割处预热到燃烧点(红热程度),并从割炬的另一喷孔高速喷出纯氧气流,使切割处的金属发生剧烈的氧化反应,成为熔融的金属氧化物,同时被高压氧气流吹走,从而形成一条狭小整齐的割缝将金属割开,如图 4.30 所示。气割包括预热、燃烧、吹渣三个过程。气割原理与气焊原理在本质上是完全不同的,气焊是熔化金属,而气割是使金属在纯氧中燃烧(剧烈的氧化),故气割的实质是氧化,并非熔化。由于气割所用设备与气焊基本相同,且操作也有近似之处,因此常把气割与气焊在使用上和场地上放在一起。由气割原理可知,气割的金属材料必须满足下列条件。

(1)金属熔点应高于燃点(即先燃烧后熔化)。在铁碳合金中,碳的质量分数对燃点有很大影响,随着碳的质量分数的增加,合金的熔点降低而燃点提高,所以碳的质量分数越大,气割越困难。当碳的质量分数大于 0.7% 时,燃点高于熔点,故不易气割。铜、铝的燃点比熔点高,故不能气割。

(2)金属氧化物的熔点应低于金属本身的熔点,否则高熔点的氧化物会阻碍下层金属与氧气流接触,使气割困难。有些金属由于形成的氧化物的熔点比金属熔点高,故不易或不能气割。例如,高铬钢或铬镍不锈钢加热形成熔点为 2 000 ℃ 左右的 Cr_2O_3,以及铝合金形成熔点为 2 050 ℃ 左右的 Al_2O_3,所以它们不能用氧-乙炔焰气割,但可用等离子气割法气割。

(3)金属氧化物应易熔化和流动性好,否则不易被氧气流吹走,难以切割。例如,铸铁气割生成很多 SiO_2 氧化物,不但难熔(熔点约为 1 750 ℃),而且熔渣黏度很大,所以铸铁不宜气割。

(4)金属的导热性能不能太好,否则预热火焰的热量和切割中所发出的热量会迅速扩散,使切割处热量不足,切割困难。导热性能好成为不能用一般气割法切割铜、铝及合金的原因之一。

此外,金属在氧气中燃烧时应能发出大量的热量,足以预热周围的金属。另外,金属中所含的杂质要少。

满足以上条件的金属材料有纯铁、低碳钢、中碳钢和低合金结构钢。高碳钢,铸铁,高合金钢,铜、铝等非铁金属及合金,均难以气割。

与一般机械切割相比,气割的最大优点是设备简单,操作灵活、方便,适应性强。它可以在任意位置、任何方向切割任意形状和任意厚度的工件,生产效率高,切口质量也相当好,如图 4.31 所示。进行半自动或自动切割时,由于运行平稳,切口的尺寸精度误差在 ±0.5 mm 以内,表面粗糙度 Ra 值为 25 μm,因而气割在某些地方可代替刨削加工,如厚钢板的开坡口。气割在造船工业中使用较为普遍,特别适用于稍大的工件和特种材料,还可用来割断锈蚀的螺栓和铆钉等。气割的最大缺点是对金属材料的适用范围有一定的限制,但由于低碳钢和低合金钢是应用最广泛的材料,所以气割的应用也就非常普遍了。

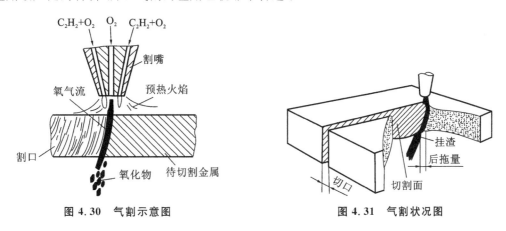

图 4.30　气割示意图　　　　　　　　图 4.31　气割状况图

2. 割炬和气割过程

1)割炬

气割所需的设备中,氧气瓶、乙炔瓶和减压器同气焊一样,所不同的是气焊用焊炬,而气割要用割炬(又称割枪)。

割炬有两根管,一根是预热焰混合气体管,另一根是切割氧气管。割炬比焊炬只多一根切割氧气管和一个切割氧阀门,如图 4.32 所示。此外,割嘴与焊嘴的构造也不同,割嘴的出口有两条通道,周围的一圈是乙炔与氧的混合气体出口,中间的通道为切割氧(即纯氧)的出口,二者互不相通。割嘴有梅花形和环形两种。常用的割炬型号有 G01-30、G01-100 和 G01-300 等,其中"G"表示割炬,"0"表示手工,"1"表示射吸式,"30"表示最大割厚度为 30 mm。同焊炬一样,各种型号的割炬配备几个不同大小的割嘴。

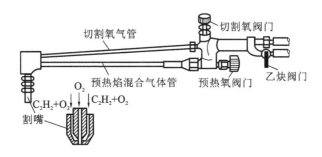

图 4.32　割炬

2)气割过程

这里以气割低碳钢工件为例来介绍气割过程。

先开预热氧阀门及乙炔阀门,点燃预热火焰,调成中性焰,将工件割口的开始处加热到高温(达到橘红色或亮黄色,约为1 300 ℃)。然后打开切割氧阀门,高压的切割气与割口处的高温金属发生作用,发生激烈的燃烧反应,将铁燃烧成氧化铁,氧化铁被燃烧热熔化后,迅速被氧气流吹走,这时下一层碳钢也已被加热到高温,与氧接触后铁继续燃烧和被吹走,因此氧气可将金属自表面烧到底部,随着割炬以一定速度向前移动,即可形成割口。

4.3.3 气焊、气割的基本操作技术

1.气焊的基本操作技术

1)点火

点火之前,先把氧气瓶和乙炔瓶上的总阀打开,转动减压器上的调压手柄(顺时针旋转),将氧气和乙炔调到工作压力。然后,打开焊枪上的乙炔阀门,此时可以把氧气阀门少开一点儿,用氧气助燃点火(用明火点燃),如果氧气阀门开得大,点火时就会因为气流太大而出现"啪啪"的响声,而且点不着。把氧气阀门少开一点儿,虽然也可以点着,但是黑烟较大。点火时,手应放在焊嘴的侧面,不能对着焊嘴,以免点着后喷出的火焰烧伤手臂。

2)调节火焰

刚点火的火焰是碳化焰,逐渐开大氧气阀门,改变氧气和乙炔的比例,根据被焊材料性质及厚度要求,调到所需的中性焰、氧化焰或碳化焰。需要大火焰时,应先把乙炔阀门开大,再调大氧气阀门;需要小火焰时,应先把氧气阀门关小,再调小乙炔阀门。

3)焊接方向

气焊操作是右手握焊炬,左手拿焊丝,可以向右焊(右焊法),也可向左焊(左焊法),如图4.33所示。

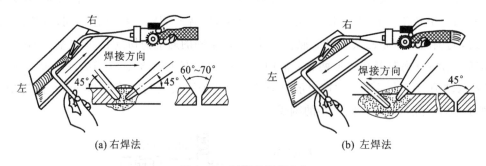

(a) 右焊法　　　　　　　　　　　　　(b) 左焊法

图 4.33　气焊的焊接方向

右焊法是焊炬在前,焊丝在后。这种方法是焊接火焰指向已焊好的焊缝,加热集中,熔深较大,火焰对焊缝有保护作用,容易避免气孔和夹渣,但较难掌握。此种方法适用于较厚焊件的焊接,而一般厚度较大的焊件均采用电弧焊,因此右焊法很少使用。

左焊法是焊丝在前,焊炬在后。这种方法是焊接火焰指向未焊金属,有预热作用,焊接速度较快,可减小熔深和防止烧穿,操作方便,适宜焊接薄板。用左焊法,还可以看清熔池,分清熔池中铁水与氧化铁的界线,因此左焊法在气焊中被普遍采用。

4）施焊方法

施焊时，要使焊嘴轴线的投影与焊缝重合，同时要掌握好焊炬与焊件的倾角 α。焊件越厚，倾角越大；金属的熔点越高，导热性越大，倾角就越大。在开始焊接时，焊件温度尚低，为了较快地加热焊件和迅速形成熔池，α 应该大一些（$80°\sim90°$），喷嘴与焊件近于垂直，使火焰的热量集中，尽快使接头表面熔化。正常焊接时，一般保持 α 为 $30°\sim50°$。焊接将结束时，α 可减至 $20°$，并使焊炬上下摆动，以便断续地对焊丝和熔池加热，这样能更好地填满焊缝和避免烧穿。焊嘴倾角与焊件厚度的关系如图 4.34 所示。

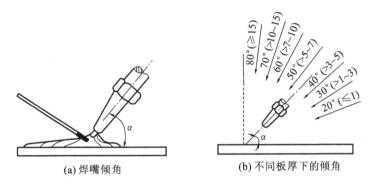

(a) 焊嘴倾角　　　　　　(b) 不同板厚下的倾角

图 4.34　焊嘴倾角与焊件厚度的关系

焊接时，还应注意送进焊丝的方法。焊接开始时，焊丝端部放在焰芯附近预热。待接头形成熔池后，才把焊丝端部浸入熔池。焊丝熔化一定数量后，应退出熔池，焊炬随即向前移动，形成新的熔池。注意焊丝不能经常处在火焰前面，以免阻碍焊件受热；也不能使焊丝在熔池上面熔化后滴入熔池；更不能在接头表面尚未熔化时就送入焊丝。焊接时，火焰内层焰芯的尖端要距离熔池表面 $2\sim4$ mm，形成的熔池要尽量保持瓜子形、扁圆形或椭圆形。

5）熄火

焊接结束时应熄火。熄火之前一般应先把氧气阀门关小，然后将乙炔阀门关闭，最后关闭氧气阀门，火即熄灭。如果将氧气阀门关闭后再关乙炔阀门，就会有余火窝在焊嘴里，不容易熄火，这是很不安全的（特别是当乙炔阀门关闭不严时，更应注意）。此外，这样熄火黑烟也比较大，如果不调小氧气阀门而直接关闭乙炔阀门，熄火时会产生很响的爆裂声。

6）回火的处理

在焊接操作中有时焊嘴头会出现爆响声，随着火焰自动熄灭，焊枪中会有"吱吱"响声，这种现象称为回火。由于氧气压力比乙炔压力高，可燃混合气会在焊枪内燃烧，并很快扩散在导管中而产生回火。如果不及时消除回火，不仅会使焊枪和橡胶管烧坏，还会使乙炔瓶发生爆炸。所以当遇到回火时，不要紧张，应迅速在焊炬上关闭乙炔阀门，同时关闭氧气阀门，等回火熄灭后，再打开氧气阀门，吹除焊炬内的余焰和烟灰，并将焊炬的手柄前部放入水中冷却。

2. 气割的基本操作技术

1）气割前的准备

气割前，应根据工件厚度选择好氧气的工作压力和割嘴的大小，把工件割缝处的铁锈和油污清理干净，用石笔划好割线，平放好工件。在割缝的背面应有一定的空间，以便切割气流冲出来时不致遇到阻碍，同时还可散放氧化物。

握割枪的姿势与气焊时一样，右手握住枪柄，大拇指和食指控制调节氧气阀门（即预热氧阀门），左手扶在割枪的高压管子上，同时大拇指和食指控制高压氧气阀门（即切割氧阀门）。右手臂紧靠右腿，在切割时随着腿部从右向左移动进行操作，这样手臂有个依靠，切割起来比较稳当，特别是当切割没有熟练掌握时更应该注意这一点。

点火动作与气焊时一样，首先把乙炔阀门打开，氧气阀门可以稍开一点儿。点着后将火焰调至中性焰（割嘴头部是蓝白色圆圈），然后把高压氧气阀门打开，看原来的加热火焰是否在氧气压力下变成碳化焰。同时还要观察，在打开高压氧气阀门时割嘴中心喷出的风线是否垂直清晰，然后方可切割。

2）气割操作要点

（1）气割一般从工件的边缘开始。如果要在工件中部或内部切割，应在中间处先钻一个直径大于 5 mm 的孔，或开出一孔，然后从孔处开始切割。

（2）开始气割时，先用预热火焰加热开始点（此时高压氧气阀门是关闭的），预热时间应视金属温度情况而定，一般加热到工件表面接近熔化（表面呈橘红色或亮黄色）。这时轻轻打开高压氧气阀门，开始气割。如果预热的地方切割不掉，说明预热温度太低，应关闭高压氧气阀门继续预热预热火焰的焰芯前端（应离工件表面 2～4 mm），同时注意割炬与工件间应有一定的角度，如图 4.35 所示。当气割 5～30 mm 厚的工件时，割炬应垂直于工件；当工件的厚度小于 5 mm时，割炬可向后倾斜 5°～10°；若工件的厚度超过 30 mm，在气割开始时割炬可向前倾斜 5°～10°，待割透时，割炬可垂直于工件，直到气割完毕。如果预热的地方被切割掉，则继续加大高压氧气量，使切口深度加大，直至全部切透。

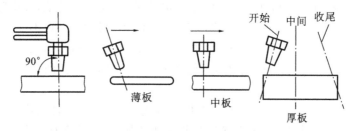

图 4.35　割炬与工件之间的角度

（3）气割速度与工件厚度有关。一般而言，工件越薄，气割的速度越快，反之则越慢。气割速度还要根据切割中出现的一些问题加以调整：当看到氧化物熔渣往下冲或听到割缝背面发出"喳喳"的气流声时，可将割炬匀速地向前移动；在气割过程中金属物熔渣往上冲，说明未打穿，这往往是由金属表面不纯、红热金属散热和切割速度不均匀所导致的，这种现象很容易使燃烧中断，所以必须继续供给预热火焰，并将切割速度稍为减慢，待打穿正常起来后再保持原有的速度前进。割炬在前面走，后面的割缝又逐渐地熔结起来，说明气割速度太慢或供给的预热火焰太大，必须对气割速度和预热火焰加以调整再往下割。

4.4　常见焊接缺陷及其检验方法

为了确保在焊接过程中焊接接头的质量符合设计要求和工艺要求，应在焊接前和焊接过程中对被焊金属材料的可焊性、焊接工艺、焊接规范、焊接设备和焊工的操作进行检验，并对焊成的焊件进行全面检查。

4.4.1 常见的焊接缺陷

按在焊缝中的位置,焊接缺陷可分为外部缺陷和内部缺陷两大类。外部缺陷位于焊缝的外表面,可直接或用低倍的放大镜观察到。外部缺陷主要包括焊缝尺寸不符合要求、咬边、焊瘤、塌陷、表面气孔、表面裂纹、烧穿等。内部缺陷主要包括未焊透、内部气孔、内部裂纹、夹渣等。内部缺陷位于焊缝内部,需要采用无损探伤法或通过破坏性试验才能发现。常见焊接缺陷的特征和产生原因如表 4.8 所示。

表 4.8　常见焊接缺陷的特征和产生原因

缺陷名称	缺陷形状	特　征	产生原因
夹渣		焊后熔渣残留在焊缝中	焊接电流小、焊接速度快、熔池温度低等原因使熔渣流动性差,从而使熔渣残留而未能浮出;多层焊时层间清理不彻底等
咬边		沿焊趾的母材部分产生沟槽或凹陷	焊接电流过大,运条角度不合适,焊接电弧过长,角焊缝时焊条角度不正确等
气孔		焊接时熔池中的气泡在焊池凝固时未能逸出而留下形成空穴	熔池凝固时,熔池中的气体未能逸出,在焊缝中形成气孔。焊件表面不干净,焊条潮湿,焊接速度过高,焊接材料中碳、硅含量较高,易产生气孔
裂纹		热裂纹是焊接接头的金属冷却到固相线附近的高温区产生的焊接裂纹;冷裂纹是焊接接头冷却到较低温度时产生的焊接裂纹	热裂纹形成的主要原因是焊缝金属中含有较多的硫、磷杂质,冷裂纹的产生是因为焊缝及母材中含有较多的氢、结构的刚度大、焊件的淬硬倾向大
未熔合		焊缝与母材之间未完全熔化结合	焊接电流小、焊接速度快造成坡口表面或先焊焊道表面来不及全部熔化。此外,运条时焊条偏离焊缝中心坡口和焊道表面未清理干净也会造成未熔合
未焊透		焊接接头根部未完全熔透	焊接电流小、焊接速度快;坡口角度太小,钝边太厚,间隙太窄;操作时焊条角度不当,电弧偏吹等
焊瘤		熔化金属流淌到焊缝之外未熔化的母材上形成金属瘤	焊工操作不熟练,运条角度不当,焊接电流和电弧电压过大或过小等

缺陷名称	缺陷形状	特　征	产生原因
烧穿		熔化金属自坡口背面流出,形成穿孔	多发生在第一层焊道或薄板的对接接头中,主要原因是焊接电流太大、钝边过薄、间隙太宽、焊接速度太低或电弧停留时间太长等

4.4.2　焊接检验

焊接检验指在焊前和焊接过程中对影响焊接质量的因素进行系统的检查。焊接检验包括焊前检验和焊接过程中的质量控制,主要内容包括以下方面。

1)对原材料的检验

原材料指被焊金属和各种焊接材料,在焊接前必须查明牌号和性能,要求符合技术要求、牌号正确、性能合格。如果被焊金属材质不明,应进行适当的成分分析和性能实验。选用焊接材料(焊条)是焊接前准备工作的重要环节,焊接材料的选择将直接影响焊接质量,因而必须鉴定焊接材料的质量、工艺性能,做到合理选择、正确保管和使用。

2)对焊接设备的检查

在焊接前,应对焊接电源和其他焊接设备进行全面、仔细的检查。检查的内容包括焊接设备工作性能是否符合要求、运行是否安全可靠等。

3)对装配质量的检查

一般焊件焊接工艺过程主要包括备料、装配、点固、预热、焊接、焊后热处理和检验等工作。为了确保焊接质量,焊接区应清理干净,特别是坡口的加工及其表面状况会严重影响到焊缝质量,坡口尺寸应符合设计要求,且在整条焊缝长度上均匀一致;坡口边缘应平整光洁。采用氧气切割时,坡口两侧的棱角不应熔化。对于坡口上和坡口附近的污物(如油漆、铁锈、油脂、水分、气割的熔渣等),应在焊前清除干净 。点固时,应注意检查焊缝的对口间隙、错口和中心线偏斜程度,坡口上母材的裂纹、分层都是产生焊接缺陷的因素。只有在确保焊接质量符合设计规定的要求后,才能进行焊接。

4)对焊接工艺和焊接规范的检查

焊工在焊接的过程中,焊接工艺参数和焊接顺序都必须严格按照工艺文件规定的焊接规范执行。焊工的操作技能和责任心对焊接质量有直接的影响,按规定经过培训、考试合格并持有上岗证书的焊工才能焊接正式产品 。焊工在焊接过程中应随时检查焊接规范是否有变化。焊条电弧焊时,焊工要随时注意焊接电流的大小;气体保护焊时,焊工应特别注意气体保护的效果。

对于重要工件的焊接,特别是新材料的焊接,焊前应进行工艺性能试验,并制定出相应的焊接工艺措施。焊工需先进行练习,在掌握了规定的工艺措施和要求并能熟练操作后,才能正式进行焊接作业。

5)焊接过程中的质量控制

为了鉴定在一定工艺条件下焊成的焊接接头是否符合设计要求,应在焊前和焊接过程中焊制样品。有时也可从实际焊件中抽出代表性试样,通过外观检查和探伤试验,然后加工成试样,进行各项性能试验。在焊接过程中,若发现有焊接缺陷,应查明焊接缺陷的性质、大小、位置,找出原因并及时进行处理 。对于全焊接结构,还要做全面强度试验。对于容器,要进行致密性试验和水压试验等。

在整个焊接过程中都应有相应的技术记录,要求每条重要焊缝在焊后都要打上焊工钢印,作为技术的原始资料,便于今后检查。

生产实践表明,平焊(尤其是船形焊)焊缝的质量容易保证,缺陷少;而仰焊、立焊等,既不易操作,又难以保证质量。必要时,应尽可能利用胎具、夹具,把要焊的地方调整到平焊位置,以保证焊接质量。同时,利用胎具、夹具对焊件进行定位夹紧,还可有效地减少焊接变形,保证焊接过程中焊件和焊接的稳定性,这对于保证装配质量、焊缝质量以及焊接的机械化和自动化都十分有利。

4.5 其他焊接技术

4.5.1 电阻焊

电阻焊是指将焊件压紧于两电极之间,并通以电流,利用电流通过焊件接触处产生的电阻热将焊件局部加热到塑性或熔化状态,使之形成金属结合的焊接方法。与其他焊接方法相比,电阻焊具有生产率高,无须添加焊接材料,易于实现机械化、自动化,劳动条件好等优点。电阻焊设备较复杂,耗电量大,适用的接头形式与可焊工件的厚度(或断面)受到限制。电阻焊可分为点焊、缝焊和对焊等。

1. 点焊

点焊是指利用柱状电极加压通电,在搭接焊件接触面之间焊成一个个焊点的一种焊接方法。点焊示意图如图 4.36 所示。

点焊时,先加压使两焊件紧密接触,然后接通电流。因为两焊件接触处电阻较大,电阻热使该处温度迅速升高,金属熔化,形成液态熔核。断电后,应继续保持或加大压力,使熔核在压力作用下凝固结晶,形成组织致密的焊点。电极与焊件接触处所产生的热量因被导热性能好的铜(或铜合金)电极与冷却水带走,因此温升有限,不会焊合。

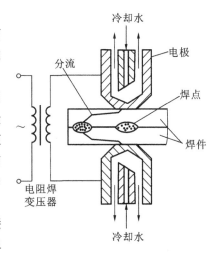

图 4.36 点焊示意图

焊完一个点后,电极将移至另一点进行焊接。当焊接下一个点时,有一部分电流会流经已焊好的焊点,这种现象称为分流。点焊分流示意图如图 4.37 所示。分流将使焊接处电流减小,影响焊接质量。因此,两个相邻焊点间应有一定的距离。焊件厚度越大,焊件导电性能越好,分流现象就越严重,故点距应加大。

2. 缝焊

缝焊过程与点焊相似。缝焊示意图如图 4.38 所示。缝焊只是用旋转的盘状电极代替了柱状电极。焊接时,盘状电极压紧焊件并转动(也带动焊件向前移动),配合断续通电,即形成连续重叠的焊点。缝焊时,焊点相互重叠50%以上,密封性好。缝焊主要用于制造要求密封性的薄壁结构,如油箱、小型容器与管道等。由于缝焊过程分流现象严重,所以焊接相同厚度的焊件时,缝焊焊接电流为点焊焊接电流的1.5~2倍。因此,缝焊要使用大功率焊机,用精确的电气设备控制间断通电的时间。缝焊只适用于焊接厚度在3 mm以下的薄板结构。

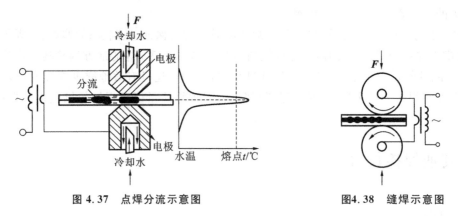

图4.37 点焊分流示意图　　　　图4.38 缝焊示意图

3.对焊

对焊是指利用电阻热使两个焊件在整个接触面上焊接起来的一种方法,如图4.39所示。根据焊接操作方法的不同,对焊又可分为电阻对焊和闪光对焊两种。

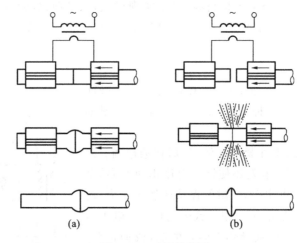

图4.39 对焊示意图

1)电阻对焊

电阻对焊是指将两个焊件装夹在对焊机的电极钳口中,施加预压力使两个焊件端面接触,并压紧,然后通电。电流通过焊件和接触端面时产生电阻热,将焊件接触处迅速加热到塑性状态(碳钢1 000~1 250 ℃),再对焊件施加较大的顶锻力并同时断电,使接头在高温下产生一定的塑性变形而焊接起来。电阻对焊如图4.39(a)所示。电阻对焊操作简单,接头比较光滑,但焊前应认真加工和清理端面,否则易造成加热不均、连接不牢的现象。此外,电阻对焊时,高温端面易发生氧化反应,质量不易保证。电阻对焊一般只用于焊接截面形状简单、直径(或边长)小于20 mm和强度要求不高的工件。

2）闪光对焊

闪光对焊是指将两焊件端面稍加清理后夹在电极钳口内,接通电源并使两焊件轻微接触,如图 4.39(b)所示。由于焊件表面不平,首先只是某些点接触,强电流通过时,这些接触点的金属即被迅速加热熔化,甚至蒸发,在蒸汽压力和电磁力的作用下,液体金属发生爆破,以火花形式从接触处飞出而形成闪光。此时应继续送进焊件,保持一定的闪光时间,待焊件端面全部被加热熔化后,迅速对焊件施加顶锻力并切断电源,焊件在压力作用下产生塑性变形而焊在一起。

4.5.2 气体保护电弧焊

气体保护电弧焊是用外加气体对电弧区进行保护的电弧焊工艺。它包括两种,一种是氩弧焊,另一种是 CO_2 气体保护焊。

1. 氩弧焊

氩弧焊是以氩气作为保护气体的电弧焊工艺。氩气是惰性气体,可保护电极和熔化金属不受空气的侵害,甚至在高温下,氩气也不与金属发生化学反应,也不溶于液态金属。氩气是一种比较理想的保护气体。

氩弧焊按所用电极的不同可分为非熔化极氩弧焊和熔化极氩弧焊两种,如图 4.40 所示。

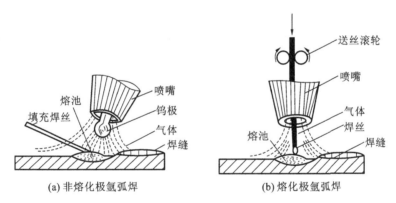

(a)非熔化极氩弧焊   (b)熔化极氩弧焊

图 4.40 氩弧焊示意图

1）非熔化极氩弧焊

非熔化极氩弧焊又称钨极氩弧焊,它以高熔点的钍钨棒或铈钨棒作为电极,焊接时,钨极不熔化,只起导电和产生电弧的作用。人们习惯上称非熔化极氩弧焊为 TIG 焊。由于电极所能通过的电流有限,所以非熔化极氩弧焊只适于焊接厚度在 6 mm 以下的工件。

采用非熔化极氩弧焊焊接铝、镁、钛及其合金时,一般采用交流电源,这是因为交流电弧的极性接法每秒钟改变 100 次,交流负半周时,大质量的氩离子对熔池(阴极表面)的撞击作用(称为阴极破碎作用),使焊件表面的氧化膜被击碎而去除,从而保证了焊接质量;而交流正半周时,钨极为阴极,阴极热量少、温度低,钨极得到冷却,减少烧损。当采用非熔化极氩弧焊焊接不锈钢等其他金属材料时,一般用直流电源,并采用直流正接法,以减少钨极烧损。

2）熔化极氩弧焊

熔化极氩弧焊以连续送进的焊丝作电极,习惯上称 MIG 焊。与钨极氩弧焊相比,熔化极氩弧焊的焊接电流可大大提高,所以母材熔深大,焊丝熔敷效率高,可大大提高生产率。熔化极氩弧焊尤其适用于中、厚板材的焊接。熔化极氩弧焊有自动和半自动之分,使用的焊丝通常应与母材成分相同或近似。熔化极氩弧焊焊接电源多为直流,采用直流反接法。

氩弧焊机械保护效果优良,能获得高质量焊缝;焊接电弧稳定性好,容易做到单面焊双面成形;电弧和熔池区是气流保护,明弧可见,可操作性好;热量集中,熔池较小,焊接热影响区窄,焊后焊件变形较小。

2. CO_2 气体保护焊

CO_2 气体保护焊是以 CO_2 气体为保护气体的电弧焊工艺,简称 CO_2 焊。CO_2 气体保护焊工作原理如图 4.41 所示。焊接时,在焊丝与焊件之间产生电弧,焊丝自动送进,被电弧熔化形成熔滴并进入熔池,CO_2 气体经喷嘴喷出,包围电弧和熔池,起到隔离空气和保护焊接金属的作用。同时 CO_2 气体还参与冶金反应,在高温下的氧化性有助于减少焊缝中的氢。

CO_2 气体保护焊是一种高效节能的焊接方法。用粗丝(焊丝直径≥1.6 mm)焊接时,CO_2 气体保护焊可以使用较大的焊接电流,实现射滴过渡。CO_2 气体保护焊焊件的熔深大,可以不开或开小的坡口。另外,CO_2 气体保护焊基本上不产生熔渣,焊后不需要清渣,节省了许多工时,因此可以较大地提高生产率。用细丝(焊丝直径<1.6 mm)焊接时,CO_2 气体保护焊可以使用较小的焊接电流,实现短路过渡,这时电弧对焊件间断加热,电弧稳定,热量集中,焊接热输入小,适合焊接薄板。CO_2 气体保护焊变形也很小,甚至不需要焊后矫正工序。CO_2 气体保护焊还是一种低氢型焊接方法,焊缝的含氢量极低,抗锈能力较强,所以焊接低合金钢时不易产生冷裂纹,同时也不易产生氢气孔。CO_2 气体保护焊所使用的气体和焊丝价格便宜,焊接设备在国内已定型生产,这为 CO_2 气体保护焊的应用创造了十分有利的条件。CO_2 气体保护焊是一种明弧焊接方法,焊接时便于监视和控制电弧和熔池,有利于实现焊接过程的机械化和自动化,用半自动焊方式焊接曲线焊缝和空间位置焊缝十分方便。

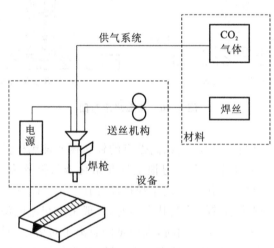

图 4.41 CO_2 气体保护焊工作原理

但是,与其他焊接方法相比,在 CO_2 气体保护焊焊接过程中金属飞溅较多,焊缝外形较为粗糙,特别是当焊接工艺参数匹配不当时,金属飞溅更严重。CO_2 气体保护焊不能焊接易氧化的金属材料,也不适合于在有风的地方施焊。在 CO_2 气体保护焊焊接过程中弧光较强,尤其是采用大电流焊接时辐射较强,故要特别重视焊工的劳动保障。此外,CO_2 气体保护焊焊接设备比较复杂,需要有专业队伍负责维修。

4.5.3 埋弧自动焊

埋弧自动焊是指利用电弧在焊剂层下燃烧进行焊接的方法。埋弧自动焊电弧的引燃、焊丝的送进和电弧沿接口的移动,都是由设备自动完成的。埋弧自动焊简称埋弧焊。

科技和生产的发展,要求有优质和高生产率的焊接方法。手工电弧焊无法满足这个要求,它的质量和生产率都受到焊条的限制。大幅度提高焊接电流,将导致焊条过热,使药皮发红失效甚至剥落,焊接困难,质量下降。同时,单根焊条的不连续施焊方式也严重妨碍焊接过程的机械化和自动化。埋弧自动焊由于使用颗粒状焊剂代替焊条的药皮,并采用长焊丝代替单根焊条,焊丝盘盘绕可达几十米,同时使用焊接小车自动完成引弧和送丝等焊接操作,很好地满足了现代生产的需要。

1. 埋弧自动焊的焊接过程

埋弧自动焊的焊接过程与手工电弧焊的焊接过程基本一样,它的热源也是电弧,但要把焊丝上的药皮改成颗粒状焊剂。焊接前先把焊剂铺撒在焊缝上,焊剂层厚 40～60 mm。图 4.42 所示为埋弧自动焊时焊缝的形成。

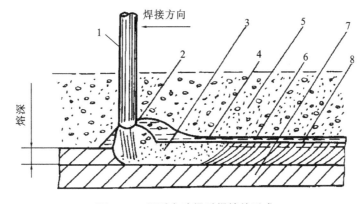

图 4.42　埋弧自动焊时焊缝的形成
1—焊丝;2—电弧;3—熔池金属;4—熔渣;5—焊剂层;6—焊缝;7—焊件;8—渣壳

焊接时,焊丝与焊件之间的电弧完全掩埋在 40～60 mm 厚的焊剂层下燃烧,靠近电弧区的焊剂在电弧热的作用下被熔化,这样,颗粒状焊剂、熔化的焊剂把电弧和熔池金属严密地包围住,使之与外界空气隔绝。焊丝不断地达进电弧区,并沿着焊接方向移动。电弧也随之移动,继续熔化焊件与焊剂,形成大量液态金属与液态焊剂。待冷却后,便形成焊缝与焊渣。埋弧自动焊由于电弧埋在焊剂下面而得名,又称焊剂层下电弧焊。

埋弧自动焊的焊接过程如图 4.43 所示。焊件接口开坡口(焊件厚度在 30 mm 以下可不开坡口)后,先进行点固,并在焊件下面垫金属板,以防止液态金属流出。接通焊接电源开始焊接时,送丝轮由电动机传动,将焊丝从焊丝盘中拉出,并经导电器送向电弧区。焊剂也从焊剂斗送到电弧区的前面,在焊剂的两侧装有挡板,以免焊剂向两面散开。焊完后,便形成焊缝与焊渣。部分未熔化的焊剂被焊剂回收器吸回焊剂斗中,以备继续使用。

2. 埋弧自动焊的优点

埋弧自动焊的优点如下。

(1)生产率高。

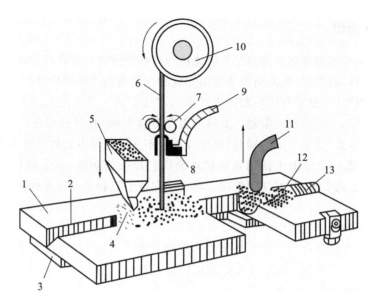

图 4.43　埋弧自动焊的焊接过程

1—焊件；2—坡口；3—引弧板；4—液态焊剂；5—焊剂斗；6,11—焊丝；7—送丝轮；
8—导电器；9—电缆；10—焊丝盘；12—熔融焊渣；13—焊缝

埋弧自动焊的生产率可比手工电弧焊的生产率高5～10倍。因为埋弧自动焊时焊丝上无药皮,焊丝很长,并能连续送进而无须更换焊条,故埋弧自动焊可采用大焊接电流(比手工电弧焊焊接电流大6～8倍)进行焊接,电弧热量大,焊丝熔化快,熔深也大,焊接速度比手工电弧焊的焊接速度快得多。采用埋弧自动焊时,厚度在30 mm以下的焊件可不开坡口,而且焊接变形小。

(2)焊剂层对焊缝金属的保护好,所以焊缝质量好。

(3)节约钢材和电能。

钢板厚度在30 mm以下时,采用埋弧自动焊一般可不开坡口,这就大大节省了钢材,而且由于电弧被焊剂保护着,电弧的热得到充分利用,从而节省了电能。

(4)改善了劳动条件。

除减少劳动量外,由于埋弧自动焊时看不到弧光,焊接过程中产生的气体少,对保护焊工的眼睛和身体健康很有益。

埋弧自动焊的缺点是不能实现全位置焊接,不能直接观察焊接过程,也不适合太薄件(如厚度在3 mm以下的工件)、短小焊缝、弯曲焊缝的焊接,只能在水平位置焊接长直焊缝或大直径的环焊缝,因此埋弧自动焊的适应能力较差。

3. 埋弧自动焊的工艺措施

为了保证焊接质量,埋弧自动焊必须采取一定的工艺措施。

(1)待焊工件要仔细地下料、组对和装配。

待焊工件组对和装配时要用优质焊条点固。焊前应将焊缝两侧50～60 mm内的油垢和铁锈清除掉,以免产生气孔、夹渣、焊缝成形不均匀等缺陷。

(2)为了保证引弧处和熄弧处的焊缝质量,焊前可在焊缝两端焊上引弧板,焊后再去掉。

（3）为了防止烧穿并保证焊缝背面成形良好，常在背面加上某种衬垫，如焊剂垫、铜垫等进行单面焊双面成形，也可在手弧焊封底后再进行埋弧自动焊。

（4）焊接筒体环时，焊件以选定的焊接速度旋转，焊丝位置不动，为防止熔化金属流失并保证焊缝成形良好，焊丝位置应逆着旋转方向偏离焊件中心线一定距离。

4.5.4 激光焊

激光焊是利用高能量密度的激光束作为热源进行焊接的一种高效精密的焊接方法。随着工业生产的迅猛发展和新材料的不断开发，对焊接结构的性能要求越来越高，激光焊以能量密度高、穿透深、精度高、适应性强等优点日益得到广泛应用。激光焊对于一些特殊材料及结构的焊接具有非常重要的作用，在航空航天、电子、汽车制造、核动力等高新技术领域中得到应用，并逐渐受到工业发达国家的重视。

1. 激光焊的原理

激光焊是指利用大功率相干单色光子流聚集而成的激光束为热源进行焊接的方法。激光的产生利用原子受激辐射的原理，当粒子（原子、分子等）吸收外来能量时，从低能级跃迁至高能级，此时若受到外来一定频率的光子的激励，又跃迁到相应的低能级，同时发出一个和外来光子完全相同的光子。如果利用装置（激光器）使这种受激辐射产生的光子去激励其他粒子，将引起光放大作用，产生更多的光子，在聚光器的作用下，最终形成一束单色的、方向一致的、亮度极高的激光。再通过光学聚焦系统，可以使焦点上的激光能量密度达到 $10^6 \sim 10^{12}\,\mathrm{W/cm^2}$，用于焊接。激光焊装置示意图如图 4.44 所示。

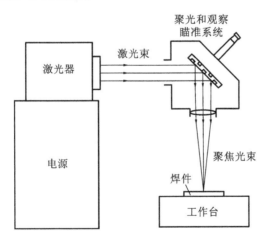

图 4.44　激光焊装置示意图

2. 激光焊的优点

激光焊和电子束焊同属高能束焊范畴。与一般焊接方法相比，激光焊具有以下优点。

（1）高的深宽比。

激光焊焊缝深而窄，光亮美观。

（2）最小热输入。

由于功率密度高，熔化过程极快，激光焊输入焊件的热很少，焊接速度快，热变形小，热影响区小。

（3）高致密性。

在焊缝的形成过程中,熔池不断搅拌,气体逸出,可形成无气孔熔透焊缝;焊后高的冷却速度又易使焊缝组织微细化,焊缝的强度、韧性和综合性能提高。

（4）强固焊缝。

高温热源和对非金属组分的充分吸收产生纯化作用,降低了杂质的含量,改变了夹渣的尺寸和夹渣在熔池中的分布;焊接过程中无须电极或填充焊丝,熔化区受污染小,使焊缝强度、韧性至少相当于母体金属。

（5）精确控制。

因为聚焦光斑很小,焊缝可高精度定位,光束容易传输与控制,不需要经常更换焊炬、喷嘴,显著减少了停机辅助时间,生产率高;光无惯性,还可以在高速下急停和重新启动,用自控光束移动技术可焊复杂构件。

（6）非接触、大气环境焊接过程。

因为能量来自激光,焊件无物理接触,因此没有力施加于焊件,电磁和空气对激光都无影响。

（7）由于平均热输入低,加工精度高,可减少再加工费用。另外,激光焊运转费用较低,可降低焊接成本。

（8）容易实现自动化,能对光束强度与精细定位进行有效控制。

4.5.5　钎焊

钎焊是指采用比母材熔点低的金属材料作钎料,将焊件和钎料加热,仅使钎料熔化而焊件不熔化,利用液态钎料填充接头间隙,润湿母材并与母材相互扩散实现连接的焊接方法。

钎焊时,不仅需要具有一定性能的钎料,还要使用钎剂。钎剂是钎焊时使用的熔剂,作用是去除钎料和母材表面的氧化物和油污,防止焊件和液态钎料在钎焊过程中氧化,改善液态钎料对焊件的润湿性。钎焊接头的质量在很大程度上取决于钎料。钎料应具有合适的熔点和良好的润湿性,能与母材形成牢固结合,以得到具有一定的力学性能与物理化学性能的接头。

1. 钎焊的分类

钎焊按钎料熔点分为软钎焊和硬钎焊。

1）软钎焊

钎料熔点为 450 ℃ 及其以下的钎焊称为软钎焊。软钎焊常用钎料是锡铅钎料,常用钎剂是松香、氯化锌溶液等。软钎焊接头强度低,工作温度低,主要用于仪表、电气零部件和导线等的焊接。

2）硬钎焊

钎料熔点高于 450 ℃ 的钎焊称为硬钎焊。硬钎焊常用钎料有铜基钎料和银基钎料等,常用钎料有硼砂、硼酸、氯化物、氟化物等。硬钎焊接头强度较高,工作温度也较高,主要用于受力较大的钢铁及铜合金构件的焊接,如焊接自行车车架、带锯锯条、硬质合金刀具等。

2. 钎焊的特点

钎焊的加热方法很多,如烙铁加热、气体火焰加热、各种炉子加热、电阻加热和高频加热等。与一般熔焊相比,钎焊的特点如下。

(1)在钎焊过程中,焊件加热温度较低,因此焊件的组织和力学性能变化很小,变形也小。钎焊接头光滑平整,焊件尺寸精确。

(2)钎焊可以焊接性能差异很大的异种金属,且对焊件的厚度也没有严格限制。

(3)对焊件整体加热钎焊时,可同时钎焊由多条(甚至上千条)焊缝组成的复杂形状构件,钎焊的生产率很高。

(4)钎焊设备简单,生产投资费用少。

(5)钎焊接头的强度,尤其是动载强度较低,故钎焊不适合重载、动载机件的焊接。钎焊构件的接头形式采用板料搭接和套件镶接。这些接头都有较大的钎接面,可弥补钎料强度的不足。

第5章 锻 压

锻压是锻造和冲压的合称,是指利用锻压机械的锤头、砧块、冲头或通过模具对坯料施加压力,使之产生塑性变形,从而获得所需形状和尺寸的制件的成形加工方法。通过锻造,能消除金属在冶炼过程中产生的铸态疏松等缺陷,优化微观组织结构,同时由于保存了完整的金属流线,锻件的力学性能一般优于相同材料的铸件。在机械设备运转中负载高、工作条件严峻的重要零件,除形状较简单的可用轧制的板材、型材或焊接件外,多采用锻压件。锻压也称金属压力加工,又称金属塑性加工。

在锻造加工中,坯料整体发生明显的塑性变形,有较大量的塑性流动;在冲压加工中,坯料主要通过改变各部位面积的空间位置而成形,内部不出现较大距离的塑性流动。锻压主要用于加工金属制件,也可用于加工某些非金属,如工程塑料、橡胶、陶瓷坯、砖坯和复合材料的成形等。

锻压和冶金工业中的轧制、拔制等都属于塑性加工(又称压力加工),但锻压主要用于生产金属制件,而轧制、拔制等主要用于生产板材、带材、管材、型材和线材等通用性金属材料。

锻压在生产中的特点和应用如下。

(1)锻压可以改变金属的内部组织,提高金属的力学性能。铸锭经过热锻压后,原来的铸态疏松、孔隙、微裂等被压实或焊合,原来的枝状结晶被打碎,晶粒变细。同时,锻压改变原来的碳化物偏析和不均匀分布,使组织均匀,从而获得内部密实、均匀、细微、综合性能好、使用可靠的锻件。锻件经热锻变形后,金属组织呈纤维状态。经冷锻变形后,金属晶体具有有序性。

(2)锻压中,金属受外力产生塑性流动后体积不变,而且金属总是向阻力最小方向的那一部分流动。人们常根据此规律控制工件形状,实现镦粗、拔长、扩孔、弯曲、拉深等变形。

(3)锻压出的工件尺寸相对精确,模锻、挤压、冲压等应用模具成形的工件尺寸更精确、稳定。

(4)锻压可采用高效锻压机械和自动锻压生产线,组织专业化大批量生产,现广泛应用于机械制造工业中。

5.1 锻压概述

5.1.1 锻造

1. 锻造概述

锻造的根本目的是获得所需形状和尺寸、性能和组织要符合一定的技术要求的锻件。锻造具体是指在一定的温度条件下,用工具或模具对坯料施加外力,使金属发生塑性流动,从而使坯料发生体积的转移和形状的变化,获得所需要的锻件。一般来说,锻件的复杂程度不如铸件,但铸件的内部组织和机械性能不能与锻件相提并论。经过热处理的锻件,冲击韧性、相对收缩率、疲劳强度等机械性能均占压倒性优势。许多重要零件选用锻造方法生产,根本原因也就在于此。

2. 锻造的分类

锻造主要是指自由锻造和模锻。随着生产和科学技术的发展,为了更经济、有效地生产锻件,锻造行业中发展了各种特殊的成形锻件方法,并且新工艺还在不断地产生和发展。按照变形方式来分类,锻造可分为自由锻造、模锻和特殊成形方法三大类。

自由锻造是指在锻锤或压力机上,使用简单或通用的工具使坯料变形,获得所需形状和性能的锻件。它适用于单件或小批量生产。自由锻造主要变形工序有镦粗、拔长、冲孔、弯曲、错移和扭转等。

模锻是指在锻锤或压力机上,使用专门的模具使坯料在模腔中成形,获得所需形状和尺寸的锻件。它适用于成批或大量的生产。按照变形情况不同,模锻又可分为开式模锻、闭式模锻、挤压和体积精压等。

特殊成形方法通常采用专用设备,使用专门的工具或模具使坯料成形,获得所需形状和尺寸的锻件。它适用于产品的专业化生产。目前,生产中采用的特殊成形方法有电镦、辊轧、旋转锻造、摆动辗压、多向模锻和超塑性锻造等。

5.1.2 冲压

冲压是指靠压力机和模具对板材、带材、管材和型材等施加外力,使之产生塑性变形或分离,从而获得所需形状和尺寸的工件(冲压件)的成形加工方法。冲压的坯料主要是热轧和冷轧的钢板和钢带。在全世界的钢材中,60%~70%是板材,其中大部分经过冲压制成成品。汽车的车身、底盘、油箱、散热器片,锅炉的汽包,容器的壳体,电机、电器的铁芯、硅钢片等都是冲压件。在仪器仪表、家用电器、自行车、办公机械、生活器皿等产品中,也有大量冲压件。

与铸件、锻件相比,冲压件具有薄、匀、轻、强的特点。冲压可制出其他方法难以加工的带有加强筋、肋、起伏或翻边的工件,并提高工件的刚性。

冲压生产的一般工艺过程为:剪切下料→落料/下形状料→拉延/压形/压弯→切边/冲孔/整形→表面处理(电镀、发蓝、抛丸、抛光、喷涂等)。

5.2 金属的加热和锻件的冷却

5.2.1 金属的加热

金属加热是为了提高金属坯料的塑性,降低金属坯料的变形抗力。金属坯料加热后,硬度降低、塑性提高,可以用较小的外力使金属坯料产生较大的塑性变形而不开裂。加热温度越高,金属坯料塑性越高,但是当加热温度太高时会产生加热缺陷,如氧化、脱碳、过热、过烧等缺陷,甚至造成废品。

生产中,不同的金属坯料应在一定温度范围内进行锻造,在这个温度范围内金属坯料硬度适中,加热时间最短,经济性最好,而且不产生加热缺陷。锻造时金属坯料允许加热到的最高温度称为始锻温度。在锻造过程中随着热量的散失,金属坯料的温度下降,塑性变差,变形抗力提高。当温度降低到一定程度后,不仅锻造费力,而且金属坯料可能锻裂,此时必须停止锻造,重新加热。

各种金属材料锻造的最低温度称为终锻温度。从始锻温度到终锻温度的温度区间称为锻造温度范围。碳素钢的始锻温度一般比 AE 线（铁碳状态图）低 200 ℃左右，终锻温度为 800 ℃左右。常用材料的锻造温度范围如表 5.1 所示。

表 5.1　常用材料的锻造温度范围

材 料 种 类	始锻温度/℃	终锻温度/℃
低碳钢	1 200～1 250	800
中碳钢	1 150～1 200	800
碳素工具钢	1 050～1 150	750～800
合金结构钢	1 150～1 200	800～850
铝合金	450～500	350～380
铜合金	800～900	650～700

5.2.2　锻造的加热方式

根据锻件加热热源的不同，锻造的加热方式分为火焰加热和电加热两大类。前者以烟煤、重油或煤气作为燃料，利用燃料燃烧时产生的高温火焰直接加热金属；后者利用电能转变为热能加热金属。

1. 火焰加热

火焰加热时，燃料在加热炉内燃烧，产生含有大量热能的高温气体（火焰），通过对流、辐射把热能传到金属坯料表面，再由表面向中心传导而将金属坯料加热。在加热温度低于 600～700 ℃时，坯料主要依靠对流换热，即借助高温气体与金属坯料表面进行热交换，把热能传给金属坯料。当加热温度超过 700～800 ℃时，金属坯料加热主要依靠辐射传热，即依靠高温产生的电磁波对金属坯料进行辐射，金属坯料吸收辐射后，辐射能转变为热能从而将金属坯料加热。在通常情况下，锻造炉在高温加热时，辐射传热占 90% 以上，对流传热只占 8%～10%。

火焰加热的优点在于燃料来源方便，炉子易于维修，加热费用低廉，对金属坯料的适用性强等。因此，这种加热方式广泛用于大、中、小型坯料加热。但是火焰加热也有明显的缺点：劳动条件差，加热速度慢，加热温度难以控制等。

2. 电加热

电加热主要包括反射炉加热、油炉加热、煤气炉加热、红外箱式炉加热、接触电加热、电阻炉加热、感应加热炉和盐浴加热等。

1）反射炉加热

图 5.1 所示为燃煤反射炉的结构示意图。燃烧室 1 产生的高温炉气越过火墙 2 进入加热室 3 加热金属坯料 4，废气经烟道 7 排出。鼓风机 6 将换热器 8 中经预热的空气送入燃烧室 1，金属坯料 4 从炉门 5 装取。这种炉的加热室面积大，加热温度均匀一致，加热质量较好，生产率高，适用于中小批量生产。

2）油炉加热和煤气炉加热

室式重油炉的结构如图 5.2 所示。重油和压缩空气分别由两个管道送入喷嘴。压缩空气从喷嘴喷出时所造成的负压将重油带出并喷成雾状在炉膛内燃烧。

煤气炉的构造与重油炉基本相同,主要区别是喷嘴的结构不同。

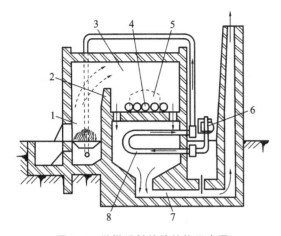

图 5.1 燃煤反射炉的结构示意图

1—燃烧室;2—火墙;3—加热室;4—金属坯料;5—炉门;

6—鼓风机;7—烟道;8—换热器

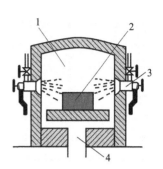

图 5.2 室式重油炉的结构

1—炉膛;2—炉口;3—喷嘴;4—烟道

3)红外箱式炉加热

红外箱式炉的结构如图 5.3 所示。它采用硅碳棒作为发热元件,并在内壁涂有高温烧结的辐射涂料,加热时炉内形成高温辐射均匀温度场,升温较快,单位耗电低,可达到节能的目的。红外箱式炉采用无级调压控制柜与其配套,具有快速启动、精密控温、送电功率和炉温可任意调节的特点。

4)接触电加热

接触电加热原理如图 5.4 所示。将低压大电流直接通入金属坯料,由于金属存在一定的电阻,电流通过就会产生热量,从而加热金属坯料。由于金属电阻一般较小,为了提高生产率、减少加热时间,必须以大电流注入金属坯料。为了避免短路,常采用降低电压的办法,以得到低压大电流。接触电加热用的变压器副端空载电压只有 2~15 V。

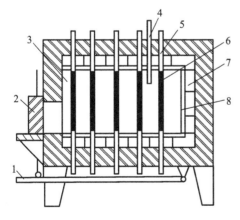

图 5.3 红外箱式炉的结构

1—踏杆;2—炉门;3—炉膛;4—温度传感器;5—硅碳棒冷端;

6—硅碳棒热端;7—耐火砖;8—反射层

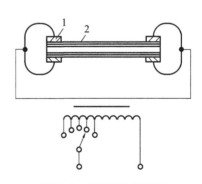

图 5.4 接触电加热原理

1—感应器;2—金属坯料

接触电加热的优点是加热速度快,金属损耗少,加热温度范围不受限制,热效率高,耗电少,成本低,设备简单,操作方便,适用于长坯料的整体或局部加热;缺点是对金属坯料的表面光洁度有严格限制,特别是金属坯料的端部。此外,接触电加热的温度测量和控制也比较困难。

5)电阻炉加热

电阻炉利用电流通过加热元件产生的电阻热间接加热金属坯料,是常用的电加热设备。电阻炉分为中温电炉和高温电炉。中温电炉的最高加热温度为1 000 ℃。高温电炉的加热元件为硅碳棒,最高加热温度为1 350 ℃。电阻炉的特点是结构简单,操作方便,炉温和炉内气氛容易控制,金属坯料氧化较小,加热质量好。电阻炉加热主要用于高温合金及合金钢、非铁合金的加热。

电阻炉工作原理如图5.5所示。它利用电流通入炉内的电热体所产生的热量,以辐射与对流的方式来加热金属坯料。这种电加热方法的加热温度受到电热体的限制,热效率也比较低,但对金属坯料的适应度很大,便于实现自动化,而且可以进行真空或者保护气体加热。

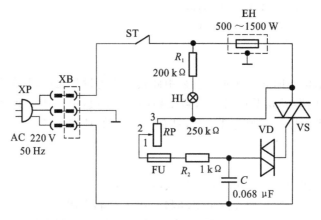

图5.5 电阻炉工作原理

5.3 自由锻造

自由锻造是指利用冲击力或压力使金属在上、下两个砧铁之间产生变形,从而获得所需形状及尺寸的锻件。锻造时,金属坯料在砧铁间受力变形时,沿变形方向可以自由流动,不受限制。

自由锻造生产所用工具简单,具有较大的通用性,所以自由锻造的应用范围较为广泛,但锻造成形后的锻件精度差、生产效率低。自由锻造一般适用于单件、小批量和大型零件的生产。

5.3.1 自由锻造工具与设备

自由锻造所用基本工具主要有锻件夹持工具(各种锻造钳)、上砧铁、下砧铁、平头榔头、大锤、剁刀、空气锤等。需要注意的是,对于大型锻件的自由锻造,要用操作机和装出料机才能进行。例如,在液压机、平锻机、水压机上进行大型工件自由锻造必须用操作机等设备。

锻锤和液压机是自由锻造的常用设备。锻锤依靠设备产生的冲击力使金属坯料变形,由于能力有限,只用来锻造中、小型锻件。液压机依靠产生的压力使金属坯料变形。水压机可产生很大的压力,能锻造质量达 300 t 的锻件,是重型机械厂锻造生产的主要设备。自由锻造常用的设备有空气锤、蒸汽-空气锤、液压机和水压机等。

1. 空气锤

空气锤由电动机直接驱动,操作方便,锤击速度快,作用力具有冲击性,能适应小型锻件生产,冷却速度快,是中、小型锻工车间广泛使用的一种自由锻锤。空气锤是生产小型锻件和胎模锻造的常用设备,外形结构和工作原理示意图如图 5.6 所示。

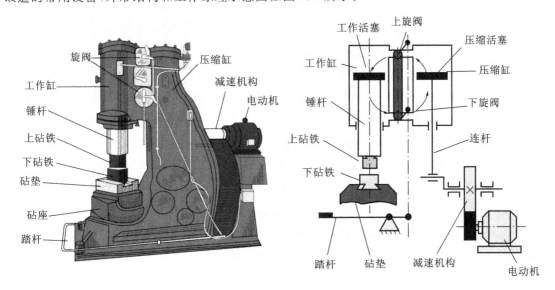

图 5.6 空气锤的外形结构和工作原理示意图

1)空气锤的外形结构

空气锤由锤身、压缩缸、工作缸、传动机构、操纵机构、落下部分和砧座等几个部分组成。锤身、压缩缸和工作缸铸成一体。带轮、齿轮减速装置、曲柄和连杆属于传动机构。手柄(或踏杆)、连接杠杆、上旋阀、下旋阀属于操纵机构。逆止阀安装在下旋阀中,作用是只准空气作单向流动。落下部分包括工作活塞、锤杆和上砧铁(即锤头)。砧座部分包括下砧铁、砧垫和砧座。

2)空气锤的工作原理和动作

电动机通过传动机构运动带动压缩缸内的压缩活塞作往复运动,压缩活塞上部或下部的压缩空气交替地进入工作缸的上腔或下腔,工作活塞便在空气压力的作用下作往复运动,带动锤杆、上砧铁对工件进行锻打。通过踏杆或手柄操纵上、下旋阀,使空气锤的锤头完成上悬、下压、单次锻打、连续锻打和空转等动作。

3)空气锤的规格和选用

空气锤的规格是以落下部分的质量来表示的。空气锤产生的打击力,是落下部分重力的800~1 000 倍。常用空气锤落下部分的质量一般为 50~1 000 kg。

2. 水压机

水压机一般采用两缸三梁四柱立式结构。图 5.7 所示为水压机的典型结构。水压机的基本原理是:将高压水通入工作缸,高压水推动工作活塞,使活动横梁带动上砧铁沿立柱下落,对金属坯料施加巨大的压力;回程时,把压力水通入回程缸,通过回程活塞和拉杆使活动横梁上升,使上砧铁离开金属坯料,完成锻压和回程一个循环。

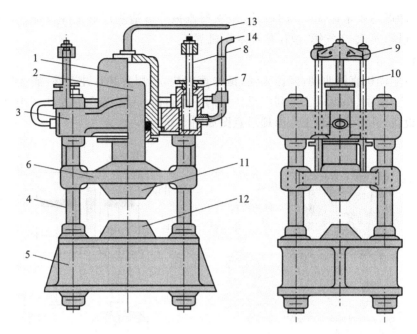

图 5.7　水压机的典型结构

1—工作缸;2—工作活塞;3—上横梁;4—立柱;5—下横梁;6—活动横梁;7—回程缸;8—回程活塞;
9—回程横梁;10—拉杆;11—上砧铁;12—下砧铁;13,14—高压水管

　　水压机工作时以静压力作用在金属坯料上,工作时振动小,不需要笨重的砧座。我国目前的水压机吨位为 510～12 755 t (5 000～125 000 kN),可以锻压质量为 1～300 t 的锻件。水压机的整个行程均可达到最大压力,作用在金属坯料上的压力时间较长,有利于锻造,使整个截面的组织得到改善。水压机主体结构庞大,需要配备供水和操纵系统、大型加热炉、退火炉、取料机、翻料机和活动工作台等设备,造价很高。水压机是大型锻件生产必不可少的锻造设备。

5.3.2　自由锻造的基本工序

　　自由锻造的工艺过程是由一系列自由锻造工序组成的。自由锻造工序可分为基本工序、辅助工序和修整工序。基本工序有镦粗、拔长、冲孔、弯曲、扭转、错移、切割、锻接等。其中前三种工序应用最多。

1.镦粗

　　镦粗是指使金属坯料高度减小、横截面积增大的工序。它是自由锻造生产中最常用的锻造工序。镦粗常用于齿轮坯、凸轮、圆、饼类、盘套类锻件的生产。对于环、套筒等空心锻件,镦粗往往作为冲孔前的预备工序。镦粗分完全镦粗和局部镦粗两种。镦粗示意图如图 5.8 所示。

　　镦粗注意事项如下。

　　(1)镦粗部分的原高度与原直径(或边长)之比(称为高径比)应小于 2.5,否则会镦弯。若镦弯,应将工件放平,轻轻锤击矫正。

　　(2)金属坯料的端面应平整并和轴线垂直。为了能够保证均匀镦粗,加热温度要均匀,金属坯料在下砧铁上要放平,如果上、下砧铁的工作面因磨损而变得不平整,锻打时要不断地将金属坯料旋转,否则会镦歪,如图 5.9(a)所示。镦歪后应将工件斜立,轻打镦歪的斜角,如图 5.9(b)

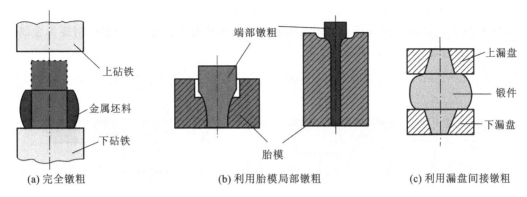

图 5.8 镦粗示意图

(a) 完全镦粗　　　(b) 利用胎模局部镦粗　　　(c) 利用漏盘间接镦粗

所示;然后放直,继续锻打,如图 5.9(c)所示。另外,若发生图 5.9(d)所示的镦歪时,要用图 5.9(e)所示的方法校正。

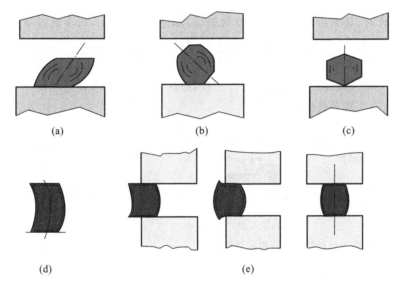

图 5.9 镦歪的产生及矫正过程示意图

(3)镦粗时锤击力要大,否则会产生细腰形;若不及时纠正,会形成夹层,如图 5.10 所示。

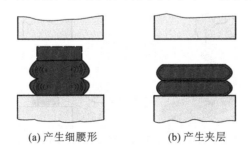

(a) 产生细腰形　　　(b) 产生夹层

图 5.10 锻造时细腰形及夹层的产生

2. 拔长

拔长是使金属坯料横截面积减小、长度增加的工序,如图 5.11(a)所示。还可以进行如

图 5.12(b)所示的局部拔长、如图 5.12(c)所示的芯轴拔长等。拔长适用于轴类锻件、杆类锻件和套类锻件的生产。为了达到规定的锻造比和改变金属内部组织结构,锻制以钢锭为金属坯料的锻件时,拔长经常与镦粗交替反复使用。

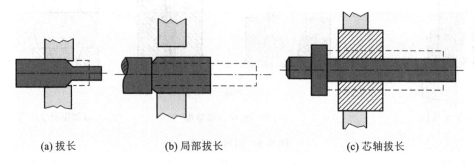

| (a) 拔长 | (b) 局部拔长 | (c) 芯轴拔长 |

图 5.11　锻件拔长过程示意图

拔长注意事项如下。

(1)拔长操作时,坯料应沿砧铁宽度方向送进,如图 5.12 所示,每次送进量应为砧铁宽度的 30%~70%。送进量太大,金属向宽的方向流动,使拔长效率降低。送进量太小,容易产生夹层。

(2)如图 5.13 所示,拔长时还应注意每工步(每次)进给量 L 和锤击的压下量 h 之比应大于 1.5,否则锻件会产生折叠缺陷。

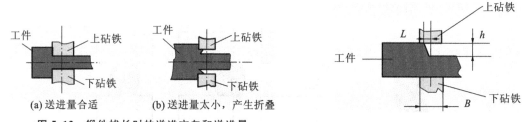

| (a) 送进量合适 | (b) 送进量太小,产生折叠 |

图 5.12　锻件拔长时的送进方向和送进量

图 5.13　锻件拔长时的压下量

(3)局部拔长锻制台阶轴或带有台阶的方形、矩形截面的锻件时,必须在截面分界处压出如图 5.14 所示的凹槽,此凹槽称为压肩。这样可使台阶平直整齐。压肩深度为台阶高度的1/2~2/3。

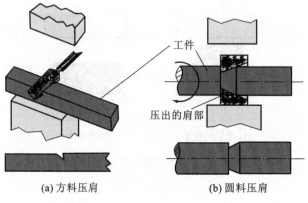

| (a) 方料压肩 | (b) 圆料压肩 |

图 5.14　锻件压肩示意图

(4)如图 5.15 所示,圆料拔长必须先将其锻方,直到边长接近要求的圆直径时,再将坯料锻成八角形,然后滚打成圆形。

(5)拔长时应不断翻转金属坯料,使金属坯料截面经常保持近于方形。翻转方法如图 5.16(a)所示。采用图 5.16(b)所示的方法翻转时,在锻打每一面时,应使坯料的宽度与厚度之比不超过 2.5,否则再次翻转后继续拔长时,容易产生弯曲或折叠现象。

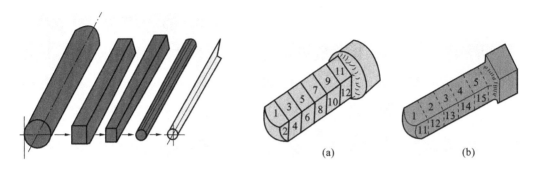

图 5.15　圆料拔长的方法　　　　图 5.16　拔长时锻件的翻转方法

(6)在心轴上拔长时,芯轴要有 1/150～1/100 的锥度,并要采取预热心轴、涂润滑剂、终锻温度高出同类材料的 100～150 ℃ 等措施,以便锻件从芯轴上脱出。在心轴上拔长锻件示意图如图 5.17 所示。

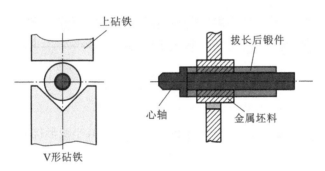

图 5.17　在心轴上拔长锻件示意图

3. 冲孔

冲孔是使坯料产生通孔或盲孔的工序。对孔径大的环类件,冲孔后还应进行扩孔。减小空心毛坯壁厚而增加其内、外径的锻造工序称为扩孔。直径小于 25 mm 的孔一般不冲,在切削加工时钻出。冲通孔时,直径小于或等于 450 mm 的孔用实心冲头冲出,直径大于 450 mm 的孔用空心冲头冲出。冲孔常用于齿轮、套筒、空心轴和圆环等带孔工件的锻造。

冲孔注意事项如下。

(1)冲孔前一般需将金属坯料镦粗,以减小冲孔的深度和使端面平整。

(2)为了保证冲头冲入金属坯料后,金属坯料仍具有足够的温度和良好的塑性,金属坯料应加热到允许的最高温度,而且需要均匀热透,这样可以防止金属坯料被冲裂或损坏冲子,而且冲完后冲子也易于拔出。

(3)为了保证冲孔位置正确,先用冲子冲出孔位的凹痕,经检查凹痕无偏差后,向凹痕内撒煤粉,以便顺利拔出冲子。然后放上冲子,冲至金属坯料厚度的 2/3 深度时,取出冲子,翻转金属坯料,从反面冲透,如图 5.18(a)所示,这是一般锻件的双面冲孔法。对于较薄的锻件,可采用单面冲孔法。单面冲孔时应将冲子大头朝下,漏盘孔径不宜过大,且必须仔细对正,如图 5.18(b)所示。

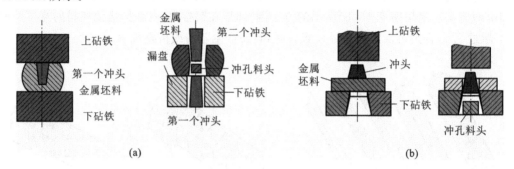

图 5.18 冲孔示意图

(4)为了防止冲头受热变软,在冲孔过程中,冲子要经常蘸水冷却。

(5)对于大直径的环形锻件,可采用先冲孔再扩孔的办法。常用的扩孔方法如图 5.19 所示。

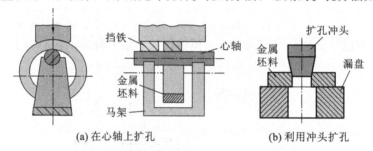

(a) 在心轴上扩孔   (b) 利用冲头扩孔

图 5.19 常用的扩孔方法

4. 弯曲

弯曲是指使金属坯料轴线产生一定曲率的工序。为了减小变形抗力,弯曲时必须将金属坯料需要弯曲的部分加热。若加热段过长,可先把不弯的部分蘸水冷却,然后进行弯曲。弯曲过程示意图如图 5.20 所示。弯曲工序常用于制造链条、吊钩、曲杆、弯板、角尺等。

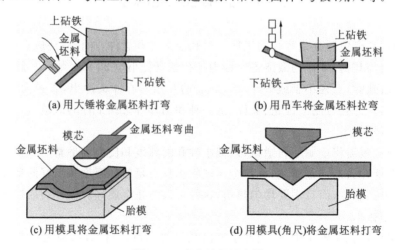

(a) 用大锤将金属坯料打弯   (b) 用吊车将金属坯料拉弯

(c) 用模具将金属坯料打弯   (d) 用模具(角尺)将金属坯料打弯

图 5.20 弯曲过程示意图

5. 其他工序

1）扭转

扭转是指使金属坯料的一部分相对于另一部分绕其轴线旋转一定角度的工序，如图 5.21 所示。扭转时，金属变形剧烈，为了减小变形抗力，要求将受扭转部分加热到始锻温度，且均匀热透。受扭曲变形部分必须表面光滑，而且面与面的相交处应过渡均匀。扭转后注意缓慢冷却，以防止出现扭裂现象。扭转工序常用于多拐曲轴和连杆等工件的锻造。

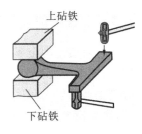

图 5.21 扭转（用打锤打击扭转）过程示意图

2）错移

错移是指使金属坯料的一部分相对于另一部分平衡错开的工序，是生产曲拐或曲轴类锻件所必需的工序。错移开的各部分仍保持轴线平行。错移时，先在错移部位压肩，然后锻打，最后修整，如图 5.22 所示。

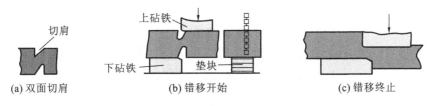

(a) 双面切肩　　　(b) 错移开始　　　(c) 错移终止

图 5.22 错移过程示意图

3）切断

切断是指把金属坯料或工件切成两段（或数段）的加工方法。如图 5.23 所示，切断方料时，用剁刀垂直切入坯料，至快断时取出剁刀，将坯料翻转 180°，再用剁刀切断。切断圆料时，要在带有凹槽的剁垫中边切割边旋转坯料，直至切断，如图 5.24 所示。

自由锻造生产过程中还包括辅助工序，主要是指进行基本工序之前的预变形工序，如压钳口、倒角、压肩等，以及在完成基本工序之后，用以提高锻件尺寸及位置精度的精整工序。

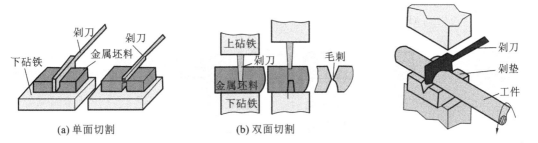

(a) 单面切割　　　　(b) 双面切割

图 5.23 方料的切断过程示意图　　　图 5.24 圆料的切断过程示意图

5.3.3 自由锻造常见的缺陷和产生原因

自由锻造常见的缺陷有表面横向裂纹、表面纵向裂纹、中空纵裂、弯曲、变形和冷硬现象等。其中，表面横向裂纹是由于原材料质量不好或者拔长时进锤量过大而造成的锻件表面及角部出现横向裂纹。表面纵向裂纹是由于原材料质量不好或者镦粗时压下量过大而造成的锻件表面出现纵向裂纹。中空纵裂是由于未加热透，内部温度过低，使得变形集中于上下表面，心部出现横向拉应力,导致坯料中心出现较长甚至贯穿的纵向裂纹。

5.3.4 自由锻造的特点和应用

自由锻造的金属在垂直于压力的方向自由伸展变形,变形工序较为简单,锻造操作方便,投资少,能生产各种大小锻件,现广泛用于单件小批量生产中。但是由于自由锻造靠手工操作来控制锻件的形状和尺寸,所以只能用来锻造形状简单、精度低、加工余量大的工件。对于大型零件,自由锻造是获得锻件的唯一加工方法。

5.3.5 典型自由锻造工艺示例

锻造锻件必须预先制定锻造工艺规程。自由锻造的工艺规程应根据锻件的形状、尺寸等要求,参考生产实践经验绘制锻件图,确定金属坯料的尺寸,安排锻造工序,选择适合的锻造设备、锻压吨位以及锻造温度范围等,并将这些内容填在工艺卡上,按工艺规程进行生产。轴齿轮坯自由锻造过程示意图如图5.25所示。

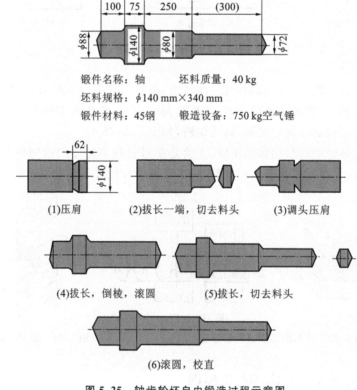

图 5.25　轴齿轮坯自由锻造过程示意图

5.4　模锻

模锻是指使金属坯料在冲击力或压力作用下,在锻模模腔内变形,从而获得锻件的加工方法。由于金属坯料是在模腔内变形,它的流动受到模壁的限制,因而模锻生产的锻件尺寸精确、加工余量较小、结构较复杂,生产效率高。模锻广泛应用在机械制造业和国防工业。模锻按使用的设备不同分为锤上模锻、胎模锻、法兰盘胎模锻、曲柄压力机上模锻、摩擦压力机上模锻、平锻机上模锻等。

5.4.1 锤上模锻

锤上模锻所用设备为模锻锤,模锻锤的锤头冲击力使金属坯料变形。图 5.26 所示为常用的蒸汽-空气模锻锤结构示意图。该设备上运动副之间的间隙小,运动精度高,可保证锻模的准确性。模锻锤的吨位(落下部分的质量)为 1~16 t,可锻制 150 kg 以下的锻件。

锤上模锻生产所用的锻模如图 5.27 所示。上模 2 和下模 4 分别用楔铁 10、7 固定夹紧在锤头 1 和模垫 5 上,模垫 5 用楔铁 6 固定在砧座上,9 为模腔,8 为分模面,3 为飞边槽。上模随锤头作上下往复运动。

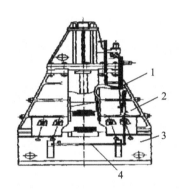

图 5.26 蒸汽-空气模锻锤结构示意图

1—操纵杆;2—机架;3—砧座;4—踏板

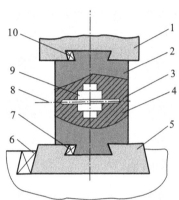

图 5.27 锤上模锻生产所用的锻模

1—锤头;2—上模;3—飞边槽;4—下模;5—模垫;
6,7,10—楔铁;8—分模面;9—模腔

1. 模锻模腔

金属坯料在模腔中发生整体变形,作用在锻模上的抗力较大。为了分散抗力,锤上模锻时可分工序多次完成,于是模锻模腔就有预锻模腔和终锻模腔两种。

1)预锻模腔

对于形状复杂的模锻件,为了使金属坯料的形状基本接近模锻件的形状,使金属坯料能合理分布和很好地充满模锻模腔,就必须预先在预锻模腔内制坯,再进行终锻,这样金属坯料容易充满终锻模腔,同时可减小变形抗力并减少终锻模腔的磨损,延长锻模的使用寿命。预锻模腔按照锻造方法分为拔长模腔、滚压模腔、弯曲模腔和切断模腔等。

2)终锻模腔

终锻模腔的作用是使金属坯料变形达到锻件所要求的形状和尺寸。终锻模腔沿模腔四周有飞边槽,飞边槽用来增加金属从模腔中流出的阻力,促使金属坯料更好地充满模腔,同时容纳多余的金属坯料,多余的金属坯料称为毛皮。对于具有通孔的锻件,由于不可能靠上模、下模的突起部分把金属坯料完全挤压到旁边去,所以终锻后锻件在孔内留有一薄层金属坯料,这层金属坯料称为冲孔连皮。在生产中,把冲孔连皮和飞边(毛皮)冲掉后,才能得到合格的模锻件。

带有冲孔连皮和飞边的模锻件及产品示意图如图 5.28 所示。

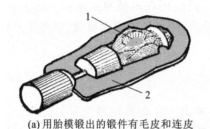

(a) 用胎模锻出的锻件有毛皮和连皮　　　　　　(b) 去掉毛皮和连皮的锻件

图 5.28　带有冲孔连皮和飞边的模锻件及产品示意图

1—连皮；2—毛皮

根据模锻件的复杂程度和锻件所需变形的模膛数量,可将锻模设计成单膛锻模或多膛锻模。单膛锻模是在一副锻模上,只有终锻模膛一个模膛。例如,齿轮坯模锻件就可将截下的圆柱形坯料,直接放入单膛锻模中一次终锻成形。多膛锻模是在一副锻模上具有两个以上模膛的锻模。预锻模膛与终锻模膛的主要区别是前者的圆角和斜度较大,没有飞边槽。对于形状简单或批量不够大的模锻件,也可以不设预锻模膛。

2. 锤上模锻的特点

锤上模锻虽然具有设备投资较少,锻件质量较好,适应性强,可以实现多种变形工序,锻制不同形状的锻件等优点,但由于锤上模锻振动大、噪声大,完成一个变形工序往往需要经过多次锤击,故难以实现机械化和自动化生产,相比其他模锻生产率较低。

5.4.2　胎模锻

胎模锻是指在自由锻设备上使用简单的不固定模具(胎模)生产锻件的一种锻造方法。胎模锻兼有自由锻造和模锻的特点,锻造时胎模不固定在锤头或砧铁上,只在使用时放在下砧铁上进行锻造。它直接采用金属坯料或先用自由锻造方法把金属坯料预锻成近似于锻件的形状,然后在自由锻锤上利用胎模终锻成形。模锻的生产率和锻件精度比自由锻造高,可锻造形状较为复杂的锻件,但要有专门设备,且模具制造成本高,模锻只适用于大批量生产。用于模锻的设备有多种。

1. 胎模锻的模具

胎模锻的工艺与胎模是紧密相关的。按照工艺特点和模具用途,胎模锻的模具种类较多,主要分为制坯模具(摔模、扣模、弯曲模)、焖形模具(具套模、合模)和修整模具(冲孔模、切边模)三大类。

1)制坯模具

制坯模具如图 5.29 所示。其中摔模用来对金属坯料进行局部成形。锻造时,金属坯料需要转动。扣模用来对金属坯料进行全部或局部扣形,以生产长杆等非回转体锻件,也可以为合模锻造进行制坯。用扣模锻造时,金属坯料不转动。其中扣模用于对金属坯料进行全面或局部扣形,主要用于生产杆状非回转体锻件。当用扣模锻造时,金属坯料固定不转动。

2)焖形模具

焖形模具有套筒模(又称套模)和合模两种。简单套筒模如图 5.30(a)、(b)所示。套筒模

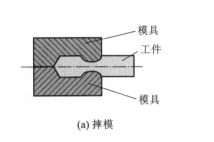
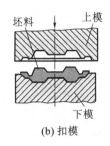

(a) 摔模   (b) 扣模

图 5.29 制坯模具

主要用于锻造齿轮、法兰盘等盘类锻件。组合套筒模如图 5.30(c)所示,由于有两个半模(增加一个分模面),使用组合套筒模可锻出形状更复杂的胎模锻件,扩大了胎模锻的应用范围。

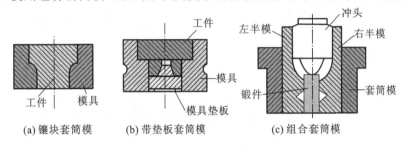

(a) 镶块套筒模   (b) 带垫板套筒模   (c) 组合套筒模

图 5.30 套筒模

合模如图 5.31 所示。合模由上模和下模组成,并有导向结构,可用来生产形状复杂、精度较高的非回转体锻件。

3)修整模具

修整模具分为切边模和冲孔模。切边模和冲孔模分别如图 5.32 和图 5.33 所示。

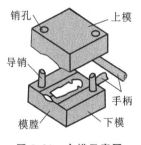
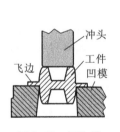
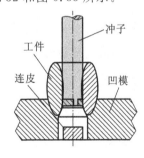

图 5.31 合模示意图   图 5.32 切边模   图 5.33 冲孔模

胎模锻的模具制造简便,不需要模锻设备。虽然胎模锻的生产率和锻件的质量比自由锻造高,但胎模容易损坏,与其他模锻方法相比,胎模锻锻造出的锻件精度低,劳动强度大,因此,胎模锻广泛应用于没有模锻设备的中小型工厂生产中小批量锻件。

2.胎模的结构和胎模锻锻造过程

胎模锻通常是先用自由锻造制坯,然后在胎模中锻造成形。胎模的结构和胎模锻锻造过程分别如图 5.34 和图 5.35 所示。

采用胎模锻进行锻造时,将下模置于锻锤的下砧铁上,但不固定;合上上模,用锤头打击上模,待上模、下模合拢后,即可形成锻件。

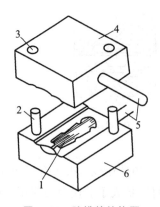 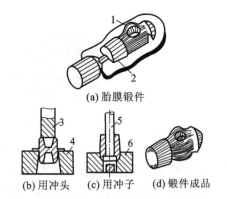

图 5.34　胎模的结构图

1—模腔;2—导销;3—销孔;4—上模;5—手柄;6—下模

图 5.35　胎模锻锻造过程

(a)胎膜锻件　(b)用冲头　(c)用冲子　(d)锻件成品

1—连皮;2—胎模锻件;3—冲头;4,6—凹模;5—冲子

5.5　板料冲压

利用冲床的外加压力和冲模使板料产生分离或变形的加工方法,称为板料冲压。这种加工方法一般是在常温下进行的,又称冷冲压。通常当板料厚度超过 8 mm 时,采用热冲压。制造金属成品时,都采用板料冲压的加工方法进行生产。板料冲压广泛应用汽车、拖拉机、航空、电器、仪表及五金制品等制造业。

冲压的板料必须具有良好的塑性,所以冲压原料为低碳钢薄板料、非铁金属(如铜、铝)板料和非金属板料(如塑料板、硬橡胶、纤维板、绝缘纸)等材料。

板料冲压具有下列特点。

(1)可冲压形状复杂的零件,且废料较少。

(2)冲压的零件具有高精度和较低的表面粗糙度值,冲压件的互换性较好。

(3)能获得质量轻、材料消耗少、强度和刚度都较高的零件。

(4)冲压操作简单,工艺过程容易实现机械化和自动化,效率很高,成本低。

5.5.1　冲压设备

1.剪床

剪床(又称剪板机)是板料裁剪下料的主要设备。剪床结构及剪切示意图如图 5.36 所示。

电动机带动带轮和齿轮转动,通过离合器闭合来控制曲轴旋转,从而带动装有上刀片的滑块沿导轨作上下运动,上刀片与装在工作台上的下刀片相剪切进行工作。上刀片做成斜度为 6°~9°的斜刃,可以减小剪切力和有利于剪切宽而薄的板料。对于窄而厚的板料,用平刃剪切。挡铁起定位作用,用来控制下料尺寸。制动器控制滑块的运动,使上刀片剪切后停在最高位置,便于送料和下次剪切。

2.冲床

冲床是进行冲压加工的主要设备。开式双柱冲床示意图如图 5.37 所示。电动机通过减速系统带动大带轮转动。当离合器闭合时,曲轴旋转,通过连杆使滑块沿导轨作上、下往复运动,进行冲压加工。如果踩下踏板后立即抬起,由于受到制动器的作用,滑块冲压一次后停止在最

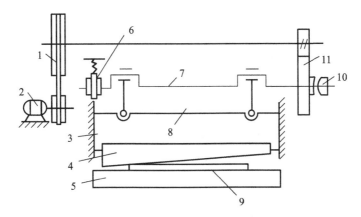

图 5.36 剪床结构及剪切示意图

1—带轮;2—电动机;3—导轨;4—上刀片;5—下刀片;6—制动器;7—曲轴;
8—滑块;9—板料;10—离合器;11—齿轮

高位置;如果踩下踏板不抬起,滑块进行连续冲压。

冲床的主要技术参数有公称压力、滑块行程及闭合高度等。

公称压力是指滑块运行至最下位置时所产生的最大压力。

滑块从最高位置到最低位置所走过的距离称为滑块行程。滑块行程等于曲柄回转半径的两倍。

滑块在行至最低位置时,其下表面到工作台台面的距离称为闭合高度。冲床的闭合高度应与冲模的高度相适应。冲床连杆的长度一般都是可调的,调整连杆的长度可对冲床的闭合高度进行调整。

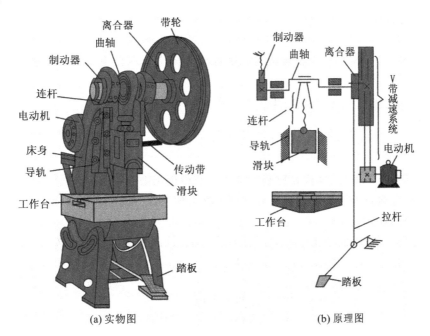

(a) 实物图　　　　　　　　　　(b) 原理图

图 5.37 开式双柱冲床示意图

5.5.2 冲压模具

冲压模具(简称冲模)是使板料产生分离或成形的模具。冲模的结构合理与否对冲压件的质量、生产率和模具的使用寿命等有很大的影响。典型的冲模结构如图5.38所示。

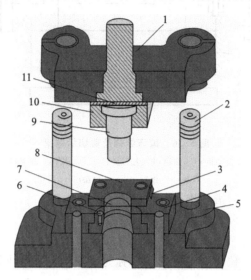

图 5.38 典型的冲模结构

1—上模板;2—导柱;3—凹模;4—凹模压板;5—下模垫;6—定位销;7—导板;8—卸料板;9—凸模;10—凸模压板;11—模垫

1.冲模的组成及其作用

冲模一般分上模和下模两个部分。上模通过模柄安装在冲床滑块上,下模通过下模板由压板和螺栓安装在冲床工作台上。

1)凸模与凹模

凸模也称冲头,与凹模配合使板料产生分离或成形,是冲模的主要工作部分。

2)导板与定位销

导板用来控制板料的进给方向,定位销用来控制板料的进给量。

3)退料板

退料板在每次冲压后使凸模从工件或板料中脱出。

4)模架

模架由上模板、下模板、导柱和导套等组成。上模板用来固定凸模、模柄等。下模板用来固定凹模、导板和退料板等。导套和导柱分别固定在上模板、下模板上,用以保证上模、下模对准。

2.冲模的分类

冲模种类繁多,按不同的工序种类可分为冲裁模、拉深模、弯曲模等,按工序复合程度又可分为单一工序的简单冲模、多工序的连续冲模和复合冲模。图5.39所示为冲床滑块一次行程只能完成一个冲压工序的简单冲模。把两个简单冲模安装在一块模板上组成连续冲模,冲床滑块一次行程中在模具的不同部位同时完成两道工序。

下面就简单冲模、多工序的连续冲模和复合冲模分别做介绍。

1)简单冲模

简单冲模是指滑块的一次行程中只完成一道冲压工序的冲模,如图5.39所示。简单冲模分上模和下模两部分,上模经模柄安装在冲床滑块上,下模经下模板通过压板和螺栓安装在冲床工作台上。工作时,板料在凹模上沿两个导板之间送进,碰到定位销停止;凸模向下冲压被冲下的零件成废料进入凹模孔,板料和凸模一起向上运动;当向上运动的板料碰到卸料板时被推下,板料便可以在导板之间继续被送进。

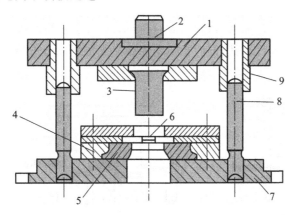

图 5.39   简单冲模示意图

1—上模板;2—模柄;3—凸模;4—压模板;5—凹模;6—定位销;7—下模板;8—导柱;9—导套

对简单冲模各部分的作用说明如下。

(1)凸模和凹模是简单模具的核心工作部件,又称为冲头,两者共同作用,使板料分离或变形,它们分别通过凸模固定板和凹模固定板固定在上模座、下模座上。

(2)导柱和导套在工作过程中起导向作用,以保证简单冲模的运动精度。

2)连续冲模

在滑块的一次冲程中,模具的不同部位同时完成两道以上的冲压工序的冲模称为连续冲模。连续冲模示意图如图 5.40 所示。工作时,定位销对准定预先冲好的定位孔进行导正,上模向下运动,落料凸模 1 进行落料,冲孔凸模 4 进行冲孔;当上模回程时,卸料板 6 从凸模上推下残料;再将坯料 7 继续向前送进,执行第二次冲模。连续冲模生产率较高,易于实现机械化和自动化,但定位精度要求较高,制造成本高。

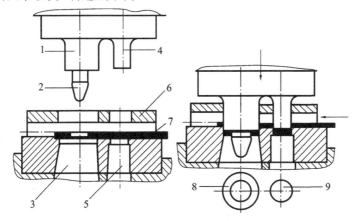

图 5.40   连续冲模示意图

1—落料凸模;2—定位销;3—落料凹模;4—冲孔凸模;5—冲孔凹模;6—卸料板;7—坯料;8—成品;9—废料

3）复合冲模

在滑块的一次冲程中，模具的同一部位完成两道以上冲压工序的冲模称为复合冲模。复合模具的主要特点是有一个凸凹模，凸凹模的外缘是落料凸模，内缘是拉深凹模，当凹凸模下降时，首先落料；然后金属坯料被拉深凸模反向顶入凹凸模内被拉深；顶出器在滑块回程时将拉深件顶出。复合冲模的加工精度和生产率较高，但制造较为复杂，适用于大批量生产。图5.41所示为落料和拉深复合冲模，在冲床滑块的一次行程中，上模和落料凹模进行落料，随滑块继续下行，冲孔凸模与中心凹模进行冲孔，同时橡皮与内胎完成拉深成形工序。

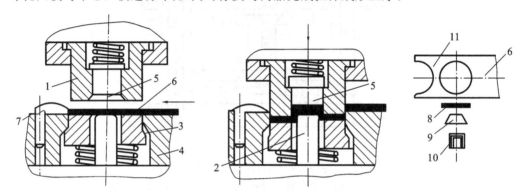

图5.41　落料和拉深复合冲模

1—凹凸模；2—拉深凸模；3—压板（卸料器）；4—落料凹模；5—顶出器；6—条料；7—挡料销；
8—坯料；9—拉深件；10—零件；11—切余材料

5.5.3　板料冲压的基本工序

1. 板料分离工序

板料分离工序是使板料的一部分与另一部分相互分离的工序，如落料、冲孔、切断和修整等。

1）落料和冲孔

落料和冲孔是使板料按封闭轮廓分离的工序。落料时，冲落部分为成品，而余料为废料。冲孔是为了获得带孔的冲裁件，所以冲落部分是废料，余料为成品。图5.42所示为落料和冲孔简图。

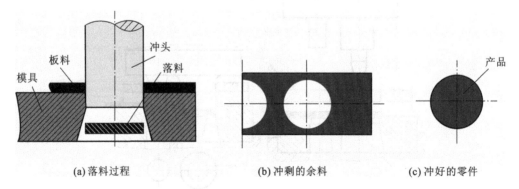

(a) 落料过程　　　　　　(b) 冲剩的余料　　　　　　(c) 冲好的零件

图5.42　落料和冲孔简图

在板料落料和冲孔变形过程中，板料的变形和分离过程对落料和冲孔的质量影响很大。板料落料和冲孔变形过程可分为弹性变形、塑性变形、断裂分离三个阶段。

板料分离工序示意图如图 5.43 所示。

（1）板料弹性变形阶段。

板料弹性变形阶段是冲头（凸模）接触板料继续向下运动的初始阶段，将使板料产生弹性压缩、拉伸与弯曲等变形，板料中的应力值迅速增大，凸模下的板料略有弯曲，凸模周围的板料向上翘。间隙数值越大，弯曲和上翘越明显。

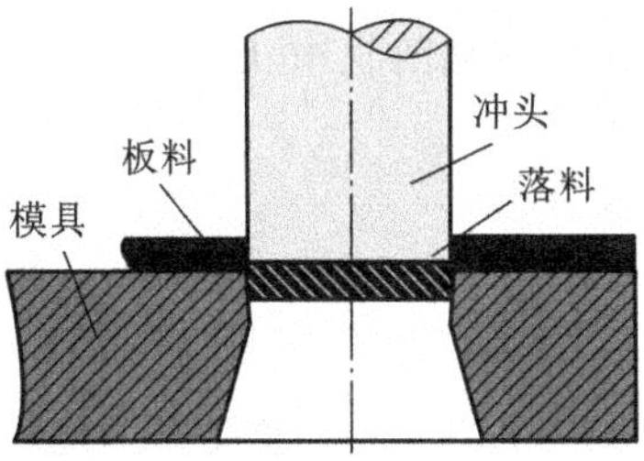

（2）板料塑性变形阶段。

在板料塑性变形阶段，冲头继续向下运动，板料中的应力值达到屈服极限，板料产生塑性变形，变形达到一定程度时，位于凸、凹模刃口处的金属硬化加剧，出现微裂纹。

图 5.43　板料分离工序示意图

（3）板料断裂分离阶段。

在板料断裂分离阶段，冲头继续向下运动，已形成的上、下裂纹逐渐扩展，上、下裂纹相遇重合后，板料被剪断分离。

板料冲裁件分离面的质量主要与凸凹模间隙、刃口锋利程度有关，同时也与模具的结构、材料的性能和板料的厚度等因素有关。

2）冲压件的修整

修整是指利用修整模沿冲裁件外缘或内孔刮削一薄层金属的方法，以切掉冲裁件上的剪裂带和毛刺，从而提高冲裁件的尺寸精度，提高表面质量。修整冲裁件的外形称为外缘修整，修整冲裁件的内孔称为内孔修整。修整示意图如图 5.44 所示。

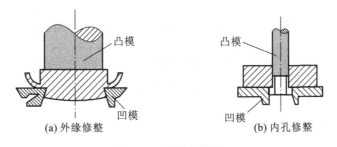

图 5.44　修整示意图

修整的机理与冲裁完全不同，而与切削加工相似。对于大间隙冲裁件，单边修整量一般为板料厚度的 10%；对于小间隙冲裁件，单边修整量在板料厚度的 8% 以下。当冲裁件的修整总量或板料厚度大时，可进行多次修整。

外缘修整模的凸凹模间隙一般单边取 0.001～0.01 mm，也可以采用负间隙修整，即凸模刃口尺寸大于凹模刃口尺寸的修整工艺。

3）板料切断

切断是指用剪刃或冲模将板料沿不封闭轮廓进行分离的工序。

剪刃安装在剪床上，把大板料剪切成一定宽度的条料，供下一步冲压工序用。冲模安装在冲床上，用来冲制成形状简单、精度要求不高的平板件。

2. 成形工序

成形工序是指使坯料的一部分相对于另一部分产生位移而不破裂的工序，如拉深、弯曲、翻边等。

1)板料拉深

拉深是利用模具使冲裁后得到的平板坯料变形成为开口空心零件的工序,也称拉延。拉深示意图如图 5.45 所示。

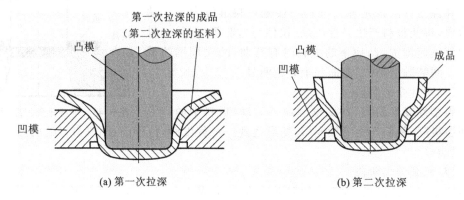

图 5.45　拉深示意图

拉深的变形过程是把平板坯料放在凹模上,在凸模的作用下,平板坯料被拉入凸模和凹模的间隙中,形成空心拉深件。拉深件的底部金属一般不变形,只起传递拉力的作用,厚度基本不变。坯料外径与内径之间环状部分的金属,切向受到压应力的作用,径向受到超过屈服点的拉应力作用,逐步进入凸模和凹模之间的间隙,形成拉深件的直壁,直壁本身主要受轴向拉应力作用,厚度有所减小,而直壁与底部之间的过渡圆角部位厚度变化最为严重。

为了避免拉裂,保证板料顺利变形,拉深模凸模和凹模的工作部分应有光滑的圆角,而且这两者之间的间隙应稍大于板料的厚度。拉深时,用压板适当压紧板料四周可防止起皱,在板料或模具上涂润滑剂以减小摩擦阻力。对于变形量较大的拉深件,可采用多次拉深。

2)板料弯曲

弯曲是指将坯料弯成具有一定角度和曲率的变形工序。弯曲过程中板料变形简图如图 5.46所示。在弯曲过程中,板料弯曲部分的内侧受压缩,而外侧受拉伸。当外侧的拉应力超过板料的抗拉强度时,板料产生破裂。板料越厚,内弯曲半径越小,拉应力就越大,板料越容易弯裂。为了防止弯裂,最小弯曲半径应为 $r=(0.25\sim1)\delta$(δ 为板料的厚度)。材料塑性越好,弯曲半径越小。

3)板料翻边

翻边示意图如图 5.47 所示。翻边是指在带孔的平坯料上用扩孔的方法获得凸缘的工序。在进行翻边工序时,如果翻边孔的直径超过允许值,会使孔变形。凸模圆角半径 $r=(4\sim9)d$。

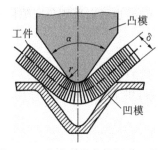

图 5.46　弯曲过程中板料变形简图

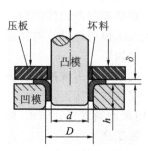

图 5.47　翻边示意图

第6章 金属热处理

6.1 金属热处理概述

金属热处理是机械制造中的重要工艺之一。与其他加工工艺相比,金属热处理一般不改变工件的形状和整体的化学成分,而是通过改变工件内部的显微组织,或改变工件表面的化学成分,赋予工件使用性能或改善工件的使用性能。金属热处理的特点是改善工件的内在质量,而这一般不是肉眼所能看到的。

热处理工艺一般包括加热、保温、冷却三个过程,有时只有加热和冷却两个过程。这些过程互相衔接,不可间断。

金属热处理工艺大体可分为整体热处理、表面热处理和化学热处理三大类。根据加热介质、加热温度和冷却方法的不同,每一大类又可区分为若干不同的热处理工艺。同一种金属采用不同的热处理工艺,可获得不同的组织,从而具有不同的性能。钢铁是工业上应用最广的金属,而且钢铁的显微组织也最为复杂,因此钢铁热处理工艺种类繁多。整体热处理是指对工件整体进行加热,然后以适当的速度冷却工件,以改变其整体力学性能的金属热处理工艺。钢铁整体热处理大致有退火、正火、淬火和回火四种基本工艺。

退火是指将工件加热到适当温度,根据材料和工件尺寸采用不同的保温时间,然后进行缓慢冷却。退火的目的是使金属内部组织达到或接近平衡状态,获得良好的工艺性能和使用性能,或者为进一步淬火做组织准备。正火是指将工件加热到适宜的温度后在空气中冷却。正火的效果与退火的效果相似,只是得到的组织更细。正火常用于改善材料的切削性能,有时对一些要求不高的工件作为最终热处理。淬火是将工件加热保温后,在水、油或其他无机盐、有机水溶液等淬冷介质中快速冷却。经淬火后,钢件变硬,但同时变脆。为了降低钢件的脆性,将淬火后的钢件在高于室温而低于650 ℃的某一适当温度进行长时间的保温,再进行冷却,这种工艺称为回火。退火、正火、淬火、回火是整体热处理中的"四把火",其中淬火与回火关系密切,常常配合使用,缺一不可。随着加热温度和冷却方式的不同,"四把火"又演变出不同的热处理工艺。为了获得一定的强度和韧性,常常把淬火和高温回火结合起来。这种工艺称为调质。在某些合金淬火形成过饱和固溶体后,将其置于室温或稍高的适当温度下保持较长时间,可以提高合金的硬度、强度或电磁性等。这样的热处理工艺称为时效处理。

把压力加工形变与热处理有效而紧密地结合起来进行,使工件获得很好的强度、韧性配合的方法称为形变热处理。在负压气氛或真空中进行的热处理称为真空热处理,它不仅能使工件不氧化,不脱碳,保持处理后工件表面光洁,提高工件的性能,还可以通入渗剂进行化学热处理。

表面热处理是只加热工件表层,以改变其表层力学性能的金属热处理工艺。为了只加热工件表层而不使过多的热量传入工件内部,使用的热源必须具有高的能量密度,即在单位面积的工件上给予较大的热能,使工件表层或局部能短时或瞬时达到高温。表面热处理的主要方法有火焰淬火和感应加热热处理,常用的热源有氧乙炔和氧丙烷等火焰、感应电流、激光和电子束等。

化学热处理是指改变工件表层化学成分、组织和性能的金属热处理工艺。化学热处理与表面热处理的不同之处在于前者改变了工件表层的化学成分。化学热处理是将工件放在含碳、氮、硼、铬或其他合金元素的介质(气体、液体、固体)中加热,保温较长时间,从而使工件表层渗入碳、氮、硼和铬等元素。渗入元素后,有时还要对工件进行其他热处理工艺,如淬火和回火。化学热处理的主要方法有渗碳、渗氮、渗金属。

例如,白口铸铁经过长时间退火处理可以获得可锻铸铁,提高塑性;齿轮采用正确的热处理工艺,使用寿命可以成几倍甚至几十倍地提高;价廉的碳钢通过渗入某些合金元素就具有某些价昂的合金钢的性能,可以代替某些耐热钢、不锈钢;工具、模具几乎全部需要经过热处理方可使用。

6.2　常用的热处理设备

热处理设备可分为主要设备和辅助设备两大类。主要设备包括加热设备、冷却设备、控温仪表等。辅助设备包括工件清理设备(如酸洗设备)、检测设备、校正设备和消防安全设备等。

6.2.1　加热设备

1.箱式电阻炉

箱式电阻炉利用电流使布置在炉膛内的电热元件发热,通过对流和辐射对工件进行加热。图 6.1 所示为中温箱式电阻炉。它的热电偶从炉顶或后壁插入炉膛,通过检测仪表显示温度,进而控制温度。

箱式电阻炉是热处理车间应用很广泛的加热设备,适用于钢铁材料和非钢铁材料(有色金属)的退火、正火、淬火、回火及固体渗碳等的加热,具有操作简便、控温准确、可通入保护性气体以防止工件加热时氧化、劳动条件好等优点。箱式电阻炉也存在一些缺点,如冷炉升温慢、炉内温差较大、工件容易氧化和脱碳、操作不方便等,特别是大型箱式电阻炉,工人在操作时的劳动强度较大。

2.井式电阻炉

井式电阻炉(见图 6.2)的工作原理与箱式电阻炉相同,它因炉口向上、形如井状而得名。常用的井式电阻炉有中温井式电阻炉、低温井式电阻炉和气体渗碳井式电阻炉三种。其中中温井式电阻炉主要应用于长形工件的淬火、退火和正火等热处理,最高工作温度为 950 ℃。井式电阻炉因炉体较高,一般置于地坑中,仅露出地面 600～700 mm。与箱式电阻炉相比,井式电阻炉热量传递较好,炉顶可装风扇,使温度分布较均匀,细长工件垂直放置可克服工件水平放置时因自重引起的弯曲并可利用各种起重设备进料或出料。

井式电阻炉和箱式电阻炉的使用都比较简单,在使用过程中应经常清除炉内的氧化铁屑,进出料时必须切断电源,不得碰撞炉衬,不得十分靠近电热元件,以保证安全生产和延长电阻炉的使用寿命。

图 6.1　中温箱式电阻炉

图 6.2　井式电阻炉

3. 盐浴炉

盐浴炉是利用熔盐作为加热介质的炉型。根据工作温度的不同,盐浴炉可以分为高温盐浴炉、中温盐浴炉、低温盐浴炉。高温盐浴炉、中温盐浴炉采用电极的内加热式,是把低电压、大电流的交流电通入置于盐槽内的两个电极上,利用两电极间熔盐电阻发热效应,使熔盐达到预定温度,通过对流、传导作用,对吊挂在熔盐中的工件加热。低温盐浴炉采用电阻丝的外加热式。

盐浴炉可以完成多种热处理工艺的加热,加热速度快、均匀,氧化和脱碳少,是中小型工具、模具的主要加热设备。但在盐浴炉加热操作中,存在工件的扎绑、夹持等工序,操作复杂、劳动强度大、工作条件差,同时存在启动时升温时间长等缺点。

6.2.2　冷却设备

淬火冷却槽是热处理生产中主要的冷却设备。常用的冷却设备有水槽、油槽、浴炉等。淬火冷却槽槽体一般用钢板焊成,大型淬火冷却槽要用型钢加固,并在槽的内外表面涂以防锈油漆。淬火冷却槽槽体也可用水泥砌制,用水泥砌制的淬火冷却槽槽体能有效地防止某些水溶液的腐蚀。

为了保证淬火能够正常、连续地进行,使淬火介质保持比较稳定的冷却能力,需要将被工件加热了的冷却介质冷却到规定的温度范围内,因此常在淬火冷却槽中加入冷却装置。

6.2.3　控温仪表

加热炉的温度测量和控制主要是利用热电偶和温度控制仪及开关器件进行的。热电偶将温度转换成热电势,温度控制仪将热电偶产生的热电势转变成温度的数字或指针偏转角度并显示。热电偶应放在能代表工件温度的位置,温度控制仪应放在便于观察又避免热晾、磁场等影响的位置。

6.3　钢的热处理

6.3.1　钢的热处理概述

钢的热处理是指对钢在固态下采用适当的方式进行加热、保温和冷却,以改变其表面或内部的组织结构,从而获得所需性能的一种热加工工艺。

钢的热处理种类很多,但它们有一个共同的特点,即都包括加热和冷却两个基本过程。钢的热处理工艺分类如图 6.3 所示。

钢的热处理 { 普通热处理:退火、正火、淬火、回火
表面热处理 { 表面淬火:感应加热表面淬火、火焰加热表面淬火、激光加热表面淬火、电子束加热表面淬火、等离子束表面淬火等
表面化学热处理:渗碳、渗氮、碳氮共渗、渗金属等
其他热处理:真空热处理、形变热处理、可控气氛热处理等

图 6.3　钢的热处理工艺分类

钢的热处理工艺曲线示意图如图 6.4 所示,碳钢常用热处理方法示意图如图 6.5 所示。

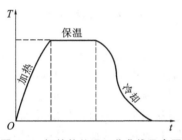

图 6.4　钢的热处理工艺曲线示意图

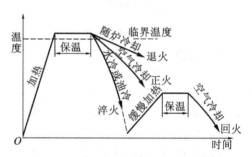

图 6.5　碳钢常用热处理方法示意图

热处理同铸造、压力加工和焊接工艺不同,它不改变工件的外形尺寸,只改变金属的内部组织和性能。在机械制造中,热处理起着十分重要的作用,它既可用于消除上一工艺过程所产生的金属材料内部组织结构上的某些缺陷,又可为下一工艺过程创造条件,更重要的是可进一步提高金属材料的性能,从而充分发挥金属材料性能的潜力。在汽车、拖拉机和各类机床上,有 70%～80% 的钢铁工件要进行热处理;至于刀具、模具、量具和轴承等,全部需要进行热处理。随着工业和经济的发展,热处理在改善和强化金属材料、提高产品质量、节省材料和提高经济效益等方面发挥着更大的作用。

钢经过热处理后性能会发生较大的变化,是由于经过不同的加热和冷却过程,钢的内部组织结构发生了变化。因此,为了制定正确的热处理工艺规范、保证热处理质量,必须了解钢在不同的加热和冷却条件下的组织变化规律。

6.3.2　钢在加热时的转变

加热是热处理的第一道工序。加热分两种:一种是在临界点 A_1 以下加热,不发生相变;另一种是在临界点 A_1 以上加热,目的是获得均匀的奥氏体组织,这一过程称为奥氏体化。

钢加热时奥氏体的形成过程是一个形核和长大的过程。以共析钢为例,奥氏体化过程可以简单地分为四个步骤。第一步,奥氏体晶核形成(见图 6.6(a))。奥氏体晶核首先在铁素体与渗碳体相界处形成,因为相界处的成分和结构对形核有利。第二步,奥氏体晶核长大(见图 6.6(b))。奥氏体晶核形成后,便通过碳原子的扩散向铁素体和渗碳体方向长大。第三步,残余渗碳体溶解(见图 6.6(c))。铁素体在成分和结构上比渗碳体更接近奥氏体,因而先于渗碳体消失,而残余渗碳体随保温时间延长不断溶解直至消失。第四步,奥氏体成分均匀化(见

图 6.6（d））。渗碳体溶解后，其所在部位碳的含量仍比其他部位高，需通过较长时间的保温使奥氏体成分逐渐趋于均匀。

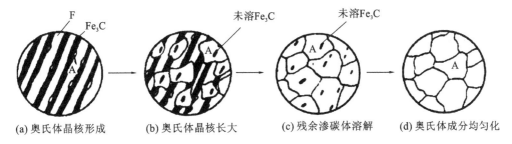

图 6.6　共析钢奥氏体形成过程示意图

在近平衡状态下，碳素钢和低合金钢的室温组织可分为亚共析钢（先共析铁素体加珠光体）、共析钢（珠光体）、过共析钢（先共析渗碳体加珠光体）三类。亚共析钢和过共析钢的奥氏体化过程与共析钢基本相同。加热时，在临界点 A_1 处，亚共析钢和过共析钢都发生珠光体向奥氏体的转变（P→A）；随着温度继续升高，不断向奥氏体转变（F→A，Fe_3C→A）；到临界点 A_{c3}（亚共析）或 A_{ccm}（过共析）时，先共析铁素体和先共析渗碳体全部转变为奥氏体。

由于奥氏体晶粒的大小对钢件热处理后的组织和性能影响极大，因此必须了解影响奥氏体晶粒大小的因素，以寻求控制奥氏体晶粒的方法。起始晶粒形成以后，奥氏体实际晶粒的大小主要取决于以下因素。

1. 加热温度和保温时间的影响

由于奥氏体晶粒的长大与原子扩散有着密切的关系，所以加热温度越高，保温时间越长，奥氏体晶粒就越粗大。温度对奥氏体晶粒长大的影响最显著。在每一加热温度下，都有一个加速长大期，当奥氏体晶粒长大到一定尺寸后，继续延长保温时间，晶粒将不再明显长大，而趋于一个稳定尺寸。为了获得一定大小的奥氏体晶粒，可以同时控制加热温度和保温时间。加热温度低时，保温时间的影响较小；加热温度高时，保温时间的影响开始较大，随后较弱。因此，加热温度高时，保温时间应该缩短，这样才能保证得到细小的奥氏体晶粒。在生产上必须严格控制加热温度，防止加热温度过高，以避免奥氏体晶粒粗化。通常要根据钢的临界点、钢件尺寸以及装炉量确定合理的加热工艺参数。

2. 加热速度的影响

加热速度越快，过热度越大，奥氏体的实际形成温度越高，形核率和长大速度越大，奥氏体的起始晶粒越细。但是，奥氏体起始晶粒细小而加热温度较高反而使奥氏体晶粒易于长大，因此快速加热时，保温时间不能过长，否则奥氏体的晶粒反而粗大。

3. 钢的化学成分的影响

在一定的含碳范围内，随着奥氏体含碳量的增加，由于碳在奥氏体的扩散速度和铁的自扩散速度增大，奥氏体晶粒的长大倾向增大；但当碳含量超过一定量以后，碳能以未熔碳化物的形式存在，奥氏体晶粒的长大倾向减小。同样，在钢中加入碳化物形成元素和加入氮化物、氧化物形成元素，都能阻碍奥氏体晶粒的长大。锰、磷溶于奥氏体后，使铁原子扩散加快，会促使奥氏体晶粒长大。

4. 原始组织

一般来说，钢的原始组织越细，碳化物弥散度越大，奥氏体的起始晶粒度就越小。与粗珠光体相比,细珠光体总是容易获得细小而均匀的奥氏体起始晶粒。在相同的加热条件下,与球状珠光体相比,片状珠光体在加热时奥氏体晶粒易于粗化,因为片状碳化物表面积较大,溶解快,奥氏体的形成速度也快,奥氏体形成后较早地进入晶粒长大阶段。

6.3.3 钢在冷却时的转变

加热是为了获得晶粒细小、化学成分均匀的奥氏体,冷却是为了获得一定的组织以满足所需的力学性能。因此,冷却是钢热处理的关键。冷却主要分为以下三种。

1. 极其缓慢的冷却

奥氏体在极其缓慢的冷却过程中按照 $Fe-Fe_3C$ 相图(见图 6.7)进行平衡结晶转变,室温平衡组织是:共析钢,为珠光体;亚共析钢,为铁素体+珠光体;过共析钢,为二次渗碳体+珠光体。

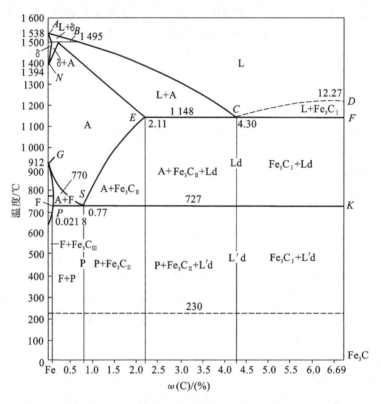

图 6.7 $Fe-Fe_3C$ 相图

2. 连续冷却

过冷奥氏体在不同温度区间的分解产物是不同的。在连续冷却过程中,钢从高温奥氏体状态一直连续冷却到室温,过冷奥氏体经历由高温到低温的整个区间。连续冷却速度不同,到达各个温度区间的时间以及在各个温度区间停留的时间不同,因此连续冷却转变得到的往往是不均匀的混合组织。过冷奥氏体在连续冷却条件下的转变规律可以用连续冷却转变曲线(CCT曲线)来表征。过共析钢CCT曲线如图 6.8 所示。

3. 等温冷却

在等温冷却过程中,将处于奥氏体状态的钢迅速冷却到临界点以下某一温度保温,让其发

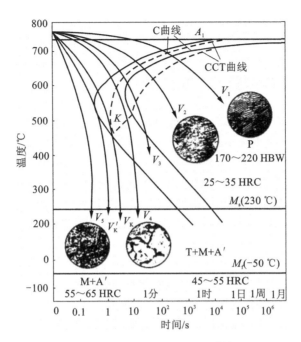

图 6.8 共析钢 CCT 与 TTT 曲线

生恒温转变,然后将其冷却到室温。过冷奥氏体等温转变产物的组织和性能取决于过冷度。根据过冷度的不同,过冷奥氏体将发生三种类型的转变,即珠光体型转变、贝氏体型转变、马氏体型转变。过冷奥氏体在等温冷却条件下的转变规律可以用等温转变曲线(TTT 曲线)来表征等温转变曲线也叫 C 曲线。共析钢 TTT 曲线如图 6.8 所示。

在共析钢的两条 C 曲线中,左边的一条是过冷奥氏体转变开始线,右边的一条是过冷奥氏体转变终了线。A_1 线、M_s 线、过冷奥氏体转变开始线及纵坐标所包围的区域为过冷奥氏体区;过冷奥氏体转变终了线以右及 M_f 线以下为转变产物区;过冷奥氏体转变开始线与过冷奥氏体终了线之间及 M_s 线与 M_f 线之间为转变区;过冷奥氏体转变开始线与过冷奥氏体纵坐标之间为孕育期。此外,C 曲线还明确表示了奥氏体在不同温度下的转变产物。

6.4 钢的普通热处理

6.4.1 钢的整体热处理

对钢件整体进行穿透加热的热处理称为整体热处理。整体热处理工艺主要有退火、正火、淬火和回火等。一般退火与正火作为预备热处理,旨在消除钢的组织缺陷,或为以后的加工做准备;而淬火和回火工艺相配合可强化钢材,作为最终热处理,提高工件或者工具的使用性能。

1. 钢的退火和正火

1)退火

将钢件加热到临界点 A_{c1} 或 A_{c3} 以上某一温度,保温一定时间,然后进行缓慢冷却,从而获得近似平衡组织的一种操作称为退火。退火是将金属或合金加热到某一温度(对碳素钢而言为

$740\sim880$ ℃),保温一定时间,然后随炉冷却或埋入导热性差的介质中缓慢冷却的一种工艺方法。退火的主要目的是降低材料的硬度,改善切削加工性能,细化材料内部晶粒,均匀组织及消除毛坯在成形(锻造、铸造、焊接)过程中所造成的内应力,为后续的机械加工和热处理做好准备。工业上常用的退火工艺及其适用范围如下所述。

(1)完全退火。

完全退火是指将钢完全奥氏体化后缓慢冷却,获得接近平衡组织的退火,主要用于中碳和高碳成分的亚共析钢。完全退火加热温度为 A_{c3} 以上 $30\sim50$ ℃,保温时间根据钢件的大小和厚度而定,要使钢件热透,保证得到均匀的奥氏体。在实际生产过程中,为了提高生产率,钢件随炉冷却至 600 ℃左右即可出炉空冷。低碳钢和过共析钢不宜采用完全退火。低碳钢完全退火后硬度偏低,不利于切削加工。过共析钢加热至 A_{ccm} 以上完全奥氏体化后,在随后的缓冷过程中会有网状二次渗碳体析出,导致钢的强度、塑性和韧性显著降低。

(2)球化退火。

球化退火是指将钢加热到 A_{c1} 以上 $20\sim30$ ℃,充分保温,使二次渗碳体球化,然后随炉冷却,使钢在 A_{r1} 温度下在珠光体转变中形成渗碳体球,或在略低于 A_{r1} 的温度下充分保温,使已形成的珠光体中的渗碳体球化,然后出炉空冷。球化退火主要用于共析钢和过共析钢,旨在使钢中的渗碳体(碳化物)球状化,降低硬度,改善切削加工性能,并为淬火做组织准备,使淬火加热时奥氏体晶粒不易长大,并减小冷却时变形和开裂的倾向。

球化退火所得到的组织是在铁素体基体上弥散分布着颗粒(球)状的渗碳体。对于有网状碳化物存在的过共析钢,在球化退火前必须先进行正火,将网状碳化物消除,这样才能保证球化退火正常进行。另外,对于一些需要进行冷塑性变形(如冲压、冷镦等)的亚共析钢,有时也可采用球化退火。

(3)等温退火。

等温退火是指将钢加热到 A_{c3} 以上 $30\sim50$ ℃(亚共析钢)或 A_{c1} 以上 $30\sim50$ ℃(共析钢和过共析钢),保温一段时间,以较快速度冷却到珠光体转变温度区间内的某一温度,经等温保持使奥氏体转变为珠光体组织,然后出炉冷却的退火工艺。等温退火主要用于高碳钢、高合金钢及合金工具钢等,目的与完全退火和球化退火基本相同,但等温退火后组织粗细均匀,性能一致,且等温退火生产周期短,效率高。

(4)去应力退火。

去应力退火是指将钢加热到 A_1 以下某一温度(碳钢一般为 $500\sim650$ ℃),经适当保温后,缓冷到 300 ℃以下出炉空冷的退火工艺。由于加热温度低于 A_1,因此在整个过程中不发生组织转变。去应力退火旨在消除由于塑性变形、焊接、铸造、切削加工等所产生的内应力,稳定尺寸,减少变形。去应力退火后的冷却应尽量缓慢,以免产生新的应力。

(5)均匀化退火。

均匀化退火又称为扩散退火,是指将钢加热到熔点以下 $100\sim200$ ℃(通常为 $1\,050\sim1\,150$ ℃),保温 $10\sim15$ h,然后进行缓慢冷却的退火工艺。均匀化退火旨在消除或减少成分或组织不均匀现象,一般用于质量较高的钢锭、铸件或锻件。由于均匀化退火加热温度高,时间长,晶粒必然粗大,为此必须再进行完全退火或正火,使组织重新细化。

2)正火

正火是指将钢加热到 A_{c3}(亚共析钢)或 A_{ccm}(共析、过共析钢)以上 $30\sim50$ ℃,保温一定时间后,在静止的空气中冷却的热处理工艺方法。图 6.9 所示为退火和正火的加热温度范围。

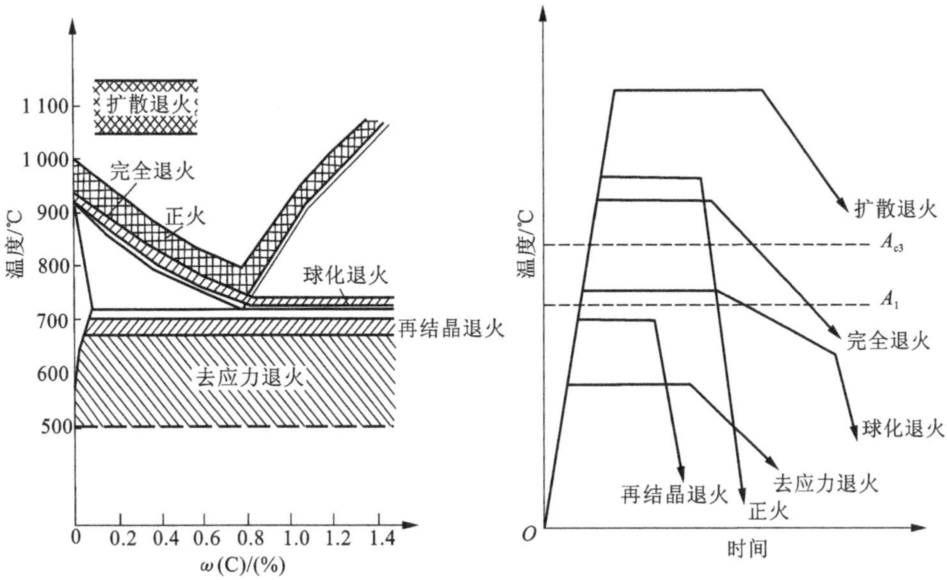

图 6.9　退火和正火的加热温度范围

正火的目的有以下三个。

(1)对于低、中碳的亚共析钢而言,正火与退火的目的相同,即调整硬度,以便于切削加工;细化晶粒,为淬火做组织准备;消除残余内应力。

(2)对于低碳钢,正火可用来调整硬度,避免切削加工中的"粘刀"现象,改善切削加工性能。

(3)对于过共析钢而言,正火可消除网状二次渗碳体,为球化退火做准备。

正火的冷却速度比退火的冷却速度快,经正火后,得到的组织较细,工件的强度和硬度比退火高。对于高碳钢的工件,正火后硬度偏高,切削加工性能变差,故宜采用退火工艺。从经济方面考虑,正火比退火的生产周期短,设备利用率高,生产效率高,节约能源,降低成本以及操作简便,所以在满足工作性能和加工要求的条件下,应尽量以正火代替退火。

3)退火与正火的选用

(1)从加工性角度考虑。

一般认为硬度在 $170\sim230$ HBW 范围内的钢材的切削加工性能最好。硬度过高,钢材难以加工,刀具容易磨损;硬度过低,切削加工时容易"粘刀",使刀具发热和磨损,同时降低工件的加工质量。因此,作为预备热处理,对于低碳钢来说正火优于退火;而高碳钢正火后硬度太高,必须采用退火。图 6.10 所示为碳钢退火与正火后的硬度值范围,其中阴影部分为切削加工钢件较好的硬度范围。

(2)从使用性能角度考虑。

对于亚共析钢,与采用退火相比,采用正火可获得更好的力学性能。如果钢件的性能要求不很高,则

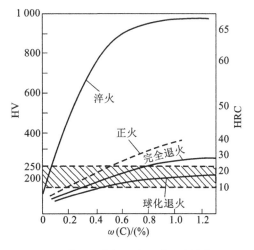

图 6.10　碳钢退火与正火后的硬度值范围

可将正火作为最终热处理。对于一些大型、重型钢件,当淬火有开裂危险时,宜采用正火作为最终热处理;但当钢件的形状复杂,正火冷却速度较快也有引起开裂的危险时,采用退火为宜。

(3)从经济性角度考虑。

正火比退火的生产周期短、耗能少、成本低、效率高、操作简便,因此在可能的条件下应优先采用正火。

2. 钢的淬火和回火

钢的淬火和回火是热处理工艺中最重要,也是用途最广的工序。淬火可以大幅度提高钢的强度和硬度。淬火后,为了消除淬火钢的残余内应力,得到不同强度、硬度和韧性的配合,需要配以不同温度的回火。所以,淬火和回火是不可分割的、紧密衔接在一起的两种热处理工艺。

1)淬火

淬火可显著提高钢的强度和硬度,是赋予钢件最终性能的关键工序。淬火是将钢件加热到 A_{c3} 或 A_{c1} 以上某一温度保持一定时间,然后以适当的速度冷却获得马氏体或下贝氏体的热处理工艺。淬火的主要目的是获得马氏体或下贝氏体,以便在随后不同温度回火后获得需要的性能。马氏体有高的强度和硬度;而下贝氏体有高强度、高韧度、高耐磨性能,因而综合力学性能较好。

钢件淬火后可获得较高的硬度,再配以相应的回火,可获得较高的强度和一定的韧度,发挥材料的潜力,如可提高工具钢和轴承钢的硬度和耐磨性能、弹簧钢的弹性极限、轴类钢件的综合力学性能。

(1)淬火加热温度与保温时间。

淬火加热温度主要根据钢的化学成分和临界点来确定。碳钢的淬火加热温度范围如图 6.11 所示。

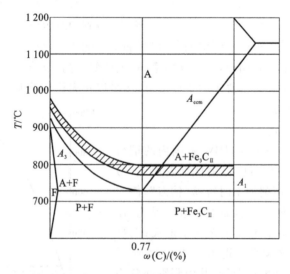

图 6.11 碳钢的淬火加热温度范围

亚共析钢淬火加热温度一般在 A_{c3} 以上 30～50 ℃,淬火后可获得细小的马氏体组织。若淬火温度在 A_{c1} ～ A_{c3} 范围内,则淬火后的组织中存在铁素体,从而造成淬火后的硬度不足,回火后强度也较低。若将亚共析钢加热到远高于 A_{c3} 温度淬火,则奥氏体晶粒会变得粗大而破坏淬火后的性能。所以,亚共析钢淬火只能选择略高于 A_{c3} 的温度,这样既能保证充分奥氏体化,又能保证奥氏体晶粒细小。

共析钢和过共析钢淬火加热温度一般在 A_{c1} 以上 $30\sim50\ ℃$,淬火后可获得细小马氏体和粒状渗碳体,残余奥氏体较少。这种组织硬度高,耐磨性能好,而且脆性较小。如果加热温度在 A_{ccm} 以上,则不仅奥氏体晶粒变得粗大,二次渗碳体也将全部溶解,导致淬火后马氏体组织粗大,残余奥氏体增多,从而降低钢的硬度和耐磨性能,增加脆性,同时使变形开裂现象变得更加严重。

为了使钢件内外各部分均完成组织转变,使碳化物溶解及奥氏体均匀化,必须在淬火加热温度保温一定的时间。在实际生产条件下,钢件保温时间应根据钢件的有效厚度来确定,并用加热系数来综合地表述钢的化学成分、原始组织、钢件的尺寸、形状,加热设备,介质等多种因素的影响。

(2)淬火冷却介质。

淬火的目的是得到马氏体,因此淬火冷却速度必须大于临界冷却速度;但冷却速度过快时,钢件内部会产生很大的内应力,容易造成变形开裂,因此必须选择合适的淬火冷却介质。

理想的淬火冷却介质应该使钢件既能淬火得到马氏体,又不致引起太大的淬火应力。这就要求在 C 曲线的"鼻尖"以上温度缓冷,以减小急冷所产生的热应力;在"鼻尖"处大于临界冷却速度进行快冷,以保证过冷奥氏体不发生非马氏体转变;在"鼻尖"下方,特别是 M_s 点以下温度时,冷却速度应尽量小,以减小组织转变的应力。钢理想的淬火冷却曲线如图 6.12 所示。

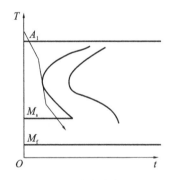

图 6.12　钢理想的淬火冷却曲线

实际生产中常用的淬火冷却介质有水、水溶性盐类和碱类、有机水溶液、油、熔盐、空气等,其中水和油最为常用。

水是目前应用较为广泛的淬火冷却介质,它价廉易得,使用安全,不燃烧,无腐蚀,并且具有较强的冷却能力,常用于形状简单、截面较大的碳钢件的淬火。水的缺点是在 $550\sim650\ ℃$ 范围内的冷却能力不够强,在 $200\sim300\ ℃$ 范围内的冷却速度很大。为提高水在 $550\sim650\ ℃$ 范围内的冷却能力,可加入少量的盐或碱。盐对钢件有腐蚀作用,淬火后应及时清洗。

各种矿物油也是应用较为广泛的淬火冷却介质。油在 $200\sim300\ ℃$ 范围内的冷却速度小于水,这可大大减小淬火钢件的变形、开裂倾向,但它在 $550\sim650\ ℃$ 范围内的冷却速度比水小得多。因此,油主要用于合金钢件和小尺寸碳钢件的淬火。油温升高,油的流动性更好,冷却能力提高,但油温过高易着火,因此一般把温度控制在 $60\sim80\ ℃$ 范围内。用油淬火的钢件需要清洗,油质易老化,这是油作为淬火冷却介质的不足。

熔融的碱和盐也常用作淬火冷却介质,称为碱浴和盐浴。它们的冷却能力介于水和油之间,使用温度范围多为 $150\sim500\ ℃$。碱浴和盐浴只适用于形状复杂及变形要求严格的小型钢件的分级淬火和等温淬火。

淬火操作时,由于冷却速度很快(可高达 $1\ 200\ ℃/s$),所以应注意淬火钢件浸入淬火剂的方式。如果浸入方式不正确,则可能因钢件各部分的冷却速度不一致而造成极大的内应力,使钢件产生变形、裂纹或局部淬不硬等缺陷。选择浸入方式的根本原则是保证钢件均匀地冷却。

厚薄不匀的钢件厚的部分应先浸入淬火剂;细长的钢件(如钻头、锉刀、轴等)应垂直地浸入淬火剂;薄而平的钢件(如圆盘铣刀等)不能平着放入,必须立着放入淬火剂;薄壁环状钢件必须沿其轴线垂直于液面方向浸入;截面不均匀的钢件应斜着浸入淬火剂,使钢件各部分的冷却速度接近。

2)回火

钢淬火后处于不稳定的组织状态,工件内应力很大,性能表现为硬度高,淬性大,塑性、韧性很低,因此淬火钢件不能直接使用,必须进行回火。回火可以促使淬火后的不稳定组织向稳定组织转变。

回火是指将淬火后的钢重新加热到 A_{c1} 以下某一温度范围(大大低于退火、正火和淬火时的加热温度),保温后在空气、油或水中冷却的热处理工艺。淬火钢件在回火时的组织转变,主要取决于回火加热温度,随着回火加热温度的升高,淬火钢件的组织大致发生以下四个方面的变化,一是马氏体分解,二是残余奥氏体分解,三是碳化物转变,四是渗碳体聚集长大及铁素体再结晶。

淬火后的组织取决于回火加热温度。根据回火加热温度的不同,回火常分为低温回火、中温回火和高温回火。

(1)低温回火。

低温回火的温度为 150~250 ℃,回火后的组织为回火马氏体。低温回火主要是为了降低钢的淬火内应力和脆性,保持高硬度(一般为 58~64 HRC)和高耐磨性能。低温回火广泛用于要求硬度高、耐磨性能好的钢件,如用各类高碳工具钢、低合金工具钢制作的刀具,冷变形模具、量具,滚珠轴承及表面淬火件等。

(2)中温回火。

中温回火的温度为 350~450 ℃,回火后的组织为回火屈氏体。这种组织具有较高的弹性极限和屈服极限,并具有一定的韧性,硬度一般为 35~45 HRC。中温回火主要用于弹簧和需要弹性的钢件,如热锻模具及某些要求较高强度的轴、轴套、刀杆。

(3)高温回火。

高温回火的温度为 500~650 ℃,回火后的组织为回火索氏体。这种组织具有良好的综合力学性能,即在保持较高强度的同时,具有良好的塑性和韧性。生产中通常把淬火加高温回火的处理称为调质处理,简称调质。调质硬度一般为 25~35 HRC。调质广泛用于各种重要的结构件,特别是在交变载荷下工作的钢件。例如,连杆、螺栓、齿轮、轴等,都需经过调质处理后方可使用。

6.4.2 钢的表面热处理

很多钢件,如曲轴、齿轮、凸轮、机床导轨等,是在冲击载荷和强烈的摩擦条件下工作的,要求表面层坚硬耐磨,不易产生疲劳破坏,而芯部具有足够的塑性和韧性。显然,采用整体热处理是难以达到上述要求的,这时可通过对钢件表面采取强化热处理,即表面热处理的方法解决。钢常用的表面热处理方法有表面淬火和化学热处理两种。

1.表面淬火

表面淬火是指将钢件的表面层淬透到一定的深度,使其芯部仍保持未淬火状态的一种局部淬火方法。表面淬火时,通过快速加热使钢件的表层很快达到淬火温度,在热量来不及传到钢件心部就立即冷却,实现局部淬火。淬火后需进行低温回火以降低内应力,提高表面硬化层的韧性和耐磨性能。

根据加热方法的不同,表面淬火方法有感应加热表面淬火、火焰加热表面淬火、盐浴快速加热表面淬火以及激光加热表面淬火等多种。目前生产中广为应用的是火焰加热表面淬火和感应加热表面淬火两种。

火焰加热表面淬火是指应用氧-乙炔(或其他可燃气体)火焰对钢件表面进行加热,随后淬火的工艺。火焰加热表面淬火设备简单,操作简便,成本低,且不受钢件体积的限制,但氧-乙炔火焰温度较高,钢件表面容易过热,而且淬火层质量控制比较困难,影响了这种方法的广泛使用。

感应加热表面淬火是目前应用较广的一种表面淬火方法。感应加热表面淬火是在一个感应线圈中通以一定频率的交流电(有高频、中频、工频三种),使感应线圈周围产生频率相同的交变磁场,置于磁场中的钢件就会产生与感应线圈频率相同、方向相反的感应电流,这个电流叫作涡流。感应加热表面淬火示意图如图 6.13 所示。

由于集肤效应,涡流主要集中在钢件表层。由涡流产生的电阻热使钢件表层被迅速加热到淬火温度,随即向钢件喷水,使钢件表层淬硬。这种热处理方法生产效率极高,加热一个钢件仅需几秒至几十秒即可达到淬火温度。由于加热时间短,因此钢件表面氧化、脱碳极少,变形也小。感应加热表面淬火还可以实现局部加热、连续加热,便于实现机械化和自动化。但高频感应设备结构复杂,成本较高,故感应加热表面淬火适用于形状简单、大批量生产的钢件。

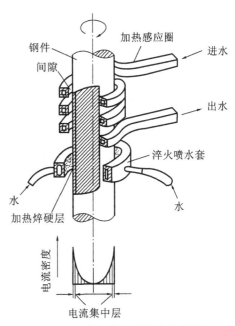

图 6.13 感应加热表面淬火示意图

2. 化学热处理

化学热处理是指将钢件置于一定的化学介质中加热和保温,使介质中的活性原子渗入钢件表层,以改变钢件表层的化学成分和组织,从而获得所需的力学性能或理化性能。通过化学热处理,一般可以强化钢件表面,提高钢件表面的硬度和耐磨性能、耐蚀性能、耐热性能及其他性能,而芯部仍保持原有性能。化学热处理种类很多,按照渗入元素的不同,有渗碳、渗氮、碳氮共渗等。

渗碳是指将钢件置于渗碳介质中加热并保温,使碳原子渗入钢件表面,增加表层碳含量及获得一定碳浓度梯度的工艺方法。常用的渗碳方法有气体渗碳法、固体渗碳法和真空渗碳法。渗碳适用于碳的质量分数为 0.1%~0.25% 的低碳钢或低碳合金钢,如 20、20Cr、20CrMnTi 等。钢件渗碳后,碳的质量分数从表层到芯部逐渐减小,表面层碳的质量分数可达 1.05%,而芯仍为低碳。渗碳后再经淬火加低温回火,表层硬度可达 64 HRC,因而表面具有高硬度、高耐磨性能;而芯部因仍是低碳钢,保持良好塑性和韧性。

渗氮是在一定温度下将钢件置于渗氮介质中加热、保温,使活性氮原子渗入钢件表层的化学热处理工艺。目前广泛应用的渗氮工艺是气体渗氮,它是指在可提供活性氮原子的气体中进行渗氮。渗氮的温度一般为 $500\sim560\ ℃$,时间一般为 $30\sim50\ h$,常用的渗氮介质是氨气。钢件渗氮后表面形成氮化层,氮化后不需要淬火,钢件的表层硬度高达 $1\ 200\ HV$,这种高硬度和高耐磨性能可保持在 $560\sim600\ ℃$ 工作环境温度下不降低,故氮化钢件具有很好的热稳定性。由于氮化层体积胀大,在表层形成较大的残余压应力,因此可以获得比渗碳更好的疲劳强度、抗咬合性能和低的缺口敏感性。渗氮后钢的表面由于形成致密的氮化物薄膜,因而具有良好的耐腐蚀性能。由于具有上述特点,渗氮在机械工业中获得了广泛应用,特别适合作许多精密钢件,如磨床主轴、精密机床丝杠、内燃机曲轴以及各种精密齿轮和量具等的最终热处理。

碳氮共渗是指在钢件表面同时渗入碳原子和氮原子的化学热处理工艺,也称氰化,主要有液体氰化和气体氰化两种。液体氰化有毒,很少应用。气体氰化又分为高温气体氰化和低温气体氰化两种。低温气体氰化的实质就是渗氮。高温气体氰化以渗碳为主,工艺与气体渗碳相似。氰化主要应用于低碳钢,也可用于中碳钢。

6.4.3　其他热处理

1.真空热处理

在真空中进行的热处理称为真空热处理,包括真空淬火、真空退火、真空回火和真空化学热处理等。真空热处理在真空中加热,升温速度很慢,钢件变形小。在高真空中,表面的氧化物、油污发生分解,钢件可得到光亮的表面,提高耐磨性能、疲劳强度,防止钢件表面氧化,有利于改善钢的韧性,提高使用寿命。真空淬火用于各种渗碳钢、合金工具钢、高速钢和不锈钢的淬火,以及各种失效合金、硬磁合金的固溶处理。

2.激光热处理

激光热处理利用激光对钢件表面进行扫描,在极短的时间内钢件被加热到淬火温度,当激光束离开钢件表面时,钢件表面高温迅速向基体内部传导,表面冷却且硬化。激光热处理的特点是:加热速度快,不需要淬火冷却介质,钢件变形小;硬度均匀且超过 $60\ HRC$;硬化深度能精确控制;改善了劳动条件,减少了环境污染。

6.5　热处理常见缺陷

在金属热处理过程中,由于受到加热时间、加热温度、保温时间等多种因素的影响,会出现过热、欠热、晶粒粗大等常见缺陷,为材料的使用埋下隐患。

6.5.1　过热和过烧

对工件进行热处理时,由于加热温度过高或在高温下保温时间过长,引起奥氏体晶粒的显著长大现象称为过热。过热不仅会使工件的力学性能显著降低,还容易引起变形和开裂。

过烧是指加热温度达到固相线附近,晶界严重氧化并开始部分熔化的现象。过烧会大幅度降低工件的力学性能。

6.5.2 氧化和脱碳

钢在氧化性介质中加热时,发生氧化而在表面形成一层氧化铁(Fe_2O_3,Fe_3O_4,FeO)的现象称为氧化。另外,钢的晶界处也容易发生氧化。氧化不仅造成工件表面尺寸减小,还会影响工件的力学性能和表面质量。

脱碳是指钢在加热时,表层中溶解的碳被氧化,生成 CO 或者 CH_4 逸出,使钢表面碳的质量分数减小的现象。脱碳会降低工件表面的强度、硬度、耐磨性和疲劳强度,对工件的使用性能和使用寿命产生不利影响。

6.5.3 变形和开裂

变形和开裂是淬火过程中最容易产生的缺陷。实践表明,由于淬火过程中的快冷而在工件内部产生内应力是导致工件变形或开裂的根本原因。

淬火应力主要包括热应力和组织应力两种。热应力是指在淬火冷却时,工件表面和心部形成温差,引起收缩不同步而产生的内应力;组织应力是指在淬火过程中,工件各部分进行马氏体转变时,因体积膨胀不均匀而产生的内应力。当内应力值超过钢的屈服强度值时,便引起钢件的变形;超过钢的抗拉强度时,钢便会产生裂纹。钢中最终所残余下来的内应力称为残余内应力。

由热应力和组织应力所引起的变形趋势是不同的。工件在热应力的作用下,冷却初期芯部受压应力,而且在高温下塑性较好,故芯部沿长度方向缩短,再加上随后冷却过程中的进一步收缩,工件沿轴向缩短,平面凸起,棱角变圆,如图 6.14(a)所示。淬火过程中组织应力的变化情况恰巧与热应力相反,所以它引起的变形趋势也与之相反,表现为工件沿最大尺寸方向伸长,力图使平面内凹,棱角突出,如图 6.14(b)所示。淬火时工件的变形是热应力和组织应力综合作用的结果,如图 6.14(c)所示。

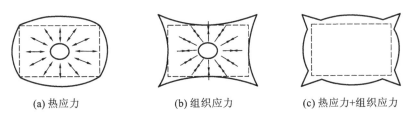

(a) 热应力　　　　　　　　(b) 组织应力　　　　　　　(c) 热应力+组织应力

图 6.14　不同应力作用下工件变形示意图

6.5.4 软点和硬度不足

软点是指工件表面局部区域硬度偏低的现象。硬度不足是指工件整体或较大区域内硬度达不到要求的现象。

产生软点和硬度不足的主要原因有淬火加热温度偏低、表面脱碳、表面有氧化皮或不清洁、钢的淬透性不高、淬火冷却介质冷却能力不足等。在实际生产过程中,应注意上述影响因素并采取相应的防止措施。出现软点和硬度不足后,工件应重新淬火,而且重新淬火前要进行退火或正火处理。

第7章　金属切削加工基础

金属切削加工是指通过刀具与工件之间的相对运动,从工件上切除多余的金属,以获得满足图纸所规定的几何形状、尺寸精度、位置精度和表面质量等技术要求的工件的加工过程。在机械制造过程中,金属切削加工占有重要地位,担负着几乎所有工件的加工任务。

金属切削加工包括机械加工和钳工加工两大类。机械加工主要通过金属切削机床对工件进行切削加工,它的基本形式有车削加工、铣削加工、刨削加工、磨削加工、钻削加工等。钳工加工是使用手工切削工具在钳工工作台上对工件进行加工,它的基本形式有錾削加工、锉削加工、锯削加工、刮削加工、钻孔加工、铰孔加工、攻螺纹和套螺纹等。

金属切削加工形式多样,所用刀具和机床类型各异,但它们之间存在着很多共同的现象和规律。

7.1　金属切削加工的基本概念

7.1.1　切削运动

金属切削加工是通过切削运动来完成的。所谓切削运动,是指在工件的切削加工过程中刀具与工件之间的相对运动,即表面成形运动。所有的切削运动均可分为两大类,即主运动和进给运动。

1. 主运动

主运动是指使工件与刀具产生相对运动以进行切削的最基本的运动。没有主运动,切削加工就无法进行。主运动的特点是速度最快,消耗功率最大,并且只有一个,用 v_c 表示。车削加工程中工件的旋转运动、铣削加工过程中铣刀的旋转运动和刨削加工过程中刨刀的直线往复运动等都是主运动。

2. 进给运动

进给运动又称走刀运动,是指不断把被切削层材料投入切削加工过程中,以便形成全部已加工表面的运动。进给运动是保证切削加工能连续进行的运动,没有进给运动,切削加工就不能连续进行。进给运动一般较慢,消耗的功率较小,可以由一个或多个运动组成,可以是连续的,也可以是间歇的,用 v_f 表示。车削加工过程中车刀的纵向或横向运动,铣削加工、刨削加工和磨削加工过程中工件的移动等都是进给运动。

图 7.1 所示为常见的切削加工运动简图及其加工表面。在图 7.1(a)～图 7.1(d)中,切削加工过程中的主运动和进给运动分别由刀具和工件来完成。主运动和进给运动也可以由刀具单独完成。在图 7.1(e)所示的钻削加工过程中,钻头的旋转运动是主运动,而钻头的移动运动是进给运动。

在切削加工过程中,既有主运动又有进给运动,二者的合成运动称为合成切削运动 v_e。在

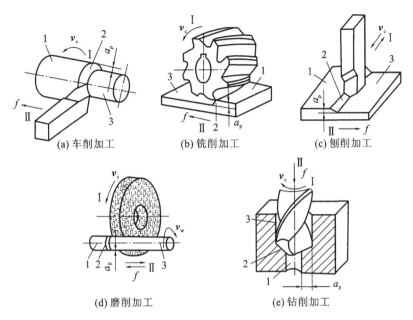

图 7.1 常见的切削加工运动简图及其加工表面

Ⅰ—主运动；Ⅱ—进给运动；1—待加工表面；2—过渡表面；3—已加工表面

图 7.2 中，车削加工外圆时速度的合成关系，可以用式 $v_e = v_c + v_f$ 确定。

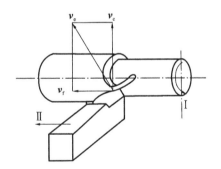

图 7.2 外圆切削运动的合成

Ⅰ—主运动；Ⅱ—进给运动

7.1.2 切削加工过程中的工件表面

在切削加工过程中，工件上通常会有三种变化着的加工表面，如图 7.1 所示。

(1)待加工表面：工件上即将被切削加工的表面。

(2)过渡表面：处于已加工表面和待加工表面之间，正在被切削刃切削的表面。

(3)已加工表面：经过切削加工后在工件上形成的新表面。

7.1.3 切削用量及其选用

切削用量是切削时各种参数的总称，包括切削速度 v_c、进给量 f 和切削深度(背吃刀量)a_p，又称切削三要素，如图 7.1 所示。它们对被加工工件的表面质量、加工效率和刀具的使用寿命等具有非常重要的影响,是切削加工前调整机床的重要依据。

1. 切削速度

切削速度是指单位时间内,刀具沿主运动方向的相对位移量。计算切削速度时,应选取刀刃上速度最高的点进行计算。当主运动为旋转运动时,切削速度由下式确定。

$$v_c = \frac{\pi d_w n}{1\,000 \times 60}$$

式中:d_w——工件或刀具的最大直径(mm);

n——主运动每分钟的转数(r/min)。

当主运动是直线往复运动(如刨削加工)时,切削速度由下式确定。

$$v_c = \frac{2L n_r}{1\,000 \times 60}$$

式中:L——直线往复运动的行程长度(mm);

n_r——主运动每分钟的往复次数(次/min)。

2. 进给量

进给量也称进给速度或走刀量,是指工件或刀具转一周(或每往复一次),刀具与工件之间沿进给运动方向的相对位移量,单位为 mm/r 或 mm/双行程。

3. 切削深度

切削深度是指待加工表面和已加工表面之间的垂直距离,即

$$a_p = \frac{d_w - d_m}{2}$$

式中:d_w——工件待加工表面的直径(mm);

d_m——工件已加工表面的直径(mm)。

正确选择切削用量是保证加工质量、提高生产率、降低生产成本的前提条件。切削用量要根据刀具材料、刀具的几何角度、工件的材料、机床的刚性、所选用的切削液等来确定。

刀具的磨损对生产率的影响较大。如果切削用量选得太大,刀具容易磨损,刃磨时间长,生产率降低;如果切削用量选得太小,加工时间长,生产率也会降低。在切削用量三要素中,对刀具磨损影响最大的是切削速度,其次是进给量和切削深度,而对加工工件的表面质量影响比较大的是进给量和切削深度。

综合上述,选择切削用量的基本原则如下。

(1)粗加工时,尽量选择较大的切削深度和进给量,以提高生产率,并选择适当的切削速度。

(2)精加工或半精加工时,一般选择较小的切削深度和进给量,以保证表面加工质量,并根据实际情况选择适当的切削速度。

7.1.4　基准

在零件图纸和加工过程中,需要根据一些指定的点、线、面来确定另一些点、线、面的位置,这些作为依据的点、线、面就称为基准。按照基准的不同作用,常将基准分为设计基准和工艺基准两大类。工件在加工工艺过程中所用的基准称为工艺基准。根据用途不同,工艺基准又分为工序基准、定位基准、测量基准和装配基准。其中定位基准是机械加工过程中用于确定工件在机床或夹具上的正确位置的基准。定位基准是获得工件尺寸、形状和位置的直接基准,可以分

为粗基准和精基准,又可分为固有基准和附加基准。定位基准的选择对工件的加工质量具有重要影响。

7.2 刀具

7.2.1 刀具的材料

刀具的材料一般是指刀具切削部分的材料。

1. 刀具的材料应具备的性能

在切削加工过程中,刀具要承受很大的切削力,并受到高温、摩擦、振动、冲击等外界影响,因此刀具材料必须具备优良的性能,以使切削加工顺利进行。

1)高的硬度和耐磨性能

硬度是指金属材料抵抗其他更硬物体压入表面的能力。足够的硬度是刀具切削加工工件的前提条件,只有硬度高于工件材料的刀具,才能切削加工该工件。一般的刀具材料硬度应在70 HRC以上,且硬度越高,耐磨性能越好。

2)足够的强度和韧性

强度是指金属材料在外力作用下抵抗变形和破坏的能力。足够的强度是保证刀具在切削加工过程中不至于被折断的基本条件。强度通常用抗弯强度来表示。

韧性是指金属材料在抵抗冲击性外力作用而不被破坏的能力。只有具有较好的冲击韧性,刀具在切削加工过程中才不至于因振动、冲击等外界因素而崩刃或断裂。

3)高的红硬性

红硬性是指在高温下保持硬度的性能。

4)良好的热物理性能和稳定的化学性能

刀具材料应具有良好的导热性能,以能及时将切削热传递出去。同时刀具材料还应具有稳定的抵抗周围介质侵蚀的能力。

5)良好的工艺性和经济性

良好的工艺性是保证刀具材料便于机械加工成各种刀具并推广使用的先决条件。另外,经济性也应成为衡量刀具材料的重要指标之一,有的刀具如超硬硬质合金刀具、涂层刀具,虽然单件费用较贵,但因使用寿命很长,在成批或大量生产中,分摊到每个工件中的费用反而有所降低。只有容易加工成各种刀具、造价低并经济实用的刀具材料,才能广泛推广使用。

2. 常用的刀具材料

常用的刀具材料有工具钢(含高速钢)、硬质合金、陶瓷和超硬刀具材料四大类,如表7.1所示。目前使用量最大的材料为高速钢和硬质合金。

1)工具钢

(1)碳素工具钢。

碳素工具钢牌号"T"后面的数字表示含碳量的千分数,含碳量越高,硬度和耐磨性能越高,但韧性越差;后面的"A"表示高级优质。常用的碳素工具钢牌号有T10A、T12A等。

表 7.1　常用的刀具材料的牌号、性能及用途

材料种类		常用牌号	按GB分类	按ISO分类	硬度/HRC(HRA)[HV7]	耐热性/℃	抗弯强度/GPa	冲击韧性/(MJ/m²)	主要用途
工具钢	碳素工具钢	T10A、T12A	—	—	70~85	200~250	2.17	—	用于制造手动工具，如丝锥、板牙、锯条、锉刀等
	合金工具钢	9SiCr、CrWMn	—	—	70~75	300~400	2.35	—	用于制造手动或低速机动工具，如丝锥、板牙、拉刀等
	高速钢	W18Cr4V	—	—	63~70	700	1.97~4.41	0.098~0.588	用于制造各种刀具，特别是形状较复杂的刀具，如车刀、立铣刀、钻头、齿轮刀具等
硬质合金	钨钴类	YG7X	K类	K10	89~91.5	800	1.08~2.17	0.019~0.059	用于铸铁、非铁合金的粗车和间断精车、半精车
		Y8		K30					用于间断切削加工铸铁、非铁合金、非金属材料
	钨钛类	YT15	P类	P10	89~92.5	900	0.88~1.27	0.029~0.0078	用于碳素钢的加工、合金钢的粗加工和半精加工
		YT30		P01					用于碳素钢、合金钢淬火钢的精加工
	钨钛钽钴类	YW1	M类	M10	≈92	1 000~1 100	≈1.47	—	用于难加工材料的精加工和一般钢材、普通铸铁的精加工
		YW2		M20					用于难加工材料的半精加工和一般钢材和普通铸铁及有色金属的半精加工
陶瓷	氧化铝	AM	—	—	(>91)	1 200	0.44~0.787	0.009 4~0.011 7	用于高速、小进给量精车、半精车铸铁和调质钢
		T8	—	—	93~94	1 100	0.54~0.74	0.004 9~0.011 7	用于粗精加工冷硬铸铁、淬硬合金钢
	碳化混合物	T1	—	—	92.5~3		0.71~0.88		
超硬刀具材料	立方氮化硼	—	—	[8 000~10 000]	1 400~1 500	≈0.294	—	用于精加工调质钢、淬硬钢、高速钢、高强度耐热钢及有色金属
	人造金刚石	—	—	[9 000]	700~800	0.291~0.48		用于有色金属的高精度、低粗糙度切削加工，Ra 可为 0.12~0.04 μm

（2）合金工具钢。

合金工具钢是在碳素工具钢的基础上加入少量合金元素（如 Si、Mn、Cr、M、W、V 等）而形成的，合金元素的含量一般不超过 5%，因此也称低合金工具钢。合金工具钢的淬透性、红硬性、耐磨性能等基本性能比碳素工具钢的好。常用的合金工具钢牌号有 9SiCr、CrWMn 等。

（3）高速钢。

高速钢是含 Cr、Mn、W、V 等合金元素的高合金工具钢。它具有良好的综合性能，红硬性、淬透性、工艺性都很好，俗称"风钢"。常用的高速钢牌号有 W18Cr4V 等。

2）硬质合金

硬质合金是指用高硬度、高熔点的金属碳化物，以钴、镍等金属为黏结剂，通过粉末冶金的方法制成的合金。硬质合金具有良好的硬度、耐磨性能和红硬性，但强度、韧性和工艺性都较差，主要用来制成刀片，将刀片焊接或夹持在车刀、铣刀等的刀体（刀杆）上使用。硬质合金可分为以下三类。

（1）钨钴类（K）。

钨钴类硬质合金主要由碳化钨和钴组成，韧性好，抗弯强度高，但硬度、耐磨性能较差，主要用于加工短切屑的黑色金属、有色金属和非金属材料，适用于粗加工，或者加工铸铁、青铜等脆性材料，也称 YG 类。常用钨钴类硬质合金的牌号有 K10、K30 等。

（2）钨钛钴类（P）。

钨钛钴类硬质合金主要由碳化钨、碳化钛和钴组成，硬度高，耐磨性能和红硬性好，主要用于加工长切屑的黑色金属，加工后工件的表面光洁度较好，适用于碳钢的精加工或半精加工，也称 YT 类。常用钨钛钴类硬质合金的牌号有 P10、P01 等。

（3）钨钛钽钴类（M）。

钨钛钽钴类硬质合金主要由碳化钨、碳化钛、碳化钽和钴组成，主要用于加工长切屑或短切屑的黑色金属和有色金属，又称通用硬质合金，也称 YW 类。

K、P、M 后面的数字表示刀具材料的性能和加工时承受载荷的情况或加工条件，数字越小，硬度越高，韧性越差。

7.2.2 刀具的结构

切削加工刀具种类很多，如车刀、铣刀、刨刀等，还有各种复杂刀具，但它们的切削部分的几何形状与参数具有共性。就一个刀齿而言，均可转化为外圆车刀，由三面、两刃、一尖、六角组成，如图 7.3 所示。现以车刀为例，分析刀具的组成部分和几何角度。

1. 切削部分的组成

刀具的切削部分是由三个面组成的，即前刀面、主后刀面和副后刀面。

（1）前刀面 A_γ。

前刀面 A_γ 是指切削加工过程中，与切屑接触并

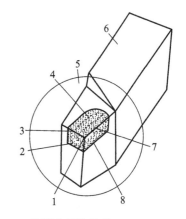

图 7.3 外圆车刀的组成

1—刀尖；2—副后刀面；3—副切削刃；4—前刀面；
5—切削部分；6—夹持部分；7—主切削刃；8—主后刀面

相互作用,切屑沿其流出的刀具表面。

(2)主后刀面 A_α。

主后刀面 A_α 是指切削加工过程中,与工件的过渡表面相接触并相互作用的刀具表面。

(3)副后刀面 A_μ。

副后刀面 A_μ 是指切削加工过程中,与工件的已加工表面相接触并相互作用的刀具表面。

(4)主切削刃 S。

主切削刃 S 是指前刀面与主后刀面的交线,在切削加工过程中起主要切削作用。

(5)副切削刃 S'。

副切削刃 S' 是指前刀面与副后刀面的交线,协同主切削刃完成切削加工工作,并最终形成已加工表面。

(6)刀尖。

刀尖是指主切削刃与副切削刃的交点。为了提高工件表面的光洁度,增强切削部分的强度,通常把刀尖磨成一段过渡的圆弧或直线。

2. 切削部分的主要角度

为了确定刀具的组成面和切削刃的空间位置,先要建立一个由三个互相垂直的辅助平面组成的空间坐标参考系,然后以其为基准,用角度值来描述刀具的组成面和切削刃的空间位置。

1)辅助平面

辅助平面主要包括基面、主切削平面和主剖面(或正交平面),如图 7.4 所示。

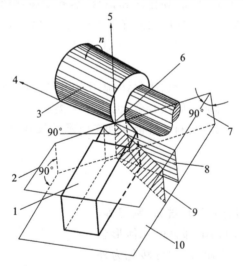

图 7.4 确定车刀角度的正交平面参考系

1—车刀;2—基面;3—工件;4—假定进给运动方向;5—假定主运动方向;6—切削刃选定点;

7—主切削平面;8—假定工作平面;9—正交平面;10—底平面

(1)基面 P_r。

基面 P_r 是指过主切削刃上某一点,与该点切削速度方向垂直的平面。

(2)主切削平面 P_s。

主切削平面 P_s 是指通过主切削刃上某一点,与该点加工表面相切的平面,它包含切削速度。

(3)主剖面(或正交平面)P_a。

主剖面(或正交平面)P_o是指为通过主切削刃上某一点,同时垂直于基面和切削平面的平面。

2)几何角度

刀具的几何角度是刀具制造和刃磨的依据,在切削加工过程中,对工件的表面质量、刀具的强度等具有重要影响。刀具的几何角度如图7.5所示。

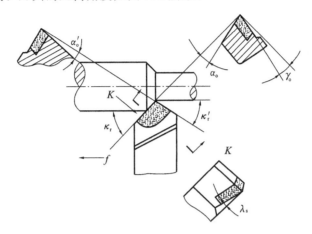

图7.5 刀具的几何角度

(1)前角 γ_o。

前角 γ_o 是指在主剖面内,前刀面与基面之间的夹角。前角越大,刀具越锋利,已加工表面质量越好;但前角越大,主切削刃强度越低,越易崩刃。一般粗加工、工件材料硬度较大、加工脆性材料时,前角应较小;反之,前角应较大。前角 γ_o 一般为 $-5° \sim 25°$。

(2)主后角 α_o。

主后角 α_o 是指在主剖面内,主后刀面与加工表面之间的夹角。主后角主要用于减小主后刀面与加工表面之间的摩擦,提高主切削刃的锋利程度。主后角越大,主切削刃越锋利,但强度降低。主后角 α_o 一般为 $7° \sim 12°$。

(3)副后角 α_o'。

副后角 α_o' 是指在副剖面内,副后刀面与已加工表面之间的夹角。副后角主要用于减小副后刀面与已加工表面之间的摩擦,提高副切削刃的锋利程度。副后角越大,副切削刃越锋利,但强度会降低。副后角 α_o' 一般为 $7° \sim 12°$。

(4)主偏角 κ_r。

主偏角 κ_r 是指在基面上,主切削刃的投影与进给方向之间的夹角。主偏角越小,主切削刃参加切削的长度越长,刀具越不易磨损,但作用于工件上的径向力会增加。主偏角 κ_r 一般为 $45° \sim 90°$。

(5)副偏角 κ_r'。

副偏角 κ_r' 是指在基面上,副切削刃的投影与进给反方向之间的夹角。副偏角可减小副切削刃与已加工表面之间的摩擦,提高工件表面的粗糙度质量。副偏角 κ_r' 一般为 $-5° \sim 15°$。

(6)刃倾角 λ_s。

刃倾角 λ_s 是指在切削平面上,主切削刃与基面之间的夹角。刃倾角对切屑的流出方向和刀头的强度具有一定的影响。刃倾角 λ_s 一般为 $-5° \sim 5°$。

在切削加工过程中,由于各种客观因素,如刀尖与工件回转轴线的高度不一致、刀杆的纵向轴线不垂直于进给方向等,刀具的实际切削角度(又称工作角度)与几何角度不相等,在使用中应引起注意。

7.2.3 刀具的刃磨

刀具使用一段时间后会变钝,为了保证加工工件的表面质量,变钝后的刀具需要重新刃磨。不同材料的刀具需要使用不同种类的砂轮进行刃磨,通常高速钢刀具使用氧化铝砂轮进行刃磨,硬质合金刀具使用碳化硅砂轮进行刃磨。

(1)磨主后刀面。

先使刀杆向左倾斜,磨出主偏角;再使刀头向上翘,磨出主后角,如图7.6(a)所示。

(2)磨副后刀面。

先使刀杆向右倾斜,磨出副偏角;再使刀头向上翘,磨出副后角,如图7.6(b)所示。

(3)磨前刀面。

倾斜前刀面,磨出前角和刃倾角,如图7.6(c)所示。

(4)磨刀尖。

刀具左右摆动,磨出过渡圆弧或直线,如图7.6(d)所示。

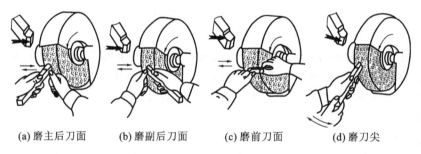

(a)磨主后刀面　　(b)磨副后刀面　　(c)磨前刀面　　(d)磨刀尖

图7.6　刀具的刃磨方法

7.3　金属切削加工质量

任何一种机械产品,质量永远是第一位的,产品的质量包括三个层面,即设计质量、制造质量和服务质量。产品的制造质量主要与工件的制造质量和产品的装配质量有关,工件的制造质量是保证产品质量的基础。切削加工是实现工件制造的重要途径。

切削加工质量主要涉及加工精度和表面质量两个方面,在这里前者包括尺寸精度、形状精度和位置精度,后者主要包括表面粗糙度。

7.3.1 加工精度

加工精度是指工件经切削加工后尺寸、形状、表面相互位置等参数的实际值与理想值的符合程度,而实际值相对理想值的偏离程度称为加工误差。加工精度在数值上通过加工误差的大小来表示,即加工误差越小,加工精度越高;反之,加工误差越大,加工精度越低。生产实践证明,任何精密加工方法都不能把工件加工成实际值与理想值完全一致的产品,只要加工误差值不影响产品质量,则允许加工误差值在一定范围内波动。

1. 尺寸精度

尺寸精度是指工件的实际尺寸与工件尺寸公差带中心相符合的程度。就一批工件而言,工件平均尺寸与公差带中心的符合程度由调整决定;而工件之间尺寸的分散程度取决于工序的加工能力,是决定尺寸精度的主要方面。

尺寸精度的高低用尺寸公差的大小来表示。根据相关国家标准规定,标准的尺寸公差共分 20 个等级,即 IT01,IT0,IT1,…,IT18,IT 表示标准公差,数值越大,精度越低。其中 IT01～IT13 用于配合尺寸,其余用于非配合尺寸。

2. 形状精度

工件的形状精度是指工件在加工完成后,轮廓表面的实际几何形状与理想形状的符合程度,如圆柱面的圆柱度、圆度,平面的平面度等。工件轮廓表面形状精度的高低,用形状公差来表示。公差数值越大,形状精度越低。

形状公差有 6 项,如表 7.2 所示。

表 7.2　形状公差及符号

项目	直线度	平面度	圆度	圆柱度	线轮廓度	面轮廓度
符号	─	▱	○	⌀	⌒	⌒

3. 位置精度

位置精度是指工件上的点、线、面的实际位置与理想位置的符合程度。位置精度的高低用位置公差来表示,公差数值越大,位置精度越低。

位置公差有 8 项,如表 7.3 所示。

表 7.3　位置公差及符号

项目	平行度	垂直度	倾斜度	位置度	同轴度	对称度	圆跳动度	全跳动度
符号	//	⊥	∠	⊕	◎	=	↗	↗

7.3.2　表面粗糙度

无论采用何种加工方法,加工出来的工件表面都会有微细的凸凹不平现象,当波距和波高之比小于 50 时,这种表面的微观几何形状误差称为表面粗糙度。工件的耐磨性能、耐腐蚀性能、疲劳强度以及磨损情况在很大程度上取决于工件表面层的质量。表面粗糙度常用轮廓算术平均偏差 Ra 作为评定参数,有些旧手册上也用光洁度来衡量表面粗糙度。

常用的表面粗糙度 Ra 值与光洁度的对应关系如表 7.4 所示。

表 7.4　常用的表面粗糙度 Ra 值与光洁度的对应关系

$Ra/\mu m$	≤50	≤25	≤12.5	≤7.3	≤3.2	≤1.7	≤0.8	≤0.4	≤0.2	≤0.1
光洁度级别	▽1	▽2	▽3	▽4	▽5	▽7	▽7	▽8	▽9	▽10

常用表面粗糙度符号的含义介绍如下。

(1)√:基本符号,表示表面可用任何方法获得。当不加粗糙度值和有关说明时,仅适用于简化代号标注。

(2)⟋:表示非加工表面,如通过铸造、锻压、冲压、拉拔、粉末冶金等不去除材料的方法获得的表面或保持毛坯(包括上道工序)原状况的表面。

(3)√:表示加工表面,如通过车削加工、铣削加工、刨削加工、磨削加工、钻削加工、电火花加工等去除材料的方法获得的表面。

7.4 工件切削加工步骤安排

7.4.1 工件切削加工步骤安排的原则

在了解工件的切削加工步骤之前,必须首先理解基准和工序的概念。

1.基准

基准是指确定工件上某些点、线、面位置时所依据的那些点、线、面,或者说是用来确定生产对象上几何要素间的几何关系所依据的那些点、线、面。按作用的不同,基准可分为设计基准和工艺基准。

(1)设计基准是指工件设计图上用来确定其他点、线、面位置关系所采用的基准,如图 7.7 所示。

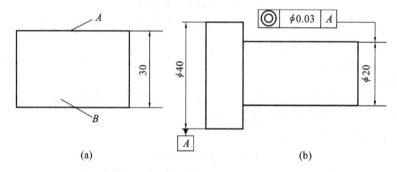

图 7.7 设计基准实例

(2)工艺基准是指在加工或装配过程中所使用的基准。根据使用场合的不同,工艺基准又可分为工序基准、定位基准、测量基准和装配基准四种,如图 7.8 所示。

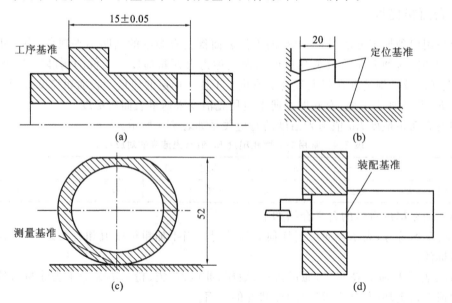

图 7.8 工艺基准实例

2. 工序

一个或一组工人,在一个工作地点对同一个或同时对几个工件进行加工所连续完成的那部分工艺过程,称为工序。由定义可知,判别是否为同一工序的主要依据是工作地点是否变动和加工是否连续。一个工件的整个加工过程可以认为是由若干个工序组成的。

7.4.2　工件切削加工步骤的安排

切削加工工序安排的总原则是前期工序必须为后续工序创造条件,做好基准准备。具体原则如下。

1. 基准先行

工件加工一开始,总是先加工精基准,然后用精基准定位加工其他表面。例如,对于箱体工件,一般是以主要孔为粗基准加工平面,再以平面为精基准加工孔系;对于轴类工件,一般是以外圆为粗基准加工中心孔,再以中心孔为精基准加工外圆、端面等其他表面。如果有几个精基准,则应该按照基准转换的顺序和逐步提高加工精度的原则来安排基面和主要表面的加工。

2. 先主后次

工件的主要表面一般都是加工精度或表面质量要求比较高的表面,它们的加工质量好坏对整个工件的质量影响很大,加工工序往往也比较多,因此应先安排主要表面的加工,再将其他表面加工适当安排在它们中间穿插进行。通常将装配基面、工作表面等视为主要表面,而将键槽、紧固用的光孔表面和螺孔表面等视为次要表面。

3. 先粗后精

一个工件通常由多个表面组成,各表面的加工一般都需要分阶段进行。在安排加工顺序时,应先集中安排各表面的粗加工,中间根据需要依次安排半精加工,最后安排精加工和光整加工。对于精度要求较高的工件,为了减小因粗加工引起的变形对精加工的影响,通常粗加工、精加工不应连续进行,而应分阶段、间隔适当时间后进行。

4. 先面后孔

对于箱体、支架和连杆等工件,应先加工平面后加工孔,因为平面的轮廓平整、面积大,先加工平面再以平面定位加工孔,既能保证加工时孔有稳定可靠的定位基准,又有利于满足孔与平面间的位置精度要求。

7.5　工件切削加工技术要求

切削加工的目的在于加工出符合设计要求的机械工件。设计工件时,为了保证机械设备的精度和使用寿命,应根据工件的不同作用提出合理的要求,这些要求通称为工件的技术要求。对于切削加工来说,需要提出的技术要求有以下四个方面:尺寸精度,形状精度,位置精度和表面粗糙度。在通常情况下,对一个机械工件而言,除这四个技术要求外,还包括一些其他技术要求,如工件的材料要求、热处理要求和表面处理要求等,这些技术要求不是通过切削加工的方式来保证的,在此不再赘述。

1. 尺寸精度

尺寸精度是指工件的实际尺寸相对于理想尺寸的准确程度。尺寸精度是用尺寸公差来控制的。尺寸公差是切削加工中工件尺寸允许的变动量。在公称尺寸相同的情况下,尺寸公差越小,则尺寸精度越高,尺寸公差等于允许的上极限尺寸与下极限尺寸之差,或等于上极限偏差与下极限偏差之差。图 7.9 反映了尺寸公差的概念。

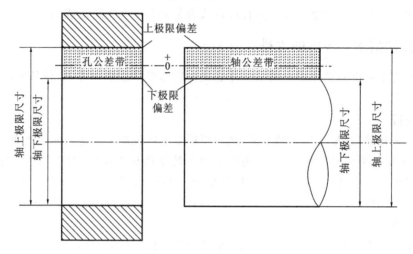

图 7.9 尺寸公差的概念

2. 形状精度

为了使工件能正确装配,单靠尺寸精度来控制工件的几何形状有时是不够的,还要对工件的表面形状和相互位置提出要求。例如,直径为 50 mm 的光轴,在加工之后就可能出现多种结果,图 7.10 中给出了其中的 4 种。显然,这几种轴的尺寸公差都在尺寸公差范围之内,如果从尺寸精度的角度来看,它们都是合格的,但是事实上,当它们与对应的孔装配时,效果是截然不同的。

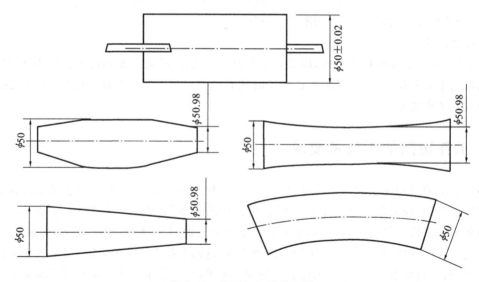

图 7.10 光轴加工形状实例

形状精度的概念就是在此情形下提出的,形状精度是指工件上的线、面要素的实际形状相与理想形状的符合程度,形状精度是用形状公差来控制的。

3. 位置精度

位置精度是指工件上的点、线、面的实际位置与理想位置的符合程度。位置精度的高低用位置公差来表示,公差数值越大,位置精度越低。

4. 表面粗糙度

工件的表面在切削加工后,总会留下相应的切削痕迹,通常给人的感觉就是光滑或粗糙,但即使是看起来十分光滑的工件表面,经过放大之后,也会发现工件表面遍布着高低不平的沟痕。工件表面的这种微观不平度称为表面粗糙度。表面粗糙度对工件的使用性能有很大的影响。

国家标准中详细规定了表面粗糙度的各种参数及其数值、所用代号及其标注等。其中最为常用的是轮廓算术平均偏差 Ra,它的常用允许值有 50 μm、25 μm、12.5 μm、7.3 μm、3.2 μm、1.7 μm、0.8 μm、0.4 μm、0.2 μm、0.1 μm、0.05 μm 等。Ra 值越大,工件表面就越粗糙;反之,工件表面越平整、光滑。

需要指出的是,对于任意一个工件来说,技术要求并不是标注得越高越好,因为技术要求越高也就意味着加工越精细,甚至需要很精密、贵重的专用设备,这提高了生产的成本。工件加工的技术要求应根据实际的需要客观、科学地制定。

第8章　钳工加工

8.1　钳工加工概述

钳工是以手工操作为主，使用各种工具来完成零件的加工、装配和修理等工作的统称。它由于工人常在钳工工作台上用虎钳夹持工件操作而得名，是机械制造中的重要工种之一。

8.1.1　钳工的加工特点

(1)使用的工具简单，操作灵活。

(2)可以完成机械加工不便加工或难以完成的工作。

(3)与机械加工相比，劳动强度大、生产效率低，对工人的技术水平要求较高。

8.1.2　钳工的应用范围

(1)加工前的准备工作，如毛坯或工件的清理、毛坯或工件上的划线等。

(2)在单件或小批生产中，制造一般的零件。

(3)加工精密零件，如刮削或研磨机器、量具和工具的配合面，精加工夹具与模具等。

(4)零件装配前的钻孔、铰孔、攻螺纹和套螺纹等。

(5)机器的组装、试车、调整和维修等。

8.1.3　钳工的基本操作

(1)辅助性操作。

辅助性操作即划线，是指根据图样在毛坯或工件上划出加工界线的操作。

(2)切削性操作。

切削性操作包括錾削、锯削、锉削、攻螺纹、套螺纹、钻孔(扩孔、铰孔)、刮削和研磨等多种操作。

(3)装配性操作。

装配性操作即装配，是指将零件或部件按图样技术要求组装成机器并进行调试的工艺过程。

(4)维修性操作。

维修性操作即维修，是指对机器设备进行维修、检查、修理的操作以及矫正、弯曲、铆接等操作。

随着生产的发展，钳工加工工具和加工工艺也在不断改进，钳工的操作正在逐步实现机械化和半机械化，如錾削、锯切、锉削、划线及装配等工作中，已广泛使用了电动工具或气动工具。钳工是一种比较复杂、细致、工艺要求较高的工作，虽然有各种先进的加工方法，但钳工具有所用工具简单、适应面广的特点,且很多工作仍需要由钳工来完成。钳工在机械制造和维修中有着特殊的、不可取代的作用。

8.1.4 钳工常用设备

钳工常用设备包括台虎钳、钳工工作台等。

1. 台虎钳

台虎钳有固定式(见图 8.1)和回转式(见图 8.2)两种。台虎钳的规格以钳口的宽度表示,有 100 mm、125 mm、150 mm 等。台虎钳主要用来夹持工件。这里以图 8.2 所示的回转式台虎钳为例介绍台虎钳的构造和工作原理。

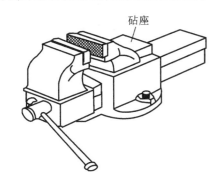
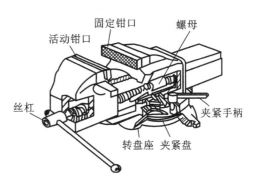

图 8.1　固定式台虎钳　　　　图 8.2　回转式台虎钳

活动钳身通过其上的导轨与固定钳身的导轨作滑动配合。丝杠装在活动钳身上,并与螺母配合。摇动手柄使丝杠旋转,就可以带动活动钳身相对于固定钳身作进退移动,从而夹紧或松开工件。弹簧靠挡圈和销固定在丝杠上,作用是当放松丝杠时,使活动钳身能及时地退出。在固定钳身和活动钳身上,都装有钢质钳口,并用螺钉固定。固定钳身装在转座上,并能绕转座轴心线转动,当转到要求的方向时,扳动夹紧手柄使夹紧螺钉旋紧,便可把固定钳身固定紧。

使用台虎钳时,应注意下列事项。

(1)工件应夹在台虎钳钳口中部,以使钳口受力均匀。

(2)当转动夹紧手柄来夹紧工件时,夹紧手柄上不准套上管子和用锤子敲击,以免台虎钳丝杠或螺母上的螺纹损坏。

(3)夹紧工件时松紧要适当,只能用手力拧紧夹紧手柄,不能借助工具去敲击夹紧手柄,一是防止丝杠与螺母及钳身受损坏,二是防止夹坏工件表面。

(4)只能在钳口砧面上敲击,其他部位不能敲打,因为这些部位均由铸铁制成,性脆易裂。

(5)夹紧后的工件应稳定、可靠,便于加工,但不能产生变形。

(6)锤击工件只可在砧面上进行。

(7)加工时用力方向最好是朝向固定钳身。

(8)用后应清洁,保持润滑,防止生锈。

2. 钳工工作台

钳工工作台如图 8.3 所示。它是钳工操作的平台,用来安装台虎钳,放置工具、工件等。钳工工作台一般是用木材制成的,也有用灰铸铁制成的。钳工工作台应坚实、平稳,高度为 800～

900 mm,装有防护网。装上台虎钳以钳口高度恰好齐人手肘为宜,如图 8.4 所示。钳工工作台的长度和宽度随工作需要而定。

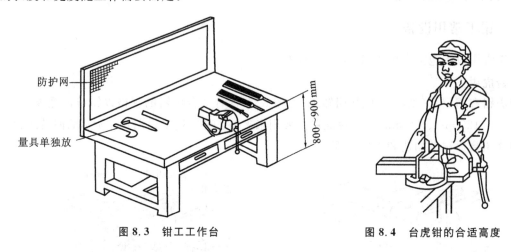

防护网

量具单独放

图 8.3　钳工工作台　　　　　　　　　　图 8.4　台虎钳的合适高度

8.2　划线

8.2.1　划线的作用和种类

根据图样的尺寸要求,用划线工具在毛坯或工件上划出待加工部位的轮廓线或作为基准的点、线的操作,称为划线。

1. 划线的作用

(1)检查、发现和处理不合格的毛坯,避免造成损失。

(2)定出合格毛坯或工件的加工位置,标明加工余量,明确加工界线。

(3)对于有缺陷的坯件,可采用划线借料法合理分配加工余量。

(4)为了便于复杂毛坯或工件在机床上的装夹,可按划线找正定位。

2. 划线的种类

划线分为平面划线和立体划线两种。

仅在毛坯或工件的一个平面上划线称为平面划线。

在毛坯或工件两个或两个以上互成不同角度(一般是互相垂直)的表面上划线,才能明确标明加工界限的划线,称为立体划线。

划线要求线条清晰匀称,定形、定位尺寸准确,样冲眼均匀,一般要求精度为 0.25 ~ 0.5 mm。工件的加工精度不能完全由划线确定,而应该在加工过程中通过测量来保证。

8.2.2　划线工具

常用的划线工具有以下几种。

1. 划线平台

划线平台(见图 8.5)又称划线平板,是划线的主要基准工具。划线平台由铸铁毛坯经精刨和刮削制成,作用是安放工件(或毛坯)和其他划线工具,并在划线平台表面上完成划线工作。划线平台的平面各处要均匀使用,表面不准敲击,且要经常保持清洁。划线平台长期不用时,应涂油防锈。

图 8.5 划线平台

2. 划线方箱

划线方箱是用铸铁制成的空心立方体,它的六个面都经过精加工,相邻各面互相垂直。划线方箱上的 V 形槽和压紧装置可夹持圆形毛坯或工件。对于尺寸较小而加工面较多的毛坯或工件,可通过翻转划线方箱,找正中心,划出中心线和互相垂直的线,如图 8.6 所示。

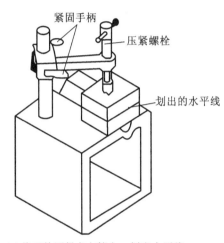
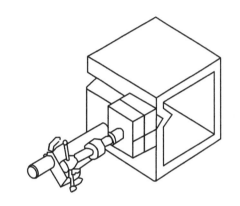

(a)将工件压紧在方箱上,划出水平线

(b)方箱翻转90°划出垂直线

图 8.6 划线方箱

3. V 形铁

V 形铁(见图 8.7)用于支承轴类工件,使其轴线与基准面保持平行。

4. 千斤顶

千斤顶是高度可调节的支承件,配有 V 形铁或顶尖。通常三个千斤顶组成一组,用于不规则或较大毛坯或工件的划线找正。千斤顶的外形和结构如图 8.8 所示。

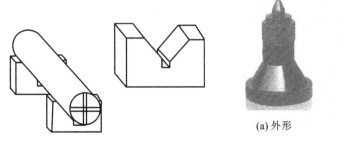

(a)外形

(b)结构

图 8.7 V 形铁

图 8.8 千斤顶的外形和结构

5. 划针

划针是在工件表面划线用的工具,常用直径为 3 mm 或 5 mm 的工具钢或弹簧钢制成,如图 8.9(a)、(b)所示。可将划针先磨成 15°～20°后经淬硬处理,或在划针尖端部分焊接硬质合金,这样划针更锐利,耐磨性能好。划线时,划针要依靠钢直尺或直角尺等向导工具移动,并向外倾斜 15°～20°,向划线方向倾斜 45°～75°,如图 8.9(c)所示。划线时,应尽可能一次划成,并使划出的线条清晰、准确。

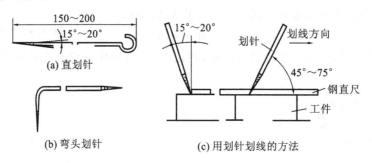

图 8.9 划针的种类和使用方法

6. 划规

划规(见图 8.10)是划圆和弧线、等分线段、等分角度、量取尺寸等用的工具。划规的用法与制图中使用的圆规的用法相同。

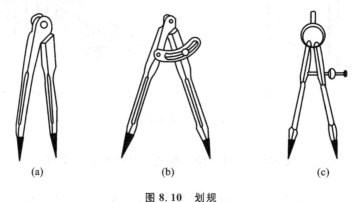

图 8.10 划规

7. 划线盘

划线盘(见图 8.11)主要用于立体划线和工件位置找正。用划线盘划线时,划针装夹要牢固,伸出长度要短,底座要保持与划线平台贴紧。

8. 样冲

样冲是在划好的线上冲眼时使用的工具,由工具钢制成,并经淬火硬化。样冲眼是为了强化显示用划针划出的加工界线。另外,它也可在划圆弧时作定性脚点使用。样冲眼使用时应注意以下几点。

(1)样冲眼位置要准确,冲心不能偏离线条。

(2)样冲眼间的距离要以划线的形状和长短而定,直线上可稀,曲线上稍密,转折交叉点处需冲点。

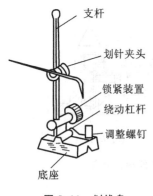

图 8.11 划线盘

支杆
划针夹头
锁紧装置
绕动杠杆
调整螺钉
底座

(3)样冲眼的大小要根据工件材料、表面情况而定,薄的可浅些,粗糙的应深些,软的应轻些,精加工表面禁止冲眼。

(4)圆孔中心处的样冲眼最好打得大些,以便在钻孔时钻头容易对中。

8.2.3 划线基准的选择

用划线盘划线时应选定某些基准作为依据,并以此来调节每次划线的高度,这个基准称为划线基准。

选择划线基准的原则为:对于毛坯,可选零件图上较重要的几何要素,如重要孔的轴线或平面,作为划线基准;对于工件,由于个别平面已加工过,应以加工过的平面作为划线基准。

8.2.4 划线步骤

先清理毛坯或工件,去除疤痕和毛刺等,在将要划线的位置上涂白浆水(已加工表面可涂蓝油);用铅或木块堵孔,将毛坯或工件支承在三个千斤顶上,用划线盘找正。先划出基准线,然后划出其他各水平线;将毛坯或工件翻转90°,划出与已划的线互相垂直的其余各条直线。在划出的线上打上样冲眼。

1. 划线的一般步骤

(1)研究图纸,确定划线基准,详细了解需要划线的部位。

(2)初步检查毛坯或工件的误差情况,去除不合格毛坯或工件。

(3)毛坯或工件表面涂色(蓝油)。

(4)正确安放毛坯或工件,选用划线工具。

(5)先划基准线,然后按图纸尺寸依次划出水平线、垂直线、斜线,最后划出曲线等。

(6)根据图纸检查核对尺寸。

(7)在划出的线条上打出样冲眼。

2. 划线操作要点

划线前要进行准备工作,包括毛坯或工件准备和工具准备。毛坯或工件准备主要包括毛坯或工件的清理、检查和表面涂色。工具准备即按零件图的要求,选用所需工具,并检查和校验工具。

划线操作时的注意事项如下。

(1)看懂零件图,了解零件的作用,分析零件的加工顺序和加工方法。

(2)毛坯或工件夹持或支承要稳妥,以防滑倒和移动。

(3)在一次支承中应将要划出的线全部划出,以免再次支承补划,造成误差。

(4)正确使用划线工具,划出的线条要准确、清晰。

(5)划线完成后,反复核对尺寸后,才能进行机械加工。

8.2.5 基本线条的划法

1. 平行线的划法

(1)用作图法划平行线。

以已知平行线之间的距离为半径,用划规划出两圆弧,然后划出两圆弧公切线即可。

（2）用角尺划平行线。

划线时角尺要紧靠毛坯或工件的基准边并沿基准边移动，用钢直尺度量两平行线之间的距离后，用划针沿角尺边划出。

（3）用划线盘划平行线。

若毛坯或工件可以垂直安放在划线平台上，则可用划线盘在高度游标卡尺上度量尺寸后，沿划线平台移动划出。

2. 垂直线的划法

（1）用作图法划垂直线。

过直线 AB 上的点 C 作一条与直线 AB 垂直的线，作图方法为：以点 C 为圆心，以任意半径 r 划半圆与 AB 线相交于 D、E 两点；分别以 D、E 两点为圆心，以任意半径 R 划圆弧得交点 F，连接 F、C 两点划直线，此直线就是直线 AB 的垂线，如图 8.12(a) 所示，r、R 越大，作图越准确。

在直线 AB 一端划垂直线，作图方法为：以点 A 为圆心，以适当长 R 为半径划弧，交 AB 线于点 C，以点 C 为圆心，以 R 为半径划弧交前弧于点 D，连接点 C、D 划直线并延长；以点 D 为圆心，以 R 为半径划弧交 CD 延长线于点 E，连接点 E、A，得 EA 垂直于 AB，如图 8.12(b) 所示。

（2）用直角尺划垂直线。

当要求划出与某一平面垂直的加工线时，可用直角尺根据该平面划出。

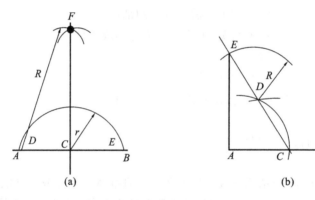

图 8.12　垂直线的划法

3. 角度线的划法

（1）二等分已知角。

等分已知 $\angle abc$ 的具体做法是：以角的顶点 b 为圆心，以适当长度为半径划圆弧交两边于 d、e 两点；然后分别以点 d、e 为圆心，用略大于 de 距离的一半为半径各划一圆弧相交于点 f，连接 b、f，得该角的二等分线，如图 8.13(a) 所示。

（2）三等分直角。

三等分已知 $\angle bac$（等于 $90°$）的具体做法是：以点 a 为圆心，以适当长度为半径的圆分别交 ab、ac 于 d、e 两点，分别以 d 和 e 两点为圆心，仍以原半径为半径各划圆弧分别相交前圆弧 de 于点 f 和 g，用直线连接 af、ag，则 $\angle daf$、$\angle fag$、$\angle gae$ 均相等，等于 $30°$ 角，如图 8.13(b) 所示。如果把 $30°$ 角再等分就得 $15°$ 角，于是利用这种方法可以划出在划线时常遇到的 $30°$、$45°$、$60°$、$75°$、$120°$ 等角。例如，在图 8.13(c) 中，在 $\angle bac$ 中作出 $75°$ 角，可以先用上面的方法定出点 f，得出 $\angle fac$ 为 $60°$，再把 $\angle baf$ 等分，得出 $\angle gaf$ 为 $15°$，所以 $\angle gac$ 就等于 $75°$。

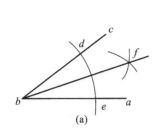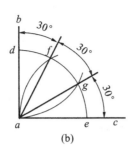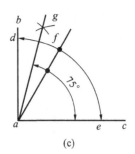

图 8.13　角度线的划法

4. 正多边形的划法

（1）在已知圆内划正方形。

如图 8.14(a)所示，先在圆内划互相垂直的中心线，与圆周相交于 A、B、C、D 四点，后连接 AB、BC、CD、DA 即得正方形。

（2）在已知圆内划正六边形。

如图 8.14(b)所示，先在圆内划出中心线，交圆周于 A、D 两点；然后以 A、D 两点为圆心，以圆的半径为半径划圆弧，分别交圆周于 B、F、C、E 四点，再连接 AB、BC、CD、DE、EF、FA 即得正六边形。

（3）在已知圆内划正五边形。

如图 8.14(c)所示，先在圆内划出互相垂直的中心线，与圆周相交于 A、B、C、D 四点，然后以点 C 为圆心，以圆的半径为半径划弧交圆周于 K、I 两点，连接 K、I 与直径 AC 相交于点 E，再以点 E 为圆心，以 BE 为半径划弧，与直径 AC 相交于点 F，BF 即为所求五边形的边长；最后以点 B 为起点，依次在圆周上划等分点 1、2、3、4，则 B、1、2、3、4 就是圆周上的五个等分点，连接各等分点即得正五边形。

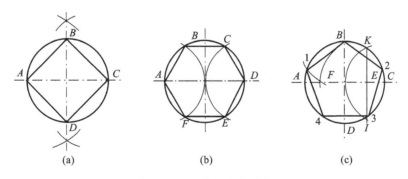

图 8.14　正多边形的划法

8.3　锯削加工

8.3.1　锯削加工的作用

利用锯条锯断金属材料或在工件上进行切槽的操作称为锯削加工。虽然当前各种自动化、机械化的切割设备得到广泛的使用,但手工锯削加工仍然是常见的一种操作。它具有方便、简单和灵活的特点,在单件小批生产、临时工地以及切割异形工件、开槽、修整等场合应用较广。锯削加工的工作范围包括:分割各种材料及半成品,如图 8.15(a)所示;锯掉工件上的多余部分,如图 8.15(b)所示;在工件上锯槽,如图 8.15(c)所示。

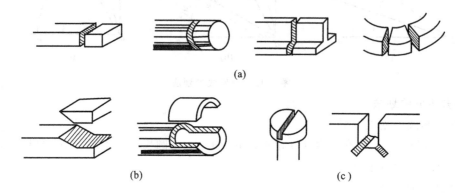

图 8.15　锯削加工的应用

8.3.2　锯削加工工具

锯削加工使用的工具是手锯。手锯由锯弓和锯条两个部分组成。

1.锯弓

锯弓是用来夹持和拉紧锯条的工具,有固定式和可调式两种。固定式锯弓的弓架是整体结构,只能装一种长度规格的锯条。可调式锯弓(见图 8.16)的弓架分成前、后两段。由于前段在后段套内可以伸缩,因此可调式锯弓可以安装几种长度规格的锯条。目前可调式锯弓得到广泛的使用。

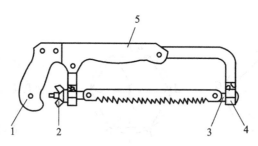

图 8.16　可调式锯弓
1—手柄;2—翼型螺母;3—夹头;4—方形导管;5—锯弓

2.锯条及其选用

1)锯条的材料和结构

锯条采用碳素工具钢(如 T10 或 T12)或合金工具钢制成,并需进行热处理。

锯条的规格以锯条两端安装孔间的距离来表示,长度为 150～400 mm。常用的锯条长 300 mm,宽 12 mm,厚 0.8 mm。

锯条的锯齿按一定形状左右错开,排列成一定的形状,称为锯路。锯路有交叉形(见图 8.17(a))、波浪形(见图 8.17(b))等不同的排列形状。锯路的作用是使锯缝宽度大于锯条背部的厚度,防止锯割时锯条卡在锯缝中,并减小锯条与锯缝的摩擦阻力,使排屑顺利、锯割省力。

锯齿的粗细按锯条上每 25 mm 长度内的齿数表示。14～18 齿为粗齿,24 齿为中齿,32 齿为细齿。锯齿的粗细也可按齿距 t 的大小来划分:粗齿的齿距 $t=1.6$ mm,中齿的齿距 $t=1.2$ mm,细齿的齿距 $t=0.8$ mm。

锯条的切削部分由许多锯齿组成,每个锯齿相当于一把錾子,起切割作用。常用的锯条前角为 $0°$,后角为 $40°～50°$,楔角为 $45°～50°$,如图 8.18 所示。

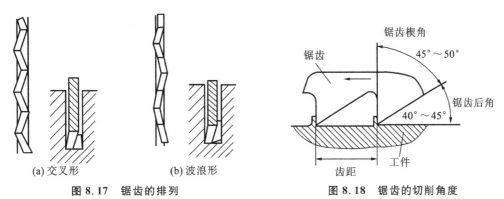

图 8.17　锯齿的排列　　　　图 8.18　锯齿的切削角度

2)锯条锯齿的选择

锯条锯齿的粗细应根据加工材料的硬度、厚度来选择。锯割软材料(如铜、铝合金等)或厚材料时,由于锯屑较多,要求有较大的容屑空间,应选用粗齿锯条。锯割硬材料(如合金钢等)或薄板、薄管时,由于材料硬,锯齿不易切入,锯屑量少,不需要大的容屑空间,应选用细齿锯条。锯薄材料时,锯齿易被勾住而崩断,需要同时工作的齿数多,以使锯齿承受的力量减少,锯割中等硬度的材料(如普通钢、铸铁等)和中等厚度的工件时,一般选用中齿锯条。

8.3.3　锯削加工的操作

1. 锯条的安装

手锯在向前推时起切削作用,因此锯条安装在锯弓上时,锯齿应向前,不能反装,如图 8.19 所示。锯条安装在锯弓上不能过紧或过松,过紧容易将锯条折断,过松也容易将锯条折断,且在锯割时锯缝容易歪斜。松紧程度一般以用两个手指的力旋紧为宜。锯条装好后,检查锯条是否歪斜扭曲,应保证锯条与锯弓在同一平面内。

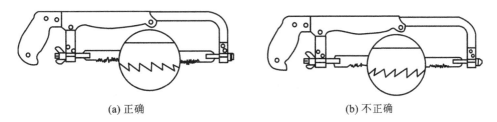

(a) 正确　　　　　　　　　　　　　(b) 不正确

图 8.19　锯齿的安装方向

2. 工件的安装

工件伸出钳口的部分应尽量短,以防止锯削时产生振动,锯割线应与钳口垂直,以防锯斜。工件要夹紧,但要防止变形和夹坏已加工表面。

3.锯削加工姿势

锯削加工时站立位置和身体摆动姿势与锉削加工时基本相似,摆动要自然。握锯弓时右手满握手柄,左手轻扶在锯弓前端,如图 8.20 所示。

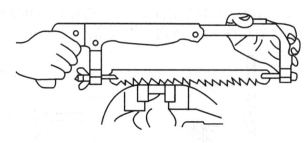

图 8.20　手锯的握法

4.锯削加工

锯削加工过程分起锯、正常锯削和结束锯削三个阶段。

1)起锯

起锯时,右手握着锯弓手柄,锯条靠住左手大拇指,锯条应与工件表面倾斜成起锯角(10°～15°)。起锯角太小,锯齿不易切入工件,产生打滑,但起锯角也不能过大,以免崩齿(见图 8.21)。起锯时的压力要小,往复行程要短,速度要慢,一般待锯痕深度达到 2 mm 后,可将手锯逐渐放至水平位置进行正常锯削。

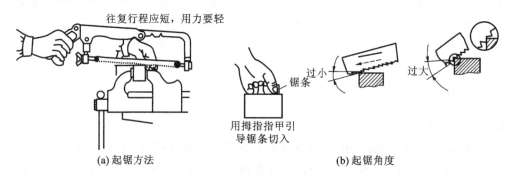

图 8.21　起锯的方法与角度

2)正常锯削

正常锯削时,锯条应与工件表面垂直,作直线往复运动,不能左右晃动。锯削运动一般采用小幅度的上下摆动式运动,即手锯推进时,身体略向前倾,左手上翘,右手下压;返回时不要加压,轻轻拉回,速度可快些。锯削时速度不宜过快,以每分钟 30～60 次为宜,并应用锯条全长的2/3 工作,以免锯条中间部分迅速磨钝。

推锯时锯弓的运动方式有两种:一种是直线运动,适用于锯缝底面要求平直的槽和薄壁工件的锯削;另一种锯弓上下摆动,这样操作自然,双手不易疲劳。锯削到材料快断时,用力要轻,以防碰伤手臂或折断锯条。如果锯缝歪斜,不可强扭,否则锯条会被折断,应将工件翻转 90°重新起锯。锯削较厚的钢料时,可加机油冷却和润滑,以提高锯条的使用寿命。

3)结束锯削

当锯削加工将结束时,用力应轻,速度要慢,行程要短。锯削加工将完成时,用力不可太大,并需要用左手扶住被锯下的部分,以免该部分落下时砸脚。

5. 锯条损坏的原因和预防办法

锯条损坏的类型、原因和预防办法如表 8.1 所示。

表 8.1　锯条损坏的类型、原因和预防办法

类　　型	原　　因	预　防　方　法
锯条折断	锯条装得过紧、过松	注意锯条要装得松紧适当
	工件装夹不准确.产生抖动或松动	工件夹牢,锯缝靠近钳口
	锯缝歪斜,强行纠正	扶正锯弓,按线锯削
	压力太大,起锯较猛	压力适当,起锯较慢
	旧锯缝使用新锯条	调换厚度合适的新锯条
锯齿崩裂	锯齿粗细选择不当	正确选择锯条
	起锯角度和方向不对	选用正确的起锯角度和方向
	突然碰到工件中的砂眼、杂质	碰到砂眼时减小压力
锯齿很快磨钝	锯削速度太快	锯削速度适当减慢
	锯削时未加冷却液	选用冷却液

8.3.4　锯削加工的应用

1. 棒料的锯削加工

如果锯出的断面要求平整,则应从开始连续锯到结束。若锯出的断面要求不高,可从几个方向锯下,这样可以减小锯削面,提高工作效率。

2. 管件的锯削加工

在一般情况下,钢管壁较薄,因此,锯管件时应选用细齿锯条,而且一般不采用一锯到底的方法,而是当将管壁锯透后,将管件沿着推锯方向转动一个适当的角度,再继续锯削,依次转动,直至将管子锯断,如图 8.22 所示。这样,一方面可以保持较长的锯削缝口,提高效率;另一方面能防止因锯缝卡住锯条或管壁钩住锯齿而造成锯条损伤,消除因锯条跳动所造成的锯削表面不平整的现象。对于已精加工过的管件,为了防止装夹变形,应将管件夹在有 V 形槽的两块木板之间。

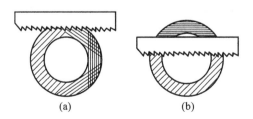

(a)　　　　　　(b)

图 8.22　锯管件的方法

3. 薄板料的锯削加工

锯削薄板料时,尽可能从宽面上锯下。当只能在薄板料的狭面上锯下去时,可用两块木垫夹持,连木块一起锯下,避免锯齿钩住,同时增加薄板料的刚度。锯削时,薄板料不能发生颤动。

也可以把薄板料直接夹在台虎钳上,用手锯作横向斜推锯,使锯齿与薄板料接触的齿数增加,避免锯齿崩裂。

4. 深缝的锯削加工

当锯缝的深度超过锯弓的高度(见图 8.23(a))时,应将锯条转过 90°后重新装夹,使锯弓转到工件的旁边,如图 8.23(b)所示。当锯弓横下来高度仍不够时,也可把锯条装夹成使锯齿朝向锯内进行锯削,如图 8.23(c)所示。

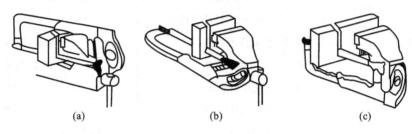

$$(a) \qquad\qquad (b) \qquad\qquad (c)$$

图 8.23　深缝的锯削加工

8.4　锉削加工

用锉刀锉掉工件表面的多余金属,使工件的尺寸、形状、表面粗糙度等都达到图纸要求的加工方法称为锉削加工。它可以加工工件的内外表面、内外角、沟槽和其他各种复杂的表面。虽然锉削加工是一种手工操作,效率低,但是由于某些工件表面在机床上不易加工或即使能加工却达不到精度要求,仍需要用锉刀去完成加工。锉削加工可用于成形样板加工、模具型腔加工以及部件、机器装配时的工件修整、配作等,是钳工最基本的操作方法之一。锉削加工范围如图 8.24 所示。锉削加工的主要工具是锉刀。下面介绍有关锉刀的一些知识。

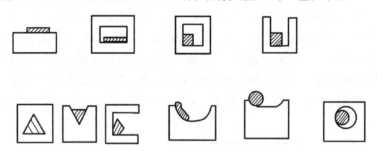

图 8.24　锉削加工范围

8.4.1　锉刀的构造和种类

1. 锉刀的构造

锉刀是用于锉削加工的工具,常用 T12A 或 T13A 制成,并经热处理淬硬,硬度为 62～67 HRC。锉刀由锉刀面、锉刀边、锉刀尾、锉刀舌、锉柄等组成,如图 8.25 所示。

2. 锉刀的种类

锉刀按照用途可划分为以下几种。

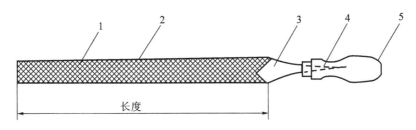

图 8.25　锉刀的结构

1—锉刀面；2—锉刀边；3—锉刀尾；4—锉刀舌；5—锉柄

1）普通锉刀

普通锉刀按截面形状可分为平锉、方锉、三角锉、半圆锉和圆锉等，如图 8.26 所示。其中以平锉的应用最为广泛。

(a) 平锉　　(b) 方锉　　(c) 三角锉　　(d) 半圆锉　　(e) 圆锉

图 8.26　普通锉刀的种类

2）特种锉刀

特种锉刀用来加工零件的特殊表面，有刀口锉、菱形锉、椭圆锉、圆肚锉等。特种锉刀及其断面形状如图 8.27 所示。

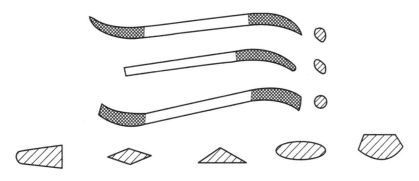

图 8.27　特种锉刀及其断面形状

3）整形锉刀

整形锉刀常称什锦锉或组锉，主要用于细小物件的修理、精密工件的加工以及表面要求很高的零件的细微加工，通常以 5 把、6 把、12 把为一组。

另外，锉刀的规格一般以锉刀长度、齿纹粗细来表示。

锉刀的大小以工作部分的长度表示。锉刀按长度可分为 100 mm、150 mm、200 mm、250 mm、300 mm、350 mm 和 400 mm 等七种。

按齿纹，锉刀可分为单齿纹锉刀和双齿纹锉刀。锉刀齿纹多制成交错排列的双纹，以便于断屑和排屑，使锉削加工更省力。单齿纹锉刀一般用于锉削加工铝等软材料。

按每 10 mm 长度锉面上的齿数多少，锉刀可分为粗齿锉（4～12 齿）、中齿锉（13～23 齿）、细齿锉（30～40 齿）和最细齿锉（又称油光锉，50～62 齿）。

8.4.2　锉刀的选择

合理选用锉刀对保证加工质量、提高工作效率和延长锉刀的使用寿命起到很大的作用。锉刀的规格根据加工表面的大小选择;锉刀的断面形状根据加工表面的形状选择,锉刀的齿纹、粗细根据工件材料、加工余量、精度和表面粗糙度值选择。粗齿锉由于齿间距离大,不易堵塞,多用于锉削非铁材料(有色金属)以及加工余量大、精度要求低的工件;油光锉仅用于工件表面的最后修光。锉刀锉齿粗细的划分、特点和应用、加工余量、表面粗糙度如表8.2所示。

表 8.2　锉刀锉齿粗细的划分、特点和应用、加工余量、表面粗糙度

锉　　齿	每 10 mm 长度锉面上的齿数/齿	特点和应用	加工余量/mm	表面粗糙度/μm
粗齿	4～12	齿间大,不易堵塞,适宜粗加工或加工铜、铝等有色金属	0.5～1	50～12.5
中齿	13～23	齿间适中,适宜粗锉后加工	0.2～0.5	6.3～3.2
细齿	30～40	锉光表面或硬金属	0.05～0.2	1.6
油光齿	50～62	精加工时修光表面	<0.05	0.8

8.4.3　锉削加工操作

1. 锉刀的握法

正确握持锉刀有助于提高锉削加工的质量。可根据锉刀大小和形状的不同,采用相应的握法。使用大的平锉时,应右手握锉柄,左手压在锉端上,使锉刀保持水平,如图 8.28(a)、(b)、(c)所示。用中平锉时,因用力较小,左手的大拇指和食指应捏着锉端,引导锉刀水平移动,如图 8.28(d)所示。小锉刀及更小锉刀的握法如图 8.28(e)、(f)所示。

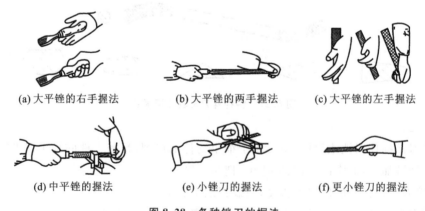

(a) 大平锉的右手握法　　(b) 大平锉的两手握法　　(c) 大平锉的左手握法

(d) 中平锉的握法　　(e) 小锉刀的握法　　(f) 更小锉刀的握法

图 8.28　各种锉刀的握法

2. 锉削加工姿势

锉削加工姿势如图 8.29 所示。两手握住锉刀放在工件上面,左臂弯曲,小臂与工件锉削面的左右方向保持基本平行,右小臂与工件锉削面的前后方向基本保持平行,但要自然。锉削加工时,身体先于锉刀并与之一起向前,右脚伸直并稍向前倾,重心在左脚,左膝部呈弯曲状态;当锉刀锉到约 3/4 长度时,身体停止前进,两臂继续将锉刀向前锉到头,同时左腿自然伸直。随着

锉削加工时的反作用力,将身体前倾,作第二次锉削加工的向前运动。

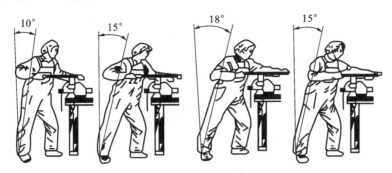

图 8.29　锉削加工姿势

3.锉削力的运用

锉刀的平直运动是完成锉削加工的关键步骤。锉削加工的力量有水平推力和垂直压力两种。推力主要由右手控制,必须大于切削阻力才能锉去切屑。压力是由两手控制的,作用是使锉齿深入金属表面。由于锉刀两端伸出工件的长度随时都在变化,因此两手的压力大小也必须随之变化,即两手压力对工件中心的力矩应相等,这是保证锉刀平直运动的关键。保证锉刀平直运动的方法是:随着锉刀的推进,左手压力由大逐渐减小,右手的压力由小逐渐增大,到中间时两手压力相等;回程时不加压力,以减少锉齿的磨损。锉刀在工件的任意位置时,锉刀两端压力对工件中心的力矩保持平衡,否则,锉刀就会不平衡,使工件中间形成凸面或鼓形面。

锉削加工时,因为锉齿存屑空间有限,所以对锉刀的总压力不能太大。压力太大只能使锉刀磨损加快,但压力也不能过小,压力过小锉刀容易打滑,达不到切削目的。

锉削速度一般约为 40 次/分。锉削速度太快,操作者容易疲劳,且锉齿易磨钝;锉削速度太慢,切削效率低。在锉削加工过程中,推出时稍慢,回程时稍快,动作要自然协调。

8.4.4　锉削加工方法

1.平面锉削加工

平面锉削加工是最基本的锉削加工,常用的方法有三种。

1)顺向锉法

顺向锉法是指锉刀沿着工件表面横向或纵向移动,锉削加工平面可得到正直的锉痕,比较整齐美观。这种方法适用于工件锉光、锉平或锉顺锉纹。

2)交叉锉法

交叉锉法是指以交叉的两方向顺序对工件进行锉削加工。锉痕是交叉的,容易判断锉削表面的不平程度,因而也容易把表面锉平。交叉锉法去屑较快,适用于平面的粗锉。

3)推锉法

推锉法是指两手对称地握住锉刀,用两大拇指推锉刀进行锉削。这种方法适用于对表面较窄且已经锉平、加工余量很小的工件进行修正尺寸和减小表面粗糙度。

2.圆弧面(曲面)的锉削加工

1)外圆弧面锉削加工

锉刀要同时完成两个运动:锉刀的前推运动和绕圆弧面中心的转动。前推的目的是完成锉削加工,转动的目的是保证锉出圆弧面形状。常用的外圆弧面锉削加工方法有滚锉法和横锉法两种。滚锉法(见图8.30(a))是使锉刀顺着圆弧面滚锉削的方法,用于精滚锉外圆面。横锉法(见图8.30(b))是使锉刀横着圆弧锉削的方法,用于粗锉外圆弧面或不能用滚锉法加工的情况。

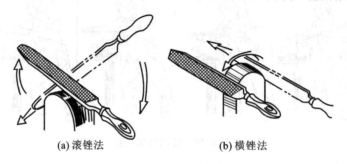

(a) 滚锉法   (b) 横锉法

图8.30　外圆弧面的锉削加工

2) 内圆弧面锉削加工

锉刀要同时完成三个运动:锉刀的前推运动、锉刀的左右移动和锉刀自身的转动。缺少任一项运动,都锉不好内圆弧面。内圆弧面的锉前加工如图8.31所示。

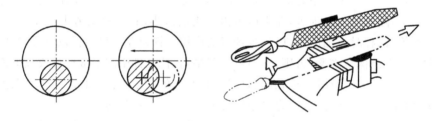

图8.31　内圆弧面的锉削加工

3. 通孔的锉削加工

根据通孔的形状及工件的材料、加工余量、加工精度和表面粗糙度来选择所需的锉刀进行通孔的锉削加工。通孔的锉削加工如图8.32所示。

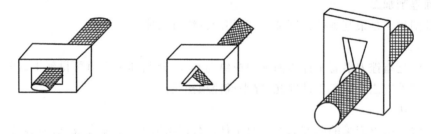

图8.32　通孔的锉削加工

8.4.5　锉削质量及其检查

1. 锉削加工常见的质量问题

(1)平面出现凸起、塌边和塌角,是由于操作不熟练,锉削力运用不当或锉刀选用不当造成的。

(2)形状、尺寸不准确,是由于划线错误或锉削加工过程中没有及时检查工件的尺寸造成的。

（3）表面较粗糙，是由于锉刀粗细选择不当或锉屑卡在锉齿间造成的。

（4）锉掉了不该锉掉的部分，是由于锉刀打滑，或者没有注意带锉齿工作边和不带锉齿的光边造成的。

（5）工件夹坏，是由于工件在台虎钳上装夹不当造成的。

2. 锉削质量的检查

1）检查直线度

用钢直尺或 90°角尺通过透光法检查工件的直线度。用 90°角尺检查工件的直线度如图 8.33(a)所示。

2）检查垂直度

用 90°角尺通过透光法检查工件的垂直度的方法是：先选择基准面，然后对其他各面进行检查，如图 8.33(b)所示。

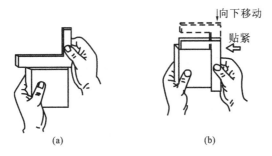

图 8.33　用 90°角尺检查工件的直线度和垂直度

3）检查尺寸

根据精度要求，用游标卡尺或钢直尺在不同的位置上进行工件尺寸的数次测量。

4）检查表面粗糙度

检查工件的表面粗糙度一般用眼睛观察即可，如果要求准确，可用表面粗糙度样板对照进行检查。

8.4.6　锉削加工注意事项

（1）锉刀必须装柄使用，以免刺伤手腕。若锉柄松动，应装紧后再用。

（2）不准用嘴吹锉屑，也不要用手清除锉屑。当锉刀堵塞后，应用钢丝刷顺着锉纹方向刷屑。

（3）对铸件上的硬皮或黏砂、锻件上的飞边或毛刺等，应先用砂轮磨去，然后进行锉削加工。

（4）锉削加工时不准用手摸锉过的表面（因为手有油污，再锉时锉刀容易打滑）。

（5）锉刀不能作撬棒或锤子敲击工件，以防止锉刀折断伤人。

（6）不能将锉刀与锉刀叠放在一起或将锉刀与量具叠放在一起。

8.5　钻床和钻孔工具

各种工件上的孔加工，一部分由车床、铣床等机床完成，另一部分由钳工利用各种钻床和钻孔工具完成。

8.5.1 钻床

钻床是用钻头在工件上加工孔的机床。在钻床上钻孔时,工件一般固定不动,刀具作旋转运动,同时沿轴向作进给运动。在钻床上可完成钻孔、扩孔、铰孔、锪孔及攻螺纹等工作。钻床的工作范围如图 8.34 所示。钻床的主要类型有台式钻床、立式钻床、摇臂钻床三种。

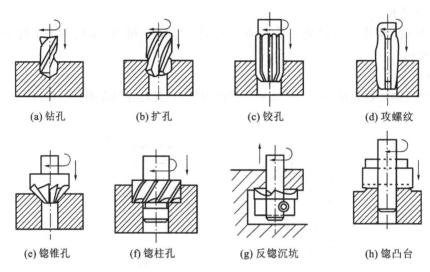

| (a) 钻孔 | (b) 扩孔 | (c) 铰孔 | (d) 攻螺纹 |

| (e) 锪锥孔 | (f) 锪柱孔 | (g) 反锪沉坑 | (h) 锪凸台 |

图 8.34　钻床的工作范围

1. 台式钻床

台式钻床(见图 8.35)简称台钻,是一种放在工作台上使用的小型钻床。台式钻床质量轻,移动方便,转速高(最低转速在 400 r/min 以上),适合加工小型工件上直径小于 13 mm 的小孔。台式钻床的主轴进给是手动的。

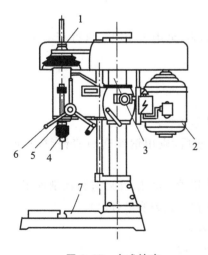

图 8.35　台式钻床

1—塔轮;2—电动机;3—立柱;4—钻夹头;
5—主轴;6—进给手柄;7—工作台

2. 立式钻床

立式钻床(见图 8.36)简称立钻,它的规格是用最大钻孔直径表示的。常用的立式钻床的规格有 25 mm、35 mm、40 mm 和 50 mm 等几种。与台式钻床相比,立式钻床刚性好,功率大,因而允许采用较大的切削用量,生产率较高,加工精度也较高。立式钻床主轴的转速和走刀量变化范围大,而且可以自动走刀,因此可使用不同的刀具进行钻孔、扩孔、锪孔、铰孔、攻螺纹等多种加工。立式钻床适合单件、小批量生产中的中、小型工件的加工。

3. 摇臂钻床

摇臂钻床如图 8.37 所示。摇臂钻床机构完善,有一个能绕立柱旋转的摇臂,摇臂可带动主轴箱沿立柱垂直移动,同时主轴箱还能在摇臂上作横向移动。由于结构上的这些特点,操作摇臂钻床时能很方便地调整刀具位置,使其对准被加工孔的中心,而无须移动工件来进行加工。此外,摇臂钻床主轴转速范围和进给量范围很大,因此适用于笨重、大工件及多孔工件的加工。

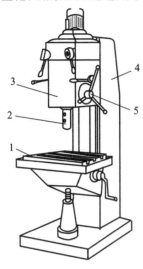

图 8.36 立式钻床

1—工作台;2—主轴;3—主轴箱;4—立柱;5—操纵机构

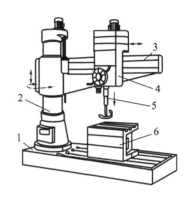

图 8.37 摇臂钻床

1—底座;2—立柱;3—摇臂;4—主轴箱;
5—主轴;6—工作台

8.5.2 钻孔工具

在钻床上,有两类常用的刀具:一类用于在实体材料上加工孔,如麻花钻、扁钻、中心钻及深孔钻等;另一类用于对工件上预留的孔进行再加工,如扩孔钻、铰刀等。

1. 麻花钻

麻花钻是最常用的孔加工刀具之一。麻花钻的加工精度一般为 IT13~IT11 级,表面粗糙度 Ra 值约为 $12.5\ \mu m$。

标准麻花钻由工作部分、颈部和柄部三个部分组成,如图 8.38 所示。麻花钻采用高速钢制造,它的工作部分经热处理可淬硬至 62~65 HRC。

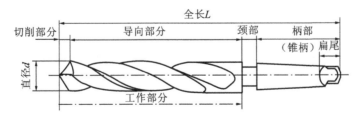

图 8.38 标准麻花钻的结构

工作部分是麻花钻的主要部分,它又分为导向部分和切削部分,分别担任导向和切削加工工作。麻花钻有两条主切削刃、两条副切削刃和一条横刃。麻花钻切削部分的组成如图 8.39 所示。两条螺旋槽的螺旋面形成两个前刀面,与孔底面相对的端面形成两个主后刀面,钻头外缘上与孔壁(即已加工表面)相对的两小段窄棱边形成的刃带是副后刀面,在钻孔时刃带起导

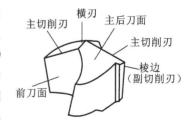

图 8.39 麻花钻切削部分的组成

向作用,为了减小与孔壁的摩擦,刃带向柄部方向有较小的倒锥量。为了使钻头具有足够的强度,麻花钻的中心有一定的厚度,这就是钻心,钻心直径向钻柄处递增。螺旋槽与主后刀面的两条交线为主切削刃,两个主切削刃由通过钻心处的横刃相连。修磨横刃是为了减小钻削轴向力和避免挤刮现象,并提高麻花钻的定心能力和切削稳定性。

颈部是柄部与工作部分的过渡部分,是砂轮退刀或打印标记的部位。为了制造方便,小直径直柄钻头没有颈部。

柄部是麻花钻的夹持部分,既用于连接,又传递动力,有直柄和锥柄两种。直柄传递小扭矩,一般用于直径小于或等于 12 mm 的麻花钻;锥柄可传递较大的转矩,用于直径大于 12 mm 的麻花钻。锥柄顶部是扁尾,起传递转矩的作用。

2. 手电钻

手电钻(见图 8.40)主要用于钻直径在 12 mm 以下的孔,常用于不便使用钻床钻孔的场合。手电钻的电源有 220 V 和 380 V 两种。由于携带方便,操作简单,使用灵活,所以手电钻的应用比较广泛。

3. 钻孔用的夹具

钻孔用的夹具主要包括钻头夹具和工件夹具两种。

1)钻头夹具

常用的钻头夹具有钻夹头和钻套,如图 8.41 所示。

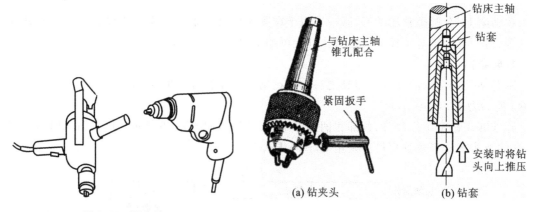

图 8.40　手电钻　　　　　图 8.41　钻夹头和钻套

钻夹头适用于装夹直柄钻头。它的柄部是圆锥面,可以与钻床主轴锥孔配合安装,而头部的三个夹爪有同时张开或合拢的功能,这使得钻头的装夹与拆卸都很方便。

钻套又称过渡套筒,用于装夹锥柄钻头。由于锥柄钻头柄部的锥度与钻床主轴内孔的锥度不一致,为了使二者配合安装,把钻套作为锥体过渡件。钻套的内锥面可内接钻头的锥柄,外锥面接钻床主轴的内锥孔。钻套按其内外锥锥度的不同分为 5 个型号,使用时可根据钻头锥柄和钻床主轴锥孔来选用。

2)工件夹具

加工工件时,应根据钻孔直径和工件形状来合理使用工件夹具。装夹工件要牢固可靠,但又不能将工件夹得过紧导致损伤工件表面,或使工件变形影响钻孔质量。

常用的工件夹具有手虎钳、机床用平口虎钳、V 形架和压板等。

对于薄壁工件和小工件,常用手虎钳夹持,如图 8.42(a)所示;机床用平口虎钳可用于中小型平整工件的夹持,如图 8.42(b)所示;对轴或筒类工件,可用 V 形架夹持,并配合使用压板,如图 8.42(c)所示;对不适于用虎钳夹紧的工件或要钻大直径孔的工件,可用压板、螺栓直接固定在钻床的工作台上,如图 8.42(d)所示。在成批和大量生产中广泛应用钻模夹具,可提高加工精度,提高生产率。

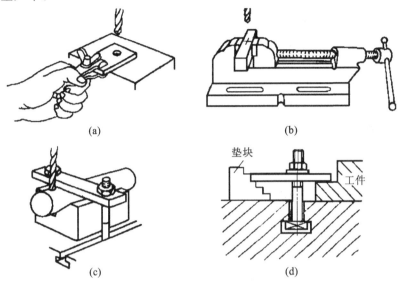

图 8.42 工件夹持方法

8.6 孔加工

钳工加工孔一般是指钻孔、扩孔和铰孔。

用钻头在实心工件上加工孔称为钻孔,钻孔的加工精度一般在 IT10 级以下,钻孔的表面粗糙度 Ra 值约为 12.5 μm。钻孔时,孔加工刀具(钻头)应同时完成两个运动,如图 8.43 所示。钻孔时,主运动为刀具绕轴线的旋转运动(切削运动),进给运动为刀具沿着轴线方向向着工件的直线运动。

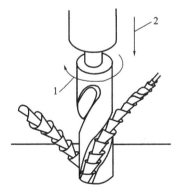

图 8.43 钻孔时钻头的运动

1—主运动;2—进给运动

8.6.1 钻孔操作

1. 切削用量的选择

钻孔切削用量是钻头的切削速度、进给量和切削深度的总称。切削用量越大,单位时间内切除的金属越多,生产率越高。由于切削用量受钻床的功率、钻头的强度、钻头的耐用度、工件的材料、钻孔的精度等许多因素的限制而不能任意提高,因此,合理选择切削用量就显得十分重要,它直接关系到钻孔的生产率、钻孔的质量和钻头的寿命。通过分析可知,切削速度和进给量对钻孔生产率的影响是相同的,切削速度对钻头耐用度的影响比进给量大;进给量对钻孔粗糙度的影响比切削速度大。钻孔时选择切削用量的基本原则是,在允许范围内,尽量先选较大的进给量,当进给量受到孔表面粗糙度和钻头刚度的限制时,再考虑选较大的切削速度。

2. 钻孔操作方法

操作方法正确与否,将直接影响钻孔的质量和操作安全。

1)按划线位置钻孔

工件上的孔径圆和检查圆均需打上样冲眼作为加工界线,冲心应打大一些。钻孔时先用钻头在孔的中心锪一小窝(约占孔径的1/4),检查小窝与所划圆是否同心。如果稍偏离,可通过用样冲将中心冲大来矫正或通过移动工件来借正。

2)钻通孔

在孔将被钻通时,进给量要减小,可将自动进给变为手动进给,以避免钻头在钻穿的瞬间抖动,影响加工质量,损坏钻头,甚至发生事故。

3)钻盲孔

钻盲孔时,要注意掌握钻孔深度,以免将孔钻深出现质量事故。控制钻孔深度的方法有调整好钻床上深度标尺挡块、安置控制长度的量具和用粉笔在钻头做标记。

4)钻深孔

孔深超过3倍孔径的孔即为深孔。钻深孔时,要经常退出钻头及时排屑和冷却,否则容易造成切屑堵塞,或使钻头的切削部分过热导致切削刃磨损过快,甚至折断,影响孔的加工质量。

3. 钻削时的冷却润滑

钻削钢件时,为了降低粗糙度,一般使用机油作切削液,但为了提高生产率,更多地使用乳化液;钻削铝件时,多用乳化液、煤油作切削液;钻削铸铁件时,用煤油作切削液。

4. 钻孔出现的质量问题和产生原因

钻头刃磨得不好、切削用量选择不当、切削液使用不当、工件装夹不牢固等原因,会导致钻出的孔径偏大、孔的轴线偏移或歪斜等问题。表8.3列出了钻孔时可能出现的质量问题及其产生原因。

表8.3　钻孔时可能出现的质量问题及其产生原因

问 题 类 型	产 生 原 因
孔径偏大	①钻头两切削刃长度不等,顶角不对称; ②钻头摆动

问 题 类 型	产 生 原 因
孔壁粗糙	①钻头不锋利； ②后角太大； ③进给量太大； ④切削液选择不当,或切削液量不足
孔的轴线偏移	①工件划线不正确； ②工件安装不当,夹紧不牢固； ③横刃太长,未对准样冲眼； ④开始钻孔时,孔钻偏而未借正
孔的轴线歪斜	①钻头与工件的表面不垂直； ②横刃太长,轴向力太大,钻头变形弯曲； ③进给量太大,小钻头弯曲
钻头的工作部分折断	①钻头磨损后,仍继续钻孔； ②钻削过程中未及时排屑,切屑堵塞螺旋槽； ③孔快钻透时,未减小进给量
切削刃迅速磨损或碎裂	①切削速度高,切削液供给不足或类型不对； ②工件材料不均匀,内部有夹砂等缺陷； ③进给量太大
工件装夹表面损坏	装夹力太大,装夹已加工表面时未垫铜皮或铝皮

8.6.2　扩孔和铰孔

1. 扩孔

扩孔用来扩大已有的孔(铸出、锻出或钻出的孔)。扩孔的切削运动与钻孔相同。扩孔可以校正孔的轴线偏差,并使其获得较正确的几何形状和较小的表面粗糙度。扩孔属于半精加工,加工精度一般为 IT10～IT9 级,表面粗糙度 Ra 值为 $6.3～3.2\ \mu m$。扩孔可作为精度要求不高的孔的最终加工,也可作为精加工(如铰孔)前的预加工。扩孔加工余量为 $0.5～4\ mm$。

一般用麻花钻作为扩孔钻。在扩孔精度要求较高或生产批量较大时,可采用专用扩孔钻扩孔。与麻花钻相似,扩孔钻有 3～4 条切削刃,但无横刃,顶端是平的,螺旋槽较浅,刚性好,不易变形,导向性能好。扩孔钻切削平稳,可提高扩孔后孔的加工质量。

2. 铰孔

铰孔是指用铰刀从工件壁上切除微量金属层,以提高工件的尺寸精度和表面质量的加工方法。铰孔的加工精度为 IT7～IT6 级,表面粗糙度 Ra 值为 $1.6～0.8\ \mu m$。铰孔的加工余量很小,粗铰时为 $0.15～0.25\ mm$,精铰时为 $0.05～0.15\ mm$。铰刀是多刃切削刀具,有 6～12 个切削刃,导向性好。由于刀齿的齿槽很浅,横截面大,所以铰刀的刚性好。铰刀按使用方法分为手用铰刀和机用铰刀两种,按所铰孔的形状分为圆柱形铰刀和圆锥形铰刀两种。

由于铰孔加工余量很小,而且切削刃的前角为 0°,所以铰削过程实际上是修刮过程。特别是手工铰孔,切削速度很低,不会受到切削热和振动的影响,是对孔进行精加工的一种方法。铰孔时,铰刀不能倒转,否则,切屑会卡在孔壁和切削刃之间,使孔壁划伤或使切削刃崩裂。铰削时使用切削液,孔壁表面粗糙度值将更小。

8.6.3 孔加工操作要点

钻孔时,选择转速和进给量的方法是:用小钻头钻孔时,转速要快些,进给量要小些;用大钻头钻孔时,转速要慢些,进给量适当大些;钻硬材料时,转速要慢些,进给量要小些;钻软材料时,转速要快些,进给量要大些;用小钻头钻硬材料时,可以适当地放慢速度,钻孔时手工进给的压力根据钻头的工作情况,以目测和操作者的感觉进行控制。

孔加工操作时应注意的事项如下。

(1)操作者衣袖要扎紧,严禁戴手套,女同学必须戴工作帽。

(2)工件装夹必须牢固,孔将钻穿时要减小进给量。

(3)先停车后变速。用钻夹头装夹钻头时,要用钻夹头紧固扳手,不能用扁铁和手锤敲击,以免损坏钻夹头。

(4)不准用手拿或嘴吹钻屑,以防钻屑伤手和伤眼。

(5)钻通孔时,工件底面应放垫块,或将钻头对准工作台的 T 形槽。

(6)手工铰孔时,两手用力要均匀、平稳,不得有侧向压力,避免孔口呈喇叭形或将孔径扩大。铰刀退出时,不能反转,防止刃口磨损及切屑嵌入刀具与孔壁之间,将孔壁划伤。

8.7 攻螺纹和套螺纹

攻螺纹和套螺纹是钳工加工螺纹的两种方法。用丝锥加工工件内螺纹的操作称为攻螺纹,用板牙加工工件外螺纹的操作称为套螺纹。

8.7.1 攻螺纹用工具

1. 丝锥

丝锥是加工工件内螺纹的工具。丝锥及其组成如图 8.44 所示。丝锥由工作部分和柄部组成。工作部分包括切削部分和校准部分。切削部分的作用是切去孔内螺纹牙间的金属。校准部分有完整的齿形,用来校准已切出的螺纹,并引导丝锥沿轴向前进。柄部有方头,用来传递切削扭矩。

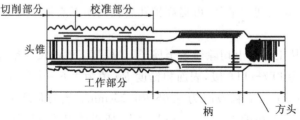

图 8.44 丝锥及其组成

手用丝锥一般用合金工具钢(如 9SiCr)制造,也有用轴承钢(如 GCr9)制造的。机用丝锥用高速钢制造。

在普通三角螺纹丝锥中,M6～M24 的丝锥为两只一套,分别称为头锥和二锥;小于 M6 和大于 M24 的丝锥为三只一套,分别称为头锥、二锥和三锥。

2. 铰杠

铰杠是用来夹持丝锥的工具,分为普通铰杠(见图 8.45)和丁字铰杠(见图 8.46)两类。丁字铰杠主要用于攻工件凸台旁的螺纹或机体内部的螺纹。各类铰杠又分为固定式和活动式两种。固定式铰杠常用于攻 M5 以下的螺纹,活动式铰杠可以调节夹持孔尺寸。

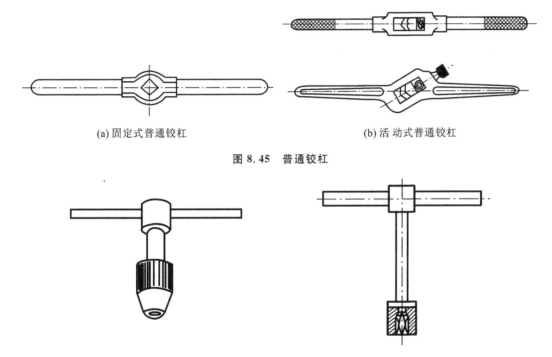

(a) 固定式普通铰杠　　　　　　　　　(b) 活动式普通铰杠

图 8.45　普通铰杠

图 8.46　丁字铰杠

8.7.2　套螺纹用工具

1. 板牙

板牙是加工外螺纹的标准刀具,是用合金工具钢 9SiCr、9Mn2V 或高速钢并经淬火、回火制成的,分为固定式和可调式(开缝式)两种。

板牙如图 8.47(a)所示,由切削部分、校准部分和排屑孔组成。它本身像 1 个圆螺母,只是在它上面钻有几个排屑孔,并形成切削刃。切削部分是板牙两端带有切削锋角的部分,主要起切削加工作用。板牙的中间是校准部分,也是套螺纹的导向部分。板牙的外圈有 1 条深槽和 4 个锥坑,深槽可微量调节螺纹直径,锥坑用来定位和紧固板牙。

2. 板牙架

板牙架是套螺纹的辅助工具,用来夹持并带动板牙旋转,如图 8.47(b)所示。

(a) 板牙　　　　　　　　　　　　　(b) 板牙架

图 8.47　板牙和板牙架

D—板牙直径；H—板牙厚度；1—板牙架；2—紧固螺钉；3—板牙

8.7.3　攻螺纹操作

1. 攻螺纹前底孔直径和深度的确定

钻螺纹底孔时，首先要确定螺纹底孔直径，然后划线、钻螺纹底孔。

普通螺纹底孔直径可通过下列经验公式计算。

脆性材料（铸铁、青铜等）：

$$D_底 = D - (1.05 \sim 1.1)P$$

韧性材料（钢、紫铜等）：

$$D_底 = D - P$$

式中：$D_底$——螺纹底孔直径（mm）；

　　　D——螺纹大径（mm）；

　　　P——螺距（mm）。

不通孔螺纹的钻孔深度：

$$L = l + 0.7D$$

式中：L——钻孔深度（mm）；

　　　l——需要的螺纹深度（mm）；

　　　D——螺纹大径（mm）。

2. 攻螺纹操作要点

（1）在螺纹底孔的孔口倒角，通孔螺纹两端都倒角，倒角处直径可略大于螺孔大径，这样可使丝锥开始切削时容易切入，并可防止孔口出现挤压出的凸边。

（2）用头锥起攻。起攻时，可一手用手掌按住铰杠中部，沿丝锥轴线用力加压，另一手配合作顺时针旋进，如图 8.48(a)所示；或两手握住铰杠两端均匀施加压力，并将丝锥顺时针旋进，如图 8.48(b)所示。应保证丝锥中心线与孔中心线重合，不得歪斜。在丝锥攻入 1～2 牙后，应及时从前后、左右两个方向用 90°角尺检查，如图 8.49 所示，并不断校正至符合要求。

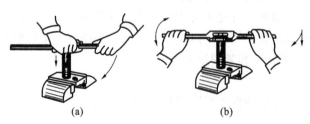

(a)　　　　　　　　　　(b)

图 8.48　螺纹起攻方法

图 8.49　检查螺纹的垂直度

（3）当丝锥的切削部分全部进入工件时，就不需要再施加压力了，而靠丝锥作自然旋进切削。两手旋转用力要均匀，并要经常倒转 1/4～1/2 圈，使切屑碎断后容易排除，避免因切屑阻塞而使丝锥卡住。

（4）攻螺纹时，必须经头锥、二锥、三锥顺序攻削至标准尺寸，在较硬的材料上攻螺纹时，可轮换各丝锥交替攻丝，以减小切削部分的负荷，防止丝锥折断。

（5）攻不通孔时，可在丝锥上做好深度标记，并要经常退出丝锥，清除留在孔内的切屑，否则切屑将导致堵塞，使丝锥折断或螺纹达不到深度要求。当工件不便倒向清屑时，可用弯曲的小管子吹出切屑，或用磁性针棒吸出切屑。

（6）攻韧性材料的螺孔时，要加切削液，以减小切削阻力、减小加工螺孔的表面粗糙度、延长丝锥的使用寿命。攻钢件时，要用机油作切削液，螺纹质量要求高时可用工业植物油作切削液。攻铸铁件时，可用煤油作切削液。

8.7.4　套螺纹操作

1. 圆杆直径的确定

套螺纹时，圆杆直径的确定与攻螺纹时一样，套螺纹过程中也有挤压作用，因此，圆杆直径要小于螺纹大径，可用下列经验计算来确定：

$$d_{杆} = d - 0.13P$$

式中：$d_{杆}$——圆杆直径（mm）；

D——螺纹大径（mm）；

P——螺距（mm）。

2. 套螺纹操作要点

（1）为了使板牙起套时容易切入工件并做正确的引导，圆杆端部要倒角。倒角的最小直径可略小于螺纹小径，避免螺纹端部出现锋口和卷边。

（2）套螺纹时的切削力矩较大，且工件都为圆杆，一般要用 V 形夹块或厚铜衬作衬垫，以保证可靠夹紧。

（3）在不影响螺纹要求长度的前提下，工件伸出钳口的长度应尽量短些。

（4）螺纹的起套方法与螺纹的起攻方法一样，一手用手掌按住铰杠中部，沿圆杆轴向施加压力，另一手配合作顺向切进，转动要慢，压力要大，并保证板牙端面与圆杆的垂直度，不能歪斜。在板牙切入圆杆 2～3 牙后，应检查螺纹的垂直度并做校正。

（5）套入 3～4 牙后，可只转动不加压，让板牙自然引进，以免损坏螺纹和板牙，也要经常倒转，以便断屑。

（6）在钢件上套螺纹时要加切削液，以减小加工螺纹的表面粗糙度和延长板牙的使用寿命。一般可用机油或较浓的乳化液作切削液，要求高时可用工业植物油作切削液。

第 9 章 普通车削加工

9.1 车削加工概述

车削加工是指在车床上利用车刀或钻头、铰刀、丝锥、滚花刀等加工工件的回转表面。车削加工主要是作直线运动的车刀对旋转的工件进行加工,在此切削运动中,工件的高速旋转运动是主运动,刀具的缓慢直线运动是进给运动。车削加工主要用于加工回转体(如轴类、盘类和套类工件)的外圆、内孔、端面等;也可在车床上安装钻头、铰刀、丝锥、板牙和滚花刀等,对工件进行钻孔、扩孔、铰孔、攻螺纹、套螺纹、滚花等,以满足不同的需要。车削加工的精度为 IT11~IT6 级,表面粗糙度 Ra 值为 12.5~0.8 μm。

车削加工是机械加工中最主要的加工方法之一,既适用于小批量加工,也适用于大批量加工,具有生产成本低、效率高、易于操作等特点,应用特别广泛。

车削加工可完成的典型零件和工作内容如图 9.1 所示。车削加工所采用的典型加工方法如图 9.2 所示。

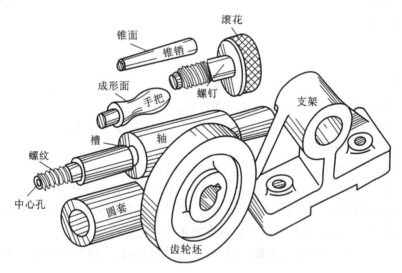

图 9.1 车削加工可完成的典型零件和工作内容

9.1.1 车削加工工艺过程

在车削加工中,为了保证工件质量和提高生产率,一般按粗车、半精车、精车的顺序进行。

粗车的目的是尽快地从毛坯上切去大部分加工余量。粗车工艺一般优先采用较大的切削深度,其次选用较大的进给量,采用中等偏低的切削速度,以得到较高的生产率和提高刀具的使用寿命。车削加工硬脆材料时一般选用较低的切削速度,如车削加工铸铁件的切削速度比车削加工优质钢件的切削速度要低;不用切削液时的切削速度也要低些。

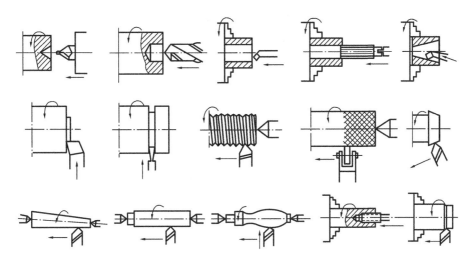

图 9.2　车削加工所采用的典型加工方法

精车的目的是保证工件的加工精度和表面要求,在此前提下尽可能地提高生产率。精车一般选用较小的切削深度和进给量,同时选用较高的切削速度。

例如,使用硬质合金车刀粗车低碳钢时,可选择 $a_p = 2\sim3$ mm,$f = 0.15\sim0.4$ mm/r,$v_c = 40\sim60$ m/min;精车低碳钢时,可选择 $a_p = 0.1\sim0.3$ mm,$f = 0.05\sim0.2$ mm/r,$v_c \geqslant 100$ m/min。

对于一些精度要求和表面质量要求高的工件,在粗车与精车间还需安排半精车,为精车做好精度准备和余量准备。

粗车可达到的尺寸精度为 IT13～IT11 级,表面粗糙度 Ra 值为 $50\sim12.5$ μm;半精车可达到的尺寸精度为 IT10、IT9 级,表面粗糙度 Ra 值为 $6.3\sim3.2$ μm;精车可达到的尺寸精度为 IT7、IT6 级,表面粗糙度 Ra 值为 $3.2\sim0.8$ μm。

9.1.2　切削液的选择

车削加工时应根据加工性质、工件材料、刀具材料等条件选用合适的切削液。粗加工时,加工余量和切削量大,产生大量的切削热,故应选用冷却性能好的水基切削液或低浓度的乳化液;精加工时,为了保证加工精度和表面质量,应选用切削油或高浓度的乳化液;钻孔、铰孔等孔加工时,排屑和散热困难,容易烧伤刀具和增大工件的表面粗糙度,故应选用黏度小的水基切削液或乳化液,并加大流量和压力强化冲洗作用。切削加工铸铁等脆性材料时,一般可不用切削液;精加工时,为了提高切削表面的质量,可选用渗透性能和清洗性能都比较好的油基切削液或水基切削液。硬质合金刀具的耐热性能好,使用硬质合金刀具时一般可不加切削液,必要时可采用低浓度的乳化液,但必须连续充分浇注,以免因断续使用切削液使刀片骤冷骤热而产生裂纹。

9.2　车床

9.2.1　车床的种类和型号

按用途和结构的不同,车床可分为卧式车床、落地车床、立式车床、转塔车床、仿形车床,以及多刀车床、单轴自动车床、多轴自动车床、多轴半自动车床、数控车床、车削中心等。此外,还有各种专门化车床,如仪表车床、凸轮轴车床、曲轴车床、铲齿车床、高精密丝杠车床、车轮车床等。在大批量生产的工厂中,还有各种专用车床和组合车床。在所有车床中,卧式车床的应用最为广泛,占车床类机床的60%。在本章将基于卧式车床对车床展开叙述。

要了解车床的型号,首先必须了解我国关于金属切削机床的型号编制方法。我国关于金属切削机床型号编制方法的最新标准为《金属切削机床　型号编制方法》(GB/T 15375—2008)。

1. 机床型号表示方法

机床型号由基本部分和辅助部分组成,中间用"/"隔开,读作"之"。前者需统一管理,后者纳入型号与否由企业自定。机床型号表示方法如图9.3所示。

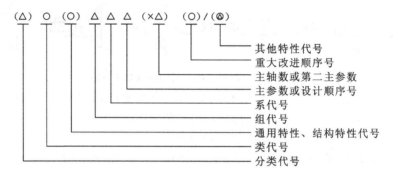

图9.3　机床型号表示方法

在图9.3中:①有"( )"的代号或数字,无内容,则不表示,若有内容则不带括号;②有"○"符号的,为大写的汉语拼音字母;③有"△"符号的,为阿拉伯数字;④有"⊘"符号的,为大写的汉语拼音字母,或阿拉伯数字,或两者兼有之。

2. 机床的分类和代号

机床按工作原理划分为车床、钻床、镗床、磨床、齿轮加工机床、螺纹加工机床、铣床、刨插床、拉床、特种加工机床、锯床和其他机床等共12类。

机床的类代号用大写的汉语拼音字母表示。必要时,每类可分为若干分类。分类代号在类代号之前,作为型号的首位,并用阿拉伯数字表示。第"1"分类代号前的"1"省略,第"2"分类代号、第"3"分类代号应予以表示。机床的分类和代号如表9.1所示。

表9.1　机床的分类和代号

类别	车床	钻床	镗床	磨床			齿轮加工机床	螺纹加工机床	铣床	刨插床	拉床	特种加工机床	锯床	其他机床
代号	C	Z	T	M	2M	3M	Y	S	X	B	L	D	G	Q
读音	车	钻	镗	磨	二磨	三磨	牙	丝	铣	刨	拉	电	割	其

3. 机床的通用特性代号

通用特性代号有统一的规定含义,在各类机床的型号中,表示的意义相同。当某类型机床除有普通型外,还有某种通用特性时,在类代号之后加通用特性代号予以区分。如果某类型机床仅有某种通用特性,而无普通型,通用特性不予表示。当在一个型号中需要同时使用两至三个普通特性代号时,一般按重要程度排列顺序。

通用特性代号按相应的汉字字意读音。表 9.2 列出了机床的通用特性代号。

表 9.2 机床的通用特性代号

通用特性	高精度	精密	自动	半自动	数控	加工中心(自动换刀)	仿形	轻型	加重型	柔性加工单元	数显	高速
代号	G	M	Z	B	K	H	F	Q	C	R	X	S
读音	高	密	自	半	控	换	仿	轻	重	柔	显	速

4. 机床的结构特性代号

对于主参数值相同而结构、性能不同的机床,在型号中加结构特性代号予以区分。根据各类机床的具体情况,可以对某些结构特性代号赋予一定的含义。需要注意的是,与通用特性代号不同,结构特性代号在型号中没有统一的含义,只在同类机床中起区分机床结构、性能的作用。当型号中有通用特性代号时,结构特性代号应排在通用特性代号之后。结构特性代号用汉语拼音字母(通用特性代号已用的字母和"I""O"两个字母不能用)表示,当单个字母不够用时,可将两个字母组合起来使用,如 AD、AE 或 DA、EA 等。

5. 机床组、系的划分原则及其代号

机床组、系的划分原则如下:将每类机床划分为十个组,每个组又划分为十个系(系列)。在同一类机床中,主要布局或使用范围基本相同的机床即为同一组。在同一组机床中,主参数相同、主要结构和布局形式相同的机床即为同一系。

机床的组用一位阿拉伯数字表示,且组代号位于类代号或通用特性代号、结构特性代号之后。机床的系也用一位阿拉伯数字表示,且系代号位于组代号之后。

6. 机床主参数的表示方法

机床型号中主参数用折算值表示,位于系代号之后。当折算值大于 1 时,取整数,前面不加"0";当折算值小于 1 时,取小数点后第一位数,并在前面加"0"。表 9.3 所示是卧式车床的详细型号表,从中可以看出机床的统一名称和组、系划分,以及型号中主参数的表示方法。

表 9.3 卧式机床的详细型号表

组		系			主 参 数	
代 号	名 称	代 号	名 称	折算系数	名 称	
6	落地及卧式车床	0	落地车床	1/100	最大工件回转直径	
		1	卧式车床	1/10	床身上最大回转直径	
		2	马鞍车床	1/10	床身上最大回转直径	
		3	轴车床	1/10	床身上最大回转直径	
		4	卡盘车床	1/10	床身上最大回转直径	
		5	球面车床	1/10	刀架上最大回转直径	
		6	主轴箱移动型卡盘车床	1/10	床身上最大回转直径	

7. 通用机床的设计顺序号

对于某些通用机床，当无法用一个主参数表示时，在型号中用设计顺序号表示。设计顺序号从 1 起始。当设计顺序号小于 10 时，从 01 开始编号。

8. 主轴数的表示方法

对于多轴车床、多轴钻床、排式钻床等机床，主轴数应以实际数值列入型号，置于主参数之后，用"×"分开，读作"乘"。单轴，主轴数可省略，不予表示。

9. 机床的重大改进顺序号

当对机床的结构、性能有更高的要求，并需要按新产品重新设计、试制和鉴定时，才按改进的先后顺序选用 A、B、C 等汉语拼音字母（但"I""O"两个字母不得选用），加在型号基本部分的尾部，以区别原机床型号。

重大改进设计不同于完全的新设计，它是在原有机床的基础上进行改进设计的，因此，重大改进后的产品与原型号的产品之间是一种取代关系。

凡属局部的小改进，或增减某些附件、测量装置及改变装夹工件的方法等，因对原机床的结构、性能没有做重大的改变，故不属重大改进，机床的型号不变。

在此结合 CA6140 型车床的型号名称对车床的型号做详细讲解。CA6140 型车床型号的含义如图 9.4 所示。

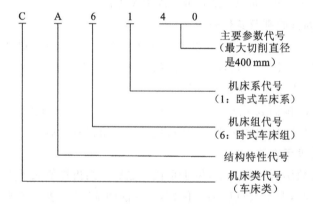

图 9.4 CA6140 型车床型号的含义

CA6140 型车床的型号中，"C"表示机床类代号，从表 9.1 中可以看出"C"表示的是车床；"A"表示机床的结构特性代号，表示此机床在同类型主参数机床中，在结构上与其他机床不同；"6"和"1"分别表示车床的组、系代号，从表 9.3 中可以看出"61"表示机床属于"落地及卧式车床"组中的"卧式车床"系，"40"为该机床的主参数折算系数，由表 9.3 中可知，"40"表示该机床的床身最大回转直径为 40 mm×10＝400 mm，即机床可加工的工件最大外圆尺寸为 400 mm，此尺寸限值由机床结构决定，超过 400 mm 直径的工件将难以在该车床上加工。

9.2.2 C6132 型车床的组成部分及其作用

C6132 型车床的构造如图 9.5 所示。

1. 床身

床身是车床的基础零件，用来支承和连接车床上的有关部件，并保证它们之间的相对位置。

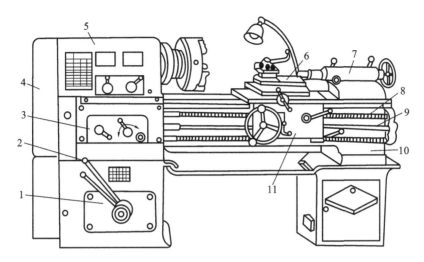

图 9.5　C6132 型车床的构造

1—变速箱;2—变速手柄;3—进给箱;4—挂轮箱;5—主轴箱;6—刀架;7—尾座;8—丝杠;9—光杠;10—床身;11—溜板箱

床身上有 4 条精确的导轨,床鞍和尾座可沿导轨移动。床身由床脚支承并用螺钉固定在地基上。

2. 变速箱

变速箱用于改变主轴的转速。有的机床(如 CA6140 型车床)的主轴变速机构都放在主轴箱内。变速箱内有滑移齿轮变速机构。改变变速箱上操纵手柄的位置,可使主轴获得不同的转速。

3. 主轴箱

主轴箱又称为床头箱,用于支承主轴,内装主轴和部分齿轮变速机构。通过主轴箱内的变速机构,可改变主轴的转速和转向。主轴的前端有外螺纹和锥孔,可安装卡盘、花盘和顶尖等夹具,用来夹持工件,并带动工件旋转。主轴是空心轴,以便穿入长棒料。

4. 进给箱

进给箱又称为走刀箱,用于将主轴的旋转运动经过挂轮架上的齿轮传给光杠或丝杠。通过进给箱内部的齿轮变速机构,可改变光杠或丝杠的转速。调整进给箱上各手柄的位置,可使刀具获得所需的进给量或螺距。

5. 光杠或丝杠

进给箱的运动经光杠或丝杠传至溜板箱。车削加工螺纹时用丝杠,车削加工其他表面用光杠。

6. 溜板箱

溜板箱又称为托板箱,是车床进给运动的操纵箱,其上有刀架。溜板箱将光杠或丝杠的运动传给刀架。接通光杠,可使刀架作纵向或横向进给;接通丝杠和闭合对开螺母,可车削加工螺纹。

7. 刀架

刀架用来夹持车刀,可作纵向、横向或斜向进给运动。它由大刀架、横刀架、转盘、小刀架和方刀架组成,如图 9.6 所示。

（1）大刀架（纵溜板、中滑板）：与溜板箱连接，带动车刀沿床身导轨纵向移动。

（2）横刀架（横溜板）：通过丝杠副带动车刀沿床鞍上的燕尾导轨横向移动。

（3）转盘：与横溜板用螺钉固定，其上有角度刻线；松开螺钉，转盘可在水平面内扳转任意角度。

（4）小刀架（小滑板）：可沿转盘上面的燕尾导轨作短距离的手动进给；将转盘扳转一定角度后，小刀架斜向进给，可车削内外锥面。

（5）方刀架：固定在小刀架上，可同时装夹 4 把车刀；松开其上的手柄，方刀架可扳转任意角度；换刀时只需将方刀架旋转 90°，固定后即可继续切削。

8. 尾座

尾座的构造如图 9.7 所示。尾座位于床身导轨上。尾座套筒可安装顶尖、支承工件，也可安装钻头等。松开套筒锁紧手柄，转动手轮，套筒带动刀具或顶尖移动。若将套筒退缩到尾座体内，且锁紧套筒，转动手轮，螺杆顶出套筒内的顶尖或刀具。

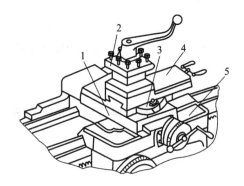

图 9.6 刀架的组成

1—横刀架；2—方刀架；3—转盘；

4—小刀架；5—大刀架

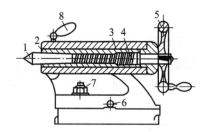

图 9.7 尾座的构造

1—顶尖；2—套筒；3—尾座体；4—螺杆；5—手轮；

6—调节螺钉；7—固定螺钉；8—套筒锁紧手柄

9. 底座

底座用于支承床身，通过地脚螺钉与地基连接。

10. 挂轮箱

挂轮箱把主轴的旋转送给进给箱，变换挂轮箱内的齿轮并与进给箱和光杠或丝杠配合，可获得不同的自动进给速度或车削加工不同螺距的螺纹。

9.2.3 卧式车床的组成和传动

1. 卧式车床的组成

卧式车床的型号很多，本书以较常见的 CA6140 型车床为例进行介绍。

CA6140 型车床的总体布局与大多数卧式车床相似，主轴水平布置，以便于加工细长的轴类工件。CA6140 型车床外形图如图 9.8 所示。这种车床性能和质量较好，但结构较复杂，自动化程度较低，适用于单件、小批量生产及修配车间使用。

1）床身

床身固定在空心的前床腿 8 和后床腿 9 上。床身上安装和连接着机床的各主要部件，并带

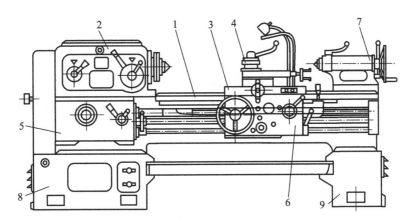

图 9.8　CA6140 型车床外形图

1—床身;2—主轴箱;3—床鞍;4—刀架;5—进给箱;6—溜板箱;

7—尾座;8—前床腿;9—后床腿

有导轨,能够保证各部件之间准确的相对位置和移动部件的运动轨迹。

2)主轴箱

主轴箱是车床最重要的部件之一,是装有主轴和变速传动机构的箱形部件。它支承并传动主轴,通过卡盘等装夹工件,使主轴带动工件旋转,实现车削主运动。

3)床鞍和刀架

床鞍的底面上有导轨,该导轨可沿床身上相配的导轨纵向移动,顶部安装有刀架。刀架用于装夹刀具,是实现进给运动的工作部件。刀架由几层组成,以实现纵向、横向和斜向运动。

4)进给箱

进给箱固定在床身的左前侧,内部装有进给变换机构,用以改变被加工螺纹的导程或机动进给的进给量,以及加工不同种类螺纹的变换。

5)溜板箱

溜板箱固定在床鞍的底部,是一个驱动刀架移动的传动箱,它把进给箱传来的运动再传给刀架,实现纵向和横向机动进给、手动进给和快速移动或车削加工螺纹。溜板箱上装有各种操纵手柄和按钮。

6)尾座

尾座安装在与床身尾部相配导轨的另一组导轨上,用手推动可纵向调整位置,并可紧固在床身上。它用于安装顶尖,以支承细长工件,或安装钻头和铰刀等孔加工刀具。

2.卧式车床的传动

在使用金属切削机床之前,应先熟悉它的传动系统构成。机床的传动分析是指对机床运动的传动联系进行分析,以及对有关运动参数进行计算和调整,这是机床传动分析的一个重要内容。

1)机床传动系统图

机床传动系统图是用国家规定的符号代表各种传动元件,按机床传递运动的先后顺序,以展开图的形式绘制的表示机床全部运动关系的示意图。绘制时,用数字代表传动件参数,如齿轮的齿数、带轮直径、丝杠的螺距和头数、电动机的转速和功率等。机床传动系统图是将空间的传动结构展开并画在一个平面图上,个别难以直接表达的地方可以采用示意画法,但要尽量反映机床主要部件的相互位置,并尽量将其画在机床的外形轮廓线内,各传动件的位置尽量按运动传递的先后顺序安排。机床传动系统图只是简明、直观地表达出机床传动系统的组成和相互联系,并不表示各构件和机构的实际尺寸和空间位置。CA6140 型车床的传动系统图如图 9.9 所示。

2)主运动传动分析

卧式车床的主运动为主轴的旋转运动。通过下面的分析,可以清楚旋转运动由电动机传递至主轴,并实现变速的整个过程。

由图 9.9 可以看出,主电动机的转动经 V 带传动至主轴箱的 I 轴,I 轴上装有双向多片摩擦离合器 M_1。M_1 处于中间位置时,I 轴空转,左、右空套齿轮不随之转动,可断开主轴运动。

若实现主轴正转,可将 M_1 向左压紧,使左面的摩擦片带动双联空套齿轮 56、51 随 I 轴转动,I 轴的运动经 II 轴上的双联滑移齿轮不同位置的啮合(56/38 或 51/43),使 II 轴得到两种不同的转速,再通过 III 轴上的三联滑移齿轮不同位置的啮合(39/41 或 22/58 或 30/50),使 III 轴共得到 2×3 种=6 种不同的正向转速。运动由 III 轴传至主轴有两条路线。

(1)高速传动路线,即主轴 VI 上的齿轮 50 向左滑移与 III 轴上的齿轮 63 直接啮合,因 M_2 脱开,齿轮 58 空套在轴上,不会出现运动干涉,所以可使主轴得到高速的 6 种转速。

(2)低速传动路线,即主轴 VI 上的内齿离合器 M_2 接通,此时 III 轴的运动经 III 轴、IV 轴间的齿轮副 20/80 或 50/50 和 IV 轴、V 轴间的齿轮副 20/80 或 51/50,再经 V 轴、VI 轴间的齿轮副 26/58 和内齿离合器 M_2,使主轴 VI 得到低速的 18 种转速。因此,正转时主轴共有 18 种+6 种=24 种转速。由于 V 轴与 III 轴同心,经 IV 轴传动,可实现较大的降速。III 轴—IV 轴—V 轴的传动称为折回(背轮)传动。

若实现主轴反转,可将 M_1 向右压紧,使右面的摩擦片带动空套齿轮 50 随 I 轴转动,I 轴的运动经 VII 轴上的空套齿轮 34 传给 II 轴(50/34 及 34/30),使 II 轴换向(与主轴正转时反向)并得到一种转速,后面的传动路线与主轴正转时相同,主轴可得到 12 种反转转速。

传动路线可用传动路线表达式表示。CA6140 型车床主传动链传动路线的表达式如图 9.10 所示。

3)进给运动传动分析

卧式车床的进给运动是实现刀架纵向或横向机动进给的运动,刀架进给运动的动力源是机床的主电动机,经主传动链、主轴和进给传动链传动给刀架。

进给传动链包括机动进给传动链和车削加工螺纹传动链两个部分,在机动进给或车削螺纹时,进给量和螺纹的导程都是以主轴每转一转时刀架的移动量来表示的,所以尽管刀架进给的动力来自主电动机,但刀架的运动与主轴的旋转运动直接相关。

车削加工螺纹时,进给箱传动丝杠带动刀架纵向移动,进给传动链是一条内联系传动链,主轴每转一转,刀架要均匀、准确地移动一个被加工螺纹的导程值,刀架与主轴之间必须保持严格的传动比关系;在机动进给时,进给箱传动光杠经溜板箱带动刀架作纵向或横向机动进给,此时,主轴每转一转,虽然刀架也要相应地移动一个距离,但刀架与主轴间不必有那样严格的传动比关系。

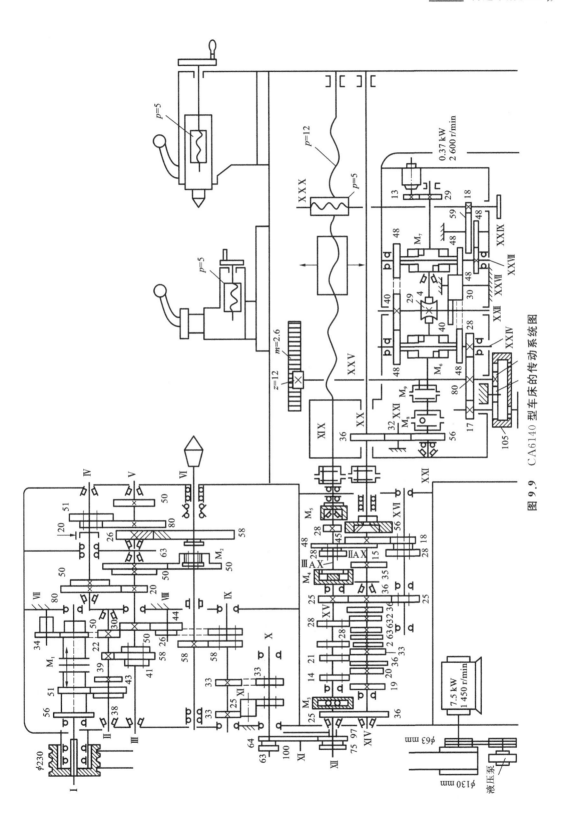

图 9.9　CA6140 型车床的传动系统图

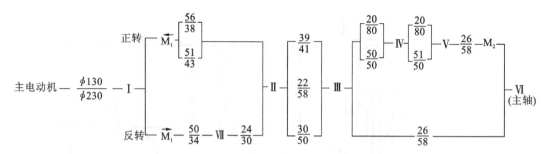

图 9.10　CA6140 型车床主传动链传动路线的表达式

9.3　车床附件及工件的安装

　　车床常备有一定数量的附件(主要是夹具)，用以满足各种不同的车削加工工艺需求。普通车床常用的附件有三爪自定心卡盘、四爪单动卡盘、顶尖、心轴、中心架、跟刀架、花盘、弯板等。

　　车削加工时，工件旋转的主运动是由主轴通过夹具来实现的。安装的工件应使被加工表面的回转中心和车床主轴的回转中心重合，以保证工件有正确的位置。在切削加工过程中，工件会受到切削力的作用，所以必须夹紧，以保证车削加工时的安全。不同工件由于形状、大小等不同，所用的夹具和安装方法不一样。

9.3.1　三爪自定心卡盘

　　三爪自定心卡盘(见图 9.11)是车床上最常用的一种夹具。它通常作为车床附件由法兰盘内的螺纹直接安装在主轴上，用于装夹回转体工件。当旋转小锥齿轮时，大锥齿轮随之转动，大锥齿轮背面的平面螺纹就使三个卡爪同时等速向中心靠拢或退出。用三爪自定心卡盘装夹工件，可使工件中心与车床主轴中心自动对中，自动对中的准确度为 $0.05\sim0.15$ mm。

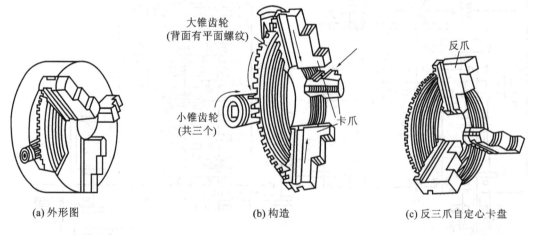

(a) 外形图　　　　　　　　(b) 构造　　　　　　　　(c) 反三爪自定心卡盘

图 9.11　三爪自定心卡盘

三爪自定心卡盘最适合装夹圆形截面的中小型工件，但也可装夹截面为等边三角形或正六边形的工件。当工件直径较小时,将工件置于三个卡爪之间装夹,如图 9.12(a)所示;当工件的孔径较大时,可将三个卡爪伸入工件的内孔中,利用长爪的径向张力装夹,如图 9.12(b)所示;当工件的直径较大时,可将三个顺爪换成三个反爪进行装夹,如图 9.12(c)所示。

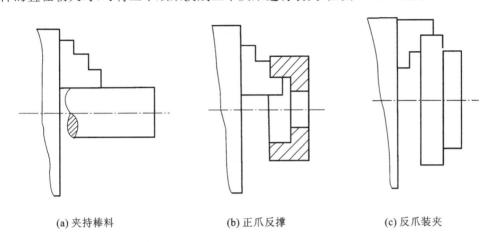

(a) 夹持棒料   (b) 正爪反撑   (c) 反爪装夹

图 9.12　用三爪自定心卡盘装夹工件的方法

用三爪自定心卡盘装夹工件时,应先将工件置于三个卡爪中找正,轻轻夹紧,然后开动机床使主轴低速旋转,检查工件有无歪斜偏摆,并做好记号。停车后用小锤轻轻校正,然后夹紧工件,及时取下卡盘扳手,将车刀移至车削行程最右端,调整好主轴转速和切削用量后,才可开动机床。

卡盘夹持工件的长度一般不小于 10 cm,三个卡爪应避开毛坯的飞边、凸台,工件的悬伸长度不宜过长,否则易引起切削振动,或顶弯工件和打刀。

9.3.2　四爪单动卡盘

四爪单动卡盘如图 9.13 所示,它的固定位置与三爪自定心卡盘相同。四爪单动卡盘具有四个独立分布的卡爪,每个卡爪均可独立移动;卡爪可全部用正爪或反爪装夹工件,也可用一个或两个反爪而其余仍用正爪。四爪单动卡盘的夹紧力大于三爪自定心卡盘的夹紧力,适合装夹截面为圆形、方形、椭圆形或其他不规则形状的较重较大的工件,还可将圆形截面工件偏心安装,从而加工出偏心轴或偏心孔。

四爪单动卡盘的四个卡爪不能联动,欲使工件的回转中心与主轴回转轴心对中,需要分别调整四个卡爪的位置,此工作称为找正。一般可用图 9.14(a)所示的划线盘,按工件上已划出的加工界线或基准线找正工件的回转中心。找正时,先使划针与工件表面具有一定的间隙,慢慢转动卡盘,观察工件表面什么地方与划针距离远些,什么地方与划针距离近些,然后将离得近些的地方的卡爪松开,将对面卡爪旋紧,卡爪径向调整量约为间隙差值的一半。对于图9.14(b)所示的情况,卡爪径向调整量为 2 mm。经过这样反复数次,直到把工件找正为止。如果工件安装精度要求较高,可用百分表找正,如图 9.15 所示,用百分表找正的安装精度可达0.01 mm。

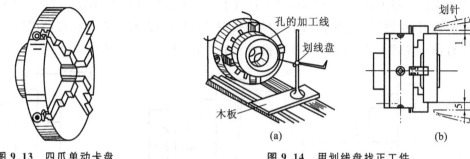

图 9.13 四爪单动卡盘

图 9.14 用划线盘找正工件

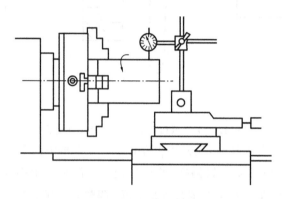

图 9.15 用百分表找正工件

9.3.3 顶尖

对于较长的轴和丝杠以及车削加工后需经铣削加工、磨削加工等加工的工件,一般多采用前、后顶尖安装。主轴的旋转运动通过拨盘带动夹紧在轴端的卡箍(也称鸡心夹头)传给工件。用双顶尖安装工件示意图如图 9.16 所示。

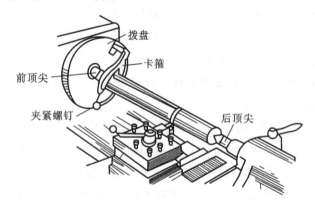

图 9.16 用双顶尖安装工件示意图

用顶尖安装轴类零件的一般步骤如下。

1. 在轴的两端钻中心孔

中心孔一般是在车床或钻床上用标准中心钻加工的,加工前应将轴端面车平。常用的中心孔有普通中心孔和双锥面中心孔两种,如图 9.17 所示。中心孔的 60°锥面用于与顶尖的锥面相配合,前面的小圆柱孔是为了保证顶尖和中心孔锥面能紧密接触,同时储存润滑油。双锥面中心孔的 120°锥面用于防止 60°锥面被碰坏而影响与顶尖的配合。中心孔的尺寸根据工件质量、直径大小确定,大和重的工件应选择较大的中心孔。

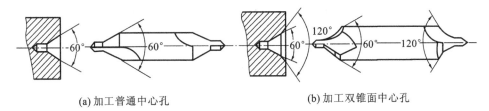

(a) 加工普通中心孔　　　　　　　　(b) 加工双锥面中心孔

图 9.17　中心孔和中心钻

2. 安装和校正顶尖

常用的顶尖有固定顶尖和回转顶尖两种,如图 9.18 所示。固定顶尖又分为普通顶尖和反顶尖。前顶尖既可插在一个过渡专用锥套内,再将锥套插入主轴锥孔内,也可直接装入主轴锥孔内,并随主轴和工件一起旋转,故采用不需淬火的固定顶尖。后顶尖装在尾座的套筒内,既可用固定顶尖,也可用回转顶尖。固定顶尖不随工件一起转动,会因摩擦而发热烧损、研坏顶尖或中心孔,但安装工件比较稳固,精度较高;回转顶尖随工件一起转动,克服了固定顶尖的缺点,但安装工件不够稳固,精度较低,因此粗加工、半精加工一般可用回转顶尖,精加工用淬火的固定顶尖,且应合理选择切削速度。

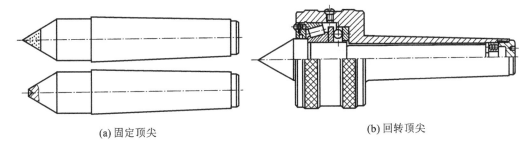

(a) 固定顶尖　　　　　　　　　　　　(b) 回转顶尖

图 9.18　顶尖

安装顶尖前,要将顶尖尾部锥面及与其配合的主轴和尾座的锥孔擦拭干净,然后装牢、装正。装后顶尖的尾座套筒应尽量伸出短些,以增强支承刚性,避免切削时振动。装好前、后顶尖后,应将尾座推向床头,检查两顶尖是否在同一轴线上,如图 9.19 所示。对于精度要求较高的轴,仅靠目测是不够的,要边加工,边测量,边校正。若顶尖的轴线不重合,如图 9.20 所示,则工件回转轴线与进给方向不重合,轴会被加工成锥状。

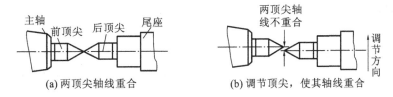

(a) 两顶尖轴线重合　　　　　　(b) 调节顶尖,使其轴线重合

图 9.19　校正顶尖

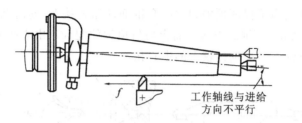

图9.20 两顶尖未校正车出锥体

3. 安装工件

如图9.21所示，首先把鸡心夹头夹紧在轴端，且使工件露出尽量短些。对于加工过的轴，为了避免鸡心夹头的固紧螺钉夹伤工件的表面，可在装鸡心夹头处垫以纵向开缝的套筒或铜皮。鸡心夹头有直尾和弯尾两种，如图9.22所示。直尾鸡心夹头与带拨杆的拨盘配合使用，如图9.23所示。弯尾鸡心夹头既可与带U形槽的拨盘配合使用，也可如图9.24所示那样，用于实现由卡盘的卡爪代替拨盘传递运动。若用固定顶尖，应在中心孔内涂上黄油。工件安装在顶尖间不能太松或太紧：过松，工件不能正确定心，车削加工时易产生振动，影响加工质量，也不安全；过紧，会加剧摩擦，烧损研坏顶尖和中心孔，且工件会因温升无伸长余地而发生弯曲变形。一般手握工件既感觉不到轴向窜动又转动自如即可。

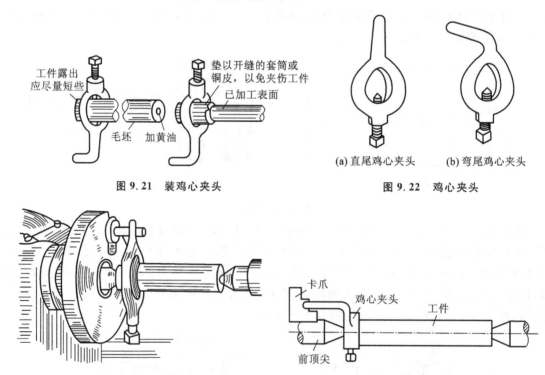

图9.21 装鸡心夹头

(a)直尾鸡心夹头　　(b)弯尾鸡心夹头

图9.22 鸡心夹头

图9.23 带拨杆的拨盘

图9.24 用卡盘代替拨盘

对于较长、较重的工件，也常采用前卡盘、后顶尖的方法装夹，使装夹稳固、安全、能承受较大的切削力，但定心精度较低。

用前、后顶尖安装轴类工件，因两端采用锥面定位，所以定位准确度高，即使多次装卸与掉头，工件的位置也不变，从而保证工件的各圆柱面有较高的同轴度。

9.3.4 心轴

为了保证盘类和套类工件的外圆、孔和端面间的位置精度,可利用精加工过的孔把工件装在心轴上,再将心轴安装在前、后顶尖之间或三爪自定心卡盘上,用加工轴类工件的方法来精加工盘类和套类工件的外圆或端面。

心轴一般用工具钢制造,种类很多,常用的有锥度心轴、圆柱心轴、可胀心轴等。

图 9.25 所示为锥度心轴。锥度心轴的两端有中心孔并带扁头,便于装顶尖、鸡心夹头并夹紧。此种心轴一般具有 1∶5 000~1∶2 000 的微小锥度。工件从小端压入心轴,靠摩擦力与心轴紧固。锥度心轴与工件对中准确,车出的外圆与孔的同轴度较高,装卸方便,但不能承受较大的力矩,多用于盘类和套类工件外圆和端面的精加工。

当工件的孔深与孔径之比小于 1 时,工件套装在锥度心轴上容易歪斜,可采用图 9.26 所示的圆柱心轴安装工件。工件装入心轴后,加上垫圈,用螺母锁紧,然后一并安装在前、后顶尖间。这种心轴夹紧力较大,能承受较大的力矩,但要求工件上与心轴台阶和垫片接触的两个端平面与孔的轴线有较高的垂直度,以免拧紧螺母时心轴变形。由于心轴和孔配合存有间隙,所以圆柱心轴的对中准确度较锥度心轴低。圆柱心轴一般多用于加工大直径盘类工件。

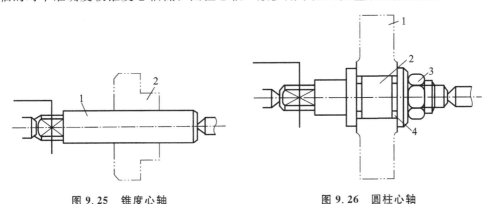

图 9.25 锥度心轴
1—心轴;2—工件

图 9.26 圆柱心轴
1—工件;2—心轴;3—螺母;4—垫圈

图 9.27 所示为可胀心轴,它可以直接装在主轴锥孔内。拧动螺母,可胀锥套轴间移动,靠心轴锥面使可胀锥套胀开,撑紧工件。可胀锥套胀紧工件前,二者有 0.5~1.5 mm 的间隙,故用可胀心轴装卸工件方便、迅速,但可胀心轴的对中性与可胀锥套质量有很大关系。

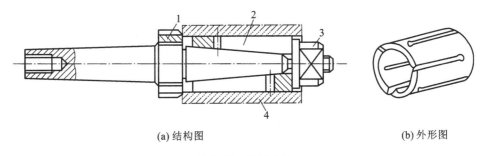

(a) 结构图   (b) 外形图

图 9.27 可胀心轴
1—螺母;2—可胀锥套;3—螺母;4—工件

9.4 车刀及车刀安装

9.4.1 车刀的种类和结构

车刀按加工表面特征和用途来分可分为外圆车刀、切槽刀、螺纹车刀、内孔镗刀等,如图 9.28 所示。

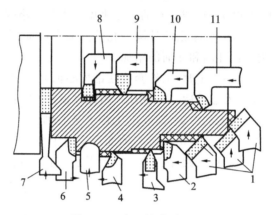

图 9.28 车刀的类型(一)

1—45°弯头车刀;2—90°外圆车刀;3—外螺纹车刀;4—75°外圆车刀;5—成形车刀;6—90°左切外圆车刀;

7—切槽刀;8—内孔槽刀;9—内螺纹车刀;10—盲孔镗刀;11—通孔镗刀

车刀按结构不同可分为四种类型,分别是整体式、焊接式、机夹式和可转位式,如图 9.29 所示。

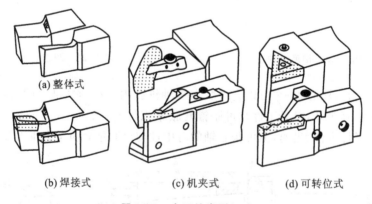

(a) 整体式   (b) 焊接式   (c) 机夹式   (d) 可转位式

图 9.29 车刀的类型(二)

1. 整体式车刀

整体式车刀多用高速钢制造,刃口可磨得较锋利,多用于小型车床或加工有色金属。整体式车刀在制造和使用过程中,需要刃磨,以达到所需的刀具角度,对使用者的刀具刃磨水平要求较高。

2. 焊接式车刀

焊接式车刀是将一定形状的硬质合金刀片,用黄铜、紫铜或其他焊料钎焊在普通结构钢刀杆上而形成的。由于结构简单,抗振性能好,制造方便,使用灵活,所以焊接式车刀的应用非常广泛。这种车刀也存在不少缺点。

(1)硬质合金刀片和刀杆材料的热膨胀系数和导热性能不同,刀片在焊接和刃磨的高温作用后冷却时,常常产生内应力,极易产生裂纹,降低了刀片的抗弯强度,致使车刀工作时刀片产生崩刃现象。

(2)在前刀面上,需要磨出断屑槽,造成了硬质合金的额外消耗,减少了刀片的有效刃磨次数。

(3)刀杆随刀片的用尽而报废,不便于重复使用。

硬质合金刀片的形状和尺寸有统一的标准规格,应根据不同用途,选用合适的牌号和刀片形状。

3. 机夹式车刀

机夹式车刀是将刀片用机械夹固方式平装(刀片水平放置)或立装在车刀刀杆上的一种车刀。图 9.30 所示为刀片立装的机械夹固式强力车刀。这种车刀可采用标准硬质合金刀片,通过螺钉、楔块夹持在刀杆上。刀片立装在刀体上,通过装夹获得所需后角,使用时只需刃磨前刀面。这样装夹的刀片受力较好,并可增加刃磨次数,提高刀片的利用率。这种结构适于在半精车和粗车中使用。

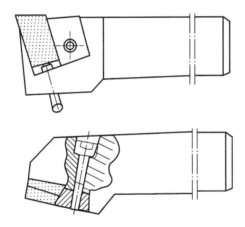

图 9.30　刀片立装的机械夹固式强力车刀

采用机械夹固硬质合金刀片结构的主要优点是:刀片可不经过高温焊接,避免了因焊接面引起的刀片硬度降低和由内应力导致的裂纹,提高了刀具的耐用度;刀杆可以重复使用;刀片的可磨次数增加,刀片的利用率较高,直到不能继续使用,还可以由硬质合金厂回收再制。但是,这种结构的车刀在使用过程中仍需要刃磨,还不能完全避免由于刃磨而引起裂纹。

4. 可转位式车刀

可转位式车刀是在机夹式车刀的基础上演变而来的,是对机夹式车刀的一种改进和更新。机夹式车刀在使用过程中仍需时常刃磨,而刃磨时极易在刀片内产生内应力,内应力达到一定程度后就会形成裂纹,导致刀片报废。可转位式车刀的刀片具有两个或两个以上的切削工位,每个工位都可独立进行切削加工,且每个工位的刀具角度在刀片制作时就已压制成形,因此无须对刀片进行刃磨。在使用过程中,若某个刀刃磨损,只需将刀片旋转相应的角度,使另外新的刀刃处于切削位置,即可重新进行切削加工,直到刀片上所有刃口均已用钝,刀片报废回收。更换新刀片后,车刀又可继续工作。

图 9.31 所示是一种安装多边形刀片的可转位式车刀结构。刀片 1 套装在压入刀杆的销轴 2 上。楔块 3 通过螺钉 4 将刀片压向销轴 2 和支承底面,使刀片 1 固定。刀片上的前刀面和断屑槽在压制刀片时已经制出,车刀的前角、后角靠刀片在刀槽中的安装定位来最后获得。刀片的每一条边都可用作刀刃。一个刀刃用钝后,可以转动刀片改用另一新刀刃工作。图 9.32 所示是常用的几种可转位刀片的外形。

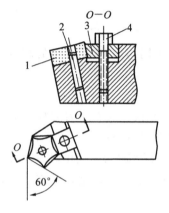

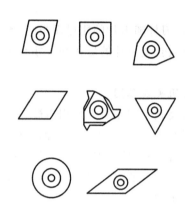

图 9.31 安装多边形刀片的可转位式车刀结构
　　1—刀片;2—销轴;3—楔块;4—螺钉

图 9.32 常用的几种可转位刀片的外形

从上面的叙述中可以看出,可转位式车刀具有以下特点。

(1)由于刀片无须焊接和重磨,因此避免了焊接与刃磨时产生的内应力和裂纹。硬质合金材料保持了原有的机械性能、切削性能、硬度和抗弯强度,刀片具有较高的耐用度。

(2)减少了刃磨、换刀、调刀所需的辅助时间,提高了生产率。

9.4.2 车刀的组成

任何一把车刀都是由刀柄和刀头两个部分组成的。其中车刀的切削部分位于刀头上。车刀的切削部分由于与工件直接接触,切削加工过程中工件在此区域会产生复杂的材料变形,因此有必要了解车刀切削部分的组成。

车刀切削部分的组成如图 9.33 所示。

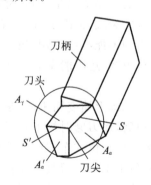

图 9.33 车刀切削部分的组成

车刀的切削部分主要由前刀面、主后刀面、副后刀面、主切削刃、副切削刃、刀尖组成,简称为"一尖两刃三面"。车刀切削部分的定义如表 9.4 所示。

表 9.4　车刀切削部分的定义

名　　称	符　号	定　　义
前刀面	A_γ	切下的切屑沿其流出的刀具表面
主后刀面	A_α	与工件上切削表面相对的刀具表面
副后刀面	A'_α	与工件上已加工表面相对的刀具表面
主切削刃	S	前刀面与主后刀面相交而成的边锋。它完成主要金属的切除工作
副切削刃	S'	前刀面与副后刀面相交而成的边锋。它配合主切削刃完成很少的金属切除工作,以便最后形成工件的已加工表面
刀尖	—	主切削刃与副切削刃的连接处

9.4.3　车刀的切削角度

1. 刀具切削角度的坐标平面

在表达刀具几何角度时,仅靠刀头上的几个面是不够的,要建立几个坐标平面,从而构成特定的空间坐标系,进而确定刀具刀头上各个面的角度。用于确定刀具角度的参考坐标系有两大类:一类称为标注坐标系,也称静态参考系,它是刀具设计计算、绘图标注、刃磨测量角度时的基准,用它定义的角度称为刀具角度;另一类称工作坐标系,也称动态参考系,它是确定刀具切削运动中角度的基准,用它定义的角度称为工作角度。

1)基面

在标注坐标系中,基面是通过切削刃上的某选定点,垂直于切削速度方向的平面,用 P_r 表示;在工作坐标系中,基面是通过切削刃上某选定点,垂直于合成切削速度方向的平面,用 P_{re} 表示。

2)切削平面

在标注坐标系中,切削平面是通过切削刃上的某选定点,与切削刃相切,且垂直于基面的平面,用 P_s 表示;在工作坐标系中,切削平面是通过切削刃上某选定点,与切削刃相切,且垂直于基面的平面,用 P_{se} 表示。

除了上述基面和切削平面外,还需要一个平面作为标注和测量刀具前刀面角度、后刀面角度用的"测量平面",以构成一个刀具标注角度参考系。通常,根据刃磨和测量的需要,可选用不同的平面作为测量平面。在切削刃上同一选定点,如果测量平面选得不同,测量刀具角度的大小也不同。一般常用正交平面作为标注前刀面角度、后刀面角度的测量平面。

3)正交平面

正交平面是通过切削刃上某选定点,垂直于基面 P_r 与切削平面 P_s 的平面,用 P_o 表示。如图 9.34 中的 O—O 剖面,正交平面 P_o 垂直于切削刃在基面上的投影。

P_r、P_s 和 P_o 三个平面构成一个空间正交坐标系,如图 9.35 所示。

2. 刀具标注坐标系及其角度

上述正交平面只是刀具测量平面中的一种,刀具的标注坐标系按选用的测量平面不同可分为四种:正交平面系,法剖平面系,假定工作平面、背平面系,最大前角、最小后角剖面系。下面主要讨论我国常用的正交平面系及其角度。

正交平面系是由基面 P_r、切削平面 P_s 和正交平面 P_o 所组成的空间正交坐标系。

(1)在基面 P_r 内的角度(刀具在基面 P_r 上的投影)。

①主偏角 κ_r:切削刃与假定进给运动方向间的夹角。

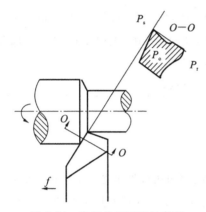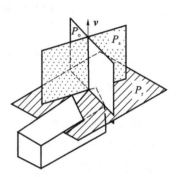

图 9.34　车刀坐标平面示意图　　　　图 9.35　正交平面系

②副偏角 κ'_r:副切削刃与假定进给运动方向间的夹角。

③刀尖角 ε_r:$\varepsilon = 180° - (\kappa_r + \kappa'_r)$。

(2)在切削平面 P_s 内的角度(刀具在切削平面上的投影)。

刃倾角 λ_s:切削刃与基面间的夹角。

刃倾角正负的判断按以下规则进行:前刀面在基面之上 λ_s 为负,前刀面在基面之下 λ_s 为正(以刀尖为切削刃上的选定点);刀尖为切削刃上的最低点时 λ_s 为负,刀尖为切削刃上的最高点时 λ_s 为正,如图 9.36 所示。

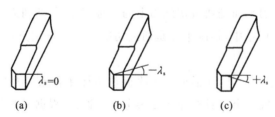

(a)　　　　　(b)　　　　　(c)

图 9.36　刃倾角的符号

(3)在正交平面 P_o 内的角度(在 O—O 剖面 P_o 内)。

①前角 γ_o:前刀面与基面间的夹角。

前角正负的判断按以下规则进行:前刀面在基面之上为负;前刀面在基面之下为正。

②后角 α_o:后刀面与切削平面 P_s 间的夹角。

③楔角 β_o:前刀面和后刀面间的夹角。$\beta_o = 90° - (\gamma_o + \alpha_o)$。

3. 切削角度对车削加工的影响

1）前角 γ_o 对车削加工的影响

前角主要影响刀刃的锋利程度：前角越大，刀刃越锋利，越便于切削，但前角过大会削弱刀刃的强度。一般前角取 $5°\sim20°$，加工塑性材料选较大值，加工脆性材料选较小值。

2）后角 α_o 对车削加工的影响

后角主要影响车削加工时主后刀面与工件过渡表面之间的摩擦力：后角越大，摩擦力越小；后角越小，摩擦力越大。一般后角取 $3°\sim12°$，粗加工时选较小值，精加工时选较大值。

3）主偏角 κ_r 对车削加工的影响

主偏角主要影响刀尖的强度以及切削加工时工件所受的背向力（即径向力）：主偏角减小，刀尖的强度增加，切削条件得到改善，可以快速大切深切削，但主偏角减小，同时也使工件所受的背向力增加。车刀常用的主偏角有 $45°$、$60°$、$75°$ 和 $90°$ 等几种。车削加工细长轴时，为了减小背向力，常选用主偏角为 $75°$ 或 $90°$ 的车刀；车削加工台阶轴时，选用主偏角为 $90°$ 的车刀。

4）副偏角 κ_r' 对车削加工的影响

副偏角主要影响工件已加工表面的粗糙度。在同样背吃刀量 a_p 和进给量 f 的条件下，减小副偏角，可以减小车削加工后的残余面积，降低表面粗糙度。一般副偏角取 $5°\sim15°$。

5）刃倾角 γ_s 对车削加工的影响

刃倾角主要影响刀尖的强度和切屑的流动方向。一般刃倾角取 $-5°\sim5°$。

9.4.4 车刀的刃磨

整体式车刀和焊接式车刀的刀刃用钝或出现崩刃后，必须重新刃磨，以恢复车刀原有的形状和角度，保持车刀锋利。车刀刃磨主要有机械刃磨和手工刃磨两种方法。

1. 砂轮的选择

常用的磨刀砂轮有两种，一种是氧化铝砂轮，另一种是绿色的碳化硅砂轮。氧化铝砂轮砂粒的韧度高，比较锋利但硬度较低，适用于刃磨高速钢车刀及硬质合金车刀的刀杆部分。碳化硅砂轮的砂粒硬度高、切削加工性能好，但比较脆，适合刃磨硬质合金车刀。

2. 车刀的刃磨

高速钢车刀与硬质合金车刀的刃磨有所不同，硬质合金刀片硬而脆，刃磨时切削刃易产生锯齿形缺口。以下分别介绍高速钢车刀和硬质合金车刀刃磨的一般步骤。

1）高速钢车刀刃磨的一般步骤

（1）磨主后刀面。

磨出车刀的主偏角和主后角，如图 9.37 所示。

（2）磨副后刀面。

磨出车刀的副偏角和副后角，如图 9.38 所示。

（3）磨前刀面。

磨出车刀的前角和刃倾角，如图 9.39 所示。

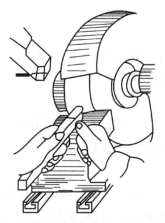
图 9.37 磨主后刀面

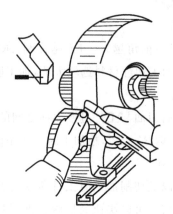
图 9.38 磨副后刀面

图 9.39 磨前刀面

（4）磨刀尖圆弧。

磨出主、副切削刃之间的过渡刃，如图 9.40 所示。

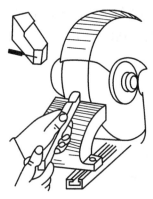
图 9.40 磨刀尖圆弧

（5）精磨。

在较细硬的砂轮上仔细修磨刀头各面，使车刀的几何形状和角度符合要求，并降低车刀的表面粗糙度值。

（6）研磨。

在砂轮上将车刀各面磨好之后，为了提高车刀的耐用度和工件加工表面的质量，还应该用油石对车刀各面进行细磨，以进一步降低各切削刃和各面的表面粗糙度。

2）硬质合金车刀刃磨的一般步骤

（1）粗磨刀杆非硬质合金部位各面的几何形状。

在氧化铝砂轮上进行，以便减少刀片部位的刃磨量，因此非硬质合金部位的主后角、副后角可比刀片部位的主后角、副后角大 2° 左右。

（2）粗磨刀头。

磨刀头硬质合金部位各面，可在较粗粒度的绿色碳化硅砂轮上进行。步骤是：磨主后刀面，磨出车刀主偏角；磨副后刀面，磨出车刀副偏角和副后角；磨车刀前面，磨出车刀前角、刃倾角和排屑槽形状。

（3）精磨刀头。

在较细粒度的绿色碳化硅砂轮上精磨各面，准确地磨出各角度，将各刃磨面磨平磨光。步骤是：精磨前面；磨主后面，同时调整斜棱面的宽度；磨副后面；修磨过渡刃或修光刃。

（4）研磨刀头。

用绿色碳化硅油石仔细研磨车刀各面，将切削刃上的锯齿形缺口磨平。

3. 刃磨注意事项

刃磨时，人要站在砂轮的侧面，双手要拿稳车刀，用力要均匀，倾斜角度要合适，要在砂轮圆周表面中间部位磨，并左右移动。刃磨高速钢车刀时，刀头发热，应放入水中冷却，以免刀具因温升过高而软化;刃磨硬质合金车刀时,刀头发热,可将刀柄置于水中冷却,切忌将硬质合金刀头直接蘸水,以免刀头因急冷而产生裂纹或极大的内应力。

9.4.5 车刀的安装

车刀的正确安装对顺利切削极其重要。车刀能否牢固、准确地安装在刀架上,是影响加工精度和表面粗糙度的一个重要因素。对于不同类型的刀具,安装要点也不同,应区别对待,但就影响的结果来看,安装要点主要有刀尖的高度、车刀的安装角度、刀杆的刚度、车刀的安装顺序等。

1. 刀尖的高度

车刀的刀尖应与车床主轴中心线等高。在装刀时,通常用两种方法调整刀尖的高度:一种是先在卡盘上装夹一毛坯,用预装好的车刀车出端面,看其是否过中心,再根据结果增减垫片;另一种是在尾座套筒中装上顶尖,再根据顶尖尖部的高度对刀,调整垫片。车刀不论是装高还是装低,都会给所加工的工件带来影响。

根据经验,粗车外圆时,可将车刀刀尖装得比工件中心稍高一些;精车外圆时,可将车刀刀尖装得比工件中心稍低一些,无论装高还是装低,一般不能超过工件直径的1%。车刀用的垫片要平整,并尽可能地减少片数,一般只用2～3片。垫片的片数太多或不平整,会使车刀产生振动,影响切削加工。

2. 车刀的安装角度

跟车刀刃磨角度一样,车刀的安装角度同样影响到工件的精度和刀具的使用寿命。

对于螺纹车刀,刀尖的角平分线应垂直于主轴轴线,从而使得两边的角度相等,这样加工出来的螺纹才具有合格的牙型。

对于切断刀,装刀的要求应该是两副切削刃和中拖板方向平行,而不是主切削刃和大拖板方向平行。因为在刃磨切断刀时,为了方便断屑,有可能把主切削刃磨出角度,如果以主切削刃和大拖板方向平行作为标准装刀,在切削加工过程中,就会使其中一副后刀面参与切削加工,此时受到的侧向力会使刀具折断。

对于钻头或丝锥,安装时刀尖一定要过中心,否则加工时产生的偏心力会使钻头或丝锥折断。同时,钻头或丝锥的中心线一定要与工件的中心线平行,否则会使所钻的孔或所攻的丝变大。

3. 刀杆的刚度

刀杆的刚度直接影响加工质量。车刀是通过螺栓压紧的,在装刀时,在保证使用的前提下,应尽可能使刀杆伸出刀架的长度变短,从而增强刀杆的刚度。如果刀杆伸出过长,切削力容易使刀杆振动,在工件表面留下振纹,影响表面粗糙度。一般车刀伸出的长度不超过刀杆厚度的2倍。

4. 车刀的安装顺序

需要多刀加工时,要考虑车刀的安装顺序,根据工件的加工顺序,同时兼顾车刀长短,合理安排装刀顺序,可减小位移,最大限度地减少换刀时间,从而提高加工效率。另外,还需要注意紧固车刀的方法。车刀装上后,要紧固刀架螺钉。紧固时,应轮换逐个拧紧。同时应该注意,一定要使用专用扳手,不允许再加套管,以免使螺钉受力过大而损伤。

9.5 车床操作要点

在车削加工工件时,要准确、迅速地调整背吃刀量,以提高加工效率,保证加工质量;要熟练地使用中滑板和小滑板的刻度盘,同时在加工中必须按照操作步骤进行。

9.5.1 刻度盘及其手柄的使用

中滑板的刻度盘紧固在丝杠轴头上,中滑板和丝杠螺母紧固在一起。当中滑板手柄带着刻度盘转一周时,丝杠也转一周,这时螺母带动中滑板移动一个螺距。所以中滑板移动的距离可根据刻度盘上的格数来计算。

例如,C6132 型车床中滑板丝杠螺距为 4 mm,中滑板刻度盘等分为 200 格,故每转 1 格中滑板移动的距离为 4 mm÷200 ＝0.02 mm,刻度盘转 1 格,滑板带着刀架移动 0.02 mm,即径向背吃刀量最小为 0.02 mm,工件直径减小了 0.04 mm。

小滑板刻度盘主要用于控制工件长度方向上的尺寸,它的刻度原理和使用方法与中滑板刻度盘相同。

加工工件外表面时,车刀靠近工件中心移动为进刀,远离工件中心为退刀,加工内表面时相反。进刀时,必须慢慢转动刻度盘手柄使刻线转到所需要的格数。当手柄转过头或试切后发现直径太小需要退刀时,由于丝杠与螺母之间存在间隙,会产生空行程(即刻度盘转动而溜板并未移动),因此不能将刻度盘直接退回到所需的刻度,此时一定要向相反方向全部退回,以消除空行程,然后转到所需要的格数。如图 9.41(a)所示,要求手柄转至 30 刻度,但摇过头到了 40 刻度,此时不能将刻度盘直接退回到 30 刻度;直接退回到 30 刻度是错误的,如图 9.41(b)所示;应该反转约半周后,再转至 30 刻度,如图 9.41(c)所示。

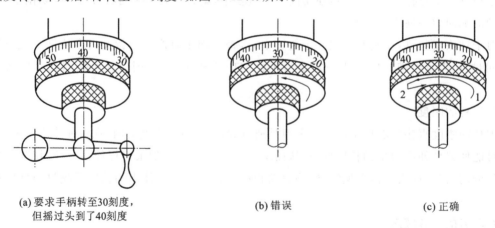

(a) 要求手柄转至30刻度,
但摇过头到了40刻度　　　　　　(b) 错误　　　　　　(c) 正确

图 9.41　手柄摇过头后的纠正方法

9.5.2　车削加工步骤

车床上安装好工件和车刀以后,即可开始车削加工。车削加工必须按照以下步骤进行。

(1)开车对零点,即确定车刀与工件的接触点,将其作为进背吃刀量(切深)的起点。对零点时必须开车,因为这样不仅可以找到车刀与工件最高处的接触点,而且不易损坏车刀。

(2)沿进给反方向移出车刀。

(3)进背吃刀量(切深)。

(4)走刀切削。

(5)如果需要再切削,可将车刀沿进给反方向移出,再进背吃刀量进行切削。如果不再切削,则应先将车刀沿进背吃刀量的反方向退出,脱离工件的已加工表面,再沿进给反方向退出车刀。

9.5.3　粗车和精车

车削加工一个零件,往往需要经过多次走刀才能完成。为了提高生产率、保证加工质量,生产中常把车削加工分为粗车和精车(工件精度要求高需要磨削加工时,车削加工分为粗车和半精车)。

1. 粗车

粗车的目的是尽快地从工件上切去大部分加工余量,使工件接近最后的形状和尺寸。粗车要给精车留合适的加工余量,而对精度和表面粗糙度要求较低,粗车后尺寸公差等级一般为IT14~IT11 级,表面粗糙度 Ra 值一般为 50~12.5 μm。

实践证明,加大背吃刀量不仅可以提高生产率,而且对车刀的耐用度影响不大。因此,粗车时应优先选用较大的背吃刀量,其次适当加大进给量,最后选用中等或中等偏低的切削速度。

在 C6136 型车床或 C6132 型车床上使用硬质合金车刀粗车时,常用切削用量的选用范围为:背吃刀量 $a_p \approx$ ~4 mm;进给量 $f = 0.15 \sim 0.40$ mm/r;切削速度 v_c 因工件材料不同而略有不同,切削加工钢件时取 50~70 m/min,切削加工铸铁件时可取 40~60 m/min。

粗车铸件时,因工件表面有硬皮,如果背吃刀量过小,刀尖容易被硬皮碰坏或磨损,因此第一刀的背吃刀量应大于硬皮厚度。

选择切削用量时,要看加工时工件的刚度和工件装夹的牢固程度等具体情况。若工件夹持的长度较短或表面凹凸不平,则应选用较小的切削用量。粗车给精车(或半精车)留的加工余量一般为 0.5~2 mm。

2. 精车

精车的目的是保证工件的尺寸精度和表面粗糙度等要求,尺寸公差等级为IT8、IT7 级,表面粗糙度值可达 1.6 μm。

精车时,完全靠刻度盘定背吃刀量来保证工件的尺寸精度是不够的,因为刻度盘和丝杠的螺距均有一定的误差,往往不能满足精车的要求,必须采用试切的方法来保证工件精车的尺寸精度。

9.6 典型车削加工工艺

在一般机加工车间,车床约占机床总数的 50%。卧式车床能完成的加工工作较多,如图 9.42 所示。另外,在卧式车床上还可以绕弹簧。

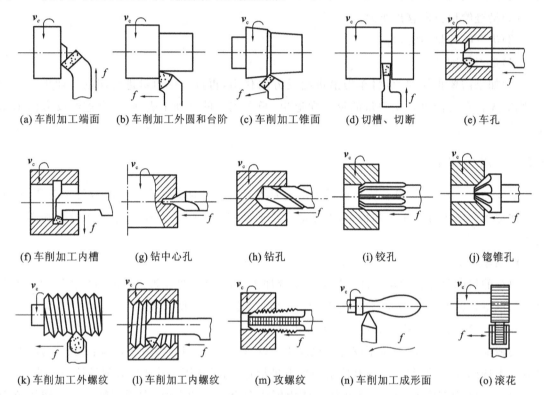

(a) 车削加工端面　　(b) 车削加工外圆和台阶　　(c) 车削加工锥面　　(d) 切槽、切断　　(e) 车孔

(f) 车削加工内槽　　(g) 钻中心孔　　(h) 钻孔　　(i) 铰孔　　(j) 锪锥孔

(k) 车削加工外螺纹　　(l) 车削加工内螺纹　　(m) 攻螺纹　　(n) 车削加工成形面　　(o) 滚花

图 9.42　卧式车床可以完成的加工工作

9.6.1 车削加工端面

车削加工端面是车削加工工件的首要工序。因为工件长度方向的所有尺寸都是以端面为基准进行定位的,车削加工中一般先将端面车出。车削加工端面时常采用弯头车刀和偏刀。图 9.43 所示为车削加工端面时的几种情形。

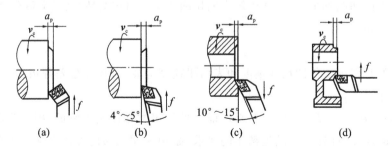

(a)　　(b)　　(c)　　(d)

图 9.43　车削加工端面时的几种情形

车削加工端面时,刀尖应和工件回转轴线等高,否则会在端面留下凸台,如图 9.44 所示,且易打刀。

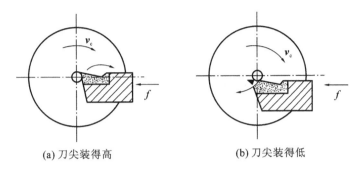

(a) 刀尖装得高   (b) 刀尖装得低

图 9.44　车削加工端面产生凸台现象

9.6.2　车削加工外圆和台阶

车削加工外圆是车削加工中最基本、最常见的加工方法之一。车削加工外圆及其常用的车刀如图 9.45 所示。

尖刀主要用于车削加工外圆。45°弯头车刀和右偏刀既可车削加工外圆,又可车削加工端面,应用较为普通。右偏刀车削加工外圆时径向力很小,常用来车削加工细长轴的外圆。圆弧车刀的刀尖具有圆弧,可用来车削加工具有过渡圆弧表面的外圆。

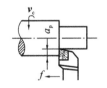

(a) 尖刀车削加工外圆　(b) 弯头刀车削加工外圆　(c) 右偏刀车削加工外圆　(d) 圆弧刀车削加工外圆

图 9.45　车削加工外圆及其常用的车刀

9.6.3　孔加工

在车床上可以用钻头、扩孔钻、铰刀、镗刀进行钻孔、扩孔、铰孔和镗孔。

1. 钻孔

在车床上钻孔如图 9.46 所示。此时,工件的旋转运动为主运动,摇转尾座手轮由套筒带动钻头作纵向进给运动。

钻孔前,一般要先将工件端面车平。用中心钻在端面钻出中心孔作为钻头的定位孔,以防引偏钻头。钻削加工时,要加注切削液;孔较深时,应经常退出钻头,以利于冷却和排屑。

带锥柄的钻头装在尾座套筒的锥孔中,如图 9.47(a)所示.如果钻头锥柄号数小,可加过渡套筒(见图 9.47(b))。直柄钻头用钻夹头夹持,钻夹头安装于尾座套筒中,如图 9.47(c)所示。

钻孔多用于粗加工,加工精度为 IT14～IT11 级,表面粗糙度 Ra 值为 25～6.3 μm。

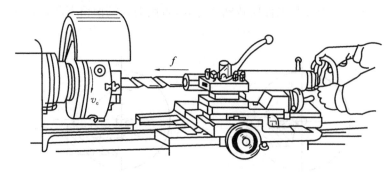

图 9.46 在车床上钻孔

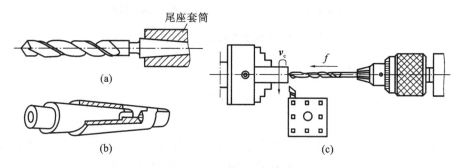

图 9.47 钻头的安装

2. 扩孔

扩孔是指用图 9.48 所示的扩孔钻对钻过的孔进行半精加工。扩孔不仅能提高孔的尺寸精度等级,降低表面粗糙度,而且能校正孔的轴线偏差。扩孔可作为孔加工的最后工序,也可作为铰孔前的准备工序。扩孔的加工余量一般为 0.5~2 mm,尺寸精度为 IT10、IT9 级,表面粗糙度 Ra 值为 6.3~3.2 μm。

3. 铰孔

铰孔是指用图 9.49 所示的铰刀对半精加工后的孔进行精加工。铰孔的加工余量一般为 0.05~0.25 mm,尺寸精度为 IT8、IT7 级,表面粗糙度 Ra 值为 1.6~0.8 μm。

钻孔—扩孔—铰孔是在车床上加工直径较小、精度较高、表面粗糙度较小的孔的主要加工方法。

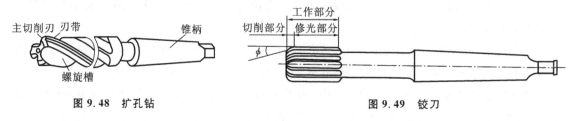

图 9.48 扩孔钻   图 9.49 铰刀

4. 镗孔

镗孔是对已有的孔做进一步加工,以扩大孔径、提高精度、降低表面粗糙度和纠正孔的轴线偏差。镗孔可作粗加工、半精加工和精加工。车床镗孔及所用的镗刀如图 9.50 所示。

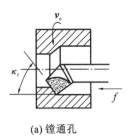
(a) 镗通孔

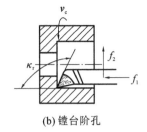
(b) 镗台阶孔

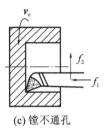
(c) 镗不通孔

图 9.50 车床镗孔及所用的镗刀

9.6.4 车削加工成形面

以一条曲线为母线绕固定轴线旋转而成的表面称为成形面(回转成形面),如卧式车床上小刀架的手柄、变速箱操纵杆上的圆球、滚动轴承内外圈的圆弧辊道等。下面介绍车削加工成形面的三种方法。

1. 用双手控制法车削加工成形面

用双手控制法车削加工成形面一般使用带有圆弧刃的车刀。车削加工时,用双手同时转动操纵横刀架和小刀架(床鞍)的手柄,把纵向和横向的进给运动合成一个运动,使切削刃的运动轨迹与回转成形面的母线尽量一致,如图 9.51 所示。在加工过程中往往需要多次用样板度量成形面(见图 9.52)。一般在车削加工后要用锉刀仔细修整,最后用砂布抛光,成形面的表面粗糙度 Ra 值为 12.5~3.2 mm。

这种方法不需要特殊设备和复杂的专用刀具,成形面的大小和形状一般不受限制,但因手动进给,加工精度不高,劳动强度大,生产率较低,要求工人有较高的操作水平,故此法只适用于在单件小批生产中加工精度不高的成形面。

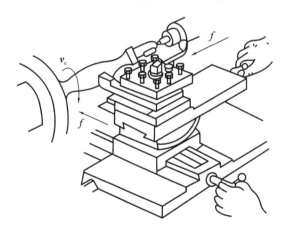

图 9.51 用双手控制法车削加工成形面

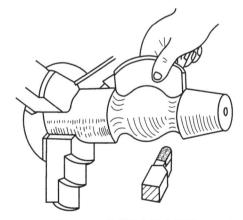

图 9.52 用样板度量成形面

2. 用成形车刀车削加工成形面

用成形车刀车削加工成形面如图 9.53 所示。此种方法就是使用切削刃与零件表面轮廓相同的车刀加工成形面,刀具只需连续横向进给就可以车出成形面,故生产率高。若参与切削加工的切削刃较长,切削力大,要求机床、工件和刀具有足够的刚性,同时采用较小的进给量和切削速度。有时可先用尖刀按成形面形状粗车许多台阶,然后用成形车刀精车成形面。

成形面的加工精度取决于车刀刃形刃磨的精度,而成形车刀切削刃的制造和刃磨较困难,故这种方法适用于在批量生产中加工尺寸较小、简单的成形面。

3. 用靠模法车成形面

图 9.54 所示为用靠模装置车削加工手柄的成形面。靠模装置固定在床身外侧的适当位置,靠模上有一曲线沟槽,它的形状与工件母线相同,连接板一端固定在横刀架上,另一端与曲线沟槽中的滚柱连接。当床鞍纵向移动时,滚子在曲线沟槽内移动,从而带动车刀也随着作曲线进给运动,即可车出手柄的成形面。

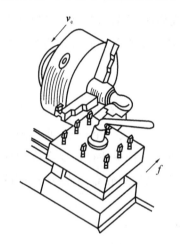
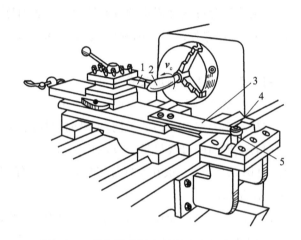

图 9.53 用成形车刀车削加工成形面   图 9.54 用靠模装置车削加工手柄的成形面

1—车刀;2—手柄;3—连接板;4—靠模;5—滚柱

用此法车削加工成形面应使横刀架与其丝杠脱开,车削加工前小刀架应转 90°,用其作横向移动来调整车刀的位置和控制背吃刀量。这种方法操作简单,生产率较高,但需要制造安装专用靠模,故多用于在大批量生产中车削加工长度较大、形状较为简单的成形面。

9.6.5 车削加工螺纹

1. 螺纹概述

螺纹的种类很多,应用很广。螺纹按牙型分类可分为三角螺纹、方形螺纹、梯形螺纹等,如图 9.55 所示。三角螺纹做连接和紧固用,方形螺纹和梯形螺纹做传动用。各种螺纹又有右旋和左旋之分及单线和多线之分。按螺距大小,螺纹又可分为公制、英制、模数制及径节制,其中以单线、右旋的公制三角螺纹(普通螺纹)应用最为广泛。螺纹加工方法也很多,其中车削加工方法应用较广。

普通螺纹的结构要素如图 9.56 所示。普通螺纹的代号为 M,牙型为三角形,牙型角 $\alpha=60°$,牙型半角 $\alpha/2=30°$,螺距的代号为 P。普通螺纹用大写字母 D 代表内螺纹公称直径,用小写字母 d 代表外螺纹公称直径。普通螺纹各参数之间有如下关系。

$$d = D$$
$$d_1 = D_1 = d - 1.08P$$
$$d_2 = D_2 = d - 0.65P$$

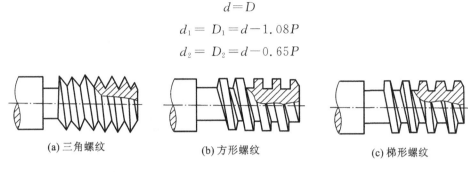

(a)三角螺纹　　　　　(b)方形螺纹　　　　　(c)梯形螺纹

图 9.55　螺纹的种类

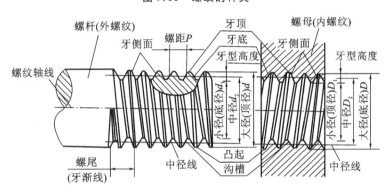

图 9.56　普通螺纹的结构要素

相配合的螺纹旋向与线数需一致,螺纹的配合质量主要取决于下列 3 个基本要素的精度。

(1)牙型角 α:螺纹轴向剖面内相邻两牙侧面之间的夹角。

(2)螺距 P:沿轴线方向上相邻两牙对应点的距离。

(3)螺纹中径 $D_2(d_2)$:平分螺纹理论高度的一个假想圆柱体的直径。

在螺纹中径处,螺纹的牙厚和槽宽相等。只有内、外螺纹的中径相等,两者才能很好地配合。

2. 螺纹的车削加工

1)保证牙型角 α

牙型角 α 的大小取决于车刀的刃磨和安装。螺纹车刀是一种成形刀具,刃磨后两侧刃的夹角应与螺纹轴向剖面的牙型角 α 一致。粗车时可刃磨 5°～15°的前角,而精车时前角为 0°,如图 9.57 所示。安装螺纹车刀时,刀尖必须与工件旋转中心等高,刀尖的平分线必须与工件的轴线垂直。因此,要用样板对刀。内、外螺纹车刀的对刀方法如图 9.58 所示。

2)保证螺距 P

螺距的大小通过计算交换齿轮来确定。螺距的精度主要由机床传动系统精度来保证,同时要注意防止乱牙。

工件旋转一周,车刀准确移动一个螺距(单线螺纹)或一个导程(多线螺纹,导程=螺距×线数)。车削加工螺纹时机床的进给系统如图 9.59 所示。调整时,首先通过手柄把丝杠接通,再根据工件的螺距或导程,按进给箱标牌上所示手柄的位置,变换配换齿轮(挂轮)的齿数和各进给变速手柄的位置。

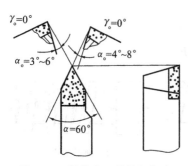

图 9.57　螺纹车刀的几何角度

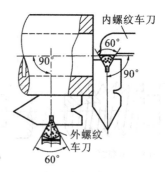

图 9.58　内、外螺纹车刀的对刀方法

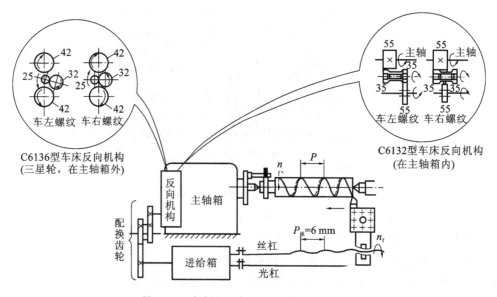

图 9.59　车削加工螺纹时机床的进给系统

车削加工螺纹时,每次进给必须保证刀具落在已车出的螺旋槽内,否则就会出现乱牙现象。当车床丝杠螺距 $P_丝$ 与螺距 P 的比值成整数倍时,不会产生乱牙现象;只有在 $P_丝$ 与 P 的比值不是整数倍时,才会出现乱牙现象。采用开正反车法车削加工螺纹,每次进给结束,车刀退离螺旋槽后,立即开反车(即主轴反转)退刀,在车削加工出合格螺纹前,开合螺母与丝杠始终啮合,否则易造成乱牙。

车削加工螺纹时,为避免乱牙,还必须注意以下几点。

(1)调整镶条,以保证横刀架和小刀架移动均匀、平稳。

(2)装夹工件。

工件夹紧后,在工序进行过程中或重新安装时,均应保持工件在夹具中的正确位置。

(3)换刀或刃磨刀具。

若在车削加工螺纹的过程中更换刀具或刃磨刀具,均须重新对刀,保证刀尖准确无误地落入螺旋槽内。

3)保证螺纹中径 $D_2(d_2)$

中径是靠控制多次进刀的总背吃刀量来保证的。一般按螺纹牙高由刻度盘做大致的控制,并用螺纹量规进行检验。单件生产时,可用相配合的螺纹进行试配。

9.6.6 滚花

为了便于握持和增加美观,常常在各种工具和机器零件的手握部分的表面上滚出各种不同的花纹,如百分表套管、丝杠扳手及螺纹量规等。滚花是指在车床上用滚花刀挤压工件,使其表面产生塑性变形而形成花纹,如图 9.60 所示。滚花花纹有直纹和网纹两种。滚花刀也分直纹滚花刀和网纹滚花刀两类。按滚花轮的数量,滚花刀又可分为单轮滚花刀(滚直纹)、双轮滚花刀(滚网纹,两轮分别有左旋和右旋斜纹)和六轮滚花刀(由 3 组粗细不等的斜纹轮组成,以备选用)滚花刀,如图 9.61 所示。滚花属于挤压加工,因此滚花时径向力很大,在加工时工件的转速要低些。另外,滚花时,还需要提供充足的切削液,以免损坏滚花刀和防止滚花产生的细屑堵塞滚花刀纹路而产生乱纹。

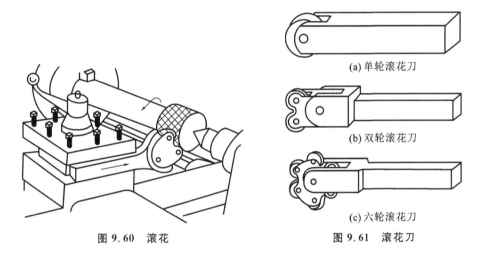

图 9.60 滚花

(a) 单轮滚花刀

(b) 双轮滚花刀

(c) 六轮滚花刀

图 9.61 滚花刀

9.7 其他车床

按《金属切削机床 型号编制方法》(GB/T 15375—2008),车床类机床可分为 0～9 的 10 个组别,卧式车床只是第六组中的一个系。除卧式车床外,尚有其他不同组别的车床,使用较普遍的是转塔车床、立式车床等。

9.7.1 转塔车床

转塔车床(见图 9.62)又称六角车床,适用于中小型复杂工件的批量生产。它的结构特点是没有丝杠和尾座,但有一个能旋转的六角刀架,刀架安装在溜板上,随着溜板作纵向移动。能旋转的六角刀架又称转塔刀架,可绕自身的轴线回转,有 6 个方位,上面可安装 6 组不同的刀具。此外,它还有一组和普通车床相似的方刀架,有的还是一前一后。两种刀架配合使用,可以装较多的刀具,以便在一次装夹中完成较复杂工件各个表面的加工。

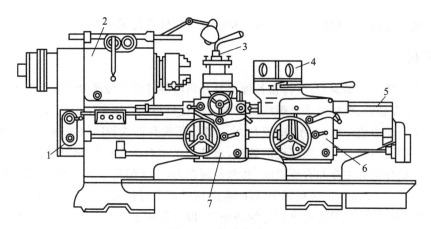

图 9.62 转塔车床

1—进给箱;2—主轴箱;3—方刀架;4—转塔刀架;5—床身;6—转塔刀架溜板箱;7—方刀架溜板箱

9.7.2 立式车床

立式车床与普通车床的区别在于立式车床的主轴是垂直的,相当于把普通车床竖直立了起来。由于立式车床的工作台处于水平位置,所以立式车床适用于加工直径大而长度短的重型工件。

立式车床可进行内外圆柱体、圆锥面、端面、沟槽、倒角等加工。在立式车床上加工,工件的装夹、校正,机床的操作比较方便。

单柱立式车床如图 9.63 所示。

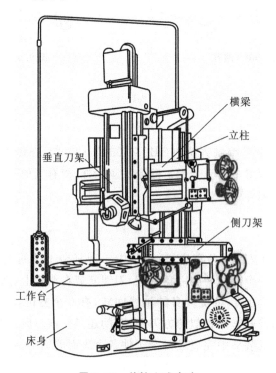

横梁

立柱

垂直刀架

侧刀架

工作台

床身

图 9.63 单柱立式车床

第10章 铣削加工

10.1 铣削加工概述

在铣床上用铣刀加工工件的过程称为铣削加工。铣削加工属切削加工中常用的方法之一，具有加工范围广、生产效率高等优点，在现代机械加工制造中得到了广泛的应用。

10.1.1 铣削加工的范围和特点

铣削加工是用多刃铣刀在铣床上完成的切削加工，切削时每个刀齿相当于一把车刀。铣削加工的切削基本规律与车削加工相似，由于每个刀齿可以轮换切削，因而刀具的散热条件好，允许有较大的进给量和较高的切削速度，铣削加工的效率较高。

铣削加工时，主运动是铣刀的旋转运动。由于铣削加工时多齿断续切削，切削面积和切削厚度随时变化，铣刀刀齿不断切入和切出，切削力不断发生变化，容易产生冲击和振动，影响加工表面的质量，所以铣削加工对机床的刚度和抗振性能有较高的要求。

铣削加工时，工件的直线移动为进给运动。铣削加工适用于加工各种平面（水平面、垂直面、斜面）、台阶、沟槽（直角沟槽、V形槽、燕尾槽、T形槽等）及各种特殊型面。装上分度头还可加工需周向等分的花键、齿轮、螺旋槽等。在铣床上也可以进行钻孔、铰孔和镗孔等工作。铣削加工的典型表面如图10.1所示。铣床加工的公差等级一般为IT9、IT8级，表面粗糙度 Ra 值一般为 $6.3 \sim 1.6 \ \mu m$。

基于上述特点，铣削加工在机器制造、维修中应用很广泛。

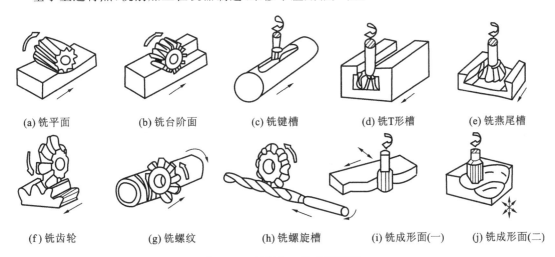

(a) 铣平面	(b) 铣台阶面	(c) 铣键槽	(d) 铣T形槽	(e) 铣燕尾槽
(f) 铣齿轮	(g) 铣螺纹	(h) 铣螺旋槽	(i) 铣成形面(一)	(j) 铣成形面(二)

图 10.1　铣削加工的典型表面

10.1.2 铣削运动和铣削用量

铣削加工的主运动是铣刀的旋转运动,工件的缓慢移动为进给运动。铣削运动和铣削要素如图10.2所示。

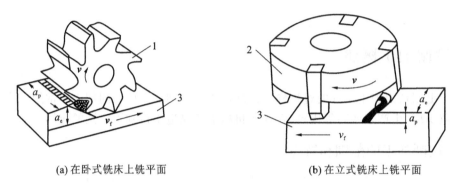

(a) 在卧式铣床上铣平面　　　　　　　　(b) 在立式铣床上铣平面

图 10.2　铣削运动和铣削要素

1—圆柱铣刀;2—端铣刀;3—工件

1. 铣削速度

铣削速度是指铣刀最大直径处切削刃的线速度,用 v_c 表示,单位为 m/min。

2. 进给量

进给量是指工件与铣刀沿进给方向的相对位移量。它有以下三种表示方式。

(1)每齿进给量:铣刀每转过一齿时,工件与铣刀沿进给方向的相对位移,用 f_z 表示,单位为 mm/z。

(2)每转进给量:铣刀每转一圈,工件与铣刀沿进给方向的相对位移,用 f 表示,单位为 mm/r。

(3)每分钟进给量:工件在铣削过程中每分钟相对于铣刀移动的距离,用 v_f 表示,单位为 mm/min。

3. 铣削深度

铣削深度是指平行于铣刀轴线方向测量的切削层尺寸,用 a_p 表示,单位为 mm。切削层是指工件上正被刀刃切削的那层金属。圆周铣削时,a_p 为已加工表面宽度;端铣时,a_p 为切削层的深度。

4. 铣削宽度

铣削宽度是指垂直于铣刀轴线方向测量的切削层尺寸,用 a_e 表示,单位为 mm。圆周铣削时,a_e 为切削层深度;端铣时,a_e 为已加工表面的宽度。

10.2　铣床

10.2.1　铣床的种类和型号

铣床是指作旋转主运动的铣刀对作直线进给运动的工件进行铣削加工的机床。铣床的种类很多。根据结构形式不同,铣床主要分为卧式升降台式铣床、立式升降台式铣床、龙门铣床、工具铣床、仿形铣床和各种专门化铣床等。

1. 铣床型号的基本组成

铣床的型号由基本部分和辅助部分组成。两者中间用"/"隔开,以示区别。基本部分包括类别代号、通用特性代号、组代号、系代号、主参数、重大改进代号等,辅助部分包括其他特性代号和企业代号等。

2. 铣床型号示例

在铣床的型号中,铣床类用大写汉语拼音字母"X"表示,铣床的组代号和名称如表 10.1 所示,常用铣床的系代号、名称和主参数如表 10.2 所示。

表 10.1　铣床的组代号和名称

铣床类	组代号和名称									
	代号	0	1	2	3	4	5	6	7	8	9
X	名称	仪表铣床	悬臂及滑枕铣床	龙门铣床	平面铣床	仿形铣床	立式升降台式铣床	卧式升降台式铣床	床身铣床	工具铣床	其他铣床

表 10.2　常用铣床的系代号、名称和主参数

组		系				主 参 数
代 号	名 称	代 号	名 称	折算系数		名 称
5	立式升降台式铣床	0	立式升降台式铣床	1/10		工作台面宽度
		1	立式升降台式镗铣床	1/10		
		2	摇臂铣床	1/10		
		3	万能摇臂铣床	1/10		
		4	摇臂镗铣床	1/10		
		5	转塔升降台式铣床	1/10		
		6	立式滑枕升降台式铣床	1/10		
		7	万能滑枕升降台式铣床	1/10		
		8	圆弧铣床	1/10		
6	卧式升降台式铣床	0	卧式升降台式铣床	1/10		工作台面宽度
		1	万能升降台式铣床	1/10		
		2	万能回转头铣床	1/10		
		3	万能摇臂铣床	1/10		
		4	卧式回转头铣床	1/10		
		5	广用万能铣床	1/10		
		6	卧式滑枕升降台式铣床	1/10		

铣床型号的表示方法举例如图 10.3 所示。

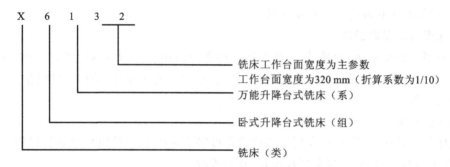

图 10.3 铣床型号的表示方法举例

10.2.2 升降台式铣床

升降台式铣床是铣床中应用较为普遍的一种类型,有卧式升降台式铣床、万能升降台式铣床、立式升降台式铣床三大类,适合在单件、小批以及成批生产中加工小型工件。

升降台式铣床的结构特征是:主轴带动铣刀旋转实现主运动;主轴轴线位置通常固定不动,工作台可在相互垂直的三个方向上调整位置,带动工件在其中任意方向上实现进给运动。

1. 卧式升降台式铣床

卧式升降台式铣床如图 10.4 所示。卧式升降台式铣床的主轴水平布置;床身 1 固定在底座 8 上,用于安装和支承机床各部件。床身 1 内装有主轴部件、主运动变速传动机构及其操纵机构等,床身 1 顶部的燕尾导轨上装有可沿主轴 3 轴线方向调整前后位置的悬架 2,悬架 2 上的刀杆支架 4 用于支承刀杆的悬伸端,升降台 7 装在床身 1 的垂直导轨上,可以上下(垂直)移动,升降台 7 内装有进给电动机、进给运动变速传动机构及其操纵机构等。升降台 7 的水平导轨上装有床鞍 6,床鞍 6 可沿平行于主轴轴线的方向(横向)移动。工作台 5 装在床鞍 6 的导轨上,可沿垂直于主轴 3 轴线的方向(纵向)移动。固定在工作台 5 上的工件,可随工作台 5 一起,在相互垂直的三个方向上实现任意方向的进给运动或位置调整。

万能卧式升降台式铣床的结构与卧式升降台式铣床的结构基本相同,只是万能卧式升降台式铣床在工作台 5 和床鞍 6 之间增加了一个转盘。转盘相对于床鞍在水平面内可绕垂直轴线在 0°～145°范围内转动。当转盘偏转一角度时,工作台可作斜向进给,以便加工螺旋槽等。

配置立铣头后,卧式升降台式铣床可作立式升降台式铣床使用,工艺范围增大了。

2. 立式升降台式铣床

立式升降台式铣床与卧式升降台式铣床的主要区别在于:它的主轴与工作台台面相垂直,可用端铣刀或立铣刀加工平面、斜面、沟槽、台阶、齿轮、凸轮等。图 10.5 所示为常见的一种立式升降台式铣床。它的工作台 3、床鞍 4 和升降台 5 的结构与卧式升降台式铣床的相同,铣头 1 可根据加工要求在垂直平面内调整角度,主轴 2 可沿主轴轴线进给或调整位置。在立式升降台式铣床上能装上镶有硬质合金刀片的端铣刀,进行高速铣削。在加工不通的沟槽、台阶面等时,立铣比卧铣方便。在模具加工中,立式升降台式铣床较适合加工模具型腔和凸模成形面。

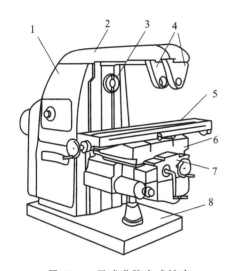

图 10.4 卧式升降台式铣床

1—床身；2—悬架；3—主轴；4—刀杆支架；5—工作台；
6—床鞍；7—升降台；8—底座

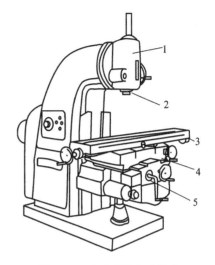

图 10.5 立式升降台式铣床

1—铣头；2—主轴；3—工作台；4—床鞍；5—升降台

10.2.3 龙门铣床

龙门铣床如图 10.6 所示。它的主体结构为龙门式框架，横梁 3 可以在立柱 5 上升降，以适应加工不同高度的工件。横梁 3 上装有两个铣削主轴箱（即垂直铣头，又称立铣头）4 和 8，两个立柱 5 和 7 上分别装有两个水平铣头（又称卧铣头）2 和 9，每个铣头都是一个独立的运动部件，内装主运动变速传动机构、主轴和操纵机构。工件装在工作台 1 上，工作台 1 可在床身 10 上作水平的纵向运动，垂直铣头可在横梁 3 上作水平的横向运动，水平铣头可在立柱上升降，这些运动可以是进给运动，也可以是调整铣头与工件间相对位置的快速调位运动，而主运动是铣刀的旋转运动。加工时，工作台带动工件作纵向进给运动，工件从铣刀下通过后，就被加工出来了。

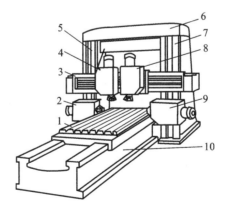

图 10.6 龙门铣床

1—工作台；2,9—水平铣头；3—横梁；4,8—垂直铣头；5,7—立柱；6—顶梁；10—床身

龙门铣床刚度高，主要用来加工大型工件上的平面和沟槽，可多刀同时加工多个表面或多个工件，是一种大型、高效、通用的铣床，适用于大批量生产。

10.2.4　圆台铣床

圆台铣床可分为单轴和双轴两种形式。图10.7所示为双轴圆台铣床。主轴箱5的两个主轴上分别安装有用于粗铣和半精铣的端铣刀,滑座2可沿床身1的导轨横向移动,以调整圆工作台3与主轴间的横向位置,主轴箱5可沿支柱4的导轨升降;主轴也可在主轴箱中调整轴向位置,以便使刀具与工件的相对位置准确。加工时,可在圆工作台3上装夹多个工件,圆工作台3作连续转动,由两把铣刀分别完成粗、半精加工。由于装卸工件的辅助时间与切削时间重合,圆台铣床的生产率较高。圆台铣床的尺寸规格介于升降台式铣床与龙门铣床之间,圆台铣床适合在成批大量生产中加工中、小型工件的平面。

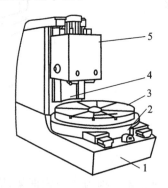

图 10.7　双轴圆台铣床
1—床身;2—滑座;3—圆工作台;4—立柱;5—主轴箱

10.3　铣床附件及工件的安装

10.3.1　铣床附件

铣床附件主要有平口虎钳、回转工作台、万能立铣头、万能分度头等。

1. 平口虎钳

平口虎钳是铣床常用附件之一,它有固定钳口和活动钳口两种钳口,通过丝杠螺母传动调整钳口间的距离,以安装不同宽度的工件。平口虎钳是一种通用夹具,结构简单,夹紧可靠。平口虎钳使用时安装在工作台的 T 形槽内,工作时应先校正平口虎钳在工作台上的位置,然后夹紧工件。

2. 回转工作台

回转工作台(见图10.8)又称转台或圆工作台,利用它可以铣削加工圆形表面和曲线槽,有时回转工作台也用来做等分工作。在回转工作台上配置三爪自定心卡盘,就可以铣削加工四方、六方等工件。回转工作台有手动和机动等形式。它的内部有一副蜗轮蜗杆,手轮与蜗杆同轴连接,回转工作台与蜗轮连接。转动手轮,通过蜗轮蜗杆副的传动使回转工作台转动。回转工作台周围有刻度,用来观察和确定回转工作台位置,通过手轮上的刻度盘也可读出回转工作台的准确位置。回转工作台一般用于工件的分度和非整圆弧面的加工。

如图10.9所示,在回转工作台上铣圆弧槽时,工件安装在回转工作台上并绕铣刀旋转,用手(或机动)均匀缓慢地摇动回转工作台,就可以铣出工件上的圆弧槽。

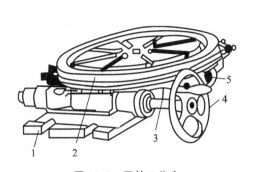 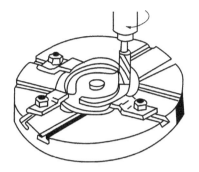

图 10.8　回转工作台　　　　　　　图10.9　在回转工作台上铣圆弧槽

1—底座;2—转台;3—蜗杆轴;4—手轮;5—螺钉

3. 万能立铣头

在卧式铣床上安装万能立铣头(见图 10.10(a)),可以扩大卧式铣床的加工范围。根据铣削加工的需要,可把万能立铣头主轴扳成任意角度,如图 10.10(b)、(c)所示。它的底座用 4 个螺栓固定在铣床的垂直导轨上。铣床主轴的运动通过万能立铣头内的两对齿数相同的锥齿轮传到万能立铣头主轴上,因此万能立铣头主轴的转速级数与铣床的转速级数相同。

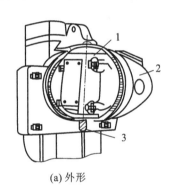 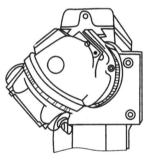 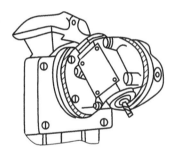

(a) 外形　　　　　　(b) 绕主轴轴线偏转角度　　　　　(c) 绕万能立铣头壳体偏转角度

图 10.10　万能立铣头

1—万能立铣头主轴壳体;2—万能立铣头壳体;3—铣刀

万能立铣头壳体可绕铣床主轴偏转任意角度,万能立铣头主轴壳体还能相对万能立铣头壳体偏转任意角度。因此,万能立铣头主轴就能在空间偏转到所需要的任意角度,从而扩大了卧式铣床的加工范围。

10.3.2　工件的安装

铣床上常用的工件安装方法有以下几种。

1. 用平口虎钳安装

用平口虎钳安装工件如图 10.11 所示,应使铣削力方向趋向固定钳口方向。

2. 用压板和螺栓安装

用压板和螺栓安装工件如图 10.12 所示。

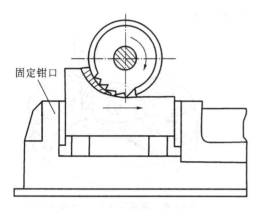

图 10.11　用平口虎钳安装工件

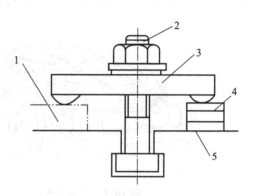

图 10.12　用压板和螺栓安装工件

1—工件；2—螺栓；3—压板；4—垫铁；5—工作台

3. 用分度头安装

用分度头安装一般用在等分工件中，既可用分度头卡盘（或顶尖）与尾座顶尖安装轴类工件（见图 10.13），也可只用分度头卡盘安装一般工件（见图 10.14）。

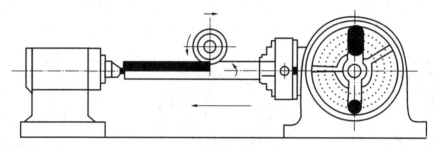

图 10.13　用分度头卡盘与尾座顶尖安装轴类工件

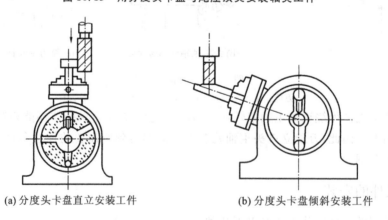

(a) 分度头卡盘直立安装工件　　　　　(b) 分度头卡盘倾斜安装工件

图 10.14　用分度头卡盘安装一般工件

4. 用专用夹具装夹

为了保证工件的加工质量，常用各种专用夹具装夹工件。专用夹具就是根据工件的几何形状和加工方式特别设计的工艺设备。它不仅可以保证加工质量，提高劳动生产率，减轻劳动强度，而且可以使许多通用机床加工形状复杂的工件。

5. 用组合夹具装夹

由于工业的迅速发展,产品种类繁多,结构形式变化很快,产品多为中、小批量和试制生产。这种情况要求夹具既能适应工件的变化,保证加工质量的不断提高,又能尽量缩短生产准备时间。组合夹具由一套预先准备好的各种不同形状、不同规格尺寸的标准元件组成,可以根据工件形状和工序要求,装配成各种夹具。当组合夹具用完以后,便可将组合夹具拆开,并经清洗、油封后存放起来,需要时再重新组装成其他夹具。这种方法给生产带来很大的方便。

10.4 铣刀及其安装

10.4.1 铣刀

铣刀实质上是一种由几把单刃刀具组成的多刃刀具,它的刀齿分布在圆柱铣刀的外回转表面或端铣刀的端面上。常用的铣刀刀齿材料有高速钢和硬质合金两种。

铣刀的种类有很多。根据铣刀的安装方法不同,铣刀分为带柄铣刀和带孔铣刀两大类。带柄铣刀又分为直柄和锥柄两种,多用于立式铣床上。带孔铣刀需要装在铣刀心轴上,多用于卧式铣床上。

1. 带柄铣刀

常用的带柄铣刀有立铣刀、键槽铣刀、T 形槽铣刀和镶齿端铣刀等。它们的共同特点是均有供夹持用的刀柄。

1)立铣刀

立铣刀有直柄和锥柄两种,一般直径较小的为直柄,直径较大的为锥柄。立铣刀的端部有三个以上的刀齿,多用于加工沟槽、小平面、台阶面等。

2)键槽铣刀

键槽铣刀端部只有两个刀刃,专门用于铣削加工轴上的封闭式键槽。T 形槽铣刀和燕尾槽铣刀分别用于铣削加工 T 形槽和燕尾槽,如图 10.1(d)、(e)所示。

3)镶齿端铣刀

镶齿端铣刀在钢制刀盘上镶有多片硬质合金刀齿,用于铣削加工较大的平面,可进行高速铣削加工。

2. 带孔铣刀

常用的带孔铣刀有圆柱铣刀、圆盘铣刀、角度铣刀、成形铣刀等。

1)圆柱铣刀

圆柱铣刀的刀齿分布在圆柱表面上,通常分为斜齿(见图 10.1(a))和直齿(见图 10.1(b))两种,主要用于铣削加工平面。由于斜齿圆柱铣刀的每个刀齿是逐渐切入和切离工件的,故斜齿圆柱铣刀的工作较平稳,加工表面粗糙度数值小,但有轴向切削力产生。

2)圆盘铣刀

圆盘铣刀包括三面刃铣刀、锯片铣刀等。三面刃铣刀主要用于加工不同宽度的直角沟槽及水平面、台阶面等,锯片铣刀主要用于铣窄槽和切断材料。

3)角度铣刀

角度铣刀用于加工各种角度的沟槽及斜面等。

4）成形铣刀

成形铣刀如图 10.1(i)、(j)所示。成形铣刀的刀刃呈凸圆弧形、凹圆弧形、齿槽形等,用于加工与刀刃形状对应的成形面。

10.4.2　铣刀的装夹

1. 带孔铣刀的安装

带孔铣刀中的圆柱铣刀或三面刃铣刀等常用长刀杆安装,如图 10.15 所示,安装时应注意以下方面。

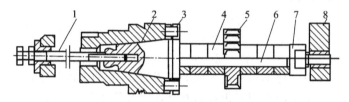

图 10.15　圆柱铣刀或三面刃铣刀的安装

1—拉杆;2—主轴;3—端面键;4—套筒;5—铣刀;6—长刀杆;7—压紧螺母;8—吊架

（1）铣刀尽可能靠近主轴或吊架,从而具有足够的刚度,避免由于长刀杆较长,在切削时产生弯曲变形而使铣刀出现较大的径向跳动,影响加工质量。

（2）为了保证铣刀的端面跳动较小,在安装套筒时,两端面必须擦干净。

（3）拧紧长刀杆端部压紧螺母时,必须先装上吊架,以防止长刀杆弯曲变形。

2. 带柄铣刀的安装

带锥柄铣刀的安装如图 10.16(a)所示。安装时,若锥柄立铣刀的锥度与主轴孔锥度相同,可直接将铣刀装入铣床主轴中拉紧螺杆;若锥柄立铣刀的锥度与主轴孔锥度不同,则需利用大小合适的变锥套筒将铣刀装入主轴锥孔中。

带直柄铣刀的安装如图 10.16(b)所示。安装时,铣刀的直柄要插入弹簧套的光滑圆孔中,弹簧套上有三个开口,旋转螺母挤压弹簧套的端面,使弹簧套的外锥面受压而使孔径缩小,即可夹紧带直柄铣刀。弹簧套有多种孔径,以适应不同尺寸的带直柄铣刀。

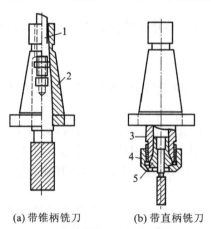

(a) 带锥柄铣刀　　　(b) 带直柄铣刀

图 10.16　带柄铣刀的安装

1—拉杆;2—变锥套筒;3—夹头体;4—螺母;5—弹簧套

注意：铣刀安装好以后，必须检查其跳动量是否在允许的范围内，各螺母和螺钉是否已经紧固。在一般的情况下，只要在铣床开动后，看不出铣刀有明显的跳动就可以了。造成铣刀跳动量过大的原因可能是配合部位有杂物、刀轴受力过大有弯曲、刀轴垫圈的两平面不平行、铣刀刃磨质量差等。

10.5 铣削加工工艺

常见的铣削加工工艺有铣削加工平面、铣削加工斜面、铣削加工沟槽、铣削加工成形面和曲面、切断、钻孔、镗孔和铣削加工螺旋槽等。

10.5.1 铣削加工平面

平面铣削加工有周铣和端铣两种方法，如图 10.17 所示。

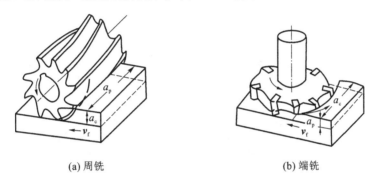

(a) 周铣　　　　　　　　　　(b) 端铣

图 10.17　平面铣削加工

1. 周铣

周铣是用圆柱铣刀圆周上的刀齿对工件进行切削。根据铣刀旋转方向和工件移动进给方向的关系周铣可分为逆铣和顺铣两种，如图 10.18 所示。在切削部位刀齿的运动方向和工件的进给方向相反，称为逆铣；在切削部位刀齿的运动方向和工件的进给方向相同，称为顺铣。

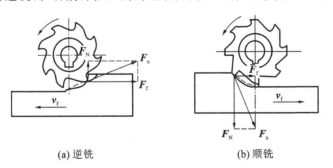

(a) 逆铣　　　　　　　　　　(b) 顺铣

图 10.18　逆铣和顺铣

逆铣时，每个刀齿的切削层厚度从零增大到最大值，由于铣刀刀刃处总有圆弧存在，而不是绝对尖锐的，所以在刀齿接触工件的初期不能切入工件，而是在工件表面上挤压、滑行，使刀尖与工件之间的摩擦加大，加速刀具磨损，同时也使加工表面质量下降。顺铣时，每个刀尖的切削层厚度由最大值减小到零，从而避免了上述缺点。逆铣时，铣削力上抬工件；而顺铣时，铣削力将工件压向工作台,从而减小了工件振动的可能性,尤其是在铣削加工薄而长的工件时更为有利。

由上述分析可知,从提高刀具耐用度和工件表面质量、增加工件夹持的稳定性等方面出发,一般以采用顺铣法为宜。但是,顺铣时忽大忽小的水平分力 F_f 与工件的进给方向是相同的;而工作台进给丝杠与固定螺母之间一般都存在间隙,如图10.19所示,该间隙在进给方向的前方,F_f 的作用(当 F_f 大于进给力时)会使工件连同工作台和丝杠一起向前窜动,造成进给量突然增大,甚至导致打刀。窜动产生后,间隙在进给方向的后方,又会造成丝杠仍在旋转,而工作台暂时不进给的现象。逆铣时,水平分力 F_f 与进给方向相反,铣削加工过程中,工作台丝杠始终压向螺母,不致因为间隙的存在而引起工件窜动。目前,一般铣床未设消除工作台进给丝杠与固定螺母之间间隙的装置,所以在生产中仍多采用逆铣法。

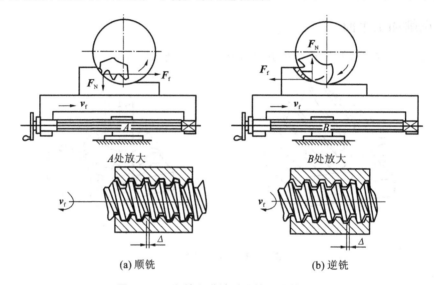

图 10.19 顺铣和逆铣对进给机构的影响

另外,当铣削加工带有黑皮的表面时,如对铸件或锻件表面进行粗加工,若采用顺铣法,因刀具首先接触黑皮,将加剧刀齿的磨损,所以也应采用逆铣法。

2. 端铣

端铣是以端铣刀端面上的刀刃铣削加工工件表面的一种加工方法。由于端铣刀具有较多同时工作的刀齿,所以加工表面粗糙度较低,并且端铣刀的耐用度、生产率都较高。根据端铣刀和工件相对位置的不同,端铣可以分为对称铣削和不对称铣削,如图10.20所示。

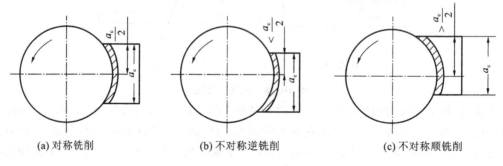

图 10.20 端铣

工件相对端铣刀回转中心处于对称位置时称为对称铣削。此时,刀齿切入工件与切出工件时的切削厚度相同。每个刀齿在切削加工过程中,有一半是逆铣、一半是顺铣。当刀齿刚切入工件时,切屑较厚,没有滑行现象;但在转入顺铣阶段中,对称铣削与圆柱铣刀顺铣一样,会使工作台沿着进给方向窜动,造成不良后果。生产中对称铣削适于加工淬硬钢件,因为它可以保证刀齿超越冷硬层切入工件,提高端铣刀的耐用度和获得粗糙度较均匀的加工表面。

3. 周铣与端铣的比较

(1)端铣的加工质量比周铣高。与周铣相比,端铣同时工作的刀齿数多、铣削加工过程平稳。端铣的切削厚度虽小,但不像周铣时切削厚度最小时为零,因此它改善了刀具后刀面与工件的摩擦状况,提高了刀具的耐用度,并减小了已加工工件的表面粗糙度值,且端铣刀的修光刃可修光已加工表面,使表面粗糙度值较小。

(2)端铣的生产率比周铣高。端铣时铣刀直接安装在铣床主轴端部,刀具系统的刚性好,刀齿上可镶硬质合金刀片,易于采用较大的切削用量进行强力切削加工和高速切削加工,使生产率和加工表面质量得到提高。

(3)端铣的适应性比周铣差。端铣一般只用于铣平面,而周铣可采用多种形式的铣刀加工平面、沟槽和成形面等,因此周铣的适应性比端铣强。

4. 铣削加工平面的步骤

(1)根据工件的形状、加工平面的部位,用合适的方法装夹工件。

(2)选择并安装铣刀。

采用排屑顺利、铣削加工平稳的螺旋齿圆柱铣刀。铣刀的宽度应大于工件待加工表面的宽度,以减少走刀次数,并尽量选用小直径铣刀,以防止产生振动。

(3)选取铣削用量。

根据工件材料、加工余量和表面粗糙度要求等来确定合理的切削用量。

(4)调整铣床工作台位置。

开车使铣刀旋转,升高工作台使工件与铣刀稍微接触。停车,将垂直丝杠刻度盘零线对准。将铣刀退离工件,利用手柄转动刻度盘,将工作台升高到选定的铣削深度位置,固定升降和横向进给手柄,调整纵向工作台自动进给挡铁位置。

(5)铣削加工操作。

先用手动进给方式使工作台纵向进给,当工件被稍微切入后,改为自动进给,进行铣削加工。

10.5.2 铣削加工斜面

常见的斜面铣削加工方法有以下几种。

1. 使用倾斜垫片铣削加工斜面

在工件定位基准的下面垫一块斜垫铁,则铣出的平面就会相对于设计基准面倾斜一定的角度,改变斜垫铁的角度,就可加工出不同角度的工件斜面,如图 10.21(a)所示。

2. 使用分度头铣削加工斜面

在一些圆柱形或特殊形状的工件上铣斜面时,可利用分度头将工件转成所需位置,从而铣出所需斜面,如图 10.21(b)所示。

3.使用万能立铣头铣削加工斜面

由于万能立铣头能方便地改变刀轴的空间位置,所以可通过转动万能立铣头以使刀具相对于工件倾斜一个角度,铣出所需斜面,如图 10.21(c)所示。

4.使用角度铣刀铣削加工斜面

有角度相符的角度铣刀时,可用角度相符的角度铣刀直接铣削加工斜面,如图 10.21(d)所示。这种方法适合铣削宽度较小的斜面。

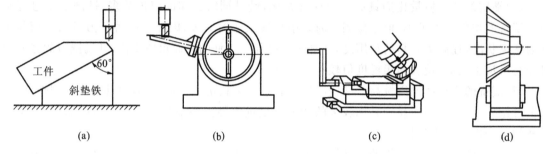

| (a) | (b) | (c) | (d) |

图 10.21　铣削加工斜面

10.5.3　铣削加工沟槽

1.铣削加工 T 形槽

(1)找正工件的位置。

加工带有 T 形槽的工件时,首先按图 10.22(a)所示划线找正工件的位置,使工件与进给方向一致,并使工件的上平面与铣床工作台台面平行,以保证 T 形槽的切削深度一致,然后夹紧工件,即可进行铣削加工。

(2)铣削加工直角槽。

在立式铣床上用立铣刀(或在卧式铣床上用三面刃铣刀)铣出一条宽、深均符合图纸要求的直角槽,如图 10.22(b)所示。

(3)铣削加工 T 形槽。

拆下立铣刀,装上合适的 T 形槽铣刀。接着把 T 形槽铣刀的端面调整到与直角槽的槽底相接触,然后开始铣削加工,如图 10.22(c)所示。

(4)槽口倒角。

拆下 T 形槽铣刀,装上倒角铣刀进行倒角,如图 10.22(d)所示。

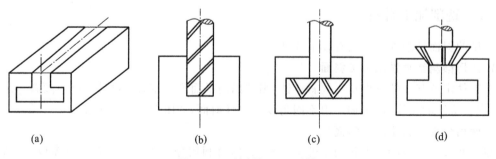

| (a) | (b) | (c) | (d) |

图 10.22　铣削加工 T 形槽

由于 T 形槽的铣削加工条件差,排屑困难,所以铣削加工 T 形槽时切削用量应取小些,并加注充足的切削液。

2. 铣削加工键槽

轴上的键槽有开口式和封闭式两种。铣削加工键槽时,一般常用平口虎钳或 V 形架、分度头等装夹工件,不论采用哪一种装夹方法,都必须使工件的轴线与工作台的进给方向一致,并与工作台台面平行。

图 10.23(a)所示是在卧式铣床上用三面刃铣刀加工开口式键槽,由于三面刃铣刀参加铣削加工的刀刃多、刚性好、散热条件好、生产率比其他键槽铣刀高,而振摆会使槽宽扩大,所以三面刃铣刀的宽度应稍小于键槽宽度。对于宽度要求较严的键槽,应先进行试铣,以便确定铣刀合适的宽度。

铣刀和工件安装好后,要进行仔细的对刀,使工件的轴线与铣刀的中心平面对准,以保证所铣键槽的对称性。随后进行铣削槽深的调整,调好后才可加工。当键槽较深时,需要分多次走刀进行铣削加工。

在立式铣床上铣削加工封闭式键槽,通常使用键槽铣刀,如图 10.23(b)所示。铣削加工键槽时,键槽的长度由工作台纵向进给手轮上的刻度来控制,深度由工作台升降进给手柄上的刻度来控制,宽度由铣刀的直径来控制。铣削加工封闭式键槽时,先将工件垂直进给移向铣刀,采用一定的吃刀量将工件纵向进给切至键槽的全长,再将工件垂直进给,最后反向纵向进给,经多次反复,直到完成键槽的加工。

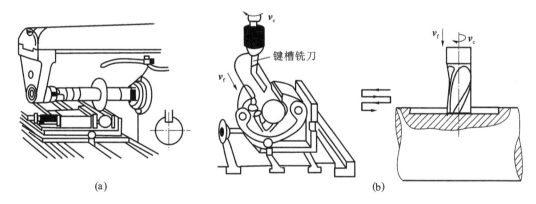

(a)　　　　　　　　　　　　　　(b)

图 10.23　铣削加工键槽

用立铣刀铣削加工键槽时,由于铣刀的端面齿是垂直的,吃刀困难,所以应先在封闭式键槽的一端圆弧处用相同半径的钻头钻一个孔,然后用立铣刀铣削。

10.5.4　铣削加工成形面和曲面

1. 铣削加工成形面

成形面一般用成形铣刀来加工,如图 10.24 所示。成形铣刀的刀齿形状要与工件的加工面相吻合。

2. 铣削加工曲面

曲面一般在立式铣床上加工。铣削加工曲面的方法有以下两种。

1)按划线铣削加工曲面

对于要求不高的曲面,可按工件上划出的线迹,通过移动工作台进行铣削加工,如图 10.25 所示。

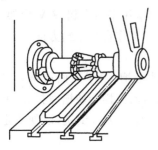

图 10.24　铣削加工成形面

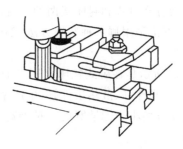

图 10.25　按划线铣削加工曲面

2)用靠模铣削加工曲面

在成批及大量生产中,可以用靠模铣削加工曲面。图 10.26 所示为在圆形工作台上用靠模铣削加工曲面。铣削加工时,立铣刀上的圆柱部分始终与靠模接触,从而加工出与靠模一致的曲面。

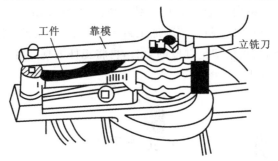

图 10.26　在圆形工作台上用靠模铣削加工曲面

10.5.5　切断

在铣床上切断工件一般采用薄片圆盘形锯片铣刀和开缝铣刀(又称切口铣刀)。锯片铣刀一般用来切断工件;开缝铣刀一般用来铣切口和工件的窄缝,以及切断细小或薄型的工件。在铣床上切断工件如图 10.27 所示。

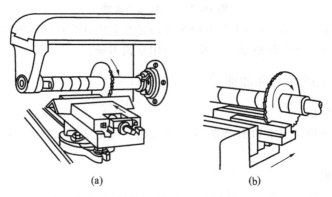

(a)　　　　　　　　(b)

图 10.27　在铣床上切断工件

10.6 齿轮加工

齿轮加工的方法很多,如滚压、冷挤压、热轧、压铸、注塑等,这些方法生产率高、材料消耗小,成本也低,但受材料的塑性因素影响,加工精度还不够高。精密齿轮目前主要还依靠切削法进行加工。齿轮加工按齿面加工原理有成形法和展成法(又称范成法)两种方法。

10.6.1 成形法加工齿轮

成形法加工齿轮,要求所用刀具的切削刃形状与被切齿轮的齿槽形状相吻合,如在铣床上用盘形铣刀或指形铣刀铣削齿轮,如图 10.28 所示。

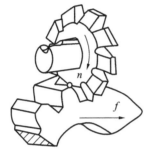

(a) 盘形铣刀铣削齿轮　　　　　　　　(b) 指形铣刀铣削齿轮

图 10.28　成形法加工齿轮

使用成形刀具加工齿轮时,每次只能加工一个齿槽,然后通过分度的方式,让齿坯按照齿数 n,严格地转过一个角度即 $360°/n$,再加工下一个齿槽。成形法加工齿轮的特点是:用刀具的切削刃形状来保证齿形的准确性,用分度的方法来保证齿轮圆周分布的均匀性。这种加工方法的优点是机床简单,可以使用通用机床稍加改造进行加工,由于铣刀每切一齿都要重复消耗一段切入、退刀和分度的辅助时间,因此生产率较低。对于同一模数的齿轮,只要齿数不同,齿廓形状就不相同,需要采用不同的成形刀具,铣制模数相同而齿数不同的齿轮,所用的铣刀一般只有八把,每把铣刀有它规定的铣齿范围(见表 10.3),而每把铣刀的刀齿轮廓只与该把铣刀号数范围内的最少齿数齿槽的理论轮廓相一致,对其他齿数的齿轮只能获得近似齿形,所以加工出的齿轮精度较低,只能达到 IT11~IT9 级。成形法加工齿轮效率低、精度低,一般多用于修配或单件制造某些转速低、精度要求不高的齿轮。

表 10.3　齿轮铣刀铣齿范围和刀号

刀号	1	2	3	4	5	6	7	8
铣齿范围	12~13	14~16	17~20	21~25	26~34	35~54	55~134	135 以上及齿条

10.6.2 展成法加工齿轮

利用齿轮刀具与被切齿轮的互相啮合运转而切出齿形的方法称为展成法或范成法。插齿加工和滚齿加工就是利用展成法来加工齿形。

展成法加工齿轮是利用齿轮的啮合原理进行的,即把齿轮啮合副(齿条-齿轮或齿轮-齿轮)中的一个开出切削刃,做成刀具,另一个则为工件,并强制刀具和工件进行严格的啮合,在齿坯(工件)上留下刀具刃形的包络线,生成齿轮的渐开线齿廓。展成法加工齿轮的优点是所用刀具切削刃的形状相当于齿条或齿轮的齿廓,只要刀具与被加工齿轮的模数和压力角相同,一把刀具可以加工模数相同而齿数不同的齿轮,且生产率和加工精度都比较高。在齿轮加工中,展成法应用较为广泛。

第11章 刨削加工

11.1 刨削加工概述

刨削加工是指在刨床上利用刨刀对工件进行切削加工,是加工平面的主要方法之一。

11.1.1 刨削加工的特点和应用

1.刨削加工的特点

刨削加工具有以下特点。

(1)刨削加工的生产率低。

刨削加工的主运动是直线往复运动,回程时刀具不切削,有空程损失;反向时要克服惯性力,并且切削加工过程中有冲击现象,限制了切削速度的提高,因此刨削加工的生产率低,加工质量也不高,但用宽刃刨刀以大进给量刨削加工狭长平面时生产率较高。

(2)刨削加工的通用性好、适应性强。

刨床结构简单,调整和操作方便;刨刀的加工制造容易,刃磨方便,加工适应性强;切削时不需要加切削液,因此刨削加工在单件、小批量生产和修配中应用广泛。

(3)刨削加工精度可达 IT8 级,表面粗糙度 Ra 值为 $12.5\sim3.2~\mu m$,用宽刀精刨时 Ra 值可达 $1.6~\mu m$。

2.刨削加工的应用

刨削加工主要用来加工工件上的各种平面(如水平面、垂直面及斜面等)和沟槽(如 T 形槽、燕尾槽、V 形槽)等。刨削加工的表面成形方法为轨迹法。刨削加工的主要应用如图 11.1 所示。

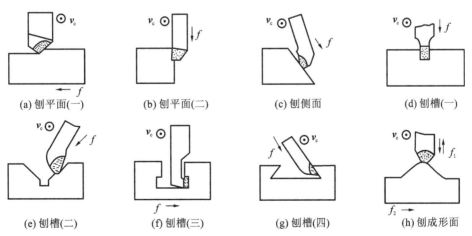

(a) 刨平面(一)   (b) 刨平面(二)   (c) 刨侧面   (d) 刨槽(一)

(e) 刨槽(二)   (f) 刨槽(三)   (g) 刨槽(四)   (h) 刨成形面

图 11.1　刨削加工的主要应用

11.1.2　刨削运动和刨削用量

刨削加工时,刨刀或工件的直线往复运动是主运动。刨刀前进时切下切屑的行程,称为工作行程或切削行程;刨刀反向退回的行程,称为回程或返回行程。刨刀或工件每次退回后的间歇横向移动为进给运动。刨削运动和刨削用量如图 11.2 所示。

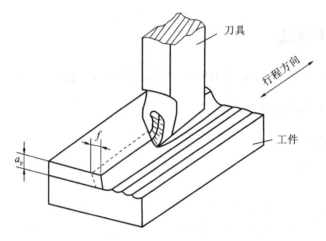

刀具

行程方向

工件

图 11.2　刨削运动和刨削用量

刨削用量包括刨削深度 a_p、进给量 f 和刨削速度 v_c。

刨削深度(又称背吃刀量)a_p 是指刨刀在一次行程中从工件表面切下的材料的厚度,单位为 mm。

进给量 f 是指刨刀或工件每往复一次,刨刀和工件之间相对移动的距离,单位为 mm/min。

刨削速度 v_c 是指工件和刨刀在切削时相对运动的速度。在牛头刨床上,刨削速度是指滑枕(刀具)移动的速度。在龙门刨床上,刨削速度是指工作台(工件)移动的速度,单位是 m/min。

11.2　刨床

刨床的主运动是刀具或工件所作的直线往复运动,进给运动由刀具或工件完成,进给方向与主运动方向垂直。刨床所用工具结构简单,在单件小批量生产条件下,加工形状复杂的表面比较经济,且生产准备工作省时,因而在单件小批量生产中,特别是在机修和工具车间里,刨床是常用的设备。刨床主要有牛头刨床、龙门刨床和插床三种类型。

11.2.1　牛头刨床

牛头刨床是刨床中应用较广泛的一种,适合刨削加工长度不超过 1 100 mm 的中、小型工件。现以 B6050 型牛头刨床为例进行介绍。

1. 牛头刨床的型号

在型号 B6050 中,B 表示刨床,是汉语拼音"刨"的第一个字母的大写;6 表示牛头刨床组;0 表示牛头刨床型;50 表示刨削加工工件的最大长度的 1/10,即刨削加工工件的最大长度为

500 mm。牛头刨床的主参数是最大刨削长度。例如,B6050 型牛头刨床的最大刨削长度为
500 mm。

2. 牛头刨床的组成

牛头刨床因其滑枕刀架形似"牛头"而得名。图 11.3 所示为牛头刨床的外形。

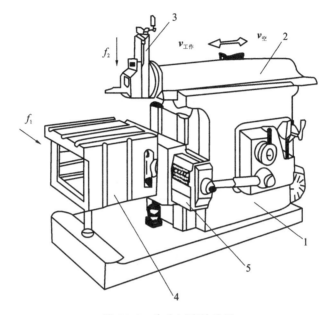

图 11.3　牛头刨床的外形
1—床身;2—滑枕;3—刀架;4—工作台;5—横梁

1)床身

床身用于支承和连接刨床各部件。床身的顶面水平导轨供滑枕作往复运动用,前侧面垂直导轨供工作台升降用。床身内部装有齿轮变速机构和摆杆机构,以改变滑枕的往复运动速度和行程长度。

2)滑枕

滑枕主要是用来带动刨刀作直线往复运动(即主运动)的。滑枕前端装有刀架,刀架内部装有丝杠螺母传动装置,用以改变滑枕的往复行程位置。

3)刀架

刀架(见图 11.4)用于夹持刨刀。摇动刀架手柄,滑板可沿转盘上的导轨带动刨刀上下移动。松开刻度转盘上的螺母,将刻度转盘扭转一定角度后,可使刀架斜向进给。滑板上还装有可偏转的刀座(又称刀盒)。抬刀板可以绕刀座上的 A 轴向上抬起。刨刀安装在刀架上,在返回行程时,刨刀可自由上抬,以减少刀具与工件之间的摩擦。

4)横梁

横梁安装在床身前侧的垂直导轨上,底部装有升降横梁

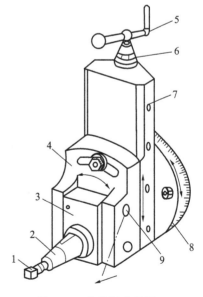

图 11.4　牛头刨床刀架
1—紧固螺钉;2—刀夹;3—抬刀板;4—刀座;
5—手柄;6—刻度环;7—滑板;
8—刻度转盘;9—A 轴

用的丝杠。

5）工作台

工作台用于安装夹具和工件，侧面有许多沟槽和孔，以便用压板、螺栓来装夹形状特殊的工件。工作台可随横梁上下移动或实现垂直间歇进给，还可沿横梁水平移动或实现横向间歇进给。

3. 牛头刨床的传动系统

B6050 型牛头刨床的传动系统如图 11.5 所示。

1）变速机构

变速机构的作用是把电动机的旋转运动以不同的速度传给摆杆齿轮，如图 11.5 所示，轴 I 和轴Ⅲ上分别装有两组滑动齿轮，使轴Ⅲ有 3×2 种＝6 种转速传给摆杆齿轮 8。

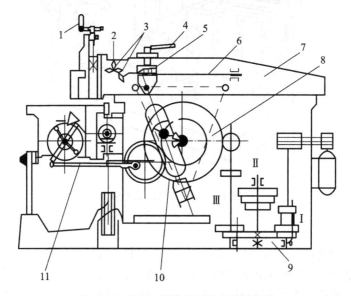

图 11.5　B6050 型牛头刨床的传动系统

1—手柄；2—转动轴；3—锥齿轮；4—紧固手柄；5—螺母；6—丝杠；7—滑枕；8—摆杆齿轮；
9—变速机构；10—曲柄摆臂机构；11—棘轮机构

2）曲柄摇臂机构

曲柄摇臂机构的作用是将电动机传来的旋转运动变为滑枕的直线往复运动。B6050 型牛头刨床的曲柄摇臂机构示意图如图 11.6 所示。它主要由摇臂齿轮、摇臂、偏心滑块等组成。摇臂上端与滑枕内的螺母相连，下端与支架相连。摇臂齿轮上的偏心滑块与摇臂上的导槽相连。当摇臂齿轮由小齿轮带动旋转时，偏心滑块就在摇臂的导槽内上下滑动，带动摇臂绕支架中心左右摆动，滑枕便作直线往复运动。摆臂齿轮转动一周，滑枕带动刨刀往复运动一次。

3）棘轮机构

刨床的进给运动是间歇的，当滑枕返回行程时，工作台完成进给运动。B6050 型牛头刨床的棘轮机构示意图如图 11.7 所示。它由固定在大齿轮轴上的齿轮 Z_{12} 来驱动与之相啮合的另一齿轮 Z_{13}，通过这个齿轮上的曲柄销经连杆使棘爪架摆动，使棘爪推动棘轮拨过一定的齿数。由于棘轮同工作台上的丝杠固接在一起，棘轮的间歇转动会使丝杠也相应转动，从而带动工作台作横向进给。进给量的大小是可以调节的，如图 11.8 所示，棘爪架摆动一定的角度，转动棘轮

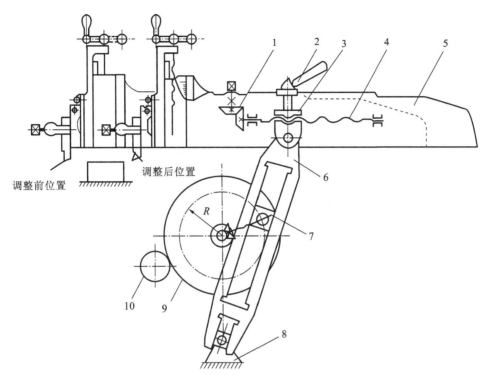

图 11.6　B6050 型牛头刨床的曲柄摇臂机构示意图

1—锥齿轮；2—缩紧手柄；3—螺母；4—丝杠；5—滑枕；6—摇臂；7—偏心滑块；
8—支架；9—摇臂齿轮；10—小齿轮

罩,可改变棘爪拨动棘轮的齿数。将棘爪提起,转动 180°再与棘轮啮合,即可改变工作台的进给方向。如果将棘轮提起,则棘爪与棘轮分离,机动进给停止。此时可用手动方式使工作台移动。

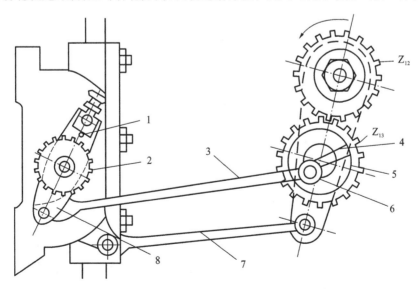

图 11.7　B6050 型牛头刨床的棘轮机构示意图

1—棘爪；2—棘轮；3—连杆；4—销子槽；5—圆盘；6—曲柄销；7—顶杆；8—棘爪架

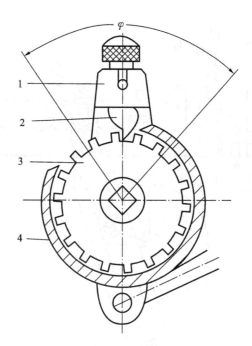

图11.8　B6050型牛头刨床的棘轮和棘爪机构
1—棘爪架;2—棘爪;3—棘轮;4—棘轮罩

4. 牛头刨床的调整与操纵

(1)滑枕每分钟往复次数的调整。

将变速手柄置于不同位置,即可改变变速箱中轴Ⅰ和轴Ⅱ上滑动齿轮的位置,可使滑枕获得12.5~73次/分钟范围内六种不同的行程数。

(2)滑枕行程起始位置的调整。

参见图11.5。松开紧固手柄4,使丝杠6能在螺母5中自由转动。然后转动轴2通过锥齿轮3使丝杠6转动。由于螺母固定在摆杆上不能动,所以丝杠的转动使丝杠连同滑枕一起沿导轨前后移动,从而改变了滑枕的起始位置。调整好之后,再拧紧紧固手柄4。

(3)滑枕行程长度的调整。

刨削加工时,滑枕行程的长度应略大于工件刨削加工表面的长度,一般为30~40 mm。滑枕行程长度的调整是通过改变摇臂齿轮上偏心滑块的偏心距来实现的。偏心滑块的调整如图11.9所示。先松开小轴8上的锁紧螺母7,转动小轴8,经锥齿轮1和丝杠螺母传动,偏心滑块5在摇臂6的导槽内移动,从而改变偏心滑块偏移,偏心滑块与摇臂齿轮4轴心间的距离即为偏心滑块的偏心距。偏心滑块的偏心距越大,摇臂摆动的角度就越大,滑枕的行程长度也就越长;反之,则越短。调好后将锁紧螺母7拧紧。

(4)进给量和进给方向的调整。B6050型牛头刨床的棘轮和棘爪机构如图11.8所示。φ为棘爪摆动角。转动棘轮罩4,改变其缺口的位置,就可盖住棘轮3在摆动角范围内的一定齿数。盖住的齿数越少,棘爪2摆动一次拨动的齿数就越多,工作台进给量就越大;同理,盖住的齿数越多,工作台进给量越小,全部盖住,进给停止。改变棘轮罩缺口方向,并使棘爪反向180°,就使进给反向。

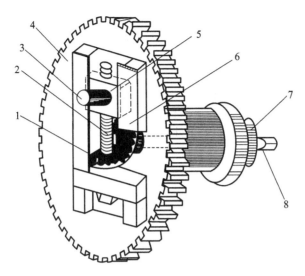

图 11.9　偏心滑块的调整

1—锥齿轮;2—丝杠;3—曲柄销;4—摇臂齿轮;5—偏心滑块;6—摇臂;7—锁紧螺母;8—小轴

11.2.2　龙门刨床

刨削加工较长的工件时,因滑枕行程长,悬伸太长,不能采用牛头刨床的布局,而需要选用龙门式布局。图 11.10 所示为龙门刨床,它的布局与龙门铣床相似,工作台带动工件作主运动,刀架在龙门架上作垂直于工作台方向的间歇直线运动。

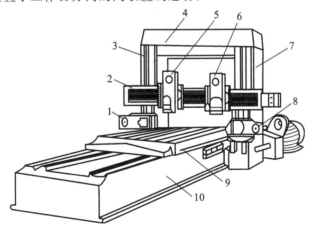

图 11.10　龙门刨床

1,5,6,8—刀架;2—横梁;3,7—立柱;4—顶梁;9—工作台;10—床身

立柱 3、7 固定在床身的两侧,由顶梁 4 连接,横梁 2 可以在立柱上升降,从而组成龙门式框架。工作台 9 可在床身 10 上作纵向直线往复运动,刀架 5、6 可以在横梁作横向运动,横刀架 1、8 分别在两根立柱上作升降运动,两个运动可以在工作台后退到终点时实现间歇进给运动和快速移动。

龙门刨床主要用于加工大型或重型工件上的各种平面、沟槽和各种导轨面,也可在工作台上一次装夹多个中、小型工件进行多件同时切削加工。精刨时,可得到较高的加工精度(直线度 0.02 mm/1 000 mm)和表面质量(表面粗糙度 Ra 为 6.3~1.6 μm)。在大批量生产中,龙门刨床常被龙门铣床代替。

在进行刨削加工时,工件装夹在工作台上,根据被加工面的需要,可分别或同时使用垂直刀架和侧刀架,垂直刀架和侧刀架都可作垂直进给运动和水平进给运动。刨削加工斜面时,可以将垂直刀架转动一定的角度。目前,刨床工作台多用直流发电机、电动机组驱动,并能实现无级调速,使工件慢速接近刨刀,待刨刀切入工件后,增速达到要求的切削速度,然后工件慢速离开刨刀,工作台再快速退回。工作台这样变速工作,能减少刨刀与工件的冲击。

11.2.3 插床

插床实质上是立式刨床,多用于加工与安装基面垂直的面、槽,主要用来在单件小批生产中加工键槽、多边形或成形面。

图 11.11 所示为插床。滑枕 4 带着刀具作上下往复的主运动。床鞍 1 和溜板 2 带动工件分别作横向和纵向的进给运动。圆工作台 3 与分度装置 5 一起作分度运动,可插削加工按一定角度分布的几条键槽。

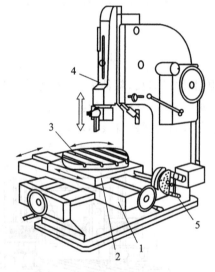

图 11.11 插床

1—床鞍;2—溜板;3—圆工作台;4—滑枕;5—分度装置

刨床由于主运动反向时需克服较大的惯性力,限制了切削速度和空行程速度的提高,同时刨削加工只在刀具向工件(或工件向刀具)前进时进行,返回时不进行,存在时间损失,因此多数情况下生产率较低,在大批大量生产中常被铣床和拉床代替。

11.3 刨刀和刨削加工工艺

11.3.1 刨刀

1. 刨刀的几何角度及结构特点

刨刀的几何角度与车刀相似,只是为了增加刀尖的强度,刨刀的刃倾角一般取正值。由于刨削加工的不连续性,刨刀切入工件时受到较大的冲击力,所以刨刀的刀杆横截面积较车刀大1.25~1.5倍。此外,刨刀往往做成弯头,这是刨刀的一个明显特点。另外,当弯头刨刀(见图11.12(a))刀尖碰到工件表面的硬点时,能围绕点 O 向后上方弹起,使刀尖离开工件表面,以免损坏刀刃和工件表面。直头刨刀(见图11.12(b))受力变形将会啃入工件,损坏刀尖和工件表面。

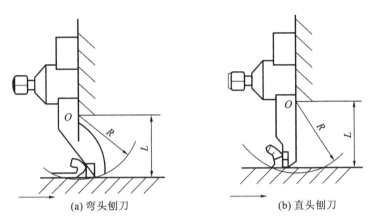

(a) 弯头刨刀   (b) 直头刨刀

图 11.12 弯头刨刀和直头刨刀的比较

2. 刨刀的种类及其应用

刨刀的种类很多,常见的刨刀有平面刨刀、偏刀、切刀、弯切刀、角度偏刀、圆头刨刀等。平面刨刀用来刨水平面(见图11.1(a)、(b)),偏刀用来刨垂直面或斜面(见图11.1(c)、(e)),切刀用来刨削沟槽或切断工件(见图11.1(d)),弯切刀用来刨削 T 形槽或侧面槽(见图11.1(f)),角度偏刀用来刨燕尾槽和相互成一定角度的表面(见图11.1(g)),圆头刨刀用来加工直线形的成形面(见图11.1(h))。

3. 刨刀的安装

刨刀的安装如图11.13所示。刀头不要伸出太长,以免产生振动和折断。直头刨刀伸出长度一般为刀杆厚度的1.5倍;弯头刨刀伸出长度可稍长,以弯曲部分不碰刀座为宜。装刀或卸刀时,必须一只手扶住刨刀,另一只手使用扳手,用力方向为自上而下,否则容易将抬刀板掀起,碰伤或夹伤手指。

11.3.2 刨削加工工艺

1. 刨削加工水平面

刨削加工水平面时,刀架和刀座均在中间垂直位置上,刨削深度 a_p 一般为 0.1~4 mm,进给量 f 一般为 0.3~0.6 mm/min,切削速度 v_c 随刀具材料和工件材料的不同而略有不同,一般取 12~50 m/min。粗刨时,刨削深度和进给量取大值,而切削速度取低值;精刨时,切削速度取大值,而刨削深度和进给量取小值。精刨时,为了减小表面粗糙度,可在副切削刃上接近刀尖处磨出 1~2 mm 的修光刃。装刀时,应使修光刃平行于加工表面。

上述切削用量也适用于刨削加工垂直面和斜面。

刨削加工操作按下列步骤进行。

(1)装夹工件。

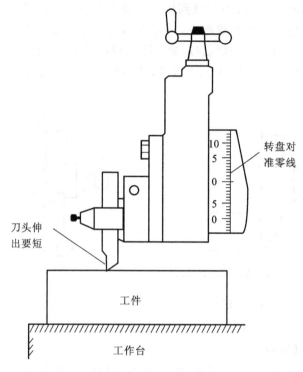

图 11.13 刨刀的安装

（2）装夹刀具。

（3）把工作台升高到接近刀具的位置。

（4）调整滑枕的行程长度和位置。

（5）调整滑枕每秒钟的往复次数和进给量。

（6）开车，先手动进给试切，停车测量尺寸时，利用刀架上的刻度盘调整切削深度。如果工件加工余量较大，可分几次刨削加工。

2. 刨削加工垂直面

刨削加工垂直面就是用刀架垂直进给来加工平面，主要用于加工狭长工件的两端面或其他不能在水平位置加工的平面。刨削加工垂直面时应注意以下两点。

（1）应使刀架转盘的刻度线对准零线。如果刻度线不准，可按图 11.14 所示的方法找正，使刀架垂直。

（2）刀座应按上端偏离加工面的方向偏转 10°～15°，如图 11.15 所示。这样做的目的是使刨刀在回程抬刀时离开加工表面，减少刀具磨损。

3. 刨削加工斜面

与水平面成一定角度的平面称为斜面。工件上的斜面分为内斜面和外斜面两种。刨削加工斜面与刨削加工垂直面基本相同。通常采用倾斜刀架法刨削加工斜面，即把刀架和刀座分别倾斜一定角度，从上向下倾斜进给进行刨削加工，如图 11.16 所示。刨削加工斜面时，刀架转盘的刻度不能对准零线。刀架转盘扳过的角度就是工件斜面与垂直面之间的夹角。刀座偏转的方向应与刨削加工垂直面时相同，即刀座上端要偏离加工面。

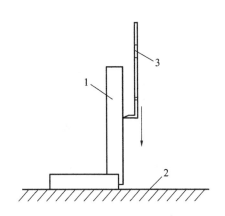

图 11.14　通过找正使刀架垂直的方法

1—90°角尺；2—工作台；3—装在刀架中的弯头划针

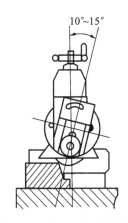

图 11.15　刨削加工垂直面时刀座偏离加工面的方向

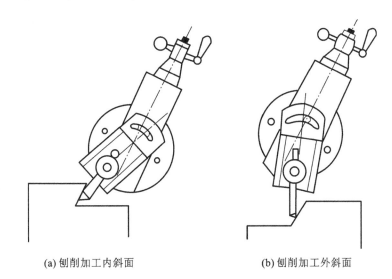

(a) 刨削加工内斜面　　　　　(b) 刨削加工外斜面

图 11.16　倾斜刀架刨削加工斜面

4. 刨削加工直槽

刨削加工直槽时，用切槽刀以垂直进给方式完成，如图 11.17 所示。

5. 刨削加工 T 形槽

刨削加工 T 形槽的方法是，先将工件的各个关联平面加工完毕，并在工件前、后端面和平面上划出加工界线，如图 11.18(a)所示，然后按线找正加工。刨削加工 T 形槽的步骤如下。

(1)用切刀刨出直角槽，使其宽度等于 T 形槽槽口的宽度，深度等于 T 形槽的深度(见图 11.18(b))。

(2)用右弯头切刀刨削加工右侧凹槽(见图 11.18(c))，如果凹槽的高度较大，一次刨出全部高度有困难，可分几次刨出，最

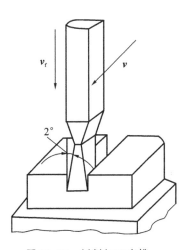

图 11.17　刨削加工直槽

243

后垂直进给将槽壁精刨。

(3)用左弯头切刀刨削加工左侧凹槽(见图 11.18(d))。

(4)用 45°刨刀倒角(见图 11.18(e))。

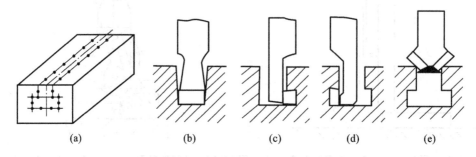

图 11.18　T 形槽的划线和刨削加工步骤

6. 刨削加工 V 形槽

刨削加工 V 形槽如图 11.19 所示。先按刨削加工平面的方法把 V 形槽粗刨出大致形状,然后用切槽刀刨削加工直角槽,再按刨削加工斜面的方法用偏刀刨削加工 V 形槽的两斜面,最后用样板刀精刨至图样要求的尺寸精度和表面粗糙度。

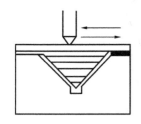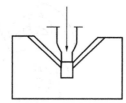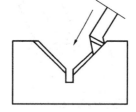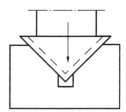

图 11.19　刨削加工 V 形槽

7. 刨削加工燕尾槽

燕尾槽的燕尾部分是两个对称的内斜面。燕尾槽的刨削加工方法是刨削加工直槽方法和刨削加工内斜面方法的综合,但需要专门刨削加工燕尾槽的左、右偏刀。在各面加工好的基础上,可按图 11.20 所示步骤刨削加工燕尾槽。

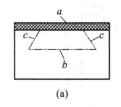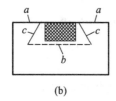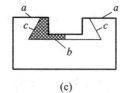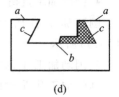

图 11.20　刨削加工燕尾槽

11.4　工件的安装

在牛头刨床上装夹工件的常用方法有用平口虎钳装夹、在工作台上装夹和用专用夹具装夹等。

1. 用平口虎钳装夹

平口虎钳是一种通用夹具,多用于小型工件的装夹。在平口虎钳上装夹工件时应注意下列事项。

(1)工件的加工面必须高出钳口,如果工件的高度不够,应用平行垫铁将工件垫高。

(2)为了保护钳口不受损伤,可在钳口上垫铜片或铝片等护口片。但在加工与定位面垂直的平面时,如果垂直度要求高,则钳口上不宜垫护口片,以免影响定位精度。

(3)装夹工件时,要用手锤轻轻敲击工件,使工件贴实护口片。在敲击已加工过的表面时,应该使用铜锤或木槌。

(4)如果工件按划线加工,可用划线盘或卡钳来检查划线与工作台之间的平行度,如图 11.21 所示。

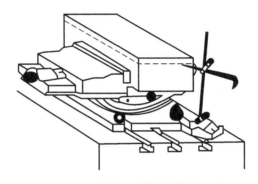

图 11.21 用平口虎钳装夹找正工件

(5)在装夹薄壁工件时,可在其空心处使用活动支承等增加工件的刚度,防止加工时工件振动变形。

2. 在工作台上装夹

当工件的尺寸较大或用平口虎钳不便于装夹时,可直接在牛头刨床工作台上装夹,如图 11.22 所示。在工作台上装夹工件的注意事项如下。

(1)装夹时,工件底面与工作台台面应贴实。如果未贴实,应使用铜皮、铁皮或楔铁等将工件垫实。

(2)在工件夹紧前后,都应检查工件的安装位置是否正确。如果工件夹紧后产生变形或位置移动,应松开工件重新夹紧。使用压板压紧工件时,压点要靠近刨削面。

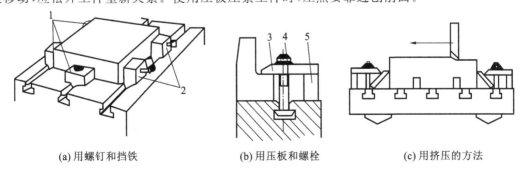

(a)用螺钉和挡铁　　　　(b)用压板和螺栓　　　　(c)用挤压的方法

图 11.22 在工作台上装夹工件的方法

1—挡铁;2—螺钉;3—压板;4—螺栓;5—垫铁

（3）工件的夹紧位置和夹紧力要适当,应避免工件因夹紧导致变形或移动。若工件刚度不足,则安装时应增加支承,否则工件受到切削力的作用,容易产生振动。粗加工时,压紧力要大,以防止在刨削加工过程中工件变形。精加工时,压紧力大小要合适,注意防止工件变形。

3. 用专用夹具装夹

专用夹具是根据工件某一工序的具体加工要求而设计和制造的夹具。利用专用夹具加工工件时,安装迅速、准确,既可保证加工精度,又可提高生产率。由于设计和制造专用夹具的费用较高,专用夹具主要用于成批大量生产。

4. 主要的刨削加工过程

（1）熟悉零件图纸,明确加工要求,检查毛坯加工余量。

（2）根据工件加工表面形状选择并安装刨刀。

（3）根据工件大小和形状确定工件安装方法,并通过找正夹紧工件。

（4）调整刨刀的行程长度和起始位置。

（5）调整进给量。

（6）通过移动工作台和转动刀架手轮进行对刀试切。

（7）确定切削深度,通过自动进给开始加工工件。

（8）刨削加工完毕,停机检查,尺寸合格后再卸下工件。

第12章 磨削加工

12.1 磨削加工概述

用磨具以较高线速度从工件表面切去切屑的加工方法称为磨削加工。磨削加工是对机械零件进行精密加工的主要方法之一。磨削加工用的砂轮是由许多细小而又极硬的磨粒用结合剂黏结而成的。砂轮的表面有很多尖棱形多角的小磨粒,这些锋利的小磨粒就像铣刀的刀刃一样,在砂轮的高速旋转下,切入工件表面。所以,磨削加工的实质就是一种多刀多刃的高速铣削的过程。

12.1.1 磨削运动和磨削用量

磨削加工外圆时的磨削运动和磨削用量如图 12.1 所示。

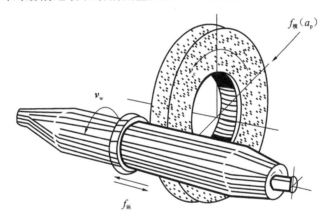

图 12.1 磨削加工外圆时的磨削运动和磨削用量

(1)主运动和磨削速度(v_c)。

砂轮的旋转运动是主运动,砂轮外圆相对于工件的瞬时速度称为磨削速度。

(2)圆周进给运动和圆周进给速度(v_w)。

工件的旋转运动是圆周进给运动,工件外圆处相对于砂轮的瞬时速度称为圆周进给速度。

(3)纵向进给运动和纵向进给量($f_纵$)。

工作台带动工件所作的直线往复运动是纵向进给运动。工件每转一周时,砂轮在纵向进给运动方向上相对于工件的位移称为纵向进给量,用 $f_纵$ 表示,单位为 mm/r。

(4)横向进给运动和横向进给量($f_横$)。

砂轮沿工件径向方向上的移动是横向进给运动。工作台每往复行程(或单行程)一次砂轮相对工件径向上的移动距离称为横向进给量,用 $f_横$ 表示,单位为 mm/行程。横向进给量实际上是砂轮每次切入工件的深度,即背吃刀量,也可用 a_p 表示,单位为 mm(即每次磨削切入工件以毫米计的深度)。

12.1.2 磨削加工的特点和应用范围

1. 磨削加工的特点

与其他切削加工(车削加工、铣削加工、刨削加工)相比较,磨削加工具有以下特点。

1)加工精度高,表面粗糙度值小

磨削时,砂轮表面上有极多的磨粒进行切削,每个磨粒相当于刃口半径很小且很锋利的一把切削刃,切除金属的量很小,仅几个微米甚至更小,所以经磨削加工后工件的尺寸精度很高,表面粗糙度也很小。磨削加工的工件一般尺寸公差等级可达 IT5 级,表面粗糙度值 Ra 为 0.8 ~0.2 μm。低粗糙度的镜面磨削 Ra 值可小到 0.01 μm,这是磨削加工的一个显著特点。

2)可加工硬度值高的工件

用于磨削加工的磨具是用很硬的磨料做的,硬度仅次于金刚石,不但可以加工钢和铸铁等常用金属材料,还可以加工硬度更高的工件,特别是经过热处理后的淬火钢工件,采用磨削加工毫无困难。另外,磨削不利于加工硬度低且塑性很好的有色金属材料,因为磨削加工这些材料时,砂轮容易被堵塞,从而失去切削的能力。

3)磨削温度高

磨削速度是一般切削加工速度的10~20倍,加工中会产生大量的切削热,在砂轮与工件的接触处,瞬时温度可高达1 000 ℃,剧烈的切削热量会使磨屑在空气中发生氧化作用,产生火花。

2. 磨削加工的应用范围

磨削加工主要用于工件的内外圆柱面、内外圆锥面、平面和成形面(如花键、螺纹、齿轮等)的精加工,还可以刃磨刀具,应用范围非常广泛。常见的磨削加工类型如图 12.2 所示。磨削加工除了用作精加工外,也可用来进行高效的粗加工或一次完成粗、精加工。

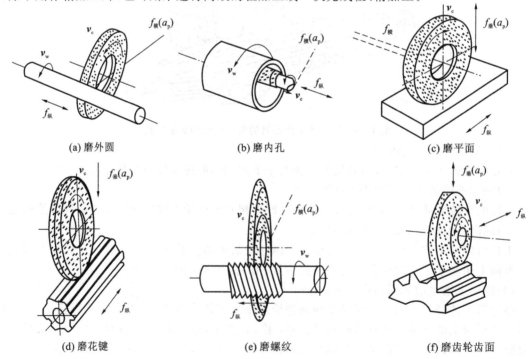

(a) 磨外圆　　　　　　　(b) 磨内孔　　　　　　　(c) 磨平面

(d) 磨花键　　　　　　　(e) 磨螺纹　　　　　　　(f) 磨齿轮齿面

图 12.2　常见的磨削加工类型

12.2 磨床

以磨料、磨具(砂轮、砂带、油石、研磨料等)为工具对工件进行磨削加工的机床,统称为磨床。磨床的种类很多,如外圆磨床、内圆磨床、平面磨床、齿轮磨床、螺纹磨床、导轨磨床、无心磨床、工具磨床等,常用的磨床是外圆磨床和平面磨床。磨床上的主运动要求具有高而稳定的转速,多采用带传动或内联式电动机等原动机直接驱动主轴;砂轮主轴轴承广泛采用各种精度高、吸振性好的动压或静压滑动轴承;直线进给运动多为液压传动,对旋转件的静、动平衡,冷却液的洁净度,进给机构的灵敏度和准确度等都有较高的要求。

12.2.1 外圆磨床

外圆磨床的主要类型有普通外圆磨床、万能外圆磨床、无心外圆磨床、宽砂轮外圆磨床和端面外圆磨床等,主参数是最大磨削直径。普通外圆磨床既可以磨削加工外圆柱面、端面和外圆锥面,也能磨削加工阶梯轴的轴肩和端面。万能外圆磨床还可以磨削加工内圆柱面、内圆锥面。

万能外圆磨床主要由床身、工作台、头架、砂轮、内圆磨头、砂轮架、尾座等部分组成,如图 12.3 所示。

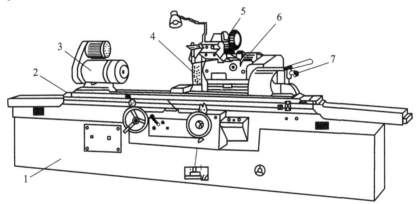

图 12.3　万能外圆磨床
1—床身;2—工作台;3—头架;4—砂轮;5—内圆磨头;6—砂轮架;7—尾座

万能外圆磨床的头架内装有主轴,可用顶尖或卡盘夹持工件并带动工件旋转。头架正面装有电动机,动力经头架左侧带传动使主轴转动。改变 V 形带的连接位置,可使主轴获得不同的转速。

砂轮装在砂轮架的主轴上,由单独的电动机经 V 形带直接带动旋转。砂轮架可沿床身后部的横向导轨前后移动,移动砂轮架的方法有自动周期进给、快速引进或退出、手动三种,其中前两种是靠液压传动实现的。

工作台有上、下两层,下工作台可在床身导轨上作纵向往复运动,上工作台相对下工作台在水平面内能偏转一定的角度以便磨削加工圆锥面。另外,工作台上还装有头架和尾座。

万能外圆磨床与普通外圆磨床的主要区别是:万能外圆磨床的头架和砂轮架下面都装有转盘,该转盘能绕垂直轴线偏转较大的角度;另外,万能外圆磨床还增加了内圆磨头等附件。因此万能外圆磨床可以磨削加工内圆柱面和锥度较大的内外圆锥面。图 12.4 所示为万能外圆磨床的几种典型加工方式示意图。

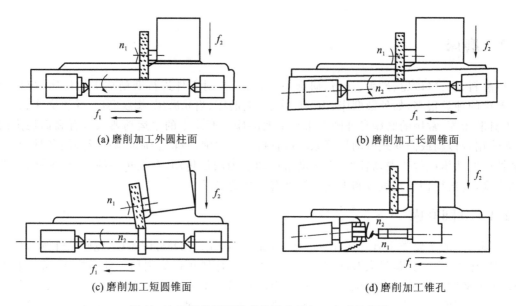

(a) 磨削加工外圆柱面   (b) 磨削加工长圆锥面

(c) 磨削加工短圆锥面   (d) 磨削加工锥孔

图 12.4 万能外圆磨床的几种典型加工方式示意图

12.2.2 内圆磨床

内圆磨床的主要类型有普通内圆磨床、无心内圆磨床和行星运动内圆磨床。普通内圆磨床是生产中应用最为广泛的一种。内圆磨床用于磨削加工内圆柱面、内圆锥面和孔内端面等。内圆磨床如图 12.5 所示,主要由床身 1、工作台 2、头架 3、砂轮架 4、滑鞍 5 等部件组成。头架 3 固定在工作台 2 上,主轴带动工件旋转作圆周进给运动;工作台带动头架沿床身 1 的导轨作直线往复运动,实现纵向进给运动,头架可绕垂直轴转动一定角度以磨削加工锥孔;砂轮架 4 上的内磨头由电动机带动旋转作主运动;工作台每往复运动一次,砂轮架 4 沿滑鞍 5 可横向进给一次(液压或手动)。

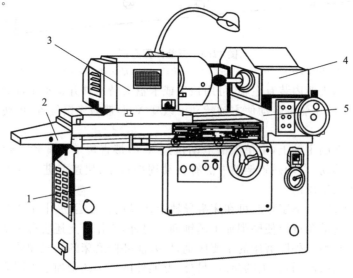

图 12.5 内圆磨床

1—床身;2—工作台;3—头架;4—砂轮架;5—滑鞍

12.2.3　平面磨床

平面磨床用于磨削加工工件上的各种平面。磨削加工时,砂轮的工作表面既可以是圆周表面,也可以是端面。根据砂轮主轴的布置和工作台的形状不同,平面磨床主要分为卧轴矩台式平面磨床、立轴矩台式平面磨床、立轴圆台式平面磨床和卧轴圆台式平面磨床四种类型。最常用的平面磨床为卧轴矩台式平面磨床和立轴圆台式平面磨床两种。

图 12.6 所示是卧轴矩台式平面磨床。它的砂轮主轴是内联式异步电动机的轴,电动机的定子就装在砂轮架 3 的壳体内,砂轮架 3 可沿滑座 4 的燕尾导轨作横向间歇进给运动(可手动或液动)。滑座 4 与砂轮架 3 一起可沿立柱 5 的导轨作间歇的垂直切入运动。工作台 2 沿床身 1 的导轨作纵向往复运动。

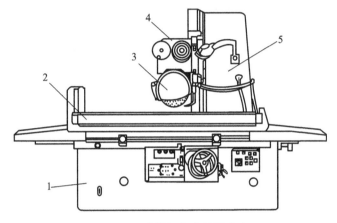

图 12.6　卧轴矩台式平面磨床
1—床身;2—工作台;3—砂轮架;4—滑座;5—立柱

立轴圆台式平面磨床如图 12.7 所示。工作台 2 为圆形,主轴垂直于工作台竖立在工作台 2 的上方。砂轮架 3 可沿着立柱 4 的导轨作间歇的垂直切入运动,工作台 2 的旋转为圆周进给运动。为了便于装卸工件,工作台 2 还能沿床身导轨纵向移动。

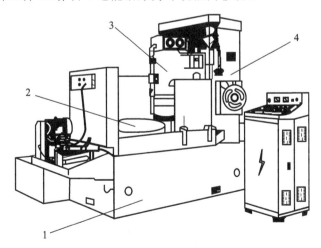

图 12.7　立轴圆台式平面磨床
1—床身;2—工作台;3—砂轮架;4—立柱

12.2.4 无心磨床

图 12.8 所示为无心磨削的工作原理。工件不是用顶尖或卡盘定心,而是由被磨削外圆面定位。工件放在砂轮和导轮之间,由托板、导轮支承进行磨削加工,所以这种磨床称为无心外圆磨床,简称无心磨床。图 12.8 中的 1 为砂轮,以高速旋转作切削主运动,导轮 3 是用树脂或橡胶为结合剂的砂轮,它与工件之间的摩擦因数较大,当导轮以较低的速度带动工件旋转时,工件的线速度与导轮表面线速度相近。工件 4 由托板 2 和导轮 3 共同支承,工件的中心一般应高于砂轮和导轮的连心线,以免工件加工后出现棱圆形。这样就使工件和导轮及砂轮的接触,相当于工件

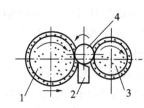

图 12.8 无心磨削的工作原理
1—砂轮;2—托板;3—导轮;4—工件

在假想的 V 形槽中转动,工件的凸起部分和 V 形槽的两侧面不可能对称地接触,因此,就可使工件在多次转动中,逐步被磨圆。工件中心高出的距离为工件直径的 15%～25%。高出的距离太大,导轮对工件的向上方向的垂直分力也随之增大,在磨削加工过程中,易引起工件跳动,影响工件的表面粗糙度。

12.3 砂轮

用于磨削加工的磨具有砂轮、砂带、油石等,其中砂轮用得最多。

12.3.1 砂轮的组成

砂轮是由许多极硬的磨料用结合剂黏结而成的多孔体。砂轮的性质取决于结合剂、磨料的粒度、砂轮的硬度和组织结构。因为磨料、结合剂和制造工艺的不同,砂轮的特性可能相差很大,对磨削加工的精度和生产率影响很大。

12.3.2 砂轮的特性

砂轮的特性包括磨料、粒度、结合剂、硬度、组织、形状和尺寸等。

1. 磨料

磨料是砂轮的主要成分,直接担负磨削加工工作。磨料在磨削加工过程中承受着强烈的挤压力和高温的作用,所以必须具有很高的硬度、强度、耐热性能和相当的韧度。用于制造砂轮的磨料通常有刚玉类、碳化物类和氮化物类。磨料分为天然磨料和人造磨料两大类。目前使用的主要是人造磨料。磨料的组成要素、代号、性能和适用范围如表 12.1 所示。

表 12.1 磨料的组成要素、代号、性能和适用范围

系别	名 称	代 号	性 能	适用磨削加工范围
刚玉	棕刚玉	A	棕褐色,硬度较低,韧度较好	碳钢、合金钢、铸铁
	白刚玉	WA	白色,硬度较棕刚玉高,锋利,韧度低	淬火钢、合金钢、高速钢
	铬刚玉	PA	玫瑰红色,韧度较白刚玉好	高速钢、不锈钢、刀具刃磨

续表

系别	名称	代号	性能	适用磨削加工范围
碳化物	黑碳化物	C	黑色光泽,比刚玉类硬度高,导热性能好,韧度低	铸铁、黄铜、非金属材料
	绿碳化物	GC	绿色带光泽,比黑碳化物硬度高,耐热性能差	硬质合金、宝石、光学玻璃
超硬磨料	人造金刚石	MBD、RVD	白色、黑色、淡绿色,硬度最高,耐热性能差	硬质合金、宝石、陶瓷
	立方氮化硼	CBN	棕黑色,硬度仅次于人造金刚石,韧度较人造金刚石好	高速钢、不锈钢、耐热钢

2. 粒度

粒度是指磨料颗粒的大小,分为磨粒和微粉两组。粒度号是指每英寸筛网长度上筛孔的数目。粒度号越大,磨料越细。当磨料的颗粒小于 $40~\mu m$ 时称为微粉(w),微粉的颗粒尺寸用 tLm 表示。粒度的选择主要与加工表面的粗糙度和生产率有关。粗磨时,磨削加工余量大、表面质量要求不高,应选用粒度较粗的磨料;精磨时,磨削加工余量小、表面质量要求高,可用粒度较细的磨粒。常用砂轮粒度号及其使用范围如表 12.2 所示。

表 12.2 常用砂轮粒度号及其使用范围

类别		粒度号	适用范围
磨粒	粗粒	8♯、10♯、12♯、14♯、16♯、20♯、22♯、24♯	粗磨,磨钢锭、切断钢坯、打磨铸件毛刺等
	中粒	30♯、36♯、40♯、46♯	一般磨削,加工表面粗糙度 Ra 值可达 0.8 μm
	细粒	54♯、60♯、70♯、80♯、90♯、100♯	半精磨、精磨和成形磨削,加工表面粗糙度 Ra 值为 0.8～0.1 μm
	微粒	120♯、150♯、180♯、200♯、220♯、240♯	半精磨、精磨、超精磨和成形磨削、刀具刃磨、珩磨
微粉		W60、W50、W40、W28、W20、W14、W10、W7、W5、W3.5、W2.5、W1.5、W1、W0.5	精磨、精密磨、超精磨、珩磨、螺纹磨、超精密磨、镜面磨、精研,加工表面粗糙度 Ra 值为 0.1～0.05 μm

3. 结合剂

砂轮中用以黏结磨料的物质称结合剂。砂轮的强度、抗冲击性能、耐热性能和抗腐蚀能力主要取决于结合剂的性能。此外,结合剂对磨削温度、磨削表面质量也有一定的影响。常用结合剂的种类、代号、性能和使用范围如表 12.3 所示。陶瓷结合剂由于耐热、耐水、耐油、耐酸碱腐蚀,且强度大,应用范围最广。

表 12.3 常用结合剂的种类、代号、性能和使用范围

结合剂	代号	性能	适用范围
陶瓷	V	耐热、耐腐蚀,气孔率大,易保持廓形,弹性差	最常用,适用于各类磨削加工
树脂	B	强度较陶瓷高,弹性好,耐热性能差	适用于高速磨削、切断、开槽等
橡胶	R	强度较树脂高,更富弹性,气孔率小,耐热性能差	适用于切断、开槽及做无心磨的导轮
青铜	Q	强度最高,导电性能好,磨耗少,自锐性差	适用于金刚石砂轮

4. 硬度

砂轮的硬度不是指磨料的硬度,而是指结合剂对磨粒黏结的牢固程度,是指砂轮表面上的磨料在外力作用下脱落的难易程度。磨料易脱落的砂轮称为软砂轮,磨料难以脱落的砂轮称为硬砂轮。同一种磨料可做成不同硬度的砂轮,砂轮的软硬程度取决于结合剂的性能、数量和砂轮的制造工艺。

砂轮的硬度对磨削生产率、磨削表面质量都有很大的影响。如果砂轮太硬,磨料磨钝后仍不能脱落,磨削效率降低,工件表面很粗糙并可能被烧伤。如果砂轮太软,磨料还未磨钝就从砂轮上脱落,砂轮损耗大,不易保持形状,也影响工件的表面质量。砂轮的硬度合适,磨料磨钝后因磨削力增大自行脱落,使新的锋利的磨料露出,砂轮具有自锐性,则磨削效率高。砂轮硬度代号以英文字母表示,字母顺序越大,砂轮硬度越高。砂轮的硬度分级如表12.4所示。

表 12.4 砂轮的硬度分级

等级	超软			软			中软		中		中硬		硬		超硬
代号	D	E	F	G	H	J	K	L	M	N	P	Q	R	S	T	Y
选择	磨未淬硬钢选用 L～N,磨淬火合金钢选用 H～K,磨削高质量表面选用 K～L,磨削硬质合金刀具选用 H～L														

砂轮硬度的选用原则如下。

(1)工件材料越硬,应选用越软的砂轮。这是因为硬材料易使磨料磨损。需用较软的砂轮以使磨钝的磨料及时脱落,但是磨削有色金属(铝、黄铜、青铜等)、橡胶、树脂等软材料,也要用较软的砂轮,因为这些材料易使砂轮堵塞,选用软的砂轮可使堵塞处较易脱落,露出尖锐的新磨料。

(2)砂轮与工件磨削接触面积大时,磨料参加切削的时间较长,较易磨损,应选用较软的砂轮。

(3)与粗磨相比,半精磨要用较软的砂轮,以免工件发热、被烧伤。但精磨和成形磨削时,为了使砂轮廓形保持较长时间,需用较硬的砂轮。

(4)砂轮气孔率较低时,为了防止砂轮堵塞,应选用较软的砂轮。

5. 组织

砂轮的组织表示磨料、结合剂和气孔三者在砂轮内分布的紧密或疏松的程度。砂轮的组织号以磨料所占砂轮体积的百分比来确定。组织号分15级,以阿拉伯数字0～14表示,组织号越大,磨料所占砂轮体积的百分比越小,砂轮组织越松。砂轮组织代号大,则组织松,砂轮不易被磨屑堵塞,切削液和空气能带入磨削加工区域,可降低磨削加工区域的温度,减少工件因发热而导致变形和烧伤,故适用于粗磨、平面磨、内圆磨等磨削接触面积较大的工序,以及磨削加工热敏感性较强的材料、软金属或薄壁工件。

砂轮组织代号小,则组织紧密,气孔百分率小,砂轮变硬,容易被磨屑堵塞,磨削效率低,但可承受较大的磨削压力,砂轮廓形可保持长久,故适合在重压力下进行磨削加工,如手工磨削加工以及精磨、成形磨削。

12.3.3 砂轮的形状与代号

为了适应在不同类型的磨床上磨削加工各种形状和尺寸的工件的需要,砂轮制成各种标准的形状和尺寸。常用砂轮的名称、代号、简图和主要用途如表 12.5 所示。

表 12.5　常用砂轮的名称、代号、简图和主要用途

砂轮名称	代　号	简　图	主要用途
平形砂轮	1		用于磨外圆、内圆、平面、螺纹及无心磨削等
双斜边形砂轮	4		用于磨削齿轮和螺纹
薄片砂轮	41		主要用于切断和开槽等
筒形砂轮	2		用于立轴端面磨
杯形砂轮	6		用于磨平面、内圆及刃磨刀具
碗形砂轮	11		用于导轨磨及刃磨刀具
碟形砂轮	12		用于磨铣刀、铰刀、拉刀等,大尺寸的用于磨齿轮端面

砂轮的标志印在砂轮端面上,顺序是形状代号、尺寸、磨料、粒度号、硬度、组织号、结合剂、允许的磨削速度。例如,砂轮 1-300×50×75-A60L5V-35。其中,1——形状代号(1 代表平形砂轮);300——外径 D;50——厚度 T;75——孔径;A——磨料(棕刚玉);60——粒度号;L——硬度;5——组织号;V——结合剂(陶瓷);35——最高工作速度。

选用砂轮时,砂轮的外径在可能情况下尽量选大些,这样可以使砂轮的圆周速度提高,降低工件的表面粗糙度和提高生产率。砂轮的宽度应根据机床的刚度、功率大小来决定。机床刚性好、功率大,可使用宽砂轮。

12.3.4　砂轮的检查、装夹和平衡

在磨床上安装砂轮时,要特别注意,因为砂轮的转速很高,如果安装不当,就会因为破裂而造成事故。安装砂轮前,砂轮必须经过外观检查,并经过静平衡试验。

首先要检查所选的砂轮有无裂纹。可观察砂轮的外形或用木棒轻敲砂轮,发出清脆声音者为好,发出嘶哑声音者说明有裂纹。有裂纹的砂轮禁止使用。

砂轮的重心与其旋转中心不重合,会造成砂轮在高速旋转时产生振动,轻则影响加工质量,严重时会导致砂轮破裂和机床损坏。为了使砂轮平稳地工作,一般直径大于 125 mm 的砂轮都要进行平衡,使砂轮的重心与其旋转轴线重合。平衡时将砂轮装在心轴上,再放在平衡架导轨上。如果不平衡,较重的部分总是转在下面,这时可移动法兰盘端面环形槽内的平衡块进行平衡,直到砂轮可以在导轨上的任意位置都能静止为止。如果砂轮在导轨上的任意位置都能静止,则表明砂轮的各部分质量均匀,平衡良好。这种方法称为静平衡。

12.4 工件的安装方法

12.4.1 外圆磨削加工中工件的安装

使用外圆磨床磨削加工外圆,工件可采用顶尖装夹、卡盘装夹和心轴装夹三种方式。

1. 顶尖装夹

轴类零件常用顶尖装夹。安装时,工件支承在两顶尖之间(见图 12.9)。工件的装夹方法与车削加工所用的方法基本相同。但磨床所用的顶尖不随工件一起转动(死顶尖),这样可以提高加工精度,避免由于顶尖转动带来的径向跳动误差。磨床的尾顶尖是靠弹簧推力顶紧工件的,可以自动控制松紧程度,避免工件因受热伸长而发生弯曲变形。

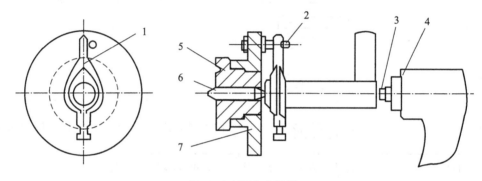

图 12.9 顶尖安装图

1—夹头;2—拨杆;3—后顶尖;4—尾架套筒;5—头架主轴;6—前顶尖;7—拨盘

磨削加工前,工件的中心孔均要进行修研,以提高工件的几何形状精度和降低表面粗糙度。在一般情况下,用四棱硬质合金顶尖(见图 12.10)在车床或钻床上进行挤研,研亮即可。当中心孔较大、修研精度较高时,必须选用油石顶尖或铸铁顶尖作前顶尖,一般顶尖作后顶尖。修研时,头架旋转,工件不旋转(用手握住)。研好一端再研另一端。用油石顶尖修研中心孔如图 12.11所示。

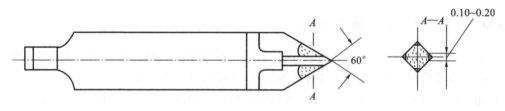

图 12.10 四棱硬质合金顶尖

2. 卡盘装夹

磨削加工短工件的外圆时,用三爪自定心卡盘或四爪单动卡盘装夹。工件的装夹方法与在车床上的装夹方法基本相同。如果用四爪单动卡盘装夹工件,则必须用百分表找正。无中心孔的圆柱形工件大多采用三爪自定心卡盘,不对称工件采用四爪单动卡盘,形状不规则的工件还可采用花盘装夹。

3. 心轴装夹

盘套类空心工件常以内孔定位磨削加工外圆。此时,常采用心轴来装夹工件。常用的心轴

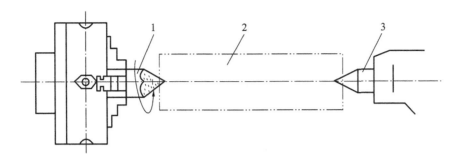

图 12.11 用油石顶尖修研中心孔

1—油石顶尖;2—工件;3—后顶尖

种类和车床上使用的相同。心轴必须和卡箍、拨盘等传动装置配合使用。心轴装夹工件的方法与顶尖装夹相同。

12.4.2 内圆磨削加工中工件的安装

磨削加工工件内圆大都以其外圆和端面作为定位基准,通常采用三爪自定心卡盘、四爪单动卡盘、花盘和弯板等安装工件,其中最常用的是用四爪单动卡盘通过找正安装工件,如图 12.12所示。

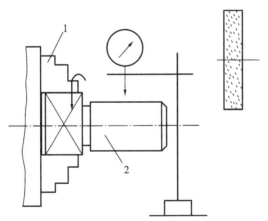

图 12.12 用四爪单动卡盘通过找正安装工件

1—四爪单动卡盘;2—工件

12.4.3 平面磨削加工中工件的安装

磨削加工平面时,一般是以一个平面为基准磨削加工另一个平面。若两个平面都要磨削加工且要求平行时,则可互为基准,反复磨削加工。

磨削加工中小型工件的平面,常采用电磁吸盘工作台吸住工件。电磁吸盘工作台工作原理如图 12.13 所示。1 为钢制吸盘体,芯体 2 上绕有线圈 5,钢制盖板 4 被绝磁层 3 隔成一些小块。当线圈 5 中通过直流电时,芯体 2 被磁化,磁力线由芯体 2→钢制盖板 4→工件→钢制盖板 4→钢制吸盘体 1→芯体 2 而闭合(图中虚线所示),工件被吸住。只要将电磁吸盘线圈的电源切断,即可卸下工件。绝磁层由铅、铜或巴氏合金等非磁性材料制成。它使绝大部分磁力线能通过工件再回到钢制吸盘体,而不能通过钢制盖板直接回去,保证工件被牢固地吸在工作台上。

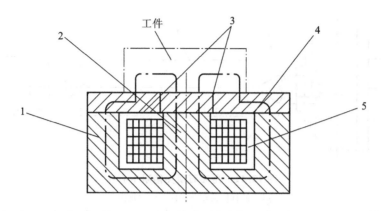

图 12.13　电磁吸盘工作台工作原理

1—钢制吸盘体；2—芯体；3—绝磁层；4—钢制盖板；5—线圈

　　当磨削加工键、垫圈、薄壁套等尺寸小而壁较薄的工件时，因工件与工作台的接触面积小、吸力弱，容易被磨削力弹出去而造成事故，装夹时，必须在工件四周或左右两端用挡铁围住，以免工件移动，如图 12.14 所示。

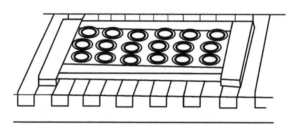

图 12.14　用挡铁围住工件

12.5　磨削加工工艺

12.5.1　平面磨削加工

　　平面磨削加工一般使用电磁吸盘装夹铁磁材料工件，这样既方便操作，又能很好地保证基面与加工平面之间的平行度要求。平面磨削加工有普通平面磨削和缓进深切磨削两种。

　　1. 普通平面磨削

　　普通平面磨削又分为周面磨削和端面磨削两种，如图 12.15 所示。

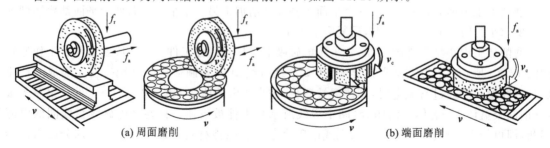

(a) 周面磨削　　　　　　　　　　　　　　　　　　(b) 端面磨削

图 12.15　普通平面磨削

1）周面磨削

周面磨削（见图 12.15(a)）简称周磨，是指利用砂轮的圆周面进行磨削加工的方法。采用周磨时，由于砂轮与工件的接触面和磨削力小，排屑和冷却条件好，磨削热少且工件受热变形小，砂轮磨损均匀，因此此磨削精度高，表面质量好。磨削的两平面之间的尺寸精度可达 IT5，两面的平行度可达 0.01 mm，直线度可达 0.01 mm/m，表面粗糙度 Ra 值可达 0.8 μm。但周磨时砂轮主轴呈悬臂状态，故刚性差，磨削用量不能太大，生产率较低。周磨一般适用于在中、小批量生产中磨削加工精度较高的中小型零件。

2）端面磨削

端面磨削（见图 12.15(b)）简称端磨，是指利用砂轮的端面进行磨削加工的方法。采用端磨时，因砂轮轴的刚性好，磨削用量可以增大，并且砂轮与工件的接触面积大，同时参加磨削加工的磨料多，所以生产率较高。但端磨过程中磨削力大、发热量大、冷却条件差、排屑不畅，造成工件的热变形较大；而且砂轮端面沿径向各点的线速度不等，导致砂轮的磨损不均匀，故磨削精度较低。端磨一般适用于在大批量生产中对支架、箱体和板块状零件的平面进行粗磨以代替铣削加工和刨削加工的场合。

2. 缓进深切磨削

缓进深切磨削又称深槽磨削或蠕动磨削，如图 12.16(a)所示，属于高效率磨削加工。缓进深切磨削是以较大的磨削深度（可达 30 mm）和很低的工作台进给速度（30～300 mm/min）磨削加工工件，经一次或数次磨削加工即可达到所要求的尺寸和精度。缓进深切磨削适用于磨削加工高强度和高韧度材料，如高速钢、不锈钢和耐热合金等。它与普通平面磨削的比较如图 12.16所示。

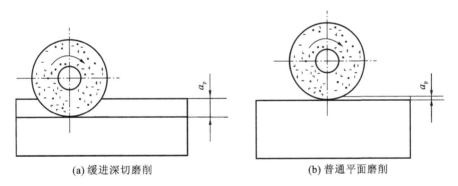

(a) 缓进深切磨削　　　　　　　　　(b) 普通平面磨削

图 12.16　缓进深切磨削与普通平面磨削的比较

12.5.2　外圆磨削加工

1. 纵磨

纵磨又称贯穿磨削，如图 12.17 所示，工件随工作台作直线往复运动（纵向进给），每一往复行程终了时，砂轮作周期性横向进给。每次磨削吃刀量很小，磨削加工余量是在多次往复行程中磨去的。纵磨时，磨削吃刀量小，磨削力小，磨削热小且散热好，加上最后作几次无横向进给的光磨行程，直到火花消失为止，所以磨削精度高，表面粗糙度值小，但磨削效率低。纵磨广泛应用于单件、小批生产和精磨中，特别适用于细长轴的磨削加工。

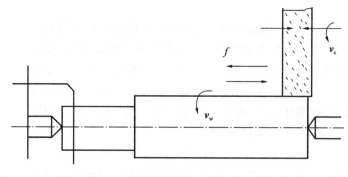

图 12.17　纵磨

2.横磨

横磨又称切入磨削,如图 12.18 所示。磨削加工时,工件无纵向运动,而砂轮以慢速作连续或断续的横向进给,直到磨去全部余量。横磨时,由于工件与砂轮的接触面积大,磨削力大,发热量多,磨削温度高,工件易发生变形和被烧伤。横磨生产效率高,加工精度较低,表面粗糙度值较大,适用于磨削长度短、刚度好、精度较低的外圆面和两侧都有台肩的轴颈工件的大批量生产,尤其是成形面,只要将砂轮修整成形,就可直接磨出。

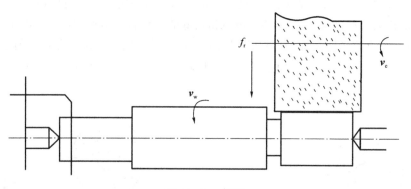

图 12.18　横磨

12.5.3　内圆磨削加工

内圆磨削加工是指用直径较小的砂轮加工圆柱孔、圆锥孔、孔端面和特殊形状内孔表面的方法。

内圆磨削加工可以磨削加工圆柱形或圆锥形的通孔、盲孔和阶梯孔。图 12.19(a)所示是采用纵磨磨削加工孔,图 12.19(b)所示是采用切入法磨削加工孔。有的内圆磨床还附有磨削加工端面的磨头,可以在一次装夹中磨削加工端面和内孔,如图 12.19(c)所示,以保证端面垂直于孔中心线。

与外圆磨削加工相比,内圆磨削加工具有以下特点。

(1)内圆磨削砂轮直径受工件孔径的限制,比外圆磨削砂轮直径小得多,要获得所需要的切削线速度,需要非常高的转速,要求使用相应的高速电动机和高寿命高转速轴承。

(2)内圆磨削砂轮轴直径小、悬伸长、刚性差,因此不能采用较大的磨削吃刀量和进给量。

(3)磨削加工时,砂轮与工件的接触面积大,磨削热多,切削液不易注入孔内,冷却条件和排

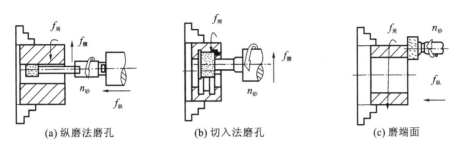

(a) 纵磨法磨孔　　　　　　　(b) 切入法磨孔　　　　　　　(c) 磨端面

图 12.19　普通内圆磨床的磨削加工方法

屑条件差,砂轮磨损快,需经常修整和更换。

由于上述原因,内圆磨削加工生产率较低,加工精度不高,尺寸精度一般为 IT7、IT8 级,表面粗糙度值 Ra 为 $1.6\sim0.2~\mu m$。磨孔一般适用于淬硬工件孔的精加工。与铰孔、拉孔相比,磨孔能校正原孔的轴线偏斜,提高孔的位置精度,但生产率比铰孔、拉孔低,在单件、小批生产中应用较多。

第13章 数控加工基础知识

随着科学技术的快速发展,现代化航空航天工业、飞机制造业、船舶业等产业也迅猛发展起来,产品品种不断增多,产品结构越来越复杂,复杂形状的零件越来越多,对产品零件质量、加工精度的要求也越来越高。同时,市场的残酷竞争使得产品研制周期越来越短,多品种、中小批量生产所占的比例显著增加,传统的加工设备和制造方法已很难适应这种多样化、柔性化和复杂形状零件的高质量、高精度、高效率加工要求。因此,能有效解决复杂、精密、中小批量多品种零件加工问题的数控加工技术得到了迅速发展和广泛应用,使制造技术发生了根本性的变化。尤其是柔性制造系统的兴起,使得现代化数控加工技术向柔性化、高精度化、高可靠性、高一体化、网络化和智能化制造方向发展。

常见的数控加工方法有数控车、数控铣、数控磨、数控线切割、数控钻、数控冲压等多种。数控加工已广泛应用于机械、电子、国防、航天等各行各业,成为现代加工不可缺少的加工方法。

13.1 数控加工概述

13.1.1 数控技术和数控机床

数控技术是综合了计算机、自动控制、电动机、电气传动、测量、监控、机械制造等学科领域的最新成果而形成的一门边缘科学技术。在现代机械制造领域中,数控技术已成为核心技术之一,是实现柔性制造(flexible manufacturing,FM)、计算机集成制造(computer integrated manufacturing,CIM)、工厂自动化(factory automation,FA)的重要基础技术之一。数控技术较早地应用于机床装备中,本书中所说的数控技术具体指机床数控技术。

国家标准(GB/T 8129—2015)把机床数控技术定义为用数字化信息对机床运动及其加工过程进行控制的一种方法,简称数控(numerical control,NC)。数控机床就是采用了数控技术的机床。国际信息处理联盟(International Federation of Information Processing)第五技术委员会对数控机床做了如下定义:数控机床是一个装有程序控制系统的机床,该系统能够逻辑地处理具有使用代码,或其他符号编码指令规定的程序。换言之,数控机床是一种采用计算机、利用数字信息进行控制的高效、能自动化加工的机床。它能够按照机床规定的数字化代码,把各种机械位移量、工艺参数、辅助功能(如刀具交换、冷却液开与关等)表示出来,经过数控系统的逻辑处理与运算,发出各种控制指令,实现要求的机械动作,自动完成零件加工任务。在被加工零件或加工工序变换时,它只需改变控制的指令程序就可以实现新的加工。所以,数控机床是一种灵活性很强、技术密集度和自动化程度很高的机电一体化加工设备。

随着自动控制理论、电子技术、计算机技术、精密测量技术和机械制造技术的进一步发展,数控技术正向高速度、高精度、智能化、开放型以及高可靠性等方向迅速发展。

13.1.2　数控加工的特点

数控加工是采用数字化信息对零件加工过程进行定义，并控制机床进行自动运行的一种自动化加工方法。它具有以下几个方面的特点。

（1）具有加工复杂形状零件的能力。

复杂形状零件在飞机、汽车、造船、模具、动力设备和国防工业等制造部门具有重要地位，它的加工质量直接影响整机产品的性能。数控加工运动的任意可控性使其能完成普通加工方法难以完成或者无法进行的复杂型面加工。

（2）自动化程度高，劳动强度低。

数控加工过程是按输入的程序自动完成的，在一般情况下，操作者主要是进行程序的输入和编辑、工件的装卸、刀具的准备、加工状态的监测等工作，不需要进行繁重的重复性的手工操作，体力劳动强度和紧张程度可大为减轻，劳动条件大大改善。

（3）高精度。

数控加工用数字程序控制实现自动加工，排除了人为误差因素，且加工误差还可以由数控系统通过软件技术进行补偿校正。因此，采用数控加工可以提高零件的加工精度和加工质量。

（4）高效率。

与采用普通机床加工相比，采用数控加工一般可提高生产率 2～3 倍，在加工复杂零件时生产率可提高十几倍甚至几十倍。特别是五面体加工中心和柔性制造单元等设备，零件一次装夹后能完成几乎所有部位的加工，不仅可消除多次装夹引起的定位误差，还可大大减少加工辅助操作，使加工效率进一步提高。

（5）高柔性。

数控加工只需要改变零件加工程序，即可适应不同品种的零件加工，且几乎不需要制造专用工装夹具，因此数控加工的加工柔性好，有利于缩短产品的研制和生产周期，适应多品种、中小批量的现代生产需要。

（6）良好的经济效益。

改变数控机床的加工对象时，只需重新编写加工程序，不需要制造、更换许多工具、夹具和模具，更不需要更新机床，节省了大量工艺装备费用，又因加工精度高，质量稳定，减少了废品率，使生产成本降低，生产率得到进一步提高，故能够获得良好的经济效益。

（7）有利于生产管理的现代化。

利用数控机床进行加工，可预先计算加工工时，所使用的工具、夹具、刀具可进行规范化、现代化管理。数控机床将数字信号和标准代码作为控制信息，易于实现加工信息的标准化管理。数控机床易于构成柔性制造系统，目前已和计算机辅助设计与制造（CAD/CAM）有机结合。数控机床及其加工技术是现代集成制造技术的基础。

然而数控机床初期投资大，维修费用高，数控机床及数控加工对操作人员和管理人员素质的要求也高。因此，应该合理地选择和使用数控机床，提高企业的经济效益和竞争力。

13.1.3　数控加工的适用范围

数控加工是一种可编程的柔性加工方法，但由于设备费用相对较高，故目前数控加工多应用于加工零件形状比较复杂、精度要求较高,以及产品更换频繁、生产周期短的场合。具体来说,以下类型的零件或部位适宜采用数控加工。

(1)形状复杂、加工精度要求高或用数学方法定义的复杂曲线、曲面轮廓。

(2)用通用机床加工时,要求设计和制造复杂的专用工装夹具或需很长调整时间的零件。

(3)价值高的零件。

(4)多品种、小批量生产的零件。

(5)钻削加工、镗削加工、铰削加工、攻螺纹及铣削加工联合进行的零件。

由于现代工业生产的需要,目前应用数控设备进行加工的部分行业和典型复杂零件如下。

(1)电器、塑料制造业和汽车制造业等:模具型面。

(2)航空航天工业:高压泵体、导弹仓、喷气叶片、框架、机翼、大梁等。

(3)造船业:螺旋桨。

(4)动力工业:叶片、叶轮、机座、壳体等。

(5)机床工具业:箱体、盘类零件、套类零件、轴类零件、凸轮、非圆齿轮、具有复杂形状的刀具与工具。

(6)兵器工业:炮架件体、瞄准陀螺仪的壳体、恒速器的壳体。

由此可见,目前的数控加工主要应用于以下两个方面。

(1)常规零件加工,如二维车削、箱体类镗铣等,目的在于提高加工效率,避免人为误差,保证产品质量;以柔性加工方式取消高成本的工装设备,缩短产品制造周期,适应市场需求。这类零件一般形状较简单,实现上述目的的关键,一方面在于提高机床的柔性自动化程度、高速高精加工能力、加工过程的可靠性和设备的操作性能;另一方面在于合理地组织生产、调度计划和安排工艺过程。

(2)复杂零件加工,如模具型腔、涡轮叶片等。该类零件在众多行业中具有重要的地位,加工质量直接影响甚至决定着整机产品的质量。这类零件型面复杂,常规加工方法难以实现,它不仅促使了数控加工技术的产生,而且一直是数控加工技术的主要研究和应用对象。由于零件型面复杂,在加工技术方面,除要求数控机床具有较强的运动控制能力(如多轴驱动)外,更重要的是如何有效地获得高效优质的数控加工程序,并从加工过程整体上提高生产率。

13.1.4 数控加工的重要性

数控加工是机械加工现代化的重要基础和关键技术,应用数控加工可大大提高生产率、稳定加工质量、缩短加工周期、提高生产柔性、实现对各种复杂精密零件的自动化加工,易于在工厂或车间实行网络化管理,还可使车间设备总数减少、节省人力、改善劳动条件,有利于加快产品的开发和更新换代,提高企业对市场的适应能力,并提高企业的综合经济效益。数控加工技术的应用,使零件的计算机辅助设计与制造、计算机辅助工艺规划的一体化成为现实,使机械加工的柔性自动化水平不断提高。

13.1.5 数控机床的发展趋势

数控加工技术是20世纪40年代后期为适应加工复杂外形零件而发展起来的一种自动化加工技术,对它的研究起源于飞机制造业。1947年,美国帕森斯(Parsons)公司为了精确地制作直升机机翼、桨叶和飞机框架,提出了用数字信息来控制机床自动加工复杂零件的设想。他们利用电子计算机对机翼加工路径进行数据处理,使得加工精度大大提高。1949 年,美国空军为了能在短时间内制造出经常变更设计的火箭零件,与帕森斯公司和麻省理工学院(MIT)伺服机构研究所合作,于 1952 年研制成功世界上第一台数控机床——三坐标立式铣床。1955 年,三坐标立式铣床进入实用阶段。此铣床可控制铣刀进行连续空间曲面的加工,揭开了数控加工技术的序幕。中国数控机床的研制是从 1958 年开始的,现在中国众多的机床厂家都能生产各类数控机床。数控机床在制造业的应用越来越广泛。现代数控加工正在向高速化、高精度化、高柔性化、高度的光机电商业一体化、网络化和智能化等方向发展。

1. 切削速度高速化

受高生产率的驱使,高速化已是现代机床技术发展的重要方向之一。高速切削可通过采用高速运算技术、快速插补运算技术、超高速通信技术和高速主轴技术等来实现。

2. 高精度控制

提高机床的加工精度,一般是通过减少数控系统误差,提高数控机床基础大件的结构特性和热稳定性,采用补偿技术和辅助措施来达到的。目前精整加工精度已提高到 $0.1~\mu m$,并进入了亚微米级,超精度加工进入纳米时代。

3. 高柔性化

柔性是指机床适应加工对象变化的能力。目前,在进一步提高单机柔性自动化加工的同时,正努力向单元柔性和系统柔性化发展。

4. 高度的光机电算液和声能等一体化

数控系统与加工过程作为一个整体,实现光机电声综合控制,测量造型、加工一体化,加工、实时检测与修正一体化,机床主机设计与数控系统设计一体化。

5. 网络化

实现多种通信协议,既满足单机需要,又能满足 FMS(柔性制造系统)、CIMS(计算机集成制造系统)对基层设备的要求。配置网络接口,通过 Internet 可实现远程监视和控制加工,进行远程检测和诊断,使维修变得简单。

6. 智能化

现代的 CNC 系统是一个高度智能化的系统,具体是指系统应在局部或全部实现加工过程的自适应、自诊断利自调整;多媒体人机接口使用户操作简单,智能编程使编程更加直观,可使用自然语言编程;加工数据自生成,具有智能数据库;智能监控;采用专家系统以降低对操作者的要求等。

13.2 数控机床的基本概念

数控机床(numerical control machine tools)就是一个装有数字控制系统的机床。该系统能够处理加工程序,控制机床自动完成各种加工运动和辅助运动。

13.2.1 数控机床的组成

数控机床的种类很多,但任何一台数控机床基本上都由控制介质、数控系统、伺服系统、辅助控制装置、机床本体、辅助装置组成,如图 13.1 所示。

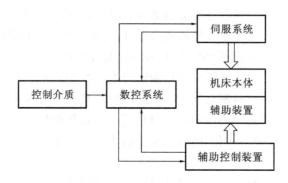

图 13.1 数控机床组成示意图

1. 控制介质

控制介质是将零件加工信息传送到控制装置的载体。不同类型的控制装置有不同的控制介质。常用的控制介质有穿孔纸带、穿孔卡、磁带、磁盘等。功能较强的数控系统通常还带有自动编程机或者计算机辅助设计系统和计算机辅助制造系统。

2. 数控系统

数控系统是数控机床的核心。现代数控系统通常是一台带有专门系统软件的专用微型计算机,由输入装置、控制运算器和输出装置等构成。它接收控制介质上的数字化信息,经过控制软件或逻辑电路对数字化信息进行编译、运算和逻辑处理后,输出各种信号和指令,控制机床的各个部分,使机床实现规定、有序的动作。

3. 伺服系统

伺服系统是数控机床的执行部分,由驱动部分和执行部分两个部分组成。它接收数控系统的指令信息,并按指令信息的要求控制执行部件的进给速度、方向和位移。指令信息是以脉冲信号发出的,每一脉冲使机床移动部件产生的位移量叫作脉冲当量。在目前数控机床的伺服系统中,常用的位移执行机构有步进电动机、直流伺服电动机和交流伺服电动机,后两者均带有光电编码器等位置测量元件。

4. 辅助控制装置

辅助控制装置是介于数控装置和机床机械、液压部件之间的强电控制装置。它接收数控系统输出的主运动变速、刀具交换等指令信号,经编译、逻辑判断、功率放大后直接驱动相应的电气、液压、气动和机械部件,使其完成各种规定的动作。此外,有些开关信号经过它送入数控装置进行处理。

5. 机床本体

机床本体是数控机床的主体,是用于完成各种切削加工的机械部分,包括主运动部件、进给运动执行部件(如工作台、滑板)及其传动部件和支承部件(如床身、立柱等)。

6. 辅助装置

辅助装置的作用是配合机床完成对零件的辅助加工。它通常也是一个完整的机器或装置,如切削液或油液处理系统中的冷却过滤装置,油液分离装置,吸尘吸雾装置,润滑装置,以及辅助主机实现传动和控制的气、液动装置等。虽然在某些自动化或非数控精密机床上也配备了这些装置,但是数控机床要求配备装置的质量更好、性能更优越,如从油质、水质、配方及元器件的挑选开始,一直到过滤、降温、动作等各个环节均从严要求。

除上述通用辅助装置外,从目前数控机床技术的现状看,数控机床还有以下经常配备的几类辅助装置:对刀仪,自动编程机,自动排屑器,物料储运及上、下料装置,交流稳压电源(在电网电压波动很大的情况下这是必需的辅助装置)。随着数控机床技术的不断发展,数控机床的辅助装置也会逐步得到扩展。

13.2.2 数控机床的基本结构特征

由上述数控机床的组成可知,数控机床与普通机床最主要的差别有两点:一是数控机床具有"指挥系统"——数控系统;二是数控机床具有实现运动的驱动系统——伺服系统。

就机床本体来讲,数控机床与普通机床大不相同。从外观上看,数控机床虽然也有普通机床都有的主轴、床身、立柱、工作台、刀架等机械部件,但在设计上已发生了巨大的变化,主要表现在以下方面。

(1)机床刚性大大提高,抗振性能大为改善。例如,有的数控机床采用了加宽机床导轨面、改变立柱和床身内部布肋方式、动平衡等措施。

(2)机床热变形减小。一些重要部件采用强制冷却措施。例如,有的数控机床采取了切削液通过主轴外套筒的办法来保证主轴处于良好的散热状态。

(3)机床传动结构简化,中间传动环节减少。例如,数控机床用一、二级齿轮传动或"无隙"齿轮传动代替多级齿轮传动,有些结构甚至取消了齿轮传动。

(4)机床各运动副的摩擦因数较小。例如,数控机床用精密滚珠丝杠代替普通机床上常见的滑动丝杠,用塑料导轨或滚动导轨代替一般滑动导轨。

(5)机床功能部件增多。例如,数控机床用多刀架、复合刀具或多刀位装置代替单刀架,增加了自动换刀(换砂轮、换电极、换动力头等)装置,实现了自动换刀、自动上下料、自动检测等。

13.2.3 数控机床的分类

数控机床的种类很多,一般可按以下几种方式对数控机床进行分类。

1. 按工艺用途分类

目前,数控机床的品种有 500 多种。数控机床按工艺用途可分为以下四大类。

1)金属切削类数控机床

金属切削类数控机床是指采用车、铣、镗、钻、铰、磨、刨等各种切削加工工艺的数控机床。它又可分为以下两类。

(1)普通数控机床。

普通数控机床一般是指在加工工艺过程中的一个工序上实现数字控制的自动化机床,有数控车床、数控铣床、数控刨床、数控镗床和数控磨床等。它在自动化程度上还不够完善,刀具的更换与工件的装夹仍需人工完成。

(2)加工中心。

加工中心是带有刀库和自动换刀装置的数控机床。在加工中心上,可使工件一次装夹后,实现多道工序的几种连续加工。加工中心的类型很多,一般分为铣削加工中心、车削加工中心、钻削加工中心等。加工中心由于减小了多次安装造成的定位误差,提高了工件各加工面的位置精度。

2）金属成形类数控机床

金属成形类数控机床是指采用挤、压、冲、拉等成形工艺的数控机床。常用的金属成形类数控机床有数控折弯机、数控弯管机、数控压力机、数控冲剪机等。

3）特种加工类数控机床

特种加工类数控机床主要有数控电火花线切割机、数控电火花成形机、数控火焰切割机等。

4）测量、绘图类数控机床

测量、绘图类数控机床主要有数控绘图仪、数控坐标测量仪、数控对刀仪等。

2. 按控制运动的方式分类

1）点位控制数控机床

这类数控机床只控制机床运动部件从一点移动到另一点的准确定位，在机床运动部件的移动过程中不进行切削加工，对两点间的移动速度和运动轨迹没有严格控制。为了减少移动时间和提高终点位置的定位精度，一般先快速移动，当接近终点位置时，再以低速准确移动到终点。这类数控机床有数控钻床、数控镗床、数控冲床、数控点焊机和数控折弯机等。

2）直线控制数控机床

这类数控机床在工作时，不仅要控制起点和终点的准确位置，还要控制刀具以一定的进给速度沿与坐标轴平行的方向进行切削加工。这类数控机床有数控车床、数控铣床和数控磨床等。

3）轮廓控制数控机床

这类数控机床又称连续控制数控机床或多坐标联动数控机床，机床的控制装置能够同时对两个或两个以上的坐标轴进行连续控制。使用这类数控机床进行加工时，不仅要控制起点和终点，还要控制整个加工过程中每点的速度和位置。这类数控机床有数控电火花线切割机和加工中心等。

3. 按数控系统的功能水平分类

按数控系统的功能水平，通常把数控机床分为低档、中档、高档三类。数控机床（数控系统）档次的高低根据主要技术参数、功能指标和关键部件的功能水平确定。相对而言，在不同时期，低档、中档、高档划分的标准会不同。就目前的发展水平来看，这三个档次的数控机床的基本功能及参数如下。

1）低档数控机床

这类数控机床以步进电机驱动为特征，分辨率为 13 μm，进给速度为 8～15 m/min，主 CPU 采用 8 位 CPU 或 16 位 CPU，脉冲当量为 0.005～0.01 mm，用数码管或简单 CRT 显示。它主要用于车床、电火花线切割加工机床和旧机床改造等。

2）中档数控机床

这类数控机床的伺服进给采用半闭环及直、交流伺服控制，分辨率为 1 μm，脉冲当量为 0.001～0.005 mm，进给速度为 15～20 m/min，主 CPU 采用 16 位 CPU 或 32 位 CPU，具备较齐全的 CRT 显示，可以显示字符和图形，进行人机对话、自诊断等，通常采用 RS-232 通信接口或 DNC 通信接口。

3）高档数控机床

这类数控机床的伺服进给采用闭环及直、交流伺服控制，分辨率为 0.1 μm，脉冲当量为

0.000 1~0.001 mm,进给速度为 20 m/min,主 CPU 采用 32 位或以上 CPU,CRT 显示除具备中档的功能外,还具有三维图形显示功能等,通常采用遵守制造自动化协议(manufacturing automation protocol,MAP)的接口等高性能通信接口,具有联网功能。

13.3 数控机床的工作原理

在对工件进行数控加工之前,首先要根据被加工工件的图样和工艺方案,用规定的代码和程序格式编写数控加工程序,并用适当的方法将程序输入机床的数控系统中。数控系统对输入的程序进行译码、运算之后,向机床输出各种信息和指令,控制机床各部分按规定有序地动作。伺服系统的作用就是将进给速度、位移量等信息转换成机床的进给运动,数控系统要求伺服系统能准确、快速地跟随控制信息,实现机械运动,同时,检测反馈系统将机械运动的实际位置、速度等信息反馈至数控系统中,并与指令数值进行比较后发出相应指令,修正所产生的偏差,提高数控机床的位置控制精度。数控机床的工作原理如图 13.2 所示。

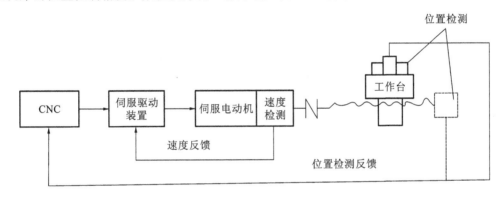

图 13.2 数控机床的工作原理

总之,数控机床的运行在数控系统的严密监控下,处在不断地计算、输入、输出、反馈等控制过程中,从而保证数控机床严格按照所输入程序的要求来执行动作。从数控机床最终要完成的任务看,数控机床加工主要有以下三个方面的内容。

13.3.1 主轴运动

和普通机床一样,数控机床的主轴运动主要完成切削加工任务,其动力占数控机床动力的70%~80%。主轴的基本控制功能是正、反转和停止,可自动换挡及无级调速。对于加工中心和有些数控车床,还要求主轴具有高精确准停和分度功能。

13.3.2 进给运动

进给运动是数控机床区别于普通机床最主要的地方,即用电气驱动代替了机械驱动。数控机床的进给运动是由进给伺服系统完成的。进给伺服系统由进给伺服驱动装置、伺服电动机、进给传动链和位置检测反馈装置等组成。

一般来说,数控机床功能的强弱主要取决于计算机数控系统(CNC)装置,而数控机床性能的优势,如运动速度与精度等,主要取决于进给伺服驱动系统。为了保证进给运动的位置精度,人们采取了一些有效的措施。例如:对机械传动链进行预紧和反向间隙调整;采用高精度的位置检测反馈装置;采用高性能的伺服驱动装置和伺服电动机,来提高数控系统的运算速度等。

13.3.3 输入/输出(I/O)接口

数控系统对数控加工程序进行处理后输出的控制信号除了对进给运动轨迹进行精确的控制外,还需要对机床主轴启/停和换向、刀具更换、工件夹紧/松开以及冷却、润滑、分度工作台转位等辅助运动进行控制。例如,通过对数控加工程序中的 M 代码指令、机床操作面板上的控制开关及分布在机床各部位的行程开关、接近开关、压力开关等输入元件的检测,由数控系统内的可编程控制器(PLC)进行逻辑运算,输出控制信号驱动中间继电器、接触器、电磁阀和电磁制动器等输出元件,对冷却泵、润滑泵、液压系统和启动系统进行控制。

13.4 数控加工的主要内容和常用术语

13.4.1 数控加工的主要内容

在数控机床上加工工件时,将编写好的数控加工程序输入数控系统中,再由数控系统控制机床主运动的变速、启停,进给运动的方向、速度和位移大小,以及其他如刀具交换、工件夹紧/松开和冷却的启/停、润滑的启/停等动作,使刀具与工件及其他辅助装置严格按照数控加工程序规定的顺序、路程和参数工作,从而加工出形状、尺寸与精度符合要求的工件。

一般来说,数控加工主要包括以下内容。

(1)选择并确定工件的数控加工内容。

(2)对零件图进行数控加工的工艺分析。

(3)确定数控加工路线。

(4)编写数控加工程序单。

(5)按程序单制作程序介质。

(6)校验和调试数控的程序。

(7)首件试加工和现场问题处理。

(8)定型和归档数控加工工艺技术文件。

13.4.2 数控加工常用术语

1. 两坐标和多坐标加工

在数控机床中,机床的相关部件要进行位移量控制,故需要建立坐标系,以便分别进行控制。目前大多数数控机床采用直角坐标系。对于一台数控机床来说,所谓的坐标系,是指有几个运动采用了数字控制。图 13.3(a)所示为一台数控车床。X 和 Z 方向的运动采用了数字控制,所以是一台两坐标数控车床;图 13.3(b)所示的数控铣床 X、Y、Z 三个方向都能进行数字控制,因此它是一台三坐标数控铣床;有些数控机床的运动部件较多,在同一坐标轴方向上会有两个或更多的运动是采用数字控制的,所以还有四坐标数控机床、五坐标数控机床,如图 13.3(c)、(d)所示。

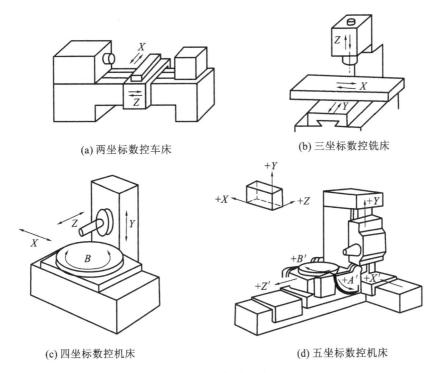

(a) 两坐标数控车床　　　　　　　(b) 三坐标数控铣床

(c) 四坐标数控机床　　　　　　　(d) 五坐标数控机床

图 13.3　数控机床

需要注意的是,数控机床的坐标数不能与"两坐标加工""三坐标加工"混淆。图 13.3(b)所示是一台三坐标数控铣床,若控制机只能控制任意两坐标联动,则只能实现两坐标加工。两坐标轮廓加工如图 13.4 所示。有时相对于一些简单立体型面,也可采用这种机床加工,即某两个坐标联动,另一个坐标周期进给,将立体型面加工转化为平面轮廓加工,此即所谓两坐标联动的三坐标数控机床加工,也称为两轴半(2.5 轴)坐标加工。若控制机能控制三个坐标联动,则能实现三坐标加工。三坐标曲面加工如图13.5所示。

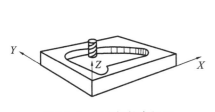

图 13.4　两坐标轮廓加工

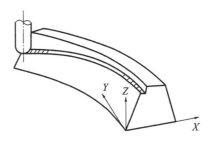

图 13.5　三坐标曲面加工

2. 插补

一个零件的形状往往看起来很复杂,实际上大多数是由一些简单几何元素,如直线、圆弧等构成的。例如,加工图 13.6 所示的一段圆弧,已知条件仅是该圆弧的起点 A 和终点 B 的坐标,圆心 O 坐标和半径未知,要想把圆弧段 AB 光滑地描绘出来,必须把圆弧段 A、B 之间各个点的坐标值计算出来,把这些点填补到 A、B 之间。通常把这种填补空白的工作称为插补,把计算插补点的运算称为插补运算,把实现插补运算的装置称为插补器。

数控系统根据控制介质上的信息来控制对各坐标轴的脉冲分配比例而得到所希望的轨迹。对于具有斜率的直线,一定要按 X、Y、X、Y、X、X、Y、X、Y、X 的顺序分配脉冲。具有沿平滑直线分配脉冲功能的插补称为直线插补,实现这种插补运算的装置称为直线插补器。具有沿圆弧分配脉冲功能的插补称为圆弧插补,实现这种插补运算的装置称为圆弧插补器。在硬件数控机床中,数控系统通过逻辑电路实现插补功能;而在计算机数控机床中,数控系统靠软件实现插补功能。

对于现代生产中使用的轮廓控制数控机床,数控系统大多数具有直线插补和圆弧插补功能。

3. 刀具补偿

具有刀具半径补偿功能的数控装置能使刀具中心自动从零件轮廓上偏离一个指定的刀具半径值(补偿量),并使刀具中心在这一被补偿的轨迹上运动,从而把工件加工成图纸上要求的轮廓形状,如图 13.7 所示。

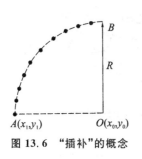

图 13.6 "插补"的概念

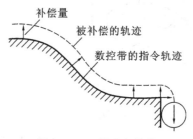

图 13.7 刀具半径补偿

当控制机具有刀具半径补偿功能时,在编程时不考虑加工所用的刀具半径,直接按照零件的实际轮廓形状来编制数控加工程序指令;而在加工时,把实际采用的刀具半径值通过"刀具半径拨码盘"或键输入,系统自动地算出每个程序段在各坐标方向的补偿量。实际上,刀具半径补偿功能仅仅是刀具补偿功能中的一种,刀具补偿功能还有刀具长度补偿功能等。

13.4.3 数控机床坐标系

为了准确地描述机床运动,简化程序的编制,并使所编程序具有互换性,需要规定数控机床的坐标轴和运动方向。国际标准化组织(ISO)已经统一了标准坐标系,我国机械工业部也颁发了标准《工业自动化系统与集成　机床数值控制坐标系和运动命名》(GB/T 19660—2005)。

1. 命名原则

机床在加工工件时可以是刀具移向工件,也可以是工件移向刀具。为了根据图样确定机床的加工过程,规定永远假定刀具相对于静止的工件坐标系运动。

2. 机床坐标系

为了确定机床的运动方向、移动的距离,要在机床上建立一个坐标系,此坐标系即标准坐标系,也叫机床坐标系。在编制程序时,以该坐标系来规定运动的方向和距离。

机床坐标系是机床上固有的基本坐标系。数控机床的坐标系采用右手笛卡儿坐标系。基本坐标轴为 X、Y、Z 轴,与机床的主要导轨平行。基本坐标轴 X、Y、Z 轴之间的关系及其正方向用右手定则判定:拇指为 X 轴,食指为 Y 轴,中指为 Z 轴,其正方向为各手指的指向,并分别用 $+X$、$+Y$、$+Z$ 表示。

3. 工件坐标系

工件坐标系是编程时使用的坐标系,又称为编程坐标系。编程时首先要根据被加工零件的几何形状和尺寸,在零件图上设定工件坐标系,使零件图上的所有几何元素在坐标系中都有确定的位置,为编程提供轨迹坐标和运动方向。

工件坐标系的坐标轴根据工件在机床上的安装位置和加工方法而确定。一般工件坐标系的 Z 轴要与机床坐标系的 Z 轴平行,且正方向一致,与工件的主要定位支承面垂直;工件坐标系的 X 轴选择在工件尺寸较大或切削加工时的主要进给方向上,且与机床坐标系的 X 轴平行,正方向一致;工件坐标系的 Y 轴可根据右手定则确定。

13.5 数控编程基础

在数控编程以前,首先对零件图规定的技术要求、几何形状、加工内容、加工精度等进行分析;在分析的基础上确定加工方案、加工路线、对刀点、刀具和切削用量等;然后进行必要的坐标计算。在完成工艺分析并获得坐标的基础上,将确定的工艺过程、工艺参数、刀具位移量与方向以及其他辅助动作,按走刀路线和所用数控系统规定的指令代码及程序格式编制出程序单,经验证后通过 MDI 接口、RS-232C 接口、USB 接口、DNC 接口等输入数控系统,以控制机床自动进行加工。这种从分析零件图开始,到获得数控机床所需的数控加工程序的全过程称为数控编程。

程序是人的加工意念与数控加工之间的纽带,数控编程是数控加工的关键步骤。概括地说,数控编程的主要内容有:分析图纸技术要求并进行工艺设计,以确定加工方案,选择合适的机床、刀具、夹具,确定合理的走刀路线和切削用量等;建立工件的几何模型,计算加工过程中刀具相对工件的运动轨迹;按照数控系统可接受的程序格式,编写零件加工程序,然后对加工程序进行校验、测试和修改,直至得到合格的加工程序。

13.5.1 数控编程的步骤和方法

1. 数控编程的步骤

在一般情况下,数控编程主要包括分析零件图、确定加工工艺、数值计算、编写加工程序、程序录入、程序检验及零件试切等内容,如图 13.8 所示。

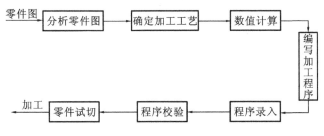

图 13.8 数控编程的步骤

1)分析零件图

分析零件图,即分析零件的材料、形状、尺寸精度、表面粗糙度以及毛坯的形状和热处理要求等。通过分析,确定该零件是否适合在数控机床上加工,同时明确加工的内容和要求,以便确定零件的加工工艺。

2）确定加工工艺

确定零件的加工方法（如采用的夹具、装夹定位方法）、加工路线（如对刀点、进给路线）和切削用量（如主轴转速、进给速度）等工艺参数。加工工艺遵循的基本原则是走刀路线尽量短，对刀点、换刀点合理，换刀次数尽量少，最大限度地提高数控机床的效率。

3）数值计算

根据零件图的几何尺寸、所确定的加工路线和设定的坐标系，计算出数控机床加工所需的数据，包括零件轮廓线上各几何元素的起点、终点，圆弧的圆心，几何元素的交点或切点等坐标尺寸。数值计算的复杂程度取决于零件的复杂程度和数控系统的功能：对于形状比较简单（由直线或圆弧组成）的平面零件，仅需要算出零件轮廓相邻几何元素的交点或切点的坐标值；当零件形状比较复杂，并与数控系统的插补功能不一致时，就需要进行较复杂的数值计算，这时可借助计算机完成计算。

4）编写加工程序

根据数值计算得到的零件加工数据和已确定的工艺参数（如加工路线、切削用量、刀具号码、刀具补偿量、机床辅助动作以及刀具运动轨迹），按照数控系统规定的功能指令代码和程序段的格式编写零件加工程序，填写相应的工艺文件。

5）程序录入

程序录入有手动数据输入、介质输入和通信输入等方式。对于不太复杂的零件，通常采用手动数据输入方式，即按所编程序单内容，通过操作数控系统键盘进行程序输入，并进行程序检查。介质输入方式是将加工程序记录在磁盘、磁带等介质上，用输入装置一次性输入。还可以在不占用加工时间的情况下进行通信输入。

6）程序校验、零件试切

在对零件进行加工之前，需要对程序进行检验。一般是通过数控机床的空运行或图形仿真功能来校验程序，包括校验程序的语法是否有错、加工轨迹是否正确等。在图形仿真工作状态下运行程序时，只要程序存在语法或计算错误，运行中会自动显示编程出错而提示报警。根据报警内容，编程人员可对出错程序段进行调整，同时对照零件图，检查仿真出的刀具轨迹是否符合要求，以便对程序进行修改。

这种方法只能检验刀具的运动轨迹是否正确，不能检验被加工零件的加工精度。因此，程序校验结束后，还需要在机床上进行零件的首件试切，以便确定零件的加工精度是否符合要求。如果加工出来的零件的误差不符合要求，则需要分析误差产生的原因，对程序和加工参数进行修正，直到加工出满足零件图要求的零件为止。

2. 数控编程的方法

数控编程的方法有手工编程和自动编程两种。对于尺寸较少的简单零件的加工，一般采用手工编程。对于加工内容比较多、加工型面比较复杂的零件，需要采用自动编程。

1）手工编程

手工编程是指从零件图分析、工艺处理、数值计算、编写程序单、输入程序，直至程序校验等各步骤主要由人工完成。手工编程适用于点位加工、几何形状不太复杂的零件的加工、二维加工和不太复杂的三维加工。程序编制时，坐标计算较为简单，编程工作量小，程序段不多。

2）自动编程

自动编程是指利用计算机及其外围设备组成的自动编程系统完成程序编制工作的方法，也称为计算机辅助编程。对于复杂的零件,如一些非圆曲线、曲面的加工,或者零件的几何形状并不复杂但是程序编制的工作量很大,或者需要进行复杂的工艺及工序处理的零件,因在加工编程过程中的数值计算非常烦琐,如果采用手动编程,耗时多而效率低,甚至无法完成,因此必须采用自动编程的方法。

自动编程除了分析零件图和制定工艺方案由人工进行外,数学处理、编写程序、检验程序等工作都是由计算机自动完成的。由于计算机可自动绘制出刀具中心的运动轨迹,编程人员可及时对程序进行检查或修改。

根据输入方式的不同,可将自动编程分为图形数控自动编程、语言数控自动编程和语音数控自动编程等。图形数控自动编程是将零件的图形信息直接输入计算机,通过自动编程软件的处理得到数控加工程序。目前,图形数控自动编程是使用较为广泛的自动编程方式。语言数控自动编程是指将被加工零件的几何尺寸、工艺要求、切削参数和辅助信息等用数控语言编写成源程序后输入计算机中,由计算机进行处理得到零件加工程序。语音数控自动编程是指采用语音识别器将编程人员发出的声音加工指令转变为加工程序。

与手工编程相比,自动编程可降低编程劳动强度,缩短编程时间和提高编程质量,但硬件和软件配置费用较高。自动编程在加工中心、数控铣床上应用比较普遍。

13.5.2 数控加工程序的格式

数控加工程序是根据数控系统规定的语言规则和程序格式编制的。为便于数控机床的设计、制造、使用和维修,在程序输入代码、指令及格式等方面,国际上已形成了两种通用标准,即国际标准化组织的 ISO 标准和美国电子工业协会的 EIA 标准。中国根据 ISO 标准制定了相关标准,这些标准是数控编程的基本准则。

1. 程序结构

数控程序的结构由程序名(程序号)、程序内容和程序结束三个部分组成。具体程序举例如下。

```
O0001;
N001 G99 M03 T0131;
N002 G00 X20. Z1.;
N003 G01 Z-13 F0.05;
N004 G00 X30;N005 Z50;
...
N130 M30;
%
```

(1)程序名(程序号)。

程序名为程序的开始部分,由英文字母"O"和四位阿拉伯数字组成(如 O0001)。一个完整的程序必须有一个程序名,程序名是识别、检索和调用该程序的标志。程序名的第一位字符为程序编号的地址,不同的数控系统程序编号地址有所不同。例如,在 GSK980TA、FANUC 系统中,用英文字母"O"作程序编号地址,还有的系统采用"P"或"%"等作程序编号地址。

(2)程序内容。

程序内容是整个程序的核心部分,由若干个程序段构成,表示数控机床要完成的全部动作。

(3)程序结束。

程序结束指令通常为 M30 或者 M02。

2. 程序段格式

程序段格式是指一个程序段中指令字的排列顺序和表达方式。每个程序段中有若干个指令字(也称功能字),每个指令字表示一种功能,指令字由表示地址的英文字母、正负号和数字组成。一个程序段表示一个完整的加工工步或加工动作。程序段格式有固定顺序程序段格式、带有分隔符的固定顺序程序段格式、字地址程序段格式等。目前应用较为广泛的程序段格式是字地址程序段格式。

字地址程序段格式由一系列指令字组成,程序段的长短、指令字的数量都是可变的,对指令字的排列顺序没有严格要求,各指令字可根据需要选用,不需要的字和与上一程序段相同的续效字可以省略不写。

13.5.3 数控系统的功能指令

1. 准备功能指令

准备功能指令是使数控机床做好某种操作准备的指令,用地址 G 和两位数字来表示。不同的数控系统 G 指令的功能可能不一样,即使是同一种数控系统,数控车床和数控铣床某些 G 指令的功能也有区别。FANUC 系统数控车床和数控铣床常用的准备功能指令分别如表 13.1 和表 13.2 所示。

表 13.1 FANUC 系统数控车床常用准备功能指令

代　　码	组　别	功　　能	代　　码	组　别	功　　能
G00	01	快速移动	G70	00	精加工循环
G01		直线插补	G71		外圆、内圆粗车循环
G02		顺时针圆弧插补	G72		端面粗车循环
G03		逆时针圆弧插补	G73		封闭切削循环
G04	00	暂停	G74		端面切削循环
G20	06	英制单位输入	G75		外圆、内圆切槽循环
G21		公制单位输入	G76		复合型螺纹切削循环
G27	00	返回参考点检测	G90	01	轴向切削固定循环
G28		返回至参考点	G92		螺纹切削循环
G32	01	螺纹切削	G94		径向切削固定循环
G40	07	刀尖圆弧半径补偿取消	G96	02	主轴恒线速控制
G41		刀尖圆弧半径左补偿	G97		主轴恒转速控制
G42		刀尖圆弧半径右补偿	G98	05	每分钟进给
G50	00	编程坐标系设定或者主轴最大转速设定	G99		每转进给

表 13.2 FANUC 系统数控铣床常用准备功能指令

代 码	组 别	功 能	代 码	组 别	功 能
G00		快速定位	G73		深孔钻削循环
G01	01	直线插补	G74		左旋螺纹加工循环
G02		顺时针圆弧插补	G76		精细钻孔循环
G03		逆时针圆弧插补	G80		固定循环取消
G04	00	暂停	G81		钻孔循环、镗孔循环
G17		XY 平面选择	G82		钻孔循环、镗阶梯孔循环
G18	02	ZX 平面选择	G83	09	深孔钻削循环
G19		YZ 平面选择	G84		右旋螺纹加工循环
G28	00	自动返回至参考点	G85		镗孔循环
G40		刀具半径补偿取消	G86		镗孔循环
G41	07	刀具半径左补偿	G87		反镗孔循环
G42		刀具半径右补偿	G88		镗孔循环
G43		刀具长度正补偿	G89		镗孔循环
G44	08	刀具长度负补偿	G90	03	绝对坐标编程
G49		刀具长度补偿取消	G91		增量坐标编程
G50	11	比例缩放取消	G92	00	设定工件坐标系
GS1		比例缩放有效	G94	05	每分钟进给
G54~G59	14	设定工件坐标系	G95		每转进给
G68	16	坐标旋转方式开	G98	13	固定循环返回起始面
G69		坐标旋转方式关	G99		固定循环返回安全面

在表 13.1 和表 13.2 中,00 组 G 指令为非模态指令,其他的指令均为模态指令。非模态指令又称程序段式指令,该类指令只在它指定的程序段中有效,如果下一程序段还需要使用,则应重新写入程序段中。模态指令又称续效指令,这类指令一旦被应用就会一直有效,直到出现同组的其他指令时才被取代。后续程序段中如果还需要使用该指令,则可以省略不写。

2. F 功能指令

F 功能也称进给功能,它的作用是指定执行元件(如架、工作台等)的进给速度,程序中用 F 和其后面的数字表示。在 FANUC 数控车床的数控系统中,F 代码用 G98 和 G99 指令来设定进给单位;在 FANUC 数控铣床的数控系统中,F 代码用 G94 和 G95 指令来设定进给单位。

3. S 功能指令

S 功能也称主轴转速功能,它的作用是指定主轴的旋转速度。主轴转速有两种表示方式,分别用 G96 和 G97 来指定。G96 称为恒线速指令,用来指定切削加工的线速度,以 m/min 为计量单位,如 G96 S120 表示切削加工的线速度为 120 m/min。恒定的主轴线速度更有利于获得好的表面质量。G97 称为恒转速指令,用来指定主轴转速,以 r/min 为计量单位,如 G97 S1200 表示主轴转速为 1 200 r/min,切削加工过程中主轴转速恒定,不随工件的直径大小而变化。G97 主要用在工件直径变化较小和车削加工螺纹的场合。

4. T 功能指令

T 功能也称刀具功能,它的作用是指定刀具号和刀具补偿号,用 T 和其后的数字表示。

(1)T×× 为两位表示方法,如 T04 表示第 4 把刀。刀具补偿号由地址符 D 或 H 指定。T 功能的这种表示方法一般用于数控铣床和加工中心。

(2)T×××× 为四位表示方法,是数控车床中使用最多的一种形式,前两位数字为刀具号,后两位数字表示相应刀具的刀具补偿号。例如,T0202 表示 2 号刀具的 2 号补正,T0112 表示 1 号刀具的 12 号补正。

通常使用的刀具序号应与刀架上的刀位号相对应,以免出错。刀具补偿号与数控系统刀具补偿显示页上的序号是对应的,它只是补偿量的序号,真正的补偿量是该序号设置的值。为了方便,通常使刀具序号与刀具补偿号一致,如 T0202 等。

5. 辅助功能指令

辅助功能指令又称 M 指令或 M 代码,它的作用是控制机床或系统的辅助功能动作,如冷却泵的开、关,主轴的正转、反转,程序的走向等。M 指令由字母 M 和其后两位数字组成。在 FANUC 系统中,一个程序段只能有一个 M 指令有效。

13.6 数控加工工艺设计

工艺设计是指对工件进行数控加工的前期工艺准备工作,它是在程序编制工作之前进行的。工艺设计相当于一般编程的算法设计。数控加工工艺设计的主要内容如下。

(1)选择并确定零件的数控加工内容。

(2)选择加工方法。

(3)对零件图进行数控加工工艺性分析。

(4)设计数控加工工艺路线。

(5)设计数控加工工序。

数控加工工艺设计的原则和内容在许多方面与普通机床加工工艺基本相似,以下主要针对数控加工的特点简要说明。

13.6.1 选择并确定零件的数控加工内容

当选择并决定对某个零件进行数控加工后,还必须选择零件数控加工的内容,以决定零件的哪些表面需要进行数控加工,一般可按下列顺序考虑。

(1)普通机床无法加工的内容应作为数控加工优先选择的内容。

(2)普通机床难加工,质量也难以保证的内容应作为数控加工重点选择的内容。

(3)普通机床加工效率低,工人手工操作劳动强度大的内容,可在数控机床尚存在富余的基础上选择。

此外,还要防止把数控机床降为普通机床使用。

13.6.2 选择加工方法

加工方法的选择原则是保证获得所需要的加工精度和表面粗糙度。由于获得同样精度可用的加工方法很多,因此实际选择加工方法时,要结合零件的形状、尺寸、材料和热处理的要求等全面考虑。例如,对于 IT7 级精度的孔,采用镗削加工、铰削加工、磨削加工等加工方法均可达到要求,但箱体孔一般采用镗削加工或铰削加工,而不宜采用磨削加工,小尺寸的箱体孔一般选择铰削加工,当孔径较大时,则应选择镗削加工。此外,选择加工方法时还应考虑生产率和经济性的要求,以及生产设备等实际情况。

在一般情况下,数控车床适合加工形状比较复杂的轴类零件和由复杂曲线回转形成的模具内型腔;立式数控铣床适合加工平面凸轮,样板,形状复杂的平面或立体零件,以及模具的内、外型腔等;卧式数控铣床适合加工箱体、泵体等壳类零件;多坐标联动的加工中心还可以加工各种形状复杂的叶轮和模具等。

精度要求较高的零件表面常常通过粗加工、半精加工和精加工逐步达到要求。确定加工方案时,首先应根据主要表面的精度和表面粗糙度的要求,初步确定加工方法。常用加工方法的经济加工精度和表面粗糙度可查阅有关工艺手册。

13.6.3　对零件图进行数控加工工艺性分析

数控加工的工艺分析需要注意以下方面。

1. 选择合适的对刀点和换刀点

对刀点是数控加工时刀具相对零件运动的起点,又称起刀点,也就是程序运行的起点。对刀点选定后,便确定了机床坐标系和工件坐标系之间的相互位置关系。

刀具在机床上的位置是由刀位点的位置来表示的。刀具不同,刀位点不同。平头立铣刀、端铣刀的刀位点为它们的底面中心;钻头的刀位点为钻尖;球头铣刀的刀位点为球心;车刀、镗刀的刀位点为刀尖。在对刀时,刀位点应与对刀点一致。

对刀点选择的原则是:主要考虑在机床上对刀方便、便于观察和检测,编程时便于数学处理和有利于简化编程。为了提高零件的加工精度、减小对刀误差,对刀点应尽量选在零件的设计基准或工艺基准上。例如,对于以孔定位的零件,应将孔的中心作为对刀点。

2. 审查与分析工艺基准的可靠性

数控加工工艺特别强调定位加工,尤其是正反两面都采用数控加工的零件,工艺基准的统一是十分有必要的,否则很难保证两次装夹加工后两个面上的轮廓位置和尺寸协调。如果零件上没有合适的基准,可以考虑在零件上增加工艺凸台或工艺孔,在加工完成后将其去除。

3. 选择合适的零件装夹方式

在数控机床上加工时,应尽量使零件能够一次装夹,完成所有待加工面的加工;应合理选择定位基准和夹紧方式,以减少误差环节;应尽量采用通用夹具或组合夹具,必要时才设计专用夹具。夹具设计的原理和方法与普通车床所用夹具相同。

13.6.4　设计数控加工工艺路线

与通用机床加工工艺路线设计相比,数控加工工艺路线设计仅是对几道数控加工工序工艺过程的概括,而不是指从毛坯到成品的整个工艺过程。因此,数控加工工艺路线要与零件的整个工艺过程相协调,设计数控加工工艺路线时应注意以下几个问题。

1. 工序的划分

在划分工序时,要综合考虑数控加工的特点、零件的结构和工艺性、机床的功能、零件数控加工内容的多少和装夹次数等因素。可以采用以一次装夹加工作为一道工序,以同一把刀具加工的内容划分工序,以加工部位划分工序,以粗加工、精加工划分工序等方法进行工序的划分。

2.加工顺序的安排

加工顺序的安排应根据零件的结构和毛坯状况,以及定位与夹紧的需要来考虑,重点保证工件的刚性不被破坏。例如,先进行内型腔加工工序。当在同一次装夹中进行多道工序时,应先安排对工件刚性破坏最小的工序。

3.数控加工工序与普通工序的衔接

数控加工工序前后一般都穿插有普通工序,如果数控加工工序与普通工序衔接得不好,就容易产生矛盾。解决的最好办法是相互建立状态要求,如:要不要留加工余量,留多少;建立定位面与孔的精度要求,规定几何公差;建立对毛坯的热处理要求等。这样做的目的是保证相互满足要求,且质量目标和技术要求明确,验收时有依据。

13.6.5 设计数控加工工序

设计数控加工工序的主要内容是进一步把本工序的加工内容、加工用量、工艺装备、定位夹紧方式和刀具运动轨迹具体确定下来,为编制数控加工程序做好充分准备。在设计数控加工工序时应注意以下几个方面。

1.确定走刀路线和安排工步顺序

零件加工的走刀路线是刀具在整个加工工序中的运动轨迹,它不但包括了工步的内容,而且反映出工步顺序,是编程的主要依据之一。因此,在确定走刀路线时最好画一张工序简图,将已经拟定出的走刀路线画上去(包括切入、切出路线),这样可以方便编程。工步的安排一般可根据走刀路线进行。在确定走刀路线时,主要考虑以下几点。

(1)对点位加工的数控机床(如钻床、镗床),要考虑尽可能缩短走刀路线,以减少空程时间,提高加工效率。

(2)为保证零件轮廓表面加工后的粗糙度要求,最终轮廓应安排最后一次走刀连续加工。

(3)对刀具的进退路线需要认真考虑,要尽量避免在轮廓处停刀或垂直切入、切出零件,以免留下刀痕(切削力发生突然变化而造成弹性变形)。在车削和铣削加工零件时,应尽量避免如图 13.9(a)所示的径向切入(或切出),而应按如图 13.9(b)所示的切向切入(或切出),使得加工后的表面粗糙度较好。

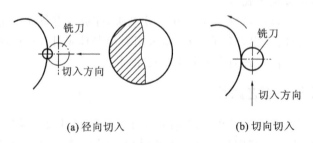

(a)径向切入   (b)切向切入

图 13.9 刀具的进刀路线

(4)铣削轮廓的加工路线要合理选择,一般采用图 13.10 所示的三种方式进行。图 13.10(a)所示为 Z 字形双走向走刀方式,图 13.10(b)所示为单向走刀方式,图 13.10(c)所示为环形走刀方式。在铣削加工封闭的凹轮廓时,刀具的切入或切出不允许外延,最好选在两面的交界处;否则,会产生刀痕。轮廓加工的走刀路线如图 13.11 所示。为保证表面质量,最好选择图 13.11(b)和(c)所示的走刀路线。

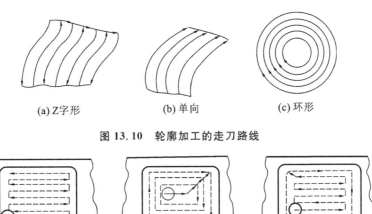

(a) Z字形　　　　　　(b) 单向　　　　　　(c) 环形

图 13.10　轮廓加工的走刀路线

(a) Z字形　　　　　　(b) 单向　　　　　　(c) Z字形+环形

图 13.11　轮廓加工的走刀路线

(5)旋转体类零件一般采用数控车床或数控磨床加工,且车削加工零件的毛坯多为棒料或锻件,加工余量大且不均匀,因此合理制定粗加工时的加工路线,对于编程来说至关重要。图 13.12 所示为手柄加工实例,手柄的轮廓主要由三段圆弧组成,由于加工余量较大且不均匀,比较合理的方案是先用直线插补车去图中虚线所示的加工余量,再用圆弧插补精加工成形。图 13.13 所示的零件表面形状复杂,毛坯为棒料,加工时余量不均匀。它的粗加工路线应按图中 1～4 依次分段加工,然后换精车刀一次成形,最后用螺纹车刀粗、精车螺纹。

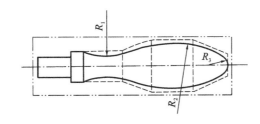

图 13.12　直线、斜线走刀路线

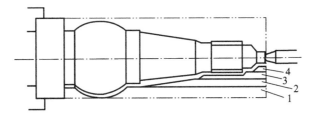

图 13.13　矩形走刀路线

2. 定位基准和夹紧方式的确定

在确定定位基准和夹紧方式时,应力求设计、工艺与编程计算的基准统一,尽量减少装夹次数。

3.夹具的选择

数控加工对夹具提出了两个基本要求,一是要保证夹具的坐标方向相对固定,二是要能协调零件与机床坐标系的尺寸。此外,当加工批量小时,尽量采用组合夹具、可调式夹具或其他通用夹具;成批生产时才考虑专用夹具。零件装卸要方便、可靠。

4.刀具的选择

数控加工刀具的选择比较严格,有些刀具是专用的,选择时应考虑工件材质、加工轮廓类型、机床允许的切削用量和刚性以及刀具耐用度等。编程时,要规定刀具的结构尺寸和调整尺寸。加工凹轮廓时,端铣刀的刀具半径或球头铣刀的球头半径必须小于被加工面的最小曲率半径。

第14章 数控车削加工

14.1 数控车削加工概述

14.1.1 数控车削加工的主要加工对象

数控车削加工是数控加工中用得最多的加工方法之一。结合数控车削加工的特点,与普通车床相比,数控车床适合车削加工以下回转体零件。

1. 精度要求高的回转体零件

由于刚性好、制造精度和对刀精度高,以及能方便和精确地进行人工补偿和自动补偿,所以数控车床能加工尺寸精度要求较高的零件,在有些场合可以以车代磨。此外,数控车削的刀具运动是通过高精度插补运算和伺服驱动来实现的,所以数控车床能加工对直线度、圆度、圆柱度等形状精度要求高的零件。另外,在数控车床上,工件一次装夹可完成多道工序的加工,提高了工件的位置精度。

2. 表面粗糙度要求好的回转体零件

数控车床具有恒线速切削功能,能加工出表面粗糙度值较小的零件。在材质、精车余量和刀具已定的情况下,表面粗糙度取决于进给量和车削速度。使用数控车床的恒线速切削功能,就可选用最佳线速度来切削加工锥面、球面和端面等,使车削加工后的表面粗糙度值既小又一致。

3. 表面形状复杂的回转体零件

由于数控车床具有直线插补功能和圆弧插补功能,所以数控车床可以车削加工出由任意直线和曲线组成的形状复杂的回转体零件。

4. 带特殊螺纹的回转体零件

数控车床具有加工各类螺纹,包括等导程的直螺纹、锥螺纹和端面螺纹以及变导程的螺纹的功能。

14.1.2 数控车削加工工件的装夹

1. 工件定位要求

由于数控车削加工的特点,工件径向定位后要保证工件坐标系 Z 轴与机床主轴轴线同轴,同时要保证加工表面径向的工序基准(或设计基准)与机床主轴回转中心线的位置满足工序(或设计)要求。例如,工序要求加工表面轴线与工序基准表面轴线同轴,这时工件坐标系 Z 轴即为工序基准表面的轴线,可采用三爪自定心卡盘或采用两顶尖定位装夹。

定位基准(指精基准)选择的原则如下。

1)基准重合原则

为了避免基准不重合误差、方便编程,应选用工序基准(设计基准)作为定位基准,并使工序基准、定位基准、工件原点三者统一。这是优先考虑的方案,否则,会产生基准不重合误差。

2)基准统一原则

在多工序或多次安装中,选用相同的定位基准。这对数控加工保证工件的位置精度非常重要。

3)便于装夹原则

所选择的定位基准应能保证定位准确、可靠,操作方便,能加工尽可能多的内容。

4)便于对刀原则

批量加工时,在工件坐标系已确定的情况下,采用不同的定位基准为对刀基准,建立工件坐标系,可方便对刀。

2. 常用装夹方式

1)用三爪自定心卡盘装夹

三爪自定心卡盘的三个卡爪是同步运动的,能自动定心,一般不需要找正。用三爪自定心卡盘装夹工件方便、省时,自动定心好,但夹紧力较小,所以三爪自定心卡盘适用于装夹外形规则的中、小型工件。三爪自定心卡盘可装成正爪和反爪两种形式。

2)用两顶尖装夹

对于轴向尺寸较大或加工工序较多的轴类工件,为了保证每次装夹时的装夹精度,可用两顶尖装夹。用两顶尖装夹工件方便,不需要找正,且装夹精度高。该装夹方式适用于多工序加工或精加工。

3)用卡盘和顶尖装夹

用两顶尖装夹工件虽然精度高,但刚性较差。因此,对于质量较大的工件,要一端用卡盘夹住,另一端用后顶尖支承。为了防止工件由于切削力的作用而产生轴向位移,必须在卡盘内装一限位支承,利用工件的台阶面限位。这种装夹方式比较安全,且能承受较大的轴向切削力,安装刚性好,轴向定位准确,所以应用比较广泛。

14.1.3 选择并确定数控加工的内容

数控加工的内容一般可按下列顺序考虑。

(1)普通机床无法加工的内容应作为首选内容。

首选内容包括以下几项。

①由轮廓曲线构成的回转表面。

②有微小尺寸要求的结构表面。

③同一表面采用多种设计要求的结构。

④表面间有严格几何关系要求的表面。

(2)对于机床难以加工、质量也难以保证的内容应作为重点选择内容。

重点选择内容包括以下几项。

①表面间有严格位置精度要求但在普通机床上无法一次安装加工的表面。

②表面粗糙度要求很高的锥面、曲面、端面等。

14.1.4 对零件图进行数控加工工艺分析

1. 零件结构工艺性分析

在进行数控加工工艺性分析时,工艺人员应根据所掌握数控加工的基本特点及所用数控机床的功能和实际工作经验,力求把这一前期准备工作做得更仔细。

1)零件结构工艺性

零件结构工艺性是指在满足使用要求的前提下零件加工的可行性和经济性,即所设计的零件结构应便于加工,并且成本低、效率高。对零件进行结构工艺性分析时,要充分反映数控加工的特色。

2)零件结构工艺性分析的主要内容

(1)审查与分析零件图中的尺寸标注方法是否符合数控加工的特点。

(2)对于数控加工来说,倾向于以同一基准标注尺寸或者直接给出坐标尺寸,这就是坐标标注法。这种标注法既便于编程,也便于尺寸之间的相互协调,为保证设计基准、定位基准、检测基准与编程原点设置的一致性带来很大方便。

(3)审查与分析零件图中构成轮廓的几何元素的条件是否充分、正确。

由于设计人员在设计过程中考虑不周,常常遇到构成零件轮廓几何元素的条件不充分或模糊不清甚至多余的情况,所以在审查与分析零件图时,一定要仔细认真,发现问题后要及时找设计人员更改。

2. 技术要求分析

对被加工零件的技术要求进行分析是零件结构工艺性分析的重要内容,只有在分析零件精度和表面粗糙度的基础上,才能对加工方法、装夹方式、进给路线、刀具和切削用量等进行正确而合理的选择。

技术要求分析的主要内容如下。

(1)分析技术要求是否齐全、合理。对于采用数控加工的表面,精度的要求应尽量一致,以便最后能一刀连续加工。

(2)分析本工序的数控车削加工精度能否达到图样要求,若达不到,需要采取其他措施(如磨削加工)弥补。

(3)找出图样上有较高位置精度要求的表面,这些表面应在一次安装下完成加工。

(4)对于表面粗糙度要求较高的表面,应采用恒线速切削加工。

14.1.5 数控车削加工工艺过程的拟定

1. 零件表面数控车削加工方案的确定

一般应根据零件的加工精度、表面粗糙度、材料、结构形状、尺寸和生产类型确定零件表面的数控车削加工方法及加工方案。

数控车削加工内、外圆表面及端面的加工方案如下。

(1)对于加工精度为 IT9~IT7 级、表面粗糙度 Ra 值为 $3.2 \sim 0.8\ \mu m$ 的除淬火钢以外的常用金属,可采用粗车→半精车→精车的方案加工。

(2)对于加工精度为 IT7～IT5 级、表面粗糙度 Ra 值为 $0.32～0.63~\mu m$ 的除淬火钢以外的常用金属,可采用粗车→半精车→精车→细车的方案加工。

(3)对于加工精度高于 IT5 级、表面粗糙度 Ra 小于 $0.63~\mu m$ 的除淬火钢以外的常用金属,可采用高档精密数控车床,按粗车→半精车→精车→精密车的方案加工。

2. 数控车削加工工序的划分

数控车削加工工序的划分一般可按下列方法进行。

1)以一次安装所进行加工的内容作为一道工序

将位置精度要求较高的表面安排在一次安装下完成,以免多次安装所产生的安装误差影响位置精度。

2)以工件上用一把刀具加工的内容为一道工序

某些零件结构较复杂,既有回转表面、非回转表面,又有平面、内腔和曲面。对于加工内容较多的零件,按零件结构特点将加工内容组合分成若干部分,每一部分用一把刀具加工,作为一道工序,然后将另外组合在一起的部分换另外一把刀具加工,作为另一道工序。这样可以减少换刀次数,减少空程时间。

3)以粗加工、精加工划分工序

对于容易发生加工变形的零件,通常在粗加工后需要进行矫正,这时粗加工和精加工作为两道工序,可以采用不同的刀具或不同的数控车床加工。对于毛坯加工余量较大和加工精度要求较高的零件,应将粗车和精车分开,划分成两道或更多的工序,将粗车安排在精度较低、功率较大的数控车床上加工,将精车安排在精度较高的数控车床上加工。

3. 数控车削加工工序顺序的安排

安排零件数控车削加工工序顺序时一般遵循下列原则。

(1)先加工定位面,即上道工序的加工能为下道工序提供精基准和合适的夹紧表面。

(2)先加工平面后加工孔。

(3)先粗加工后精加工。对精度要求高时,粗加工、精加工需分开进行。

(4)以相同定位、夹紧方式装夹的工序,最好连续进行,以减少重复定位次数和夹紧次数。

4. 数控车削加工进给路线的确定

进给路线是指数控机床加工过程中刀具相对零件的运动轨迹和方向,也称走刀路线。它泛指刀具从对刀点(或机床参考点)开始运动起,直至返回该点并结束加工程序所经过的路径,包括切削加工的路径及刀具切入、切出等非切削空行程。

14.2 数控车床

数控车床具有加工工艺性好、加工精度高、加工效率高和加工质量稳定等特点,是理想的加工回转体零件的机床。数控车床主要用于加工轴类、套类、盘类等回转体零件。通过数控加工程序的运行,数控车床可自动完成内外圆柱面、圆锥面、成形表面、螺纹面、端面等的切削加工,并能进行车槽、钻孔、扩孔、铰孔等加工。车削中心可在一次装夹中完成更多的加工内容,提高加工精度和生产率,特别适用于复杂形状回转类零件的加工。数控车床是目前国内使用极为广泛的一种数控机床,约占数控机床总数的 25%。

14.2.1 数控车床的分类

随着数控车床制造技术的不断发展,数控车床形成了产品繁多、规格不一的局面,因而也出现了几种不同的分类方法。

1. 按数控系统的功能分类

(1)经济型数控车床。

(2)全功能型数控车床。

全功能型数控车床一般采用闭环或半闭环控制系统,具有高刚度、高精度和高效率等特点。

(3)车削中心。

2. 按加工零件的基本类型分类

(1)卡盘式数控车床。

(2)顶尖式数控车床。

3. 按主轴的配置形式分类

(1)卧式数控车床。

(2)立式数控车床。

(3)双轴数控车床(具有两根主轴)。

4. 其他分类

按数控系统的控制方式,数控车床可分为直线控制数控车床、轮廓控制数控车床等。

按特殊或专门的工艺性能,数控车床可分为螺纹数控车床、活塞数控车床、曲轴数控车床等。

按刀架数量,数控车床可分为单刀架数控车床和双刀架数控车床。

14.2.2 数控车床的结构

1. 数控车床的结构特点

数控车床一般由机床本体、数控装置、伺服驱动系统和辅助装置等组成。

数控车床的进给传动系统与普通车床的进给传动系统在结构上存在着本质的区别:普通车床主轴的运动经过挂轮架、进给箱、溜板箱传到刀架,实现纵向和横向进给运动;而数控车床是采用伺服电动机经滚珠丝杠副将主轴的运动传到滑板和刀架,实现 Z 向(纵向)和 X 向(横向)进给运动,数控车床进给传动系统的结构较普通车床大为简化。

数控车床在加工螺纹时,一般是采取伺服电动机驱动主轴旋转,并且在主轴箱内安装有脉冲编码器,主轴的运动通过同步齿形带 1:1 地传到脉冲编码器。当主轴旋转时,脉冲编码器发出检测脉冲信号给数控系统,使主轴电动机的旋转与刀架的切削进给保持同步,即实现加工螺纹时主轴转一转,刀架移动一个导程。

2. 数控车床的布局

数控车床的布局形式与普通车床的布局形式基本一致,但数控车床的刀架和导轨的布局形式有很大变化,直接影响着数控车床的使用性能及结构和外观。数控车床的布局形式如

图 14.1所示。

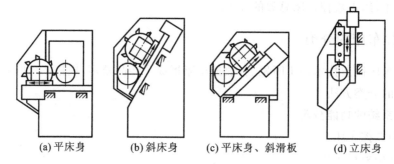

(a)平床身   (b)斜床身   (c)平床身、斜滑板   (d)立床身

图 14.1   数控车床的布局形式

1)床身和导轨的布局

图 14.1(a)所示为平床身的布局。这种布局工艺性好,便于导轨面的加工。水平床身配上水平的刀架,有利于提高刀架的运动精度。这种布局一般用于大型数控车床或小型精密数控车床。

图 14.1(b)所示为斜床身的布局。这种布局导轨的倾斜度主要有 30°、45°、60°、75°等。一般中、小型数控车床床身的倾斜度以 75°为宜。

图 14.1(c)所示为平床身、斜滑板的布局。这种布局一方面具有水平床身工艺性好的特点,另一方面排屑方便。

图 14.1(d)所示为立床身的布局。

2)刀架的布局

刀架通常分为排式刀架和回转式刀架两大类。目前两坐标联动数控车床多采用回转式刀架。回转式刀架在机床上的布局有两种形式,一种是刀架回转轴垂直于主轴,另一种是刀架回转轴平行于主轴。

14.2.3   数控车床的技术参数

这里以 CKY400S/CKY400D 生产型数控车床为例进行说明。CKY400S 生产型数控车床如图 14.2 所示。

CKY400S/CKY400D 生产型数控车床采用德国 SINUMERIK 802S/C 数控系统,是高精度、高效率、高可靠性、高性价比的新一代数控车床。下面介绍 CKY400S/CKY400D 生产型数控车床的主要技术参数、性能和特点及功能。

1. CKY400S/CKY400D 生产型数控车床的主要技术参数

CKY400S/CKY400D 生产型数控车床的主要技术参数如表 14.1 所示。

表 14.1   CKY400S 和 CKY400D 生产型数控车床的主要技术参数

项 目	参 数	
型号	CKY400S	CKY400D
最大回转直径	400 mm	400 mm

续表

项　　目	参　　数	
最大工件长度	750/1 000 mm(选购)	750/1 000 mm(选购)
主轴通孔直径	52 mm	52 mm
转速范围	30~2 000 r/min(无级＋高低速)	30~2 000 r/min(无级＋高低速)
脉冲当量	X 轴:0.005 mm Z 轴:0.010 mm	0.001 mm
快进速度	X 轴:3 000 mm/min Y 轴:6 000 mm/min	10 000 mm/min
刀架工位数	6	6
主电动机功率	5.5 kW	5.5 kW
加工圆度	0.007 mm	0.007 mm
加工粗糙度	Ra 1.6 μm	Ra 1.6 μm
数控系统	SINUMERIK 802S 及其步进电动机	SINUMERIK 802C 及其交流伺服电动机

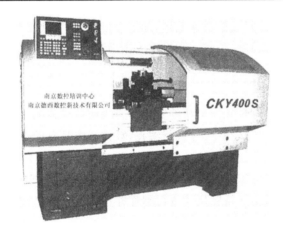

图 14.2　CKY400S 生产型数控车床

2. CKY400S/CKY400D 生产型数控车床的主要性能和特点

(1)主轴由高精度滚动轴承支承,转速高、精度高、寿命长。

(2)主轴变频无级调速,高低速变挡,保证低速大扭矩。

(3)采用整体底座结构,刚性好;床身导轨进行超音频淬火处理,硬度高,淬硬层厚。

(4)纵横走刀采用高精度的滚珠丝杠传动。

(5)采用六工位自动回转刀架,重复定位精度高。

(6)具有全封闭移动式透明防护罩,能防止切屑溅出,有冷却装置、润滑系统。

(7)机床的各项精度符合国家有关标准。

(8)可供应配套完全兼容的编程仿真软件,程序通过 RS-232 接口直接传至机床加工。

3. SINUMERIK 802S/C 数控系统的主要功能

(1)采用液晶屏以中文显示,功能齐全,操作简单,使用方便。

(2)完善的补偿功能,如刀尖圆弧半径补偿功能、丝杠螺距误差补偿功能和反向间隙补偿功能。

(3)恒线速度切削功能,公英制转换功能。

(4)编程方便,具有轮廓编程、循环编程等功能。

(5)DNC 功能可支持 CAD/CAM,用于加工复杂模具。

(6)编程符合 ISO 国际标准代码,与西门子其他系统兼容。

14.3 数控车床编程指令

14.3.1 数控车床的编程特点

1. 尺寸字选用灵活

在一个程序中,根据被加工零件的图样标注尺寸,从方便编程的角度出发,可采用绝对坐标编程、增量坐标编程,也可以采用绝对坐标和增量坐标混合编程。

2. 重复循环切削功能

由于车削加工常用圆棒料或锻料作毛坯,加工余量较大,要加工到图样标注尺寸,需要层层切削,如果每层加工都编写程序,编程工作量将大大增加。为了简化编程,数控系统有不同形式的循环功能,可进行重复循环切削。

3. 直接按工件轮廓编程

对于刀具位置的变化、刀具几何形状的变化和刀尖圆弧半径的变化,都无须更改加工程序,编程人员可以按照工件的实际轮廓尺寸进行编程,数控系统具有的刀具补偿功能使编程人员只要将有关参数输入存储器中,数控系统就能自动进行刀具补偿。这样安装在刀架上不同位置的刀具,虽然在装夹时刀尖到机床参考点的坐标各不相同,但都可以通过参数的设置,实现自动刀具补偿,编程人员只要使用实际轮廓尺寸进行编程并正确选择刀具即可。

4. 采用直径尺寸编程

当被加工零件的图样标准尺寸及测量尺寸都是直径值时,通常采用直径尺寸编程。

14.3.2 数控车床的编程规则

1. 数控车床具体编程规则

1)编程格式

编程人员在进行数控编程时,必须了解数控加工程序的结构、语法和编程规则等,这样才能正确地编写出数控加工程序。

一个完整的程序由程序名、程序内容和程序结束三个部分组成,例如:

XY123. MPF

N10　G90　G94　G00　X150　Z200　LF

```
N20    T01    LF
N30    M03    S600    LF
N50    G01    Z30    F100    LF
N60    G00    X150    Z200    LF
N70    M02    LF
```

(1)程序名。

为了区别存储器中的程序,每个程序都有程序名。数控系统 SINUMERIK 802S 的程序名可以任意取,但必须符合以下规定。

①开始的两个符号必须是字母。

②其他符号为字母、数字或下划线。

③最多 8 个字符,不得使用分隔符。

(2)程序内容。

程序内容是整个程序的核心,由许多程序段组成,每个程序段由一个或多个程序字构成。程序内容表示数控机床要完成的全部动作。

(3)程序结束。

程序结束是指以程序结束指令 M02、M17、M30、RET 作为整个程序结束的符号,来结束整个程序的运行。

2)编程规则

(1)绝对坐标编程和增量坐标编程。

数控车床编程时,可以用绝对坐标编程、增量坐标编程或二者混合编程。

(2)小数点编程。数控车床编程时,可以用小数点编程。

(3)自保持功能(模态)。

大多数 G 代码和 M 代码都具有自保持功能,除非它们被取代或被取消,否则一直保持有效。

2. M、S、T、F 功能

1)M 功能

M 功能为辅助功能。利用 M 功能,可以设定一些开关操作,如打开/关闭冷却液及主轴的正转、反转和停止等。除少数 M 功能被数控系统生产厂家固定地设定了外,其余 M 功能均可供机床生产厂家自由设定。

M 功能的编程格式为

M __

M03:主轴正转。

M04:主轴反转。

M05:主轴停止。

注意:如果 M03、M04 指令和坐标轴运行指令位于同一程序段中,则只有在这些辅助功能执行之后,坐标轴运行指令才会执行。

2)S 功能

数控机床的主轴转速可以编程在地址 S 下,地址 S 用于指定主轴的转速。旋转方向和主轴运动的起点和终点通过 M 指令规定。主轴转速有恒转速和恒线速两种,并可限制主轴的最高转速。在数控车床上加工时,只有在主轴启动之后,刀具才能进行切削加工。

3)主轴转速极限和可编程加工区域限制功能

(1)主轴转速的下/上限限制。

在程序中写入 G25 或 G26 指令和地址 S 下的转速,可以限定特定情况下主轴的极限转速范围。G25 或 G26 指令均要求占用一个独立的程序段,原先编写的转速 S 保持存储状态。

编程格式如下。

设定主轴转速上限:

    G25   S__

设定主轴转速上限:

    G26   S__

注释:在数控车床中,当使用 G96 功能(恒定切削速度)切削加工端面时,必须附加编写转速最高极限。

编程举例如下。

    N10   G25   S120   LF

上述指令表示主轴转速下限为 120 r/min。

    N20   G26   S3000   LF

上述指令表述主轴转速上限为 3 000 r/min。

(2)可编程加工区域限制。

刀具的移动基准点只能在限定的工作区域内移动,一旦刀具的移动基准点离开限定区域或者在程序开始时位于此区域外,或者工作区域之外的位置被编程,程序会自动停止,或者程序不启动,或者程序会报警。可编程加工区域限制用于编程或操作失误时为机床提供保护。

程序格式如下。

设定最小可编程工作区域:

    G25   X__   Z__

设定最大可编程工作区域:

    G26   X__   Z__

编程举例如下。

如图 14.3 所示,用 G25、G26 指令限制可编程加工区域的程序如下。

    N10   G25   X−20   Z150   LF

    N20   G26   X100   Z300   LF

4)切削速度控制指令(G96/G97)

对数控车床受控主轴的切削速度的控制通常由 G96 和 G97 指令来实现。

编程格式如下。

    G97   S__

    G96   S__

说明如下。

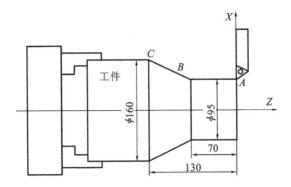

图 14.3　可编程加工区域限制示例图

G97 是主轴恒转速控制指令,S 的单位为 r/min。G97 是系统开机默认指令。

G96 是主轴恒线速控制指令,S 的单位为 m/min。

G96、G97 均为模态指令。

G96 功能生效以后,主轴转速随当前加工工件直径的变化而变化,从而始终保证刀具切削点处编程的切削速度 S 为常数(主轴转速×直径=常数)。车台阶轴如图 14.4 所示。

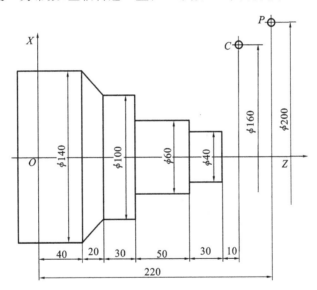

图 14.4　车台阶轴

例如,G96　S150 表示切削点处线速度控制在 150 m/min。

对图 14.4 中所示的零件,为保持台阶处的线速度为 150 m/min。

此外,G96 指令还具有如下编程格式。

　　G96　S＿＿　LIMS＝＿＿

其中,S＿＿为切削速度,单位为 m/min;LIMS＝＿＿为主轴转速上限,只在 G96 中生效。

对 G96 和 G97 做以下说明。

(1)在 G00 方式下,G96 无效。

(2)编程极限值 LIMS＝＿＿后,设定数据中的数值被覆盖,但不允许超出 G26 编程或机床参数中设定的上限。

(3)用 G97 指令取消恒线速切削功能。如果 G97 生效,则地址 S 下的数值又恢复为 r/min。编程举例如下。

图 14.4 所示车台阶轴的加工程序如下。

  LWQ35. MPF

  N05 G90 G23 G95 G54 LF

  N10 G00 X100 Z50 LF

  N15 T01 D01 LF

  N20 G96 S120 LIMS=2500 M3 LF

  //恒定切削速度生效,120 m/min,转速上限 2 500 r/min,主轴正转

  N25 X50 Z3 LF

  N30 X40 LF

  N35 G1 Z−15 F0.2 LF   进给速度为 0.2mm/r

  N40 G01 X60 Z−33 LF

  N45 G01 Z−53 LF

  N50 G01 X75 LF

  N55 G97 X100 Z50 LF   取消恒线速

  N60 M02 LF   程序结束

5)T 功能

通过 T 功能,可以选择切削时用的刀具号和刀具偏置号。在加工一个零件时需要选择各种刀具,每一把刀具都指定了特定的刀具号和刀具偏置号。若在程序中指定了刀具号和刀具偏置号,便可以进行自动换刀并调用相应的刀具偏置值。

编程格式如下。

  T   D

刀具号取值范围为 1~32 000。当刀具偏置号 D 省略时,默认为 D01。

编程举例如下。

  N10 T01 D01 LF

上述指令表示刀具号为 01,刀具偏置号为 01。

  N70 T04 D02 LF

上述指令表示刀具号为 04,刀具偏置号为 02。

6)F 功能

F 功能为进给速度功能。F 指令在 G01、G02、G03、C05 插补方式中生效,并且一直有效,直到被一个新的地址 F 取代为止。F 的单位由 G94 和 G95 指令确定。G94 采用直线进给速度单位 mm/min。G95 采用旋转进给速度单位 mm/r。

数控车床编程时通常习惯采用每转进给速度编程。G94 和 G95 的作用会扩展到恒定切削速度 G96 和 G97 功能,它们还会对主轴转速 S 产生影响。

编程举例如下。

N10　G94　F120　LF	直线进给速度为 120 mm/mn
…	
N140　S200　M3　LF	主轴旋转
N120　G95　F0.5　LF	进给量为 0.5 mm/r

G94 和 G95 更换时要求写入一个新地址 F。

14.3.3　数控车床基本编程指令

1. 坐标系指令

1）绝对和相对坐标编程指令（G90/G91）

（1）绝对坐标编程指令 G90。

在绝对位置数据输入中，尺寸取决于当前坐标系（工件坐标系或机床坐标系）的零点位置。

程序启动后，G90 适用于所有坐标轴，并且一直有效，直到在后面的程序段中由 G91（增量位置数据输入）替代为止（模态有效）。

（2）相对坐标编程指令 G91。

在相对坐标数据输入中，数值表示待运行的轴位移。移动的方向 G91 由符号决定。G91 适用于所有坐标轴，并且可以在后面的程序段中由 G90 对位置数据输入替换。

在位置数据不同于 G90/G91 的设置时，可以在程序段中通过 AC/IC 以绝对尺寸/尺寸方式进行。这两个指令不决定到达终点位置的轨迹。用 AC＝（…）赋值时必须有一个等于符号。数值要写在圆括号内，定义圆心坐标也可以以绝对尺寸用 AC＝（…）定义。

2）G54～G57、G50、G53——可设定的零点偏置

利用可设定的零点偏置可以给出工件零点在机床坐标系中的位置（偏移量为工件零点以机床零点为基准的移动量）。

当工件装夹到机床上后求出偏移量，并通过操作面板将其输入规定的数据区。程序中可利用 G54～G57 指令来激活此偏移量。

说明如下。

G54：第一可设定零点偏置。

G55：第二可设定零点偏置。

G56：第三可设定零点偏置。

G57：第四可设定零点偏置。

G50：取消可设定零点偏置。

G53：按程序段方式取消可设定零点偏置。

编程举例如下。

LWQ1. MPF	
N10　G90　G54　G95　G23　LF	调用第一可设定零点偏置值
N20　G01　X__　Z__　F__　LF	加工工件
…	
N90　G500　G0　X__　LF	取消可设定零点偏置

3)G158——可编程的零点偏置

如果工件上在不同的位置有重复出现的形状或结构,或者选用了一个新的参考点,在这种情况下就需要使用可编程的零点偏置,由此产生一个当前工件坐标系,以后新输入的尺寸均是在该坐标系中的数据尺寸。G158指令要求占用一个独立的程序段。

用G158指令可以对所有坐标轴进行可编程的零点偏移,后面的G158指令取代先前的可编程的零点偏移指令。在程序段中仅输入G158指令而后面不跟坐标轴名称,就表示取消当前的可编程零点偏移。

编程举例(见图14.5)如下。

N05	G90	G54	G95	G23	LF

...

N20　G158　X0　Z−50　　　　　　LF 可编程零点偏移,工件原点由O'偏移到O

N30　L10　LF　　　　　　　　　　子程序调用,其中包含待偏移的几何量

...

N70　G158　LF　　　　　　　　　　取消零点偏移

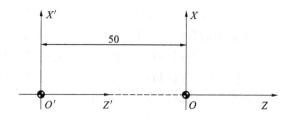

图 14.5　可编程的零点偏置举例图

4)半径/直径数据尺寸指令(G22/G23)

在编制数控车床加工程序时,对于横向坐标轴(即 X 轴)的位置数据通常有两种处理方式,即半径编程方式和直径编程方式。这两种方式可以通过G22/G23指令进行转换。在默认状态下是直径编程方式,需要时也可以转换为半径编程方式。

编程格式如下。

半径编程方式:

　　G22

直径编程方式

　　G23

用G22或G23指令把X轴方向的终点坐标作为半径数据尺寸或直径数据尺寸处理时,数控系统的CRT将显示工件坐标系中相应的半径值或直径值。

需要特别注意的是,可编程的零点偏移G158 X __ 始终作为半径数据尺寸处理。

编程举例如下。

对于图14.6所示零件,分别采用直径编程方式和半径编程方式编写精加工程序。

直径编程方式如下。

　　LQW14.MPF　　　　　　　　　　　程序名

　　N01　G90　G54　G95　G23　LF　　　X 轴为直径数据方式

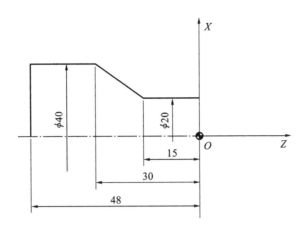

图 14.6　半径/直径数据尺寸

N05	G00	X60	250	LF		刀具号为 01,刀具补偿号为 01
N01	T01	D01	LF		
N15	S500	M03	LF		
N20	G00	X20	Z3	LF	
N25	G01	X20	Z−15	F0.2	LF
N30	X40	Z−30	LF		
N35	G00	X60	Z50	LF	
N40	M30	LF			

半径编程方式如下。

LQW12.MPF　　　　　　　　　　　　　程序名

N100	G90	G54	G95	G22	LF		X 轴为半径数据方式
N140	T01	D01	LF			刀具号为 01,刀具偏置号为 01
N145	S500	M03	LF		
N120	G00	X10	Z3	LF	
N125	G01	X10	Z−15	F0.2	LF
N130	X20	Z−30	LF		
N135	G00	X30	Z50	LF	
N140	M30	LF			

2.其他常用指令

1)快速定位指令 G00

快速移动指令 G00 用于快速定位刀具,不能此时对工件进行加工,可以在几个轴上同时执行快速移动,由此产生一线性轨迹。机床数据中规定每个坐标轴快速移动速度的最大值,一个坐标轴运行时就以此速度快速移动。如果快速移动同时在两个轴上执行,则移动速度为两个轴可能的最大速度。

用 G00 快速移动时在地址 F 下设置的进给速度无效。

G00 一直有效,直到被 G 功能组中其他的指令(G01,G02,G03,…)取代为止。

2)带进给速度的线性插补指令 G01

G01 使刀具以直线方式按地址 F 下编程的进给速度从起始点移动到目标位置,所有的坐标轴可以同时运行。G01 一直有效,直到被 G 功能组中其他的指令(G00,G02,G03,…)取代为止。

3)圆弧插补指令 G02/G03

刀具以圆弧轨迹从起始点移动到终点,方向由 G 指令确定。

顺时针方向:

    G02

逆时针方向

    G03

G02/G03 一直有效,直到被 G 功能组中的其他指令(G00,G01,…)取代为止。

编程方式如下。

G02/G03 X__ Z__ I__ J__	终点和圆心
G02/G03 CR=__ X__ Z__	半径和终点
G02/G03 AR=__ I__ J__	张角和圆心
G02/G03 AR=__ X__ Z__	张角和终点
G02/G03 AP=__ RP__	极坐标角度和极坐标半径

4)通过中间点进行圆弧插补指令(G05)

在配置 SINUMERIK 802S 的数控车床上进行圆弧插补时,已知圆弧轮廓上三个点的坐标,可以使用 G05 功能通过起始点和终点之间的中间点位置确定圆弧的方向。G05 为模态指令,直到被 G 功能组中同组的其他 G 指令(如 G00、G01、G02 等)取代才失效。

注释:可设定的位置数据输入 G90 或 G91 指令对终点和中间点有效。

编程格式如下。

    G05   Z__   X__   KZ=__   IX=__

其中,Z__,X__表示圆弧终点坐标;KZ=__,IX=__表示圆弧中间点坐标。

编程举例:采用 G05 编写图 14.7 所示圆弧的加工程序。

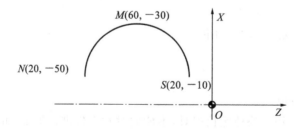

图 14.7 通过中间点进行圆弧插补举例图

LQW13. MPF LF	程序名
N1 G90 G54 G95 LF	
N05 G00 X100 Z50 LF	
N10 T01 D01 LF	刀具号为 01,刀具偏置号为 01

```
N15    S500    M03    LF
N20    G00    X20    Z－10    LF
N25    G05    Z－50    X20    KZ＝－30    IX＝60    LF
...
M30    LF
```

5)恒螺距螺纹切削指令(G33)

通过 SINUMERIK 802S 的 G33 功能,在主轴上配有位移测量系统的前提下,可以加工下述各种类型的恒螺距螺纹。

(1)圆柱螺纹。

(2)端面螺纹。

(3)圆锥螺纹。

(4)单线螺纹和多线螺纹。

(5)多段连续螺纹。

G33 被指定之后一直有效,直到被 G 功能组中的其他指令(如 G00,G01,G02,G03 等)取代才失效。

注意:右旋螺纹和左旋螺纹的加工由主轴旋转方向 M03 和 M04 确定(M03——右旋,M04——左旋)。

编程格式如下。

车削加工圆柱螺纹:

$\quad\quad$ G33　Z__　I__

车削加工圆锥螺纹,X 轴尺寸变化较大:

$\quad\quad$ G33　Z__　X__　K__

车削加工圆锥螺纹,Z 轴尺寸变化较大:

$\quad\quad$ G33　Z__　X__　I__

车削加工端面螺纹:

$\quad\quad$ G33　X__　K__

其中,X__,Z__表示螺纹终点的坐标;I__,K__表示螺距。

注释如下。

(1)螺纹长度中要考虑足够的导入量和退出量。

(2)在具有 2 个坐标轴尺寸的圆锥螺纹加工中,螺距地址 I 或 K 下必须设置为较大位移方向(较大螺纹长度)的螺距尺寸,另一个较小的螺距尺寸不用给出。

(3)起始点偏移角度 SF＝:在加工螺纹中切削加工位置偏移以后以及在加工多线螺纹时均要求起始点偏移一位置。G33 螺纹加工中,在起始点偏移角度 SF 下编程起始点偏移量(绝对位置)。如果没有编程起始点偏移量,则默认设定数据中的值。

(4)如果多个螺纹段连续编程,则起始点偏移只在第一个螺纹段中有效,也只有在这里才适用此参数。

(5)在 G33 螺纹加工中,进给速度由主轴转速和螺距的大小确定。

（6）在螺纹加工期间，主轴修调开关必须保持不变。

（7）在螺纹加工期间，进给修调开关无效。

编程举例：在配置 SINUMERIK 802S 的数控车床上车削加工图 14.8 所示的圆柱螺纹，螺纹长度（包括导入空刀量 7 mm 和退出空刀量 3 mm）为 60 mm，螺距为 2 mm。右旋螺纹，圆柱表面已经加工完成。

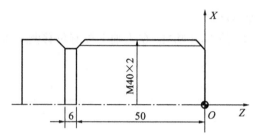

图 14.8　车削加工圆柱螺纹

程序如下。

```
LWQ123. MPF
N05    G54   G90   S500   M3   LF
N10    G00   X100  Z50   LF
N15    T01    D01   LF
N20    G00   X50   Z7   LF
N25    X39.1   LF
N30    G33   Z−53   K2   LF
N40    Z7   LF
N45    X38.5   LF
N50    G33   Z−53   K2   LF
N55    G00   X50   LF
N60    Z7   LF
N65    X37.9   LF
N70    G33   Z−53   K2   LF
N75    G00   X50   LF
N80    Z7   LF
N85    X37.5   LF
N90    G33   Z−53   K2   LF
N95    G00   X50   LF
N100   Z7   LF
N105   X37.4   LF
N140   G33   Z−53   K2   LF
N145   G00   X50   LF
N120   G00   X100   Z50   LF
```

N125　M30　LF

6)刀尖圆弧半径补偿指令(G41/G42/G40)

在数控车削加工编程中,一个零件的加工常需要多种刀具,各种刀具在形状尺寸和使用上都存在较大的差异,在进行数控车削加工时必须对这些差异进行补偿,这样才能加工出正确的零件。在数控编程中将这种补偿称为刀具补偿。

刀具补偿可分为刀具几何尺寸补偿和刀尖圆弧半径补偿。其中刀具几何尺寸补偿用于补偿刀具几何形状或刀具附件位置上的差异。

切削加工时,为了提高刀尖的强度,降低加工表面粗糙度,刀尖处通常将切削刃磨成圆弧过渡刃,而在数控操作对刀过程中通常以假想刀尖点作为对刀基准,实际切削段是圆弧段。

在切削加工内孔、外圆和端面时,刀尖圆弧不影响工件的形状和尺寸,但在切削加工圆锥和圆弧面时就会出现少切或过切的情况,影响工件的加工质量。为了使刀具的切削路径与工件轮廓吻合一致,车削加工出合格的尺寸和形状,应使用刀尖圆弧半径补偿指令。

编程格式如下。

　　G00/G01　G41/G42　X＿　Z＿　D＿

　　…

　　G00/G01　G40

注释如下。

(1)G41、G42 必须且只能与 G00、G01 指令一起使用,指定两个坐标轴。如果只给出一个坐标轴的尺寸,则第二个坐标轴自动地以最后编程的尺寸赋值,当切削加工完成后用 G40 指令取消。

(2)G41、G42 的判别方法:沿着刀具的切削路径往前看,刀具位于被加工轮廓的左边用 G41 补偿,刀具位于被加工轮廓的右边用 G42 补偿。

(3)工件有锥度和圆弧时,最迟必须在精车锥度和圆弧面的前一个程序段建立刀尖圆弧半径补偿,一般在切入工件时的第一个程序段就启动刀尖圆弧半径补偿。

(4)必须在刀具补偿存储器号里输入相应的刀尖圆弧半径补偿值。

(5)必须在刀具补偿参数中对应的位置输入假想刀尖号码,作为刀尖半径圆弧补偿的方向依据。

(6)刀尖圆弧半径补偿建立以后和撤销之前,刀具的切削路径必须是单向递增或单向递减的。

(7)刀尖圆弧半径补偿建立过程中和建立以后,刀具在 Z 轴的移动量必须要大于刀尖圆弧半径补偿值,在 X 轴的移动量必须要大于 2 倍刀尖圆弧半径补偿值。

7)倒角/倒圆指令(CHF＝/RND＝)

在一个零件的加工过程中,经常会出现倒角、倒圆(见图 14.9),此时利用 SINUMERIK 802S 的指令 CHF＝～或者 RND＝～与加工拐角的轴运动指令一起写入程序段中,可以很方便地实现倒角、倒圆加工。

编程格式如下。

倒角,数值表示倒角长度:

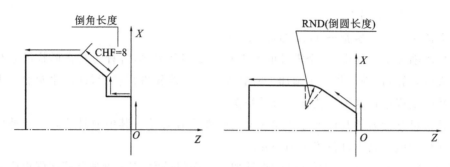

图 14.9　倒角和倒圆

　　CHF= ___

倒圆,数值表示倒圆长度:

　　RND= ___

注释如下。

　　(1)倒角 CHF=:用于直线轮廓之间、圆弧轮廓之间以及直线轮廓和圆弧轮廓之间切入直线并倒去棱角。

　　(2)倒圆 RND=:用于直线轮廓之间、圆弧轮廓之间以及直线轮廓和圆弧轮廓之间切一圆弧,圆弧与轮廓相切过渡。

　　如果其中一个程序段轮廓长度不够,则在倒圆或倒角时会自动减小编程值。如果几个连续编程的程序段中有不含坐标轴移动指令的程序段,则不可以进行倒角或倒圆。

14.4　数控车削加工编程

14.4.1　常用数控系统简介

　　数控系统是数控机床的核心。为了充分发挥数控机床的高性能,必须为数控机床选择合适的数控系统。数据系统不同,指令代码有差别,编程时应按所使用数控系统代码的编程规则进行。

　　FANUC(日本)、HAAS(美国)、SIEMENS(德国)、FAGOR(西班牙)等公司的数控系统及相关产品,在数控机床行业占据主要地位;中国数控产品以华中数控、航天数控为代表,也已将高性能数控系统产业化。这里应用 GSK(广州数控)980TA 车床数控系统进行数控车床的编程讲解。

　　GSK 980TA 具有以下技术特点:采用 16 位 CPU,应用 CPLD 完成硬件插补,实现高速微米级控制;液晶(LCD)中文显示,界面友好,操作方便;加减速可调,可配套步进驱动器或伺服驱动器;可变电子齿轮比,应用方便。

14.4.2　数控车削加工编程基础

1. 数控车床编程坐标系

编程坐标系也称为工件坐标系。数控车床利用 X 轴和 Z 轴建立编程坐标系。编程坐标系的原点一般选择在便于测量和对刀的基准位置,通常选择工件右端面或者左端面的中心,Z 轴与主轴平行,X 轴与主轴垂直,坐标轴的正方向根据刀具远离工件的方向来确定。数控车床刀架根据与主轴的位置关系分为前置刀架和后置刀架,前置刀架数控车床和后置刀架数控车床编程时,X 轴的正方向是不一样的,如图 14.10 所示。

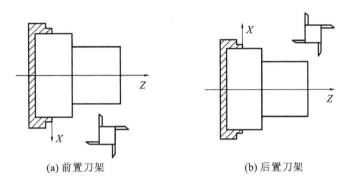

(a) 前置刀架   (b) 后置刀架

图 14.10　数控车床前置刀架和后置刀架坐标系

2. 编程方法

1) 绝对和增量坐标编程

作为指令轴移动量的方法,有绝对坐标指令和增量坐标指令之分。绝对坐标指令是用轴移动的终点位置坐标值进行编程的方法。增量坐标指令是用轴移动量直接编程的方法。

2) 直径尺寸编程

在数控车床加工中,工件坐标系原点通常设定在工件的对称轴上,并且 X(U) 值为直径量。

3) 小数点编程

数值可以带小数点输入,也可以不带小数点输入。对于表示距离、时间和速度单位的指令可以使用小数点,但受地址限制,小数点的位置是毫米或秒。本数控系统推荐使用带小数点编程,以避免意外情况。本数控系统允许带小数点的指令地址有 X、U、Z、W、R、F 等。

3. 数控车床编程常用 G 指令

1) G50 指令

(1) 设定工件坐标系。

指令格式为

    G50 X(U)__ Z(W)__ ;

指令说明:X、Z 或 U、W 表示刀具起点相对于编程原点的位置坐标。

举例如下。

如图 14.11 所示,用 G50 设定编程坐标系的原点,程序如下。

    G50　X100. Z300. ;

注意:程序中使用该指令,应放在程序的第一段,用于建立工件坐标系,并且通常将坐标系原点设在主轴的轴线上,以方便编程。

(2) 最高转速限制。

指令格式为

    G50 S__ ;

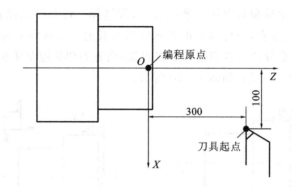

图 14.11　编程原点设定举例图

例如,GS0 S1800 表示主轴转速不大于 1 800 r/mm。执行此指令后,系统就把当前位置设为程序零点。

2)快速移动指令 G00

指令格式为

G00 X(U)__Z(W)__;

其中 X、Z 表示切削终点的绝对坐标,U、W 表示切削终点的增量坐标。

指令功能:X 轴、Z 轴同时从起点以各自的快速移动速度移动到终点。

指令说明:G00 为初态 G 指令,速度由机床厂设定。该指令无运动轨迹的要求。

举例如下。

如图 14.12 所示,要求刀具快速从 A 点移动到 B 点,编程如下。

绝对坐标编程为

G00　X30.　Z5.;

增量坐标编程为

G00　U−20.　W−40.;

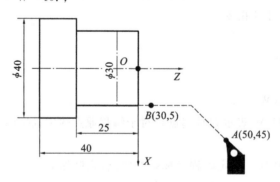

图 14.12　快速点定位举例图

3)直线插补指令 G01

指令格式为

G01 X(U)__Z(W)__F__;

其中 X、Z 表示切削终点的绝对坐标值,U、W 表示切削终点的增量坐标值,F 表示进给速度。

该指令用于使刀架以给定的进给速度从当前点直线或斜线移动至目标点,即可使刀架沿 X 轴方向或 Z 轴方向作直线运动,也可以两轴联动方式在 X 轴、Z 轴内作任意斜率的直线运动。该指令用于车削加工圆柱表面、圆锥表面、倒角、切槽(切断)。

举例如下。

如图 14.13 所示,用 G01 指令进行编程。用绝对坐标编程,程序如下。

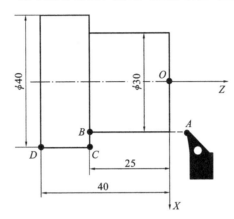

图 14.13　直线插补举例图

G01 X30. Z－25. F100;　　　　　　　　　　//A→B 点

G01 X40.,;　　　　　　　　　　　　　　　　//B→C 点

G01 　Z－40.;　　　　　　　　　　　　　　//C→D 点

也可用相对坐标进行编程。

4)圆弧插补指令 G02/G03

该指令用于使刀架作圆弧运动,切出圆弧轮廓。G02 使刀架沿顺时针方向作圆弧插补,G03 沿逆时针方向作圆弧插补。

指令格式为

　　G02/G03 X(U)__Z(W)__R__F__;

或

　　G02/G03 X(U)__Z(W)__I__K____F__;

其中 X、Z 表示切削终点的绝对坐标;U、W 表示切削终点的增量坐标;F 表示进给速度;R 表示圆弧半径,在数控车床编程中,圆弧半径只能为正值;I 表示圆弧圆心相对于圆弧起点在 X 轴的坐标增量;K 表示圆弧圆心相对于圆弧起点在 Z 轴的坐标增量。

指令说明:G02 和 G03 均为模态 G 指令。G02 用于顺时针圆弧插补,G03 用于逆时针圆弧插补。在前置刀架数控车床和后置刀架数控车床中,有关顺时针圆弧和逆时针圆弧的判断如图 14.14 所示。

举例如下。

如图 14.15 所示,刀具当前在 A 点,插补到 C 点,用 G02、G03 指令进行编程,程序如下。

　　G03 X60. Z30. R30. F100;　　　　　　　　　//A→B 点

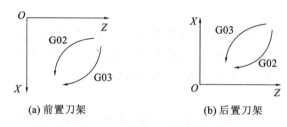

(a) 前置刀架　　　　　　　(b) 后置刀架

图 14.14　顺时针和逆时针圆弧判断

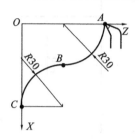

图 4.15　圆弧插补举例图

　　G02 X120. Z0. R30. ;　　　　　　　　　　　//B→C 点

或者

　　G03 X60. Z30. I0. K−30. F100;　　　　　　//A→B 点

　　G02 X120. Z0. I60. K0. ;　　　　　　　　　//B→C 点

　　需要说明的是,当圆弧位于多个象限时,该指令可连续执行;如果同时指定了 I、K 和 R,则 R 优先,I、K 值无效;进给速度 F 的方向为圆弧切线方向。

　　5)暂停指令 G04

　　指令格式为

　　　　G04　P __;

　　或者

　　　　G04　X __;

　　或者

　　　　G04　U __;

　　其中 P 的单位为毫秒,X 的单位为秒,U 的单位为秒。

　　指令功能:各轴运动停止,延时给定的时间后,再执行下一个程序段。G04 是非模态指令。

　　6)螺纹切削指令 G32

　　指令格式为

　　　　G32 X(U) __ Z(W) __ F __;

　　或

　　　　G32 X(U) __ Z(W) __ I __;

　　其中 F 表示加工公制螺纹,指定主轴转一圈长轴的移动量,F 指令值执行后保持有效,直至再次执行给定螺纹螺距的 F 指令字;I 表示加工英制螺纹,指定长轴方向每英寸螺纹的牙数,I 指令值执行后不保持,每次加工英制螺纹都必须输入 I 指令字。

起点和终点的 X 坐标值相同(不输入 X 或 U)时,进行圆柱螺纹切削。起点和终点的 X、Z 坐标值都不相同时,进行锥螺纹切削加工。起点和终点的 Z 坐标值相同(不输入 Z 或 W)时,进行端面螺纹切削加工。

举例如下。

如图 14.16 所示,加工圆柱螺纹,程序如下。

G32 Z—40. F3.5;

或

G32 W—45. F3.5;

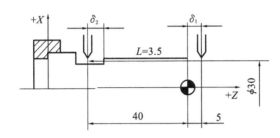

图 14.16 圆柱螺纹切削举例图

图 14.16 中的 δ_1 和 δ_2 分别表示由于伺服系统的滞后所造成在螺纹切入和切出时所形成的不完全螺纹部分。在这两个区域里,螺距是不均匀的,因此在决定螺纹长度时必须加以考虑,一般应根据有关手册来计算 δ_1 和 δ_2,也可利用下式进行估算:

$$\delta_1 = nL \times 3.605/1\,800$$

$$\delta_2 = nL/1\,800$$

式中:n——主轴转速(r/min);

　　L——螺纹导程(mm)。

这是一种简化算法,计算时假定螺纹公差为 0.01 mm。

在切削加工螺纹前最好通过 CNC 屏幕演示切削加工过程,以便取得较好的工艺参数。另外,在切削螺纹的过程中,不得改变主轴转速,否则将切出不规则的螺纹。

7)固定循环指令

在数控车床上对外圆柱圆、内圆柱圆、端面、螺纹等进行粗加工时,刀具往往要多次反复地执行相同的动作,直至将工件切削加工到所要求的尺寸。于是在一个程序中可能会出现很多基本相同的程序段,造成程序冗长。为了简化编程,数控系统可以用一个程序段来设置刀具进行反复切削加工,实现固定循环功能。

常用的固定循环有以下 3 个 G 指令。

G90:轴向切削加工固定循环。

G94:径向切削加工固定循环。

G92:螺纹切削加工循环。

下面对这三个固定循环的 G 指令进行详细介绍。

(1)轴向切削加工固定循环指令 G90。

轴向切削加工固定循环指令 G90 可完成外圆柱面、内圆柱面及锥面粗加工的固定循环。

指令格式如下。

圆柱面切削加工：

        G90　X(U)＿Z(W)＿F＿；

圆锥面切削加工：

        G90　X(U)＿Z(W)＿R＿F＿；

其中 X(U)、Z(W)表示刀具切削终点的坐标，R 表示切削起点和切削终点在 X 轴坐标值之差(半径值)。

G90 指令的刀具循环过程如图 14.17 所示。

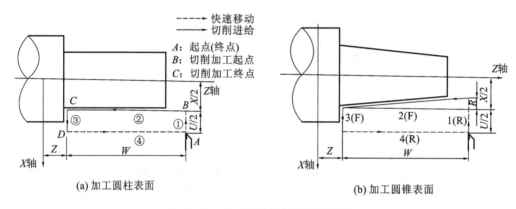

- - - - → 快速移动
—→ 切削进给
A：起点(终点)
B：切削加工起点
C：切削加工终点

(a) 加工圆柱表面　　　　　　(b) 加工圆锥表面

图 14.17　G90 指令的刀具循环过程

①刀具在 X 轴从起点 A 快速定位到切削加工起点 B。

②从切削加工起点 B 直线插补到切削加工终点 C。

③X 轴以进给速度退刀，返回到 X 轴绝对坐标与起点相同处。

④Z 轴快速返回到起点，循环结束。

(2)径向切削加工固定循环指令 G94。

径向切削加工固定循环指令 G94 用于工件直端面及锥端面的切削加工固定循环。G94 是模态指令。

指令格式如下。

有端面切削加工：

    G90　X(U)＿Z(W)＿F＿；

锥端面切削加工：

    G90　X(U)＿Z(W)＿R＿F＿；

其中 X(U)、Z(W)表示刀具切削加工终点的坐标，R 表示切削加工起点和切削加工终点在 Z 轴坐标值之差。

G94 指令的刀具循环过程如图 14.18 所示：

①刀具在从起点 A 快速定位到切削加工起点 B。

②从切削加工起点 B 直线插补到切削加工终点 C。

③Z 轴以进给速度退刀，返回到 Z 轴绝对坐标与起点相同处。

④X 轴快速返回到起点，循环结束。

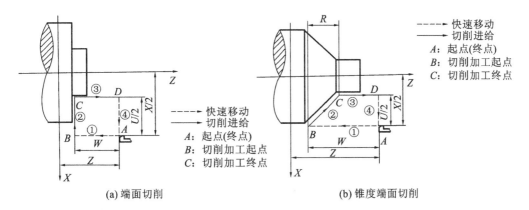

(a) 端面切削　　　　　　　　　(b) 锥度端面切削

图 14.18　G94 指令的刀具循环过程

(3) 螺纹切削加工循环指令 G92。

螺纹切削加工循环指令 G92 用于完成工件圆柱螺纹和锥螺纹的切削加工固定循环。

① 切削圆柱螺纹（见图 14.19）。

指令格式如下。

公制直圆柱螺纹切削加工循环：

  G92 X(U)＿Z(W)＿F＿；

英制直圆柱螺纹切削加工循环：

  G92 X(U)＿Z(W)＿I＿；

② 切削加工锥螺纹（见图 14.20）。

指令格式如下。

公制锥螺纹切削加工循环：

  G92 X(U)＿Z(W)＿R＿F＿；

英制锥螺纹切削加工循环：

  G92 X(U)＿Z(W)＿R＿I＿；

其中 X(U)、Z(W) 表示刀具切削加工终点的坐标，R 表示切削加工起点和切削加工终点在 X 轴坐标值之差（半径值），F 表示公制螺纹导程，I 表示英制螺纹每英寸牙数。

螺纹切削加工刀具循环过程类似于 G90 指令刀具的循环过程，如图 14.19、图 14.20 所示。

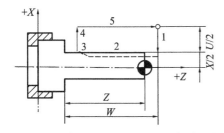

图 14.19　切削加工圆柱螺纹刀具的循环过程

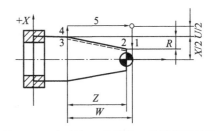

图 14.20　切削加工锥螺纹刀具的循环过程

8) 外圆、内圆粗车循环指令 G71

指令格式为

G71 U(Δd)＿R(e)＿P＿S＿T＿;   第一部分
G71 P(ns)＿Q(nf)＿U(Δu)＿W(Δw)＿;   第二部分
N(ns)…;
…   第三部分
N(nf)…;

其中:Δd 表示 X 轴单次进刀量(半径值),mm;e 表示 X 轴单次退刀量(半径值),mm;ns 表示精车轨迹的第一个程序段的程序段号;nf 表示精车轨迹的最后一个程序段的程序段号;Δu 表示 X 轴的精加工余量,mm;Δw 表示 Z 轴的精加工余量,mm。

G71 指令由三个部分组成。

①第一部分:给定粗加工时的进刀量、退刀量、切削速度、主轴转速和刀具功能等。

②第二部分:给定定义精加工轨迹的程序段区间、预留的精加工余量。

③第三部分:定义精加工轨迹的若干个连续的程序段,执行 G71 时,这些程序段只是用于计算粗车的轨迹,实际并未被执行。

9)精加工循环指令 G70

指令格式为

G70 P(ns)＿Q(nf)＿;

参数功能:刀具从起点位置沿着 ns～nf 程序段给出的精加工轨迹进行精加工。在用 G71 进行粗加工结束后,用 G70 进行精加工。ns 和 nf 的含义跟 G71 中相同。

10)进给功能设定指令 G98/G99

(1)每分钟进给量指令 G98。

指令格式为

G98 F＿;

(2)每转进给量指令 G99。

指令格式为

G99 F＿;

使用 G98 指令设定进给速度后,进给速度 F 后的数值为每分钟刀具的进给量,单位为 mm/min;若使用 G99 指令,则 F 后跟的数值为主轴每转一转刀具的进给量,单位为 mm/r。

G98(G99)指令只能被 G99(G98)指令取消。机床通电时,默认为 G98。

11)主轴速度控制指令 G96/G97

(1)主轴速度以固定转速设定指令 G97。

指令格式为

G97 S＿;

该指令之后的程序段工作时,主轴转速为 S 后面值的恒转速,单位为 r/min。

(2)主轴速度以固定线速度设定指令 G96。

执行该指令之后的程序段时,主轴转速为 S 后面值的恒线速,单位为 m/min。采用此功能,可保证当工件直径变化时,主轴的线速度不变,从而保证切削速度不变,提高加工质量。

上述两条指令可互相取消。机床通电时,默认为 G97。

4. 其他指令

1）M 指令

（1）M00：程序暂停指令，重新按"循环启动"键后，下一程序段开始继续执行。

（2）M03：主轴正转指令，用以启动主轴正转。

（3）M04：主轴反转指令，用以启动主轴反转。

（4）M05：主轴停止指令。

（5）M08：冷却泵启动指令。

（6）M09：冷却泵停止指令。

（7）M30：程序结束指令，程序结束并返回到本次加工的开始程序段。

2）T 指令

使用数控车床进行零件加工时，通常需要多个工序、使用多把刀具，编写加工程序时各刀具的外形尺寸、安装位置通常是不确定的，在加工过程中有时需要重新安装刀具，刀具使用一段时间后刀尖的实际位置也会因为磨损而发生变化，如果随时根据刀具与工件的相对位置来编写、修改加工程序，编程工作将十分烦琐。

在本系统中，T 指令具有刀具自动交换和刀具长度补偿两个作用，可控制 4~8 刀位的自动刀架在加工过程中实现换刀，并对刀具的实际位置差进行补偿（称为刀具长度补偿），如图 14.21 所示。使用刀具长度补偿功能，允许在编程时不考虑刀具的实际位置，只需在加工前通过对刀获得每把刀具的位置偏置数据（称为刀具偏置或刀偏），使用刀具加工前，先执行刀具长度补偿，即按刀具偏置对系统的坐标进行偏移，使刀尖的运动轨迹与编程轨迹一致。更换刀具后，只需要重新对刀、修改刀具偏置，不需要修改加工程序。如果刀具磨损导致加工尺寸出现偏差，可以直接根据尺寸偏差修改刀具偏置，以消除加工尺寸偏差。

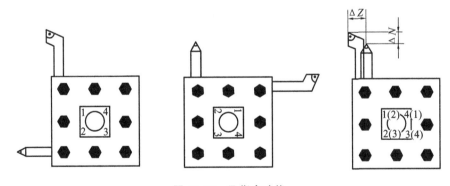

图 14.21　T 指令功能

指令格式如图 14.22 所示。

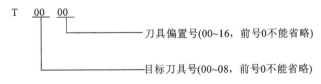

图 14.22　T 指令的格式

例如,T0102 表示选择 1 号刀并执行 2 号刀偏。

该指令中,刀具偏置号可以和刀具号相同,也可以不同,即一把刀具可以对应多个偏置号。对应刀具偏置号为 00 时,系统无刀具补偿状态。在执行了刀具长度补偿后,执行 T0□00(□指刀具号,为数字 1~4 或 1~8),系统将按当前的刀具偏置反向偏移系统坐标,系统由已执行刀具长度补偿状态改变为未补偿状态,显示的刀具偏置号为 00,此过程称为取消刀具长度补偿,又称取消刀补。

上电时,T 指令显示的刀具号为掉电前的状态,刀具偏置号为 00。

在一个程序段中只能有一个 T 指令有效,在程序段中出现两个或两个以上 T 指令时,最后一个 T 指令有效。

14.4.3　数控车削典型零件编程

【例 14.1】按 FANUC 数控系统,编写图 14.23 所示轴类零件的加工程序。假设所使用的毛坯棒料为 $\phi42$,材料为 45 钢,刀具及切削用量如表 14.2 所示。工件坐标系原点选择在工件右端面中心位置,点(100,100)为换刀点,参考程序如表 14.3 所示。

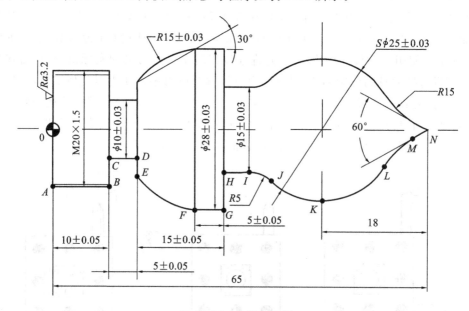

图 14.23　轴类零件图

表 14.2　例 14.1 刀具及切削用量表

刀具编号	刀具名称	加工内容	主轴转速/(r/min)	进给速度/(mm/r)
1	外圆左偏粗加工车刀	端面	600	0.1
		粗加工		0.2
2	外圆左偏精加工车刀	精加工	1 000	0.05
3	切断刀(刀宽 3 mm)	切凹槽、切断	400	0.1

表 14.3　例 14.1 程序代码及说明

程　　　序	说　　　明
O0001;	程序号
T0101　S600　MOS　G99;	换 1 号刀并执行 1 号刀偏;设定主轴转速和进给速度,单位为 mm/r
G00　X45.　Z2.　M08;	快速定位到起刀点,冷却泵开启
G94　X-1.　Z0.5　F0.1;	用 G94 固定循环车削加工端面(第一刀)
Z0.;	用 G94 固定循环车削加工端面(第二刀)
G71　U1.5　R0.5　F0.2;	设定粗车的进刀量、退刀量、进给速度
G71　P10　Q20　U0. 5　W0.Z;	设定精加工程序区间、预留精加工余量
N10　G00　X0;	精加工程序开始,快速定位到 Z 轴上
G01　Z0　F0.05;	直线插补到 A 点
G03　X20.　Z-10.　R10.;	圆弧插补到 B 点
G01　W-6.;	有线插补到 C 点
X26.;	直线插补到 D 点
G03　X30.　W-2.　R2.;	圆弧插补到 E 点
G01　W-28.;	直线插补到 J 点
X40.　W-10.;	直线插补到 K 点
N20　Z-79.5;	直线插补到 L 点左边 3.5 mm 处,精加工轨迹结束
G00　X100.　Z100.　M05;	返回换刀点,主轴停止,准备换刀
T0202　S1000　M03,	换 2 号刀并执行 2 号刀偏,重新设定主轴转速
G00　X45.　Z2.;	快速定位到起刀点
G70　P10　Q20;	用 G70 进行精加工
G00　X100.　Z100.　M05;	返回换刀点,主轴停止,准备换刀
T0303　S400　M03;	换 3 号刀并执行 3 号刀偏,重新设定主轴转速
G00　X42.　Z-36.;	快速定位到 H 点下方,准备切削凹槽
G01　X26.　F0.1;	直线插补到 H 点
G00　X30.;	快速退刀
G01　W-2.;	直线插补到 I 点
G01　X26.　W2.;	直线插补到 H 点,加工出 I→H 圆锥表面
G00　X30.;	快速退刀
G01　W2.;	往 Z 轴正方向直线插补 2 mm,准备加工圆弧
G03　X26.　W-2.　R2.;	圆弧插补到 G 点,加工 F→G 圆弧
G00　X45.;	X 轴快速退刀
Z-79.5;	Z 轴快速定位到切断处下方

续表

程　　　序	说　　　明
G01　X0.　F0.05；	直线插补到 X0 完成工件的切断
G00　X100.　M09；	X 轴快速退刀,关闭切削液
G00　Z100.　M05；	Z 轴快速退刀,停止主轴
M30；	程序运行结束,光标返回程序开头
%	程序结束符

【例 14.2】按 GSK 980TA 系统,编写图 14.24 所示的零件加工程序。毛坯为 +32 mm 的棒料,材料为 45 钢,刀具及切削用量如表 14.4 所示。工件坐标系原点为 O 点,A(100,100) 为换刀点,加工程序如表 14.5 所示。

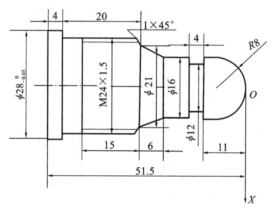

图 14.24　螺纹轴零件图

表 14.4　例 14.2 刀具及切削用量表

刀具编号	刀具名称	加工内容	切削速度	进给速度/(mm/r)	切削深度/mm
1	外圆左偏粗车刀	外轮廓粗加工	100 m/mm	0.2	≤3
2	外圆左偏精车刀	外轮廓精加工	150 m/min	0.05	0.05～0.4
3	螺纹车刀	切削螺纹	600 r/min		≤0.3
4	切槽(切断)刀(刀宽 4 mm)	切槽、切断	500 r/min	0.05	

表 14.5　例 14.2 程序代码及说明

程　　　序	注　　　释
O3000～	程序名
N10　G50 S1600；	主轴转速限制在 1 600 r/min
N20　G96 S100 T0101 M03；	换第一把刀,线速度 100 m/min,开主轴
N30　G99；	指定进给速度单位为 mm/r
N40　G00　X35.　Z3.；	靠近工件

续表

程　　序	注　　释
N50　G94 X-1. Z2. F0. 2 M08；	端面切削,开冷却液,进给速度 0.2 mm/r
N60　Z1.；	进给 1 mm 车第二刀
N70　Z0；	进给 1 mm 车第三刀
N80　G90 X28.2 Z-53.；	外径切削,粗车 φ28 mm 外圆,留 0.2 mm 余量
N90　X24.2 Z-47.5；	进给 4 mm 车 φ24 mm 外圆,留 0.2 mm 余量
N100　X21.2 Z-27.5；	进给 3 mm 车 φ21 mm 外圆,留 0.2 mm 余量
N110　X16.2 Z-21.5；	进给 5 mm 车 φ16 mm 外圆,留 0.2 mm 余量
N120　G00　X30. Z21.5；	定圆锥面切削循环起点
N130 G90　X21.2 W-6. R-2.5；	锥面切削循环
N140 G00　Z1.；	退刀
N150　X11.；	定圆弧插补起点
N160 G03　X16.5　Z-8. R10.；	粗车圆弧第一刀
N170 G02　X5.　Z1. R9.；	粗车圆弧第二刀
N180 G00　X0　Z0.5；	定第三刀切削深度
N190 G3　X16.5　Z-8.　R8.2；	粗车圆弧第三刀,留余量
N200 G00　X100. Z100. M05；	回换刀点,关主轴
N210 S150 T0202 M03；	换第二把刀,线速度 150 m/min,开主轴
N220 G00　X0　Z20；	快速定位至精加工切削起点
N230 G03　X16. W-8. R8. F0.05；	精车圆弧,进给速度 0.05 mm/r
N240 G01　W-10.5；	精车 φ16 mm 外圆
N250 X21. W6.；	精车圆锥面
N260　X22.；	纵向进给至倒角加工起点
N270 X23.8 W-1.；	切倒角
N280　W-14.；	精车 φ23.8 mm 外圆
N290　X24.；	纵向进给至 φ24 mm
N300　W-5.；	精车 φ24 mm 外圆
N310　X27.975；	纵向进给至 φ27.975 mm
N310　W-5.5；	精车 φ28 mm 外圆
N310 G00　X100. W100. M05；	回换刀点,关主轴
N320 G97 S600 T0303 M03；	换第三把刀,主轴转速 600 r/min
N330 G00　X28. Z25.；	定螺纹切削起点,注意引入和引出长度
N340 G92 X23.5 Z-43.5 F1.5	螺纹切削循环
N350 X23.；	

程　　序	注　　释
N360 X22.5;	
N370 X22.376;	
N380 G00　X100.　Z100.　M05;	回换刀点,关主轴
N390 S500 T0404　M03;	换第四把刀,主轴转速 500 r/min
N400 G00　X30.　Z−15.;	定切槽起点
N410 G01　X12.　F0.05;	切槽,进给速度 0.05 mm/r
N420 G00　X32.;	退刀
N430 Z−56.;	定切断起点
N440 G01　X0;	切断
N450 M09;	关冷却液
N460 G00　X100.　Z100.　M05;	回换刀点,关主轴
N470 M30;	程序结束

第 15 章　数控铣削加工

15.1　数控铣削加工概述

数控铣削加工是数控加工中最为常见的加工方法之一,广泛应用于机械设备制造、模具加工等领域。它以普通铣削加工为基础,同时结合数控机床的特点,不但能完成普通铣削加工的全部内容,对零件进行平面轮廓铣削加工,曲面轮廓铣削加工,钻、扩、铰、镗及螺纹加工等,而且能完成普通铣削加工难以进行,甚至无法进行的加工工序。数控铣削加工的主要设备有数控铣床和加工中心。

15.1.1　数控铣床的类型

数控铣床是机床设备中应用非常广泛的加工机床,可进行钻孔、镗孔、攻螺纹、轮廓铣削加工、平面铣削加工、平面型腔铣削加工及空间三维复杂型面面的铣削加工。加工中心、柔性加工单元是在数控铣床的基础上产生和发展起来的,它们的主要加工方式也是数控铣削加工。数控铣床的分类主要有下列三种方式。

1. 按主轴与工作台的位置分类

按主轴与工作台的位置,数控铣床可分立式数控铣床、卧式数控铣床和立卧两用数控铣床三种。

1) 立式数控铣床

立式数控铣床是数控铣床中数量最多的一种。立式数控铣床的主轴与工作台垂直。立式数控铣床在数量上一直占据数控铣床的大多数,应用范围也最广。从机床数控系统控制的坐标数量来看,目前三坐标立式数控铣床仍占大多数。立式数控铣床一般可进行二坐标联动加工,但也有部分立式数控机床只能进行三个坐标中的任意两个坐标联动加工(常称为两轴半坐标加工)。此外,还有主轴可以绕 X、Y、Z 坐标轴中的其中一个或两个作数控摆角运动的四坐标和五坐标立式数控铣床。

立式数控铣床的主轴轴线垂直于水平面。小型立式数控铣床一般采用工作台升降方式。中型立式数控铣床一般采用主轴升降方式。龙门式数控铣床采用龙门架移动方式,即主轴可在龙门架的横向导轨与垂直导轨上移动。

立式数控铣床附加数控分度头,即考虑加入一个回转的 A 坐标。

2) 卧式数控铣床

卧式数控铣床的主轴与工作台平行。与通用卧式铣床相同,卧式数控铣床的主轴轴线平行于水平面。为了扩大加工范围和扩充功能,卧式数控铣床通常采用增加数控转盘或万能数控转盘来实现四坐标加工或五坐标加工。这样,不但工件侧面上的连续回转轮廓可以加工出来,而且可以实现在一次安装中,通过转盘改变工位,进行四面加工。

对于箱体类零件或需要在一次安装中改变工位的工件来说,选择带数控回转工作台的卧式数控铣床进行加工是非常方便的。

3)立卧两用数控铣床

立卧两用数控铣床可以靠手动和自动两种方式更换主轴方向。有些立卧两用数控铣床采用主轴方向可以任意转换的万能数控主轴头,可以加工出与水平面成不同角度的工件表面。立卧两用数控铣床增加数控回转工作台以后,可以实现五面加工,即除工件与转盘贴合的定位面外,其他表面可以在一次安装中加工。这类铣床的主轴可以转换,可在同一台数控铣床上进行立式加工和卧式加工,同时具备立式铣床、卧式铣床的功能。目前,这类数控铣床已不多见。

2. 按构造分类

数控铣床按构造可分为工作台升降式数控铣床、主轴头升降式数控铣床、龙门式数控铣床三类。

1)工作台升降式数控铣床

这类数控铣床采用工作台前后左右移动或升降来完成切削运动,而主轴是固定的,不能移动。小型数控铣床一般是工作台升降式数控铣床。

2)主轴头升降式数控铣床

这类数控铣床采用工作台纵向和横向移动,且主轴沿垂向溜板上下移动来完成切削加工。主轴头升降式数控铣床在精度保持、承载重量、系统构成等方面具有很多优点,已成为数控铣床的主流。

3)龙门式数控铣床

这类数控铣床主轴可以在龙门架的横向导轨与垂直导轨上移动,而龙门架沿床身作纵向移动。考虑到扩大行程、缩小占地面积及刚性等技术上的问题,大型数控铣床往往采用龙门架移动式。

3. 按采用的数控系统功能分类

数控铣床按采用的数控系统功能可分为经济型数控铣床、全功能数控铣床和高速铣削数控铣床。

1)经济型数控铣床

经济型数控铣床一般可以实现三轴联动。该类数控铣床成本较低,功能单一,精度不高,适用于一般复杂零件的加工。

2)全功能数控铣床

全功能数控铣床一般采用闭环控制或半闭环控制,数控系统功能完善,一般可以实现三轴以上联动,可加工叶片等空间零件,加工适应性强,精度较高,应用广泛。

3)高速铣削数控铣床

一般把主轴转速为 8 000～40 000 r/min 的数控铣床称为高速铣削数控铣床。它的进给速度可达 30 m/min。高速铣削数控铣床采用全新的机床结构(主体结构及材料变化)、功能部件(电主轴、直线电动机驱动进给)和功能强大的数控系统,并配以加工性能优越的刀具系统,可对曲面进行高效率、高质量的加工。

15.1.2 数控铣床的组成和结构

数控铣床的基本组成和结构分别如图 15.1 和图 15.2 所示。它由床身、立柱、主轴箱、工作台、滑鞍、滚珠丝杠、伺服电机、伺服装置、数控系统等组成。

床身用于支承和连接机床各部件。主轴箱用于安装主轴。主轴下端的锥孔用于安装铣刀。当主轴箱内的主轴电机驱动主轴旋转时,铣刀能够切削加工工件。主轴箱还可沿立柱上的导轨在 Z 向移动,使刀具上升或下降。工作台用于安装工件或夹具。工作台可沿滑鞍上的导轨在 X 向移动,滑鞍可沿床身上的导轨在 Y 向移动,从而实现工件在 X 向和 Y 向的移动。无论是 X 向、Y 向的移动,还是 Z 向的移动,都是靠伺服电机驱动滚珠丝杠来实现的。伺服装置用于驱动伺服电机。控制器用于输入零件加工程序和控制机床工作状态。控制电源用于向伺服装置和控制器供电。

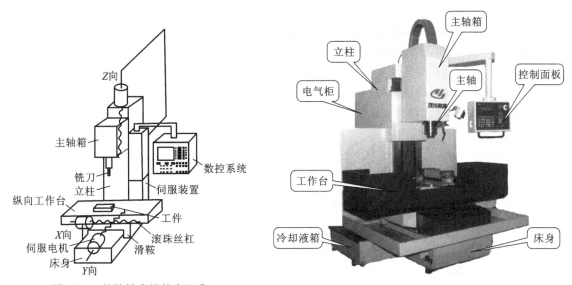

图 15.1　数控铣床的基本组成

图 15.2　数控铣床的结构

1. 主轴箱

主轴箱包括主轴箱体和主轴传动系统,用于装夹刀具并带动刀具旋转,主轴转速范围和输出扭矩对加工有直接的影响。

2. 进给伺服系统

进给伺服系统由进给电动机和进给执行机构组成,按照程序设定的进给速度实现刀具和工件之间的相对运动,包括直线进给运动和旋转运动。

3. 控制系统

控制系统是数控铣床运动控制的中心,执行数控加工程序,控制机床进行加工。

4. 辅助装置

辅助装置包括液压装置、气动装置、润滑装置、冷却系统、排屑装置和防护装置等。

5. 机床基础件

机床基础件通常是指底座、立柱、横梁等,构成整个机床的基础和框架。

15.1.3　钻铣用刀具

在数控铣床上所能用到的刀具按切削加工工艺可分为以下三种。

1. 钻削刀具

钻削刀具分小孔钻头、短孔钻头(深径比≤5)、深孔钻头(深径比>6,可在100以上)和枪钻、丝锥、铰刀等。

2. 镗削刀具

镗削刀具按功能可分为粗镗刀、精镗刀,按切削刃数量可分为单刃镗刀、双刃镗刀和多刃镗刀,按工件加工表面特征可分为通孔镗刀、盲孔镗刀、阶梯孔镗刀和端面镗刀,按刀具结构可分为整体式镗刀、模块式镗刀等。

3. 铣削刀具

铣削刀具分为面铣刀、立铣刀和三面刃铣刀等。

铣削刀具按安装连接类型可分为套装式(带孔刀体需要通过芯轴来安装)、整体式(刀体和刀杆为一体)和机夹式(采用标准刀杆体)等。

除具有与主轴锥孔同样锥度的刀杆的整体式刀具可与主轴直接安装外,大部分钻铣用刀具都需要通过标准刀柄夹持转接后与主轴锥孔连接。数控铣床常用刀具如图15.3所示。数控车床刀具系统通常由拉钉、刀柄和钻铣刀具等组成。

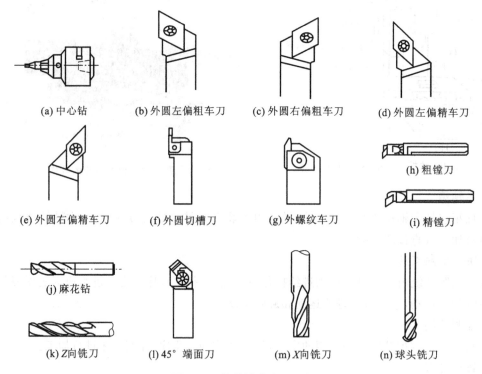

(a) 中心钻　　　(b) 外圆左偏粗车刀　　　(c) 外圆右偏粗车刀　　　(d) 外圆左偏精车刀

(e) 外圆右偏精车刀　　　(f) 外圆切槽刀　　　(g) 外螺纹车刀　　　(h) 粗镗刀

(i) 精镗刀

(j) 麻花钻

(k) Z向铣刀　　　(l) 45°端面刀　　　(m) X向铣刀　　　(n) 球头铣刀

图15.3　数控铣床常用刀具

15.1.4　数控铣床的加工工艺范围

铣削加工是机械加工中最常用的加工方法之一,主要包括平面铣削加工和轮廓铣削加工,也可以对零件进行钻、扩、铰、镗、锪及螺纹加工等。数控铣床主要适合于下列几类零件的加工。

1. 平面类零件

平面类零件是指加工面平行于或垂直于水平面,以及加工面与水平面的夹角为一定值的零件。这类加工面可展开为平面,如水平面、垂直面、斜面、台阶等。

图 15.4 所示的三个零件均为平面类零件。其中,曲线轮廓面 A 垂直于水平面,可采用圆柱立铣刀加工。凸台侧面 B 与水平面成一定角度,这类加工面可以采用专用的角度成形铣刀来加工。对于斜面 C,当工件尺寸不大时,可用斜板垫平后加工;当工件尺寸很大,斜面坡度又较小时,也常用行切加工法加工,这时会在加工面上留下进刀时的刀锋残留痕迹,要采用钳修方法加以清除。

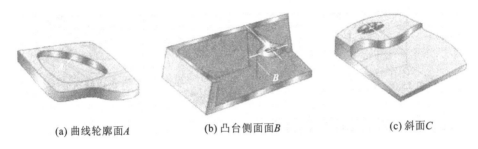

(a) 曲线轮廓面A   (b) 凸台侧面面B   (c) 斜面C

图 15.4   平面类零件

2. 直纹曲面类零件

直纹曲面类零件是指由直线按某种规律移动所产生的曲面类零件。图 15.5 所示零件的加工面就是一种直纹曲面,当直纹曲面从截面 A 至截面 B 变化时,它与水平面间的夹角从 $3°10'$ 均匀变化为 $2°32'$;从截面 B 到截面 C 时,它与水平面间的夹角又均匀变化为 $1°20'$;最后到截面 D,斜角均匀变化为 $0°$。直纹曲面类零件的加工面不能展开为平面。工件表面与铣刀是线接触。这类零件也可在三坐标数控铣床上采用行切加工法实现近似加工。

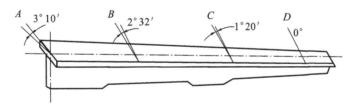

图 15.5   直纹曲面类零件

3. 立体曲面类零件

加工面为空间曲面的零件称为立体曲面类零件。这类零件的加工面不能展成平面,一般使用球头铣刀切削,加工面与铣刀始终为点接触。若采用其他刀具加工,则易发生干涉而铣伤邻近表面。加工立体曲面类零件一般使用三坐标数控铣床采用以下两种加工方法。

1)行切加工法

采用三坐标数控铣床进行两轴半坐标控制加工,即行切加工法。如图 15.6 所示,球头铣刀沿 XY 平面的曲线进行直线插补加工,当一段曲线加工完后,沿 X 方向进给 ΔX 再加工相邻的另一曲线,如此依次用平面曲线来逼近整个曲面。相邻两曲线间的距离 ΔX 应根据表面粗糙度的要求和球头铣刀的半径选取。球头铣刀的球半径应尽可能选得大一些,以增加刀具的刚度,提高散热性,降低表面粗糙度值。加工凹圆弧时,铣刀球头半径必须小于被加工曲面的最小曲率半径。

2)三坐标联动加工

采用三坐标数控铣床三轴联动加工,即进行空间直线插补。例如半球形,可用行切加工法加工,也可用三坐标联动的方法加工。这时,数控铣床用 X、Y、Z 三坐标联动的空间直线插补,实现球面加工,如图 15.7 所示。

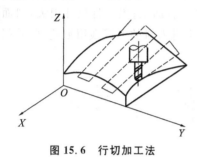

图 15.6　行切加工法　　　　　　　图 15.7　三坐标联动加工

15.1.5　数控铣床的工作原理和特点

1. 数控铣床的工作原理

应根据零件的形状、尺寸、精度和表面粗糙度等技术要求制定加工工艺,选择加工参数。通过手工编程或利用 CAM 软件自动编程,将编好的加工程序输入控制器。控制器对加工程序处理后,向伺服装置传送指令,伺服装置向伺服电机发出控制信号。主轴电机使刀具旋转,X 向、Y 向和 Z 向的伺服电机控制刀具和工件按一定的轨迹相对运动,从而实现对工件的切削加工。

2. 数控铣床的工作特点

数控铣床的工作特点如下。

(1)数控铣床能够降低工人的劳动强度。

(2)用数控铣床加工零件,精度稳定,具有较好的互换性。

(3)数控铣床尤其适合加工形状比较复杂的零件,如各种模具等。

(4)数控铣床自动化程度很高,生产率高,适合加工中、小批量的零件。

15.2　数控铣削加工工艺

15.2.1　数控铣削加工的工艺性分析

数控铣削加工工艺性分析是编程前的重要工艺准备工作之一。根据加工实践,数控铣削加工工艺分析所要解决的主要问题为选择并确定数控铣削加工的部位和工序内容。在选择数控铣削加工内容时,应充分发挥数控铣床的优势和关键作用。常见的数控铣削加工内容如下。

(1)工件上的曲线轮廓,特别是由数学表达式给出的非圆曲线与列表曲线等曲线轮廓,如图 15.8所示的正弦曲线。

(2)已给出数学模型的空间曲面,如图 15.9所示的球面。

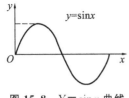

图 15.8　$Y = \sin x$ 曲线

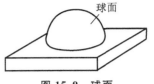

图 15.9　球面

(3)形状复杂、尺寸繁多、划线和检测困难的部位。

(4)用通用铣床加工时难以观察、测量和控制进给的内、外凹槽。

(5)以尺寸协调的高精度孔和面。

(6)能在一次安装中顺带铣出来的简单表面或形状。

(7)用数控铣削加工方式加工后,能成倍提高生产率、大大减轻劳动强度的一般加工内容。

15.2.2　数控铣削加工的工艺性分析

根据数控铣削加工的特点,对零件图进行工艺性分析时,应主要分析和考虑以下问题。

1. 零件图尺寸的正确标注

由于加工程序是以准确的坐标点来编制的,因此各图形几何元素间的相互关系(如相切、相交、垂直和平行等)应明确,各种几何元素的条件要充分,应无引起矛盾的多余尺寸或者影响工序安排的封闭尺寸等。例如,零件在用同一把铣刀、同一个刀具半径补偿值编程加工时,由于零件轮廓各处尺寸公差带不同,如图 15.10 所示,就很难同时保证各处尺寸在尺寸公差范围内。这时采取的方法一般是:兼顾各处尺寸公差,在编程计算时,改变轮廓尺寸并移动公差带,改为对称公差,采用同一把铣刀和同一个刀具半径补偿值加工。对图 15.10 中括号内的尺寸,由于公差带均做出了相应改变,计算和编程时应用括号内尺寸来进行。

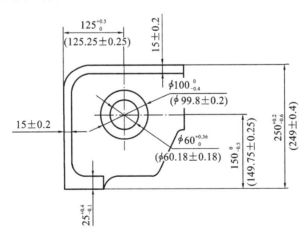

图 15.10　零件尺寸公差带的调整

2. 统一内壁圆弧的尺寸

加工轮廓上内壁圆弧的尺寸往往限制刀具的尺寸。

1)尽量统一零件轮廓内圆弧的有关尺寸

轮廓内圆弧半径 R 常常限制刀具的直径,若工件的被加工轮廓高度低、转接圆弧半径大,可以采用较大直径的铣刀来加工,且加工其底板面时,进给次数也相应减少,表面加工质量就会好一些;反之,数控铣削加工工艺性较差。一般来说,当 $R<0.2H$(H 为被加工轮廓面的最大高度)时,可以判定零件上该部位的工艺性不好。

在一个零件上,轮廓内圆弧半径在数值上的一致性问题对数控铣削加工的工艺性相当重要。零件的外形、内腔最好采用统一的几何类型或尺寸,这样可以减少换刀次数。即使不能寻求完全统一,也要力求将数值相近的圆弧半径分组靠拢,达到局部统一,以尽量减少铣刀规格和换刀次数,并避免因频繁换刀而增加零件加工面上的接刀阶差,降低表面加工质量。

2)内壁转接圆弧半径 R

如图 15.11 所示,当工件的被加工轮廓高度 H 较小,内壁转接圆弧半径 R 较大时,可采用刀具切削刃长度 L 较小、直径 D 较大的铣刀加工。这样,底面 A 的走刀次数较少,表面质量较好,工艺性较好。反之,图 15.12 所示的数控铣削加工工艺性较差。通常,当 $R<0.2H$ 时,数控铣削加工的工艺性较差。

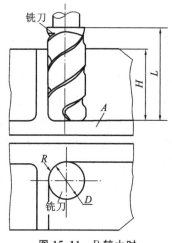

图 15.11　R 较大时

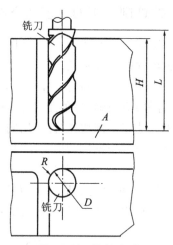

图 15.12　R 较小时

3)内壁与底面转接圆弧半径 r

图 15.13 中,铣刀直径 D 一定时,工件的内壁与底面转接圆弧半径 r 越小,铣刀与铣削平面接触的最大直径 $d=D-2r$ 也越大,铣刀端刃铣削平面的面积越大,铣刀加工平面的能力越强,数控铣削加工的工艺性越好;反之,工艺性越差,如图 15.14 所示。

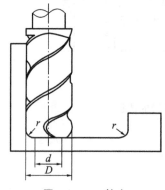

图 15.13　r 较小

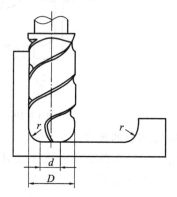

图 15.14　r 较大

当底面铣削面积大,转接圆弧半径 r 也较大时,只能先用一把 r 较小的铣刀加工,再用符合要求 r 的刀具加工,分两次完成切削加工。

3. 切入点(进刀点)、切出点(退刀点)的确定

1)切入点选择的原则

在切削加工曲面时,切入点选择的原则是使刀具不受损坏。一般来说,对粗加工而言,选择曲面内的最高角点作为曲面的切入点(初始切削点),因为该点的切削加工余量较小,进刀时不易损坏刀具;对精加工而言,选择曲面内某个曲率比较平缓的角点作为曲面的切入点,因为在该点处,刀具所受的弯矩较小,不易折断。

2)切出点选择的原则

切出点选择主要考虑能连续完整地加工曲面,曲面与曲面加工间的非切削加工尽可能短,换刀方便。被加工曲面为开放型曲面时,曲面的两个角点可作为切出点;对被加工曲面为封闭型曲面时,只有曲面的一个角点为切出点。

4. 进刀、退刀方式的确定

进刀、退刀方式有以下几种。

1)沿坐标轴的 Z 轴方向直接进刀、退刀

该方式是数控加工中最常用的进刀、退刀方式。它的优点是定义简单;缺点是在工件表面的进刀,退刀处会留下细微的驻刀痕迹,影响工件表面的加工精度。在铣削加工平面轮廓零件时,应避免在零件垂直表面的方向进刀、退刀。

2)沿曲面的切矢方向以直线进刀、退刀

该方式是从被加工曲面的切矢方向切入或切出工件表面。它的优点是在工件表面的进刀、退刀处不会留下驻刀痕迹,工件表面的加工精度高。例如,用立铣刀的端刃和侧刃铣平面轮廓零件时,为了避免在轮廓的切入点和切出点处留下刀痕,应沿轮廓外形的切线方向切入和切出,切入点和切出点一般选在零件轮廓两个几何元素的交点处,引入线、引出线由相切的直线组成,这样可以保证加工出的零件轮廓形状平滑,如图 15.15 所示。

3)沿曲面的法矢方向进刀、退刀

该方式是以被加工曲面切入点、切出点的法矢量方向切入、切出工件表面。它的特点与沿坐标轴的 Z 轴方向直接进刀、退刀相似。

4)沿圆弧段方向进刀、退刀

该方式是刀具以圆弧段的运动方式切入、切出工件表面,引入线、引出线为圆弧,并且圆弧使刀具与曲面相切。该方式必须首先定义切入、切出圆弧段,适用于不能用直线直接引入、引出的场合。

5)沿螺旋线或斜线进刀

该方式是在两个切进给层之间,刀具从上一层的高度沿螺旋线或斜线以渐进的方式切入工件,直到下一层的高度,然后开始正式切削加工。

对于加工精度要求很高的型面加工来说,应选择沿曲面的切矢方向或沿圆弧方向进刀、退刀的方式,这样不会在工件的进刀、退刀处留下驻刀痕迹。

5. 逆铣和顺铣的概念、特点确定

1)逆铣和顺铣的概念

铣刀的旋转方向和工件的进给方向相反称为逆铣,相同称为顺铣。

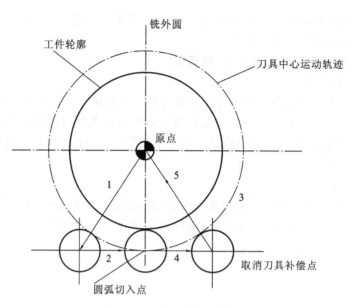

图 15.15　以直线切入、切出

2）逆铣和顺铣的特点

逆铣如图 15.16(a)所示，刀具从已加工表面切入，切削厚度从零逐渐增大；刀齿在加工表面上挤压、滑行，使表面产生严重的冷硬层，下一个刀齿切入时又在冷硬层表面挤压、滑行，使刀齿容易磨损，同时使工件表面粗糙度增大，而且刀齿切离工件时垂直方向的分力使工件脱离工作台，需要较大的夹紧力，但刀齿从已加工表面切入，不会造成直接从毛面切入打刀的问题。

如图 15.16(b)所示，顺铣时，刀具从待加工表面切入，刀齿的切削厚度从最大开始，避免了挤压、滑行现象的产生，同时垂直方向的分力始终压向工作台，减小了工件上下的微动，因而顺铣能提高铣刀耐用度和表面加工质量。

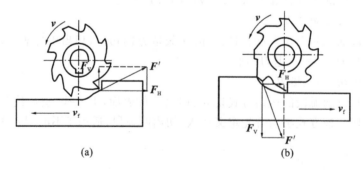

(a)　　　　　　　　　　　(b)

图 15.16　逆铣与顺铣

3）逆铣和顺铣的确定

根据上面的分析，当工件表面有硬皮，机床的进给机构有间隙时，应选用逆铣，并按照逆铣方式安排进给路线。这是因为逆铣时，刀具是从已加工表面切入，不会崩刃。此外，机床进给机构的间隙不会引起振动和爬行，这符合粗铣的要求，因此粗铣时应尽量采用逆铣。当工件表面无硬皮，机床进给机构无间隙时，应选用顺铣，按照顺铣方式安排进给路线。这是因为采用顺铣加工后，零件已加工表面质量好，刀齿磨损小，这符合精铣的要求，因此精铣时，尤其零件材料为铝镁合金或耐热合金时,应尽量采用顺铣。

15.2.3　分析零件的变形情况

零件在铣削加工时的变形会影响加工质量。这时,可采用常规方法,如将粗加工、精加工分开的方法和对称去余量法等,也可采用热处理的方法,如对钢件进行调质处理,对铸铝件进行退火处理等。加工薄板时,切削力和薄板的弹性退让极易导致切削面的振动,使薄板厚度尺寸公差和表面粗糙度难以保证,这时应考虑合适的工件装夹方式。

总之,加工工艺取决于产品零件的结构形状、尺寸和技术要求等。表 15.1 给出了铣削加工改进零件结构、提高工艺性的一些实例。

表 15.1　铣削加工改进零件结构、提高工艺性的一些实例

提高工艺性方法	结　构		结　果
	改　进　前	改　进　后	
改进内壁形状	$R_2 < \left(\frac{1}{6} \sim \frac{1}{5}\right)H$	$R_2 > \left(\frac{1}{6} \sim \frac{1}{5}\right)H$	可采用较高刚性的刀具
统一圆弧尺寸			减少刀具数和更换刀具次数,减少辅助时间
选择合适的圆弧半径			提高生产率

提高工艺性方法	结　　构		结　　果
	改　进　前	改　进　后	
用两面对称结构			减少编程时间，简化编程
合理改进凸台分布			减少加工劳动量
改进结构形状			减少加工劳动量
			减少加工劳动量

续表

提高工艺性方法	结构		结果
	改 进 前	改 进 后	
改进尺寸比例	$\dfrac{H}{b}>10$ H	$\dfrac{H}{b}\leqslant 10$ H b	可用较高刚度的刀具加工,提高生产率
在加工和不加工表面间加入过渡圆角		0.5~1.5 0.5~1.5	减少加工劳动量
改进零件几何形状			斜面筋代替阶梯筋,节约材料

15.2.4 零件的加工路线

1. 铣削加工轮廓表面

一般采用立铣刀侧面刃切削加工轮廓表面。对于二维轮廓加工,通常采用的加工路线如下。

(1)从起刀点下刀到下刀点。

(2)沿切向切入工件。

(3)轮廓切削加工。

(4)刀具向上抬刀,退离工件。

(5)返回起刀点。

2. 顺铣和逆铣对加工的影响

在铣削加工中,铣削方式是影响加工表面粗糙度的重要因素之一。逆铣时切削力的水平分力的方向与进给运动,方向相反;顺铣时切削力 F 的水平分力,的方向与进给运动的方向相同。铣削方式的选择应综合考虑零件图样的加工要求,工件材料的性质、特点,以及机床、刀具等。通常,由于数控机床传动采用滚珠丝杠结构,进给传动间隙很小,所以顺铣的工艺性优于逆铣。

图 15.17(a)所示为采用顺铣切削方式精铣外轮廓,图 15.17(b)所示为采用逆铣切削方式精铣型腔轮廓,图 15.17(c)所示为顺、逆铣时的切削区域。

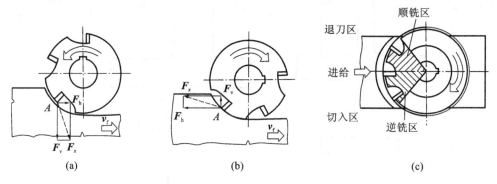

图 15.17 顺铣和逆铣切削方式

为了降低表面粗糙度值、提高刀具的耐用度,对于铝镁合金、钛合金和耐热合金等材料,应尽量采用顺铣进行加工。但如果零件毛坯为黑色金属锻件或铸件,表皮硬,而且加工余量一般较大,采用逆铣较为合理。

15.3 数控铣床的基本操作

数控铣床的基本操作与数控车床系统的操作有相同之处。数控铣床的基本操作包括开机、关机、系统的启动、参数的设置、手动操作,以及数控程序的输入、从外界设备输入程序、程序的运行等内容。

15.3.1 数控铣床的基本结构和主要功能

在前面的内容中已讲明数控机床的结构和技术参数,这里重点介绍 SINUMERIK 802S/C 数控系统操作面板及其相关功能。

SINUMERIK 802S/C 数控系统的主界面与数控车床数控系统的主界面大致相同,只是方向轴多了＋Y 和－Y 两项,如图 15.18 所示,界面也分为 5 个区域。

15.3.2 数控机床的上电、启动

第一步,打开供电总开关。

第二步,打开床身后方的机床开关。

第三步,打开系统面板旁(上)的系统开关(K1)。一般数控机床常用自定义功能键 K1 作为主轴驱动器的使能键。

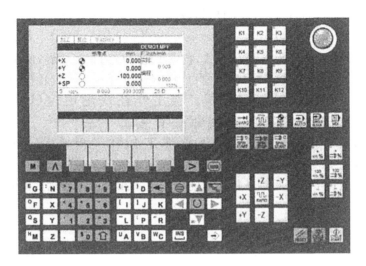

图 15.18　数控铣床 SINUMERIK 802S/C 数控系统的主界面

第四步,回参考点。

手动操作步骤如下。

(1)系统启动后进入"加工"操作区"REF"模式,出现"回参考点窗口"。

(2)按 REF 键,按顺序连续按 6 个方向键+X、+Z,…,即可回参考点。

(3)在屏幕显示区查看是否已经回参考点。

有时可以用程序指令将刀具移动到参考点。

例如执行程序 G74　X0　Y0　Z0(X、Y、Z 轴返回参考点),当 X、Y、Z 三个坐标轴的参考点指示灯亮起时,说明三条轴分别回到了机床参考点。

15.3.3　数控机床手动操作

手动操作模式有手动进给模式、手轮模式、手动数据输入模式等。

1. 手动进给模式

手动进给模式包括三种模式。

(1)在手动连续(JOG)方式中,按住操作面板上的进给轴方向键(+X、+Y、+Z 或者−X、−Y、−Z),会使刀具沿着所选轴的所选方向连续移动。手动进给速度可以通过进给倍率按钮进行调整。

(2)在快速移动(Rapid)模式中,当按下 Rapid 键后,再按住操作面板上的进给轴方向键(+X、+Y、+Z 或者−X、−Y、−Z),会使刀具以快速移动的速度移动,再按一次 Rapid 键,取消快速移动。

(3)在手动增量(VAR)模式中,连续按 VAR 键,在显示屏幕的左上方依次显示增量的移动距离:1INC,10INC,100INC,1000INC(1INC=0.001mm)。当再按住操作面板上的进给轴方向键(+X、+Y、+Z 或者−X、−Y、−Z),会使刀具以增量的方式移动。

2. 手轮模式

在 SINUMERIK 802S/C 数控系统中,手轮是一个与数控系统以数据线相连的独立个体。在手轮进给方式下,刀具可以通过旋转机床操作面板上的手摇脉冲发生器微量移动。手轮旋转一个刻度时,刀具移动的距离根据手轮上的设置有所不同,分别为 0.001 mm、0.01 mm、0.1 mm。

具体操作如下。

(1)将机床的工作模式转换到 JOG 模式,按下手轮对应的菜单软键,即出现手轮操作窗口。使用▲、▼键移动光标到所选的手轮(目前窗口中只有一个手轮),然后按住相应坐标轴的软键,在窗口中出现符号√。

(2)按确定键确认所设定的状态并关闭该窗口。

手轮进给操作时,一次只能选择一个轴的移动,手轮转动一周时刀具的移动相当于 100 个刻度的对应值。手轮旋转操作时,请按 5 r/s 以下的速度旋转手轮。如果手轮旋转的速度超过了 5 r/s,刀具有可能在手轮停止旋转后还不能停止下来或者刀具移动的距离与手轮旋转的刻度不相符。

3. 手动数据输入模式

在手动数据输入(MDA)方式下,通过 MDA 面板,可以编制最多 10 行的程序并被执行,程序的格式和普通程序一样。手动数据输入模式适用于简单的测试操作,如检验工件坐标位置、主轴旋转等一些简短的程序。在手动数据输入模式下编制的程序不能被保存,运行完 MDA 上的程序后,该程序会消失。

使用 MDA 键盘输入程序并执行的操作步骤如下。

(1)将机床的工作方式设置为手动数据输入模式。

(2)利用屏幕字符键 E_G,通过操作面板输入程序段。

(3)按数控启动键 START,机床执行之前输入好的程序。

在程序执行时,不可以再对程序段进行编辑。执行完毕后,仍保留输入区的内容,则有该程序段可以通过数控启动键重新运行,输入一个字符可以删掉程序段。

15.3.4　数据设置

成功地启动了数控铣床后,在数控铣床加工之前要进行对刀和参数设置,即通过参数的输入和修改对数控铣床和刀具进行调整,其中包括刀具号设定和其相应参数设置,以及工作坐标系相对机床坐标系的偏置量、机床运行以及 R 参数等的设置。

1. 刀具和参数的设定

每一把刀具都有一个确定的刀具号,并且每把刀具的参数包括刀具几何参数、磨损量参数,以及刀具号参数和刀具型号参数。

建立新刀具操作步骤如下。

(1)按新建键,再按参数对应的菜单软键,选择刀具补偿、新刀具。

(2)利用屏幕字符键,输入刀具"T—号"(最大为 3 位数),并定义刀具类型。

(3)按确定键对应的菜单软键,生成新的刀具,并显示补偿参数窗口。

2. 对刀

数控铣床的对刀内容包括基准刀具的对刀和各个刀具相对偏差的测定两个部分。对刀时,应先从某零件加工所用到的众多刀具中选取一把作为基准刀具进行对刀操作;再分别测出其他各把刀具与基准刀具刀位点的位置偏差值,如长度、直径等。这样就不必对每把刀具进行对刀操作。

对刀有试切法对刀、寻边器对刀、机内对刀仪对刀和自动对刀等多种方法。铣床多用试切法对刀,加工中心常用寻边器和 Z 轴设定器对刀。对刀的目的就是确定工件坐标系与机床坐标系之间的空间位置关系,通过对刀求出工件原点在机床坐标系中的坐标,并将此数据输入数控系统相应的存储器中,使得在程序调用时,所有的值都是针对设定的工件原点给出的。

这里我们介绍常用的试切法。

当工件和基准刀具(或对刀工具)都安装好后,可按下述步骤进行对刀操作。

(1)机床回零,确定机床坐标系,即将方式开关置于回参考点位置,分别按+X、+Y、+Z 方向按键,令机床进行回参考点操作。

(2)计算编程原点在机床坐标系中的坐标值(假设编程原点在方形工件的上右后角点处)。

①X、Y 方向对刀。用刀具靠近毛坯的右端,移动 X 轴试切。数据记录后,抬起 Z 轴,得到工件中心的 X 坐标,记为 X。

用刀具靠近毛坯的后端,移动 Y 轴试切,数据记录后,抬起 Z 轴,得到工件中心的 Y 坐标,记为 Y。

②Z 方向对刀。完成 X、Y 方向对刀后,移动 Z 轴,使刀具靠近毛坯的表面,当有较多切屑飞出时,表示刀具完全接触毛坯表面,这时记下显示屏上的 Z 值,记为 Z。通过对刀得到的坐标值(X,Y,Z)即为工件坐标系原点在机床坐标系中的坐标值。

3. 确定零点偏移

1)确定 Z 方向偏移量

在手动进给模式下,使刀具沿 Z 方向与工件上表面接触,按参数键→零点偏移键,出现一个窗口,利用光标键将光标移动至 Z 处。

按测量键,再按确定键,按计算键,再按确定键,工件零点 Z 方向偏置值被存储。

2)确定 X 方向偏移量

在手动进给模式下,使刀具沿 X 方向与工件上右表面接触,移动光标至 X 轴,按测量键,按确定键,出现一个窗口。

按计算键,再按确定键,工件零点 X 方向偏置值被存储。

3)确定 Y 方向偏移量

在手动进给模式下,使刀具沿 Y 方向与工件上后表面接触,在窗口中移动光标至 Y 轴,按测量键,再按确定键,按计算键,再按确定键,工件零点 Y 方向偏置值被存储。

4. 刀具补偿确定

根据刀具的实际尺寸和位置,将刀具半径补偿值和刀具长度补偿值输入程序对应的刀具补偿及参数表的相应存储位置中。

5. 编程设定数据

利用此功能,可以通过修改设定的数据来改变机床的运行状态。操作步骤如下。

先按新建键,再按参数键(对应的菜单软键),然后按设定数据键,出现一个窗口。

利用光标键或字符键输入相应的值,利用菜单软键可以设置四类参数。

(1)$Jog_{数据}$:可以设置在手动进给方式下的进给率。

(2)主轴数据:可以设置主轴的转速,以及在恒定切削速度下可编程的最大速度。

(3)空运行进给率:在自动方式下,若选择空运行进给功能,则程序不按编程的进给率执行,而是执行在此输入的进给率。

（4）开始角：在加工螺纹时，主轴有一起始位置作为开始角，当重复进行该加工过程时，就可以通过改变此开始角切削加工多线螺纹。

6. R 参数修改

按新建键，再按参数键（对应的菜单软键），然后按 R 参数键，窗口中列出系统中所有的 R 参数，用户可以修改。

15.3.5　程序输入和程序文件管理

程序输入和程序文件管理包括程序的新建、打开和编辑等功能。

1. 程序的新建

（1）按新建键，再按程序键，显示数控系统中存在的程序目录。

（2）按＞键，在窗口中单击新程序。

（3）输入新程序名称，在名称后输入扩展名（. mpf 或. spf，默认为. mpf 文件）。注意，程序名称前两位必须为字母。

（4）按确定键，确认输入，利用字符键，可以手动输入生成新程序，并且可以对新程序进行编辑。

2. 程序的修改

按新建键，再按程序键，用光标键▲、▼选中要改的程序，按打开键屏幕上出现所要修改的程序，现在可修改程序，改完后按保存键即可。

3. 程序文件的管理

1）复制程序数据文件复制

按新建键，再按程序键，用光标键▲、▼选中要拷贝的程序，按拷贝键，出现一个窗口，此时输入目标程序的名字，按确定键，可把当前所选择的程序拷贝到目标程序中。

2）删除程序文件

按新建键，再按程序键，用光标键▲、▼，选中要删除的程序，按删除键，即可删除所选程序。此外还可以对当前选择的程序文件进行名称修改等操作。

4. 从计算机中输入一个程序

通过机床控制系统的 RS-232 接口可以读出数据（零件程序）并保护到外部设备（计算机）中，同样也可以从计算机中把数据（零件程序）读入机床系统中。首先安装好 RS-232 接口，并打开计算机中已提前安装好的西门子自带的软件，单击发送相应命令，选择发送数据文件（文件的开头有固定格式，可参看相关参考书），此时在机床操作面板上按新建键，再按通讯键，出现窗口，按输入启动键后就可以进行数据的读入。

15.3.6　程序运行

进行程序运行加工零件之前，必须调整好机床和系统，保证各轴已经回到参考点，待加工零件的程序已经装入，工件坐标系和刀具补偿量已经输入机床系统中，并且必要的安全锁定装置已经开启。

15.4 数控铣削加工程序编程

数控铣削加工编程方法与数控车削加工编程方法有很大的区别,尤其是固定循环。这里以立式数控铣床为基础,介绍数控铣床程序编制的基本方法。

CY-KX850 型立式数控铣床所配置的是 FANUC Series 0i-MD 数控系统。该系统的主要特点是:轴控制功能强,基本可控制轴数为 X、Y、Z 三轴,扩展后可联动控制轴数为四轴;编程代码通用性强,编程方便,可靠性高。

15.4.1 数控编程的概念和步骤

1. 数控编程的概念

所谓数控编程,是指根据被加工零件的图纸和工艺要求,用所使用的数控系统的数控语言,来描述加工轨迹及其辅助动作的过程。

2. 数控编程的步骤

数控编程的一般内容和步骤如图 15.19 所示。

1)分析零件图

分析零件图,即分析零件的材料、形状、尺寸、精度及毛坯的形状和热处理要求,确定零件是否适合在数控机床上加工,适合在哪台数控机床上加工,确定在数控机床上加工零件的哪些工序和表面。

2)工艺处理阶段

工艺处理的主要任务为确定零件的加工工艺过程,包括加工方法(采用的夹具、装夹定位方法)、加工路线(对刀点、走刀路线)、加工用量(主轴转速、进给速度、切削宽度和切削深度)。

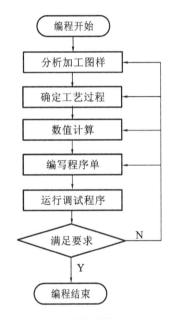

图 15.19 数控编程的一般
内容和步骤

3)数学处理阶段

在数学处理阶段,根据零件图和确定的加工路线,计算出走刀轨迹和每个程序段所需数据(刀位数据),计算要满足精度要求。在该阶段需要确定的坐标点如下。

(1)基点坐标:零件轮廓相邻几何元素的交点和切点的坐标。

(2)节点坐标:对于非圆曲线,需要用小直线段和圆弧段逼近,轮廓相邻逼近线段的交点和切点的坐标。

4)编写程序单

根据计算出的走刀轨迹数据和确定的切削用量,结合数控系统的加工指令和程序段格式,逐段编写零件加工程序。

5)程序校验和首件试加工

编写的程序由于种种原因,会有错误和不合理的地方,必须经校验和试加工合格后,才能进入正式加工。录入程序后,应在数控机床的 CRT 上仿真显示走刀轨迹或模拟刀具和工件的切削过程,然后进行试切削。只有经过试切削,才知道加工精度是否满足要求。

15.4.2　数控铣削加工程序的一般格式

每一个程序都是由程序号、程序内容和程序结束三个部分组成的。程序内容由若干程序段组成,程序段由若干程序字组成,每个程序字又由地址符和带符号或不带符号的数值组成。程序字是程序指令中的最小有效单位。

1. 程序结构

一段完整的程序,包括程序开始符、程序结束符、程序名、程序主体、程序结束指令。具体举例如图 15.20 所示。

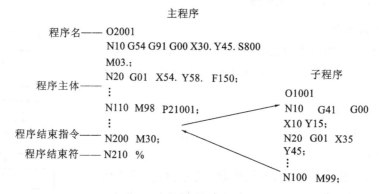

图 15.20　数控铣削加工程序

2. 程序段

零件加工程序由程序段组成,一个程序段表示一个完整的加工工步和动作,每个程序段又由若干个数据字组成。每个字是控制系统的具体指令,它由表示地址的英文字母、特殊文字和数字集合而成。

3. 常用的地址符

数控铣削加工程序常用的地址符如表 15.2 所示。

表 15.2　数控铣削加工程序常用的地址符

功　能	地　址	含　义
程序号	O;ISO/;EIA	表示程序名代号(1~9 999)
程序段号	N	表示程序段代号(1~9 999)
准备功能	G	确定移动方式等准备功能
坐标字	X、Y、Z、A、C	坐标轴移动指令(±999.999 mm)
	R	圆弧半径(±99 999.999 mm)
	I、J、K	圆弧圆心坐标(±99 999.999 mm)
进给功能	F	表示进给速度(1~1 000 mm/min)
主轴功能	S	表示主轴转速(0~9 999 r/min)

功　　能	地　　址	含　　义
刀具功能	T	表示刀具号(0~99)
偏置号	D、H	表示补偿值地址(1~400)
辅助功能	M	冷却液开、关控制等辅助功能(0~99)
暂停	P、X	表示暂停时间(0~99 999.999s)
子程序号及子程序调用次数	P、L	子程序的标定及子程序重复调用次数设定(1~9 999)
宏程序变量	P、Q、R	变量代号

4. 常用的 G、M 指令

数控铣削加工程序常用的 G、M 指令如表 15.3 所示。

表 15.3　数控铣削加工程序常用的 G、M 指令

共　段　组	指　令　组	指　令　字	功　能	模　态	初　态	破坏模态	备　注
		011	G92	设置绝对坐标系		√		
01	012	G00	快速点定位	√	√		
		G01	直线插补	√			
		G02	顺圆插补	√			
		G03	逆圆插补	√			
		G60	Z、Y、X、A 返回上段起点			√	
		G26	X、Y、Z 回程序起点			√	
		G27	X 回程序起点			√	
		G28	Y 回程序起点			√	
		G29	Z 回程序起点			√	
		G30	A 回程序起点				
		G81	钻孔循环	√			
		G84	刚性攻螺纹循环	√			
	013	G11	镜像设置	√			
		G12	镜像取消	√	√		
	014	G61	回 G25 指令设定点				
		G25	设置 G61 的定点				
	015	G38	径向伸长或缩短刀具半径				与 G00 或 G01 联用
02	02	G17	选 XY 平面	√	√		
		G18	选 ZX 平面	√			
		G19	选 YZ 平面	√			

共 段 组	指 令 组	指 令 字	功 能	模 态	初 态	破坏模态	备 注
03	03	G90	指定绝对坐标编程	√	√		
		G91	指定增量坐标编程	√			
04	04	G36	比例缩放	√			
		G37	比例缩放取消	√	√		
05	05	G40	取消刀具半径补偿	√	√		
		G41	刀具在工件左侧补偿	√			
		G42	刀具在工件右侧补偿				
06	06	G43	刀具长度加补偿长	√			
		G44	刀具长度减补偿长	√			
		G49	取消刀具长度补偿	√	√		
07	07	G45	加一个刀具半径进给				
		G46	减一个刀具半径进给				
		G47	加双倍刀具半径进给				
		G48	减双倍刀具半径进给				
08	08	M03	主轴正转启动	√			
		M04	主轴反转启动	√			
		M05	关主轴	√	√		
09	09	M08	开冷却液	√			
		M09	关冷却液	√	√		
10	100	M13	自定义输入检测+24 V				伺服报警
		M14	自定义输入0 V				
11	110	M23	自定义开	√	√		
		M22	自定义关	√			
	111	M55	自定义开	√	√		
		M54	自定义关	√			
12	120	G22	程序循环开始				
		G80	程序循环结束				
		M02	程序运行结束			√	
		M20	回起点,重复运行			√	
		M30	程序结束			√	
	121	M97	无条件程序转移				
		M98	无条件程序调用				
	122	M99	子程序结束返回(子程序用)				

续表

共 段 组	指 令 组	指 令 字	功 能	模 态	初 态	破坏模态	备 注
13	13	M00	程序运行暂停				
14	14	G04	程序延时				
15	15	G66	铣端面线形宏定义				和 G01、G02、G03 联用
16	16	G67	铣端面循环步进宏定义				和 G01 联用

15.4.3 数控铣削基本编程方法

1. 设置加工坐标系指令 G92

指令格式为

G92 X __ Y __ Z __ ;

G92 指令是将加工原点设定在相对于刀具起始点的某一空间点上,例如

G92 Xa Yb Zc;

该指令用于将加工原点设定到距刀具起始点距离为 $X=-a,Y=-b,Z=-c$ 的位置上。

2. 选择机床坐标系 G53

指令格式为

G53 G90 X __ Y __ Z __ ;

G53 指令使刀具快速定位到机床坐标系中的指定位置上,式中 X、Y、Z 后的值为机床坐标系中的坐标值,其尺寸均为负值。

3. 选择 1~6 号加工坐标系 G54~G59

指令格式为

G54/G55/G56/G57/G58/G59 G90 G00(G01)X __ Y __ Z __(F __);

G54~G59 指令可以分别用来选择相应的加工坐标系。该指令执行后,所有坐标值指定的坐标尺寸都是选定的工件加工坐标系中的位置。1~6 号工件加工坐标系是通过 CRT/MDI 方式设置的。

4. 编程方式指令 G90/G91

G90/G91 指令用来指明坐标字中用的是绝对坐标编程还是增量坐标编程。

(1)G90 为绝对坐标指令,表示程序段中的编程尺寸是按绝对坐标给定的。

(2)G91 为相对坐标指令,表示程序段中的编程尺寸是按相对坐标给定的。

5. 坐标平面选择指令 G17/G18/G19

坐标平面选择指令是用来选择圆弧插补的平面和刀具补偿平面的。

(1)G17 表示选择 XY 平面。

(2)G18 表示选择 ZX 平面。

(3)G19 表示选择 YZ 平面。

6. 快速点定位指令 G00

指令格式为

  G00 X __ Y __ Z __ ;

其中 X、Y、Z 为快速点定位的终点坐标值。

7. 直线插补指令 G01

直线插补指令用来产生按指定进给速度 F 实现的空间直线运动。

指令格式为

  G01 X __ Y __ Z __ F __ ;

其中 X、Y、Z 为直线插补的终点坐标值。

8. 圆弧插补指令 G02/G03

G02 指令为按指定进给速度的顺时针圆弧插补;G03 指令为按指定进给速度的逆时针圆弧插补。圆弧顺、逆方向的判别方法为:沿着不在圆弧平面内的坐标轴,由正方向向负方向看,顺时针方向为 G02,逆时针方向为 G03。

指令格式为

  G02/G03 X __ Y __ (Z __) R __ F __ ;

或

  G02/G03 X __ Y __ (Z __) I __ J __ (K __) F __ ;

其中 X、Y、Z 为圆弧插补的终点坐标值;R 为指定圆弧半径,当圆弧的圆心角小于等于 180° 时,R 值为正,当圆弧的圆心角大于 180° 时,R 值为负;I、J、K 为圆弧起点到圆心的增量坐标,与 G90/G91 无关,加工整圆必须用此方法编程。

9. 刀具半径补偿指令 G41/G42/G40

在零件轮廓铣削加工时,由于刀具半径尺寸影响,刀具的中心轨迹与零件轮廓往往不一致。为了避免计算刀具中心轨迹,直接按零件图样上的轮廓尺寸编程,数控系统提供了刀具半径补偿功能。

(1)G41 为左偏刀具半径补偿,定义为假设工件不动,沿刀具运动方向向前看,刀具在工件左侧的刀具半径补偿。

(2)G42 为右偏刀具半径补偿,定义为假设工件不动,沿刀具运动方向向前看,刀具在工件右侧的刀具半径补偿。

(3)G40 为撤销补偿指令。

指令格式为

  G00/G01 G41/G42 X __ Y __ D __ ;   //建立补偿程序段

  …   //轮廓切削程序段

  G00/G01 G40 X __ Y __ ;   //补偿撤销程序段

10. 刀具长度补偿指令 G43/G44/G49

指令格式为

  G43 H __ ;加一个刀具长度补偿参数值

  G44 H __ ;减一个刀具长度补偿参数值

  G49;取消刀具长度补偿

其中 H 为刀具偏置号。

刀具长度补偿是在 Z 轴上加或减用 H 功能调用的刀具长度补偿参数值,调用号为 H01～

H16。参数中的补偿数据以未进行补偿时的刀具位置作为起点。

11. 坐标系旋转功能 G68/G69

G68/G69 指令可使编程图形按照指定旋转中心及旋转方向旋转一定的角度。G68 指令用于开始坐标系旋转,G69 用于撤销旋转功能。

指令格式为

G68 X＿Y＿R＿；

...

G69；

其中,X、Y 为旋转中心的坐标值(可以是 X、Y、Z 中的任意两个,它们由当前平面选择指令 G17、G18、G19 中的一个确定),当 X、Y 省略时,G68 指令认为当前的位置即为旋转中心。

R 为旋转角度,逆时针旋转定义为正方向,顺时针旋转定义为负方向。

12. 比例及镜像功能 G51/G50

比例及镜像功能可使原编程尺寸按指定比例缩小或放大,也可让图形按指定规律产生镜像变换。

(1)G51 为比例编程指令。

(2)G50 为撤销比例编程指令。

各轴按相同比例编程,指令格式为

G51 X＿Y＿Z＿P＿；

其中 X、Y、Z 为比例中心坐标(绝对方式),P 为比例系数。

各个轴可以按不同比例来缩小或放大,当给定的比例系数为－1 时,可获得镜像加工功能。指令格式为

G51 X＿Y＿Z＿I＿J＿K＿；

其中 X、Y、Z 为比例中心坐标,I、J、K 为对应 X、Y、Z 轴的比例系数。

13. 子程序调用指令 M98

编程时,为了简化程序的编制,当一个工件上有相同的加工内容时,常用调子程序的方法进行编程。调用子程序的程序叫作主程序。子程序的编号与一般程序基本相同,只是程序结束字为 M99,表示子程序结束,并返回到调用子程序的主程序中。

调用于程序的指令格式为

M98 P＿；

其中 P 表示子程序调用情况。P 后共有 8 位数字,前四位为调用次数,省略时为调用一次;后四位为所调用的子程序号。

14. 延时指令 G04

该指令可使刀具作短暂的无进给光整加工,一般用于镗平面、钻孔等场合。

指令格式为

G04　X＿(P＿)；

其中 X、P 为暂停时间。

第16章 加工中心

16.1 加工中心介绍

16.1.1 加工中心概述

加工中心是目前世界上产量最高、应用最广泛、功能较全的一种数控机床。它把铣削、镗削、钻削、攻螺纹和切削螺纹等功能集中在一台设备上，具有多种工艺手段。加工中心设置有刀库，刀库中存放着不同数量的各种刀具或检具，在加工过程中由程序自动选用和更换刀具或检具，这是它与数控铣床、数控镗床的主要区别。加工中心是一种综合加工能力较强的设备，工件一次装夹后能完成较多的加工内容，加工精度较高，就加工中等加工难度的批量工件而言，加工中心的效率是普通设备的 5～10 倍，特别是它能完成许多普通设备不能完成的加工，对形状较复杂、精度要求高的单件加工或中小批量多品种生产尤为适用。对于必须采用工装和专机设备来保证产品质量和效率的工件，采用加工中心加工可以省去工装和专机设备，这可为新产品的研制和改型换代节省大量的时间和费用，从而使企业具有较强的竞争能力。

16.1.2 加工中心的组成

加工中心问世已有几十年了，世界各国出现了各种类型的加工中心，虽然它们的外形结构各异，但从总体来看都主要由以下几大部分组成。

1. 基础部件

基础部件是加工中心的基础结构，由床身、立柱和工作台三大部分组成，它们主要承受加工中心的静载荷以及在加工时产生的切削负载，因此必须有足够的刚度。这些大件既可以是铸铁件，也可以是焊接而成的钢结构件。基础部件是加工中心中体积和质量最大的部件。

2. 主轴部件

主轴部件由主轴箱、主轴电动机、主轴和主轴轴承等零件组成。主轴是加工中心切削加工的功率输出部件，它的启、停和变速等动作均由数控系统控制，并且通过装在主轴上的刀具参与切削运动，是切削加工的功率输出部件。主轴的旋转精度和定位准确性是影响加工中心加工精度的重要因素。

3. 数控系统

加工中心的数控系统是由 CNC 装置、可编程控制器、伺服驱动装置和操作面板等组成的。它是执行顺序控制动作和完成加工过程的控制中心。CNC 装置是一种位置控制系统，它的控制过程是根据输入的信息进行数据处理、插补运算，获得理想的运动轨迹信息，然后将理想的运动轨迹信息输出到执行部件，加工出所需要的工件。

4. 自动换刀系统

自动换刀系统由刀库、机械手等部件组成。当需要换刀时，数控系统发出指令，由机械手

(或通过其他方式)将刀具从刀库内取出并装入主轴孔中,然后把主轴上的刀具送回刀库完成整个换刀动作。

5. 辅助装置

辅助装置包括润滑装置、冷却装置、排屑装置、防护装置、液压装置、气动装置和检测装置等部分。这些装置虽然不直接参与切削运动,但对加工中心的加工效率、加工精度和可靠性起着保障作用,因此也是加工中心中不可缺少的部分。

16.1.3　加工中心的特点

加工中心具有加工精度高、表面质量好、加工生产率高、工艺适应性强、劳动强度低、劳动条件好、经济效益良好、有利于实现生产管理的现代化等特点。

利用加工中心进行生产,能准确地计算出工件的加工工时,并能有效地简化检验、工夹具和半成品的管理工作。当前较为流行的 FMS、CIMS、MRP-Ⅱ、ERP 等,都离不开加工中心的应用。

16.1.4　加工中心的主要加工对象

加工中心适用于加工形状复杂、工序多、精度要求高的工件,加工对象主要有以下几类。

1. 箱体类工件

箱体类工件一般都要求进行多工位孔系及平面的加工,定位精度要求高,在加工中心上加工时,一次装夹可完成普通机床 60%～95% 的工序内容。

2. 复杂曲面类工件

复杂曲面一般可以用球头铣刀进行三坐标联动加工,加工精度较高,但效率低。如果工件存在加工干涉区或加工盲区,就必须考虑采用四坐标或五坐标联动的机床,如叶轮、螺旋桨、各种成形模具等。

3. 异形件

异形件是外形不规则的工件,大多需要采用点、线、面多工位混合加工。异形件的形状越复杂,精度要求越高,如手机外壳等,使用加工中心进行加工能显示出加工中心的优越性。

4. 盘、套、板类工件

盘、套、板类工件包括:带有键槽和径向孔、端面分布有孔系、带有曲面的盘、套、轴类工件,如带法兰的轴套、带有键槽或方头的轴等;具有较多孔的板类工件,如各种电动机盖等。

5. 特殊加工

在加工中心上还可以进行特殊加工,如在主轴上安装调频电火花电源,可对金属表面进行表面淬火处理。

16.1.5　加工中心的分类

加工中心种类很多,一般按照机床形态和主轴布局形式进行分类,或按照加工中心的换刀形式进行分类。

1. 按照机床形态和主轴布局形式分类

1)立式加工中心

立式加工中心是指主轴轴线呈铅垂状态布置的加工中心。它不具备分度回转功能,适用于盘类工件的加工。JCS-018A 型立式加工中心如图 16.1 所示。立式加工中心的刀库有不同的形式,如图 16.2 所示。其中,图 16.2(a)～图 16.2(f)所示为盘式刀库;图 16.2(g)～图 16.2(j)所示为链式刀库;图 16.2(k)所示为格子式刀库。每种形式的刀库可以容纳的刀具数量差距较大,并在一定程度上决定了加工中心加工能力的大小。

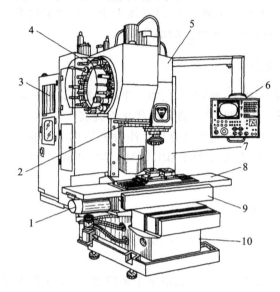

图 16.1 JCS-018A 型立式加工中心

1—X 轴的直流伺服电动机;2—换刀机械手;3—数控柜;4—盘式刀库;5—主轴箱;6—操作面板;
7—驱动电源柜;8—工作台;9—滑座;10—床身

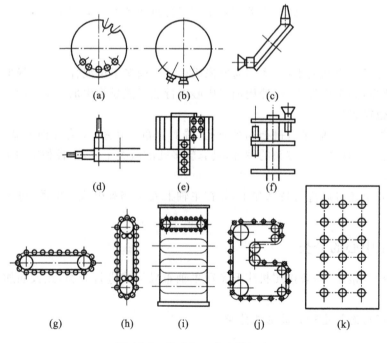

图 16.2 立式加工中心的刀库

2)卧式加工中心

卧式加工中心(见图 16.3)是指主轴轴线呈水平状态布置的加工中心。卧式加工中心的刀库一般采用链式结构,容量较大。卧式加工中心通常都带有可进行分度的正方形分度工作台,可加工扭曲面,适用于箱体类工件的加工。

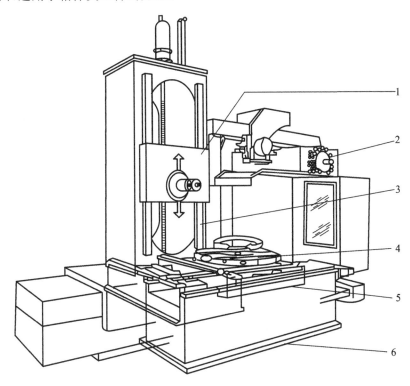

图 16.3 卧式加工中心
1—主轴头;2—刀库;3—立柱;4—立柱底座;5—工作台;6—床身

3)龙门式加工中心

龙门式加工中心的形状与龙门铣床类似,主轴多为铅垂布置,带有自动换刀装置,并有可更换的主轴头附件。龙门式加工中心数控系统的软件功能也较齐全,能够一机多用。龙门式加工中心尤其适用于加工大型或形状复杂的工件,如大型水轮机、大型建工机械上的某些零件。

4)复合加工中心

复合加工中心又称万能加工中心,是指兼有立式加工中心功能和卧式加工中心功能的一种加工中心。工件安装后,复合加工中心能完成除安装面外的所有侧面和顶面等五个表面的加工,因此也称为五面加工中心。常见的复合加工中心有两种形式:一种是主轴可以旋转 90°,既可以像立式加工中心那样工作,也可以像卧式加工中心那样工作;另一种是主轴不改变方向,而工作台可以带着工件旋转 90°,完成对工件五个表面的加工。

2. 按照加工中心的换刀形式分类

1)带刀库、机械手的加工中心

带刀库、机械手的加工中心的自动换刀装置(automatic tool changer,ATC)由刀库和机械手组成,机械手可完成换刀工作。这是应用最普遍的加工中心。

2）无机械手的加工中心

无机械手的加工中心是通过刀库和主轴箱的配合动作来完成换刀的，一般是把刀库放在主轴箱可以运动到的位置，整个刀库或某一刀位能移动到主轴箱可以达到的位置。刀库中刀具的存放位置与主轴装刀方向一致。换刀时，主轴运动到刀位上的换刀位置，由主轴直接取走刀具或将刀具放回刀库。

3）转塔刀库式加工中心

转塔刀库式加工中心一般都为小型加工中心，以加工孔为主。

16.1.6 加工中心的换刀过程

自动换刀装置的换刀过程由选刀和换刀两个环节组成。当执行到 T×× 指令即选刀指令时，刀库自动将要用的刀具移动到换刀位置，完成选刀过程，为后续换刀做好准备；当执行到 M06 指令时，即开始自动换刀，主轴上用过的刀具被取下，选好的刀具被安装在主轴上。加工中心的选刀方式主要有顺序选刀方式、任选方式（多用），换刀方式主要有机械手换刀、刀库-主轴运动换刀。

1. 机械手换刀过程

机械手换刀过程如图 16.4 所示。

（1）主轴箱回参考点，主轴准停。

（2）抓刀：机械手在主轴上和刀库中抓刀，如图 16.4(a)所示。

（3）取刀：活塞杆推动机械手下行取刀，如图 16.4(b)所示。

（4）交换刀具位置：机械手回转 180°，交换刀具位置，如图 16.4(c)所示。

（5）装刀：活塞杆上行，机械手将更换后的刀具装入主轴和刀库，如图 16.4(d)所示。

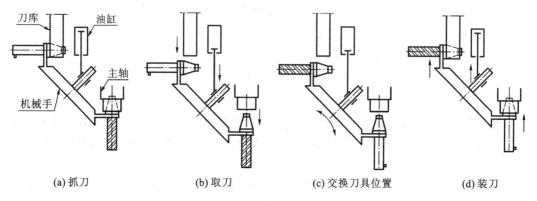

(a) 抓刀　　　　　(b) 取刀　　　　　(c) 交换刀具位置　　　　　(d) 装刀

图 16.4　机械手换刀过程

2. 刀库移动-主轴升降式换刀过程

刀库移动-主轴升降式换刀过程如图 16.5 所示。

（1）分度：将刀盘接收刀具的空刀座转到换刀所需的预定位置，如图 16.5(a)所示。

（2）接刀：活塞杆推出，将空刀座送至主轴下方，并卡住刀柄定位槽，如图 16.5(b)所示。

（3）卸刀：主轴松刀，铣头上移至参考点，如图 16.5(c)所示。

（4）再分度：再次分度回转，将预选刀具转到主轴正下方，如图 16.5(d)所示。

（5）装刀：铣头下移，主轴抓刀，活塞杆缩回，刀盘复位，如图 16.5(e)、图 16.5(f)所示。

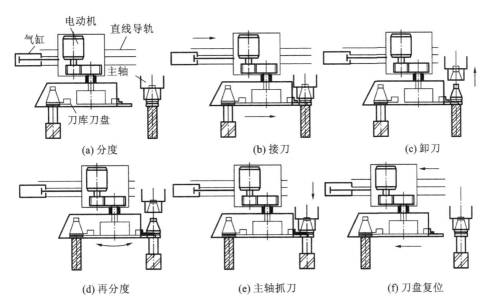

(a) 分度   (b) 接刀   (c) 卸刀

(d) 再分度   (e) 主轴抓刀   (f) 刀盘复位

图 16.5　刀库移动-主轴升降式换刀过程

16.2　加工中心编程基础

16.2.1　加工中心编程要点

加工中心由于具有一次装夹后自动完成多面多工序的加工功能,因此从加工工序的确定、刀具的选择、加工路线的安排,到数控加工程序的编制,都比其他数控机床要复杂一些。加工中心编程要考虑下述问题。

(1)应首先根据图纸进行合理的工艺分析。

由于工件加工工序多,使用的刀具种类多,甚至在一次装夹下要完成粗加工、半精加工和精加工,因此周密、合理地安排各工序加工的顺序,有利于提高加工精度和生产率。

(2)根据加工批量等情况,决定是采用自动换刀还是采用手动换刀。

在一般情况下,当加工批量在 10 件以上而刀具更换又比较频繁时,以采用自动换刀为宜;但当加工批量很小而使用的刀具种类又不多时,把自动换刀安排到程序中,反而会增加机床调整时间。

(3)自动换刀要留出足够的换刀空间。

有些刀具直径较大或尺寸较长,自动换刀时要注意避免发生撞刀事故。

(4)为提高机床的利用率,应尽量采用刀具机外预调,并将测量尺寸填写到刀具卡片中,以便于操作者在运行程序前及时修改刀具补偿参数。

(5)对于编好的程序,必须认真检查,并于加工前安排好试运行。

从编程的出错率角度来看,手工编程出错率比自动编程出错率要高,特别是在生产现场,为临时加工而编程,出错更高,故认真检查程序并安排好试运行是十分有必要的。需要注意的是,在检查 M、S、T 功能时,可以在 Z 轴锁定的状态下进行。

（6）尽量把不同工序内容的程序分别安排到不同的子程序中。

当工件加工工序较多时，为了便于程序的调试，一般将各工序内容分别安排到不同的子程序中，主程序主要完成换刀和子程序的调用。这样安排便于按每一道工序独立地调试程序，也便于加工顺序不合理时做出调整。

（7）尽可能地利用机床数控系统本身所提供的镜像、旋转、固定循环和宏指令编程处理的功能，以简化程序量。

（8）合理地编写换刀程序，注意第 1 把刀的编程处理。

第 1 把刀直接装在主轴上（刀号要设置），程序开始可以不换刀，在程序结束时要有换刀程序段，把第 1 把刀换到主轴上。若主轴上先不装刀，在程序的开头就需要有换刀程序段，使主轴装刀，后面程序同前述。

16.2.2　加工中心基本编程方法

1. 加工中心自动换刀的功能指令

对于加工中心的编程，除了增加了自动换刀的功能指令外，其他和数控铣床编程基本相同。

（1）M06：自动换刀指令，功能是驱动机械手进行换刀。M06 不能驱动刀库转动，从而无法实现选刀动作。

（2）M19：主轴准停指令，功能是使主轴定向停止，确保主轴停止的方位和装刀标记方位一致。

（3）T××：选刀指令，功能是驱动刀库电动机带动刀库转动而实施选刀动作。T 指令后跟的两位数字是将要更换的刀具地址号。

2. 自动换刀程序的编写

在对加工中心进行换刀动作的编程安排时，应考虑以下问题。

（1）换刀动作前必须使主轴准停（使用 M19 指令）。

（2）换刀点的位置应根据所用机床的要求安排，有的机床要求必须将换刀位置安排在参考点处或至少应让 Z 轴方向返回参考点（使用 G28 指令）。

（3）换刀完毕后，返回到下一道工序的加工起始位置（使用 G29 指令）。

（4）换刀完毕后，安排重新启动主轴的指令。

（5）为了节省自动换刀时间，可考虑将选刀动作与机床加工动作在时间上重合起来。

3. 加工中心定位基准的选择

同普通机床一样，在加工中心上加工时，工件的装夹遵守六点定位原则。在选择定位基准时，要全面考虑各个工位的加工情况，达到以下三个目的。

（1）所选基准应能保证工件的定位准确、装卸工件方便，能迅速完成工件的定位和夹紧，夹紧可靠，且夹具结构简单。

（2）所选定的基准应使各加工部位各个尺寸的运算简单，尽量减少尺寸链计算，避免或减少计算环节，避免或减小计算误差。

（3）保证各项加工精度。

在具体确定工件的定位基准时，要遵循下列原则。

（1）尽量选择零件上的设计基准作为定位基准。在制定工件的加工方案时，首先要选择最佳的精基准来进行加工。这就要求在粗加工时,考虑以怎样的粗基准把精基准的各面加工出来,即加工中心上使用的各个定位基准应在前面普通机床或加工中心工序中加工完成,这样容易保证各个工位加工表面相互之间的精度关系,而且当某些表面还要靠多次装夹或其他机床完成时,选择与设计基准相同的基准定位,不仅可以避免因基准不重合而引起的定位误差,保证加工精度,而且可简化程序编制。

(2)当在加工中心上无法同时完成包括设计基准在内的工位加工时,应尽量使定位基准与设计基准重合,同时还要考虑用该基准定位后,一次装夹就能够完成全部关键精度部位的加工。为了避免精加工后的工件再经过多次非重要的尺寸加工、多次周转,造成工件变形、磕碰划伤,在考虑一次性尽可能完成多的加工内容(如螺孔、自由孔、倒角、非重要表面等)的同时,一般将在加工中心上完成的工序安排在最后。

(3)当在加工中心上既加工基准又完成各工位的加工时,定位基准的选择需考虑完成尽可能多的加工内容。为此,要考虑便于各个表面都被加工的定位方式。例如,对于箱体,最好采用一面两销的定位方式,以便刀具对其他表面进行加工。

(4)当工件的定位基准与设计基准难以重合时,应认真分析装配图,确定该工件设计基准的设计功能,通过尺寸链计算,严格规定定位基准与设计基准间的几何公差范围,确保加工精度。对于带有自动测量功能的加工中心,可在工艺中安排坐标系测量检查工步,即每个工件加工前由程序自动控制测头检测设计基准,CNC 装置自动计算并修正坐标系,从而确保各加工部位与设计基准间的几何关系。

(5)工件坐标系原点即"编程零点"与工件定位基准不一定非要重合,但两者之间必须要有确定的几何关系。工件坐标系原点的选择主要应考虑便于编程和测量。对于各项尺寸精度要求较高的工件,确定定位基准时,应考虑坐标原点能否通过定位基准得到准确的测量,同时兼顾测量方便。

16.3 加工中心操作

16.3.1 加工中心操作要点

1. 加工中心工作之前的开关机

(1)开机之前先检查加工中心总开关是否上电,若没有上电,将总开关的按钮往上推,听到电柜的散热风扇转动说明上电成功,然后按操作面板上的开机键,待屏幕正常显示后开机成功,加工中心回零后可以正常使用。

(2)关机之前首先要按下急停按钮,这是最重要的一步,很多使用者比较容易忘记,之后按下关机键,显示器黑屏后,将加工中心的总开关拉下。

2. 机床自动加工

机床自动加工也称为存储器方式加工。它是指利用加工中心内存储的数控加工程序,使机床对工件进行连续加工,是加工中心运用得最多的操作方式。加工中心在存储器方式下的运行时间越长,利用率就越高。

3. 手动程序输入

MDI 方式也称为键盘操作方式。它在修整工件个别遗留问题或单件加工时经常用到。MDI 方式加工的特点是输入灵活,随时输入指令随时执行,但运行效率较低,且执行完指令以后对指令没有记忆,再次执行时必须重新输入指令。该方式一般不用于批量工件的加工。

4. 手动(JOG)

手动工作方式主要用于工件及夹具相对于机床各坐标的找正、工件加工零点的粗测量以及开机时回参考点。

5. 手轮操作

手轮就是手摇脉冲发生器。手轮每摇一格,发出一个脉冲,指挥机床移动到相应的坐标。

6. ATC 和 APC 面板操作

加工中心的操作在很大程度上与数控铣床相似,只是在刀具交换和托板交换方面与数控铣床不同。加工中心换刀和交换托板的方法有两种:一种是通过数控加工程序或用键盘方式输入指令实现的,这是通常使用的方法;另一种是依靠 ATC 面板和 APC 面板手动分步操作实现的。由于加工中心机械手的换刀动作和托板交换动作比较复杂,手动操作时前后顺序必须完全正确,并保证每一步动作到位,因此在手动换刀和交换托板时必须非常小心,避免发生事故。手动分步换刀和手动托板交换一般只在机床出现故障需要维修时才使用。

16.3.2 加工中心的操作步骤及内容

1. 开机和原点复位

1)开机

(1)合上机床总开关。

(2)开稳压器、气源等辅助设备的电源开关。

(3)开加工中心控制柜总电源开关。

(4)将急停按钮右旋,使其弹出,打开操作面板电源,直到加工中心准备不足报警消失,开机完成。

2)机床回原点

开机后首先应回加工中心原点,将模式选择开关置于回原点位置,再将快速移动倍率开关置于合适倍率位置,选择各轴依次回原点。

3)注意事项

(1)在开机之前要先检查加工中心状况有无异常,润滑油是否足够等,一切正常,方可开机。

(2)回原点前要确保各轴在运动时不与工作台上的夹具或工件发生干涉。

(3)回原点时一定要注意各轴运动的先后顺序。

2. 工件安装

不同的工件要选用不同的夹具。选用工件夹具的原则如下。

(1)定位可靠。

(2)夹紧力要足够。

安装夹具前,一定要先将工作台和夹具清理干净。夹具装在工作台上,要先将夹具通过量表找正找平后,再用螺钉或压板将夹具压紧在工作台上。安装工件时,也要通过量表找正找平工件。

3. 刀具装入刀库

(1)刀具选用。

加工中心的刀具选用与数控铣床的刀具选用基本类似,在此不再赘述。

(2)刀具装入刀库的方法及操作。

①直接手动往刀库中装入刀具。

②通过机械手或主轴装入刀具。

4. 对刀与刀具补偿

1)机内设置

(1)将所有刀具放入刀库,利用 Z 向设定器确定每把刀具到工件坐标系 Z 向零点的距离,如图 16.6 所示的 A、B、C,并记录下来。

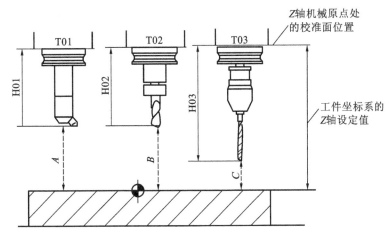

图 16.6 刀具长度补偿设置

(2)选择其中最长(或最短)的刀具即与工件距离最小(或最大)的刀具作为基准刀具,如图 16.6 中的 T03(或 T01),将其对刀值 C(或 A)作为工件坐标系的 Z 值,此时 H03＝0。

(3)确定其他刀具相对基准刀的长度补偿值,即 H01＝±$|C-A|$,H02＝±$|C-B|$,正负号由程序中的 G43 或 G44 来确定。

(4)将获得的刀具长度补偿值对应的刀具的刀具号输入加工中心中。

2)机外设置

(1)利用刀具预调仪精确测量在刀柄上装夹好的每把刀具的轴向尺寸和径向尺寸。

(2)在加工中心上用最长(或最短)的刀具进行 Z 向对刀,设定工件坐标系。

(3)确定每把刀具的长度补偿值,并将其输入加工中心。

3)刀具半径补偿设置

进入刀具补偿值的设定页面,移动光标至输入值的位置,根据编程指定的刀具,输入刀具半径补偿值,按"INPUT"键完成刀具半径补偿值的设定。

5. 程序输入与调试

可利用加工中心的程序预演功能或以抬刀运行程序方式,依次对每个子程序进行单独调试。

6. 程序运行

在程序正式运行之前,要先检查加工前的准备工作是否完全就绪。确认无误后,选择自动加工模式,按下数控启动键运行程序,对工件进行自动加工。

7. 工件检测

将加工好的工件从加工中心上卸下,根据工件不同的尺寸精度、粗糙度、位置度要求选用不同的检测工具进行检测。

8. 关机

工件加工完成后,清理现场,再按与开机相反的顺序依次关闭电源。

第17章 特 种 加 工

17.1 特种加工概述

随着科学技术、工业生产的发展和各种新兴产业的涌现,工业产品的内涵和外延都在扩大,工业产品正向着高精度、高速度、高温、高压、大功率、小型化、环保(绿色)化和人本化方向发展,制造技术本身也应适应这些新的要求而发展,传统机械制造技术和工艺方法面临着更多、更新、更难的问题,具体体现在以下几个方面。

(1)新型材料和传统的难加工材料,如碳素纤维增强复合材料、工业陶瓷、硬质合金、钛合金、耐热钢、镍合金、钨钼合金、不锈钢、金刚石、宝石、石英以及锗、硅等各种高硬度、高强度、高韧度、高脆性、耐高温的金属或非金属材料的加工。

(2)各种特殊复杂表面,如喷气涡轮机叶片、整体涡轮、发动机机匣和锻压模的立体成形表面,各种冲模、冷拔模上特殊断面的异形孔,炮管内膛线、喷油嘴、棚网、喷丝头上的小孔、窄缝、特殊用途的弯孔等的加工。

(3)各种超精、光整或具有特殊要求的零件,如对表面质量和精度要求很高的航天航空陀螺仪、伺服阀,以及细长轴、薄壁零件、弹性组件等低刚度零件的加工。

上述工艺问题仅仅依靠传统的切削加工方法很难甚至根本无法解决。特种加工就是在这种前提条件下产生和发展起来的。特种加工与传统切削加工的不同点如下。

(1)特种加工主要依靠机械能以外的能量(如电、化学、光、声、热等)去除材料,多数属于"熔融加工"的范畴。

(2)特种加工工具的硬度可以低于被加工材料的硬度,即能做到"以柔克刚"。

(3)在进行特种加工的过程中,工具和工件之间不存在显著的机械切削力。

(4)特种加工的主运动的速度一般都较低。在理论上,某些特种加工方法可能成为"纳米加工"的重要手段。

(5)特种加工后的表面、边缘无毛刺残留,微观形貌"圆滑"。

特种加工又被称为非传统或非常规加工,英译为 non-traditional(conventional) machining,简写为 NTM 或 NCM。目前在生产中应用的特种加工方法很多,如表 17.1 所示。本章着重讲述其中应用较多的几种。

表 17.1 特种加工方法的分类

特种加工方法		能量来源和形式	作用原理	英文缩写
电火花加工	电火花成形加工	电能、热能	熔化、汽化	EDM
	电火花线切割加工	电能、热能	熔化、汽化	WEDM

续表

特种加工方法		能量来源和形式	作用原理	英文缩写
电化学加工	电解加工	电化学能	金属离子阳极溶解	ECM
	电解磨削	电化学能、机械能	阳极溶解、磨削	EGM(ECG)
	电解研磨	电化学能、机械能	阳极溶解、研磨	ECH
	电铸	电化学能	金属离子阴极沉积	EFM
	涂镀	电化学能	金属离子阴极沉积	EPM
激光束加工	激光切割、打孔	光能、热能	熔化、汽化	LBM
	激光打标记	光能、热能	熔化、汽化	LBM
	激光处理、表面改性	光能、热能	熔化、相变	LBT
超声波加工	切割、打孔、雕刻	声能、机械能	磨料高频撞击	USM
电子束加工	切割、打孔、焊接	电能、热能	熔化、汽化	EBM
离子束加工	蚀刻、镀覆、注入	电能、动能	原子撞击	IBM
等离子弧加工	切割(喷镀)	电能、热能	熔化、汽化(涂镀)	PAM
化学加工	化学铣削	化学能	腐蚀	CHM
	化学抛光	化学能	腐蚀	CHP
	光刻	光、化学能	光化学腐蚀	PCM
快速成形	液相固化法	光、化学能	增材法加工	SL
	粉末烧结法	光、热能		SLS
	纸片叠层法	光、机械能		LOM
	熔丝堆积法	电、热、机械能		FDM

上述各种特种加工方法应用范围的不断扩大，引起了制造工艺技术领域内的许多变革，主要表现在以下几个方面。

(1)特种加工提高了材料的可加工性能。工件材料的可加工性能不再与其硬度、强度、韧度、脆性等有直接的关系。金刚石、硬质合金、淬火钢、石英、玻璃、陶瓷等是很难加工的，现在可采用电火花、电解、激光等多种方法来用这些材料加工制造刀具、工具、拉丝模等。用电火花、线切割加工淬火钢比加工未淬火钢更容易。

(2)特种加工改变了零件的典型工艺路线。在传统加工中，除磨削加工以外，其他的切削加工、成形加工等都必须安排在淬火热处理工序之前，这是不可违反的工艺准则。特种加工技术出现后，为了免除加工后再引起淬火热处理变形，一般都是先淬火处理而后加工。例如，电火花线切割加工、电解加工等都必须先进行淬火处理再加工。

特种加工技术的出现还对以往工序的"分散"和"集中"产生了影响。由于特种加工过程中没有显著的机械作用力，即使是较大的、复杂的加工表面，往往使用一个复杂工具、简单的运动轨迹，经过一次安装、一道工序就可加工出来，工序比较集中。

(3)特种加工大大缩短了新产品的试制周期。试制新产品时，采用特种加工技术可以直接加工出各种特殊、复杂的二次曲面体零件，省去设计和制造相应的刀具、夹具、量具、模具以及二次工具,大大缩短了新产品的试制周期。

(4)特种加工对产品零件的结构设计产生很大的影响。例如山形硅钢片冲模,以往常采用镶拼式结构,采用电火花、线切割加工技术后,可以制成整体式结构。

17.2　电火花加工

电火花加工(electro-dischargemachining,EDM)又称放电加工、电蚀加工,是一种利用脉冲放电产生的热能进行加工的方法。它的加工过程为:让工具和工件之间不断产生脉冲性的火花放电,靠放电时局部、瞬时产生的高温把金属熔解、汽化而蚀除材料。放电过程可见到火花,故称为电火花加工,日本、英国、美国将其称为放电加工,其发明国家苏联将其称为电蚀加工。

17.2.1　电火花加工的原理和设备组成

电火花加工的原理是基于工具和工件(正、负电极)之间脉冲性火花放电时的电腐蚀现象来蚀除多余的金属,以达到对零件的尺寸、形状和表面质量的加工要求。电火花腐蚀的主要原因是:电火花放电时,火花通道中瞬时产生大量的热,达到很高的温度,足以使任何金属材料局部熔化、汽化而被腐蚀掉,形成放电凹坑。要达到这一目的,必须创造以下条件,解决下列问题。

(1)必须使接在不同极性上的工具和工件之间保持一定的距离,以形成放电间隙。放电间隙通常为几微米至几百微米。放电间隙过大,极间电压不能击穿极间介质,因而不会产生火花放电。放电间隙过小,会形成短路,导致不能产生火花放电,而且会烧伤电极。

(2)火花放电必须是瞬时的脉冲性放电,放电延续一段时间后,需停歇一段时间,放电延续时间一般为 $10^{-7} \sim 10^{-3}$ s。这样才能使放电所产生的热量来不及传导扩散到其余部分,把每一次的放电点分别局限在很小的范围内;否则,像持续电弧放电那样,会将表面烧伤而无法用作尺寸加工。为此,电火花加工必须采用脉冲电源。

(3)火花放电必须在有一定的绝缘性能的液体介质(例如煤油、皂化液或去离子水)中进行。液体介质又称工作液,必须具有较高的绝缘强度($10^{3} \sim 10^{7}$ Ω·cm),以利于产生脉冲性的火花放电。另外,液体介质还能把电火花加工过程中产生的金属小屑、炭黑等电蚀产物从放电间隙中排除出去,并且对电极和工件表面有较好的冷却作用。

图 17.1 所示是电火花加工原理示意图。工件 1 与工具 4 分别与脉冲电源 2 的两输出端相连接。自动进给调节系统 3(此处为液压缸及活塞)使工具和工件间经常保持一个很小的放电间隙。当脉冲电压加到两极之间时,便在当时条件下某一间隙最小处或绝缘强度最低处击穿介质,产生火花放电,瞬时高温使工具和工件表面都蚀除掉一小部分金属,形成一个小凹坑,如图 17.2所示。其中图 17.2(a)所示为单个脉冲放电后的电蚀坑,图 17.2(b)所示为多次脉冲放电后的电极表面。脉冲放电结束后,经过一段间隔时间(即脉冲间隔 t_0),工作液恢复绝缘,第二个脉冲电压又加到两极上,又会在当时极间距离相对最近或绝缘强度最弱处放电,又电蚀出一个小凹坑。这样连续不断地重复放电,工具电极不断地向工件进给,就可将工具的形状复制在工件上,加工出所需要的零件。整个加工表面是由无数个小凹坑所组成的。

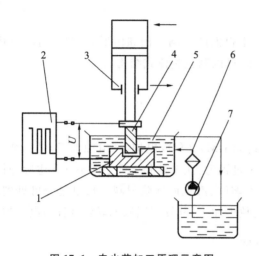

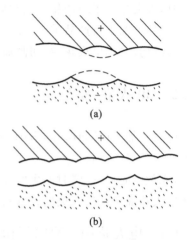

图 17.1　电火花加工原理示意图

1—工件;2—脉冲电源;3—自动进给调节系统;4—工具;

5—工作液;6—过滤器;7—工作液泵

图 17.2　电火花表面局部放大图

17.2.2　电火花加工的优点、局限性和加工范围

1.电火花加工的优点

(1)适用于难切削材料的加工。

电火花加工可以突破传统切削加工对刀具的限制,实现用软的工具加工硬韧的工件,甚至可以加工类似聚晶金刚石、立方氮化硼一类超硬材料。目前电极材料多采用紫铜或石墨,因此工具电极较容易加工。

(2)可以加工特殊及复杂形状的零件。

由于在电火花加工中工具电极和工件不直接接触,没有机械加工的切削力,因此电火花适宜加工低刚度工件及微细加工。由于可以简单地将工具电极的形状复制到工件上,因此电火花加工特别适用于复杂表面形状工件的加工,如复杂型腔模具加工等。数控电火花加工可以用简单形状的电极加工复杂形状的零件。

(3)电火花加工主要用于加工金属等导电材料,一定条件下也可以加工半导体和非导体材料。

(4)采用电火花加工所获得的加工表面微观形貌"圆滑",工件的棱边、尖角处无毛刺、塌边。

(5)电火花加工工艺灵活性大,本身有正极性加工(工件接电源正极)和负极性加工(工件接电源负极)之分。电火花加工还可与其他工艺结合形成复合加工,如与电解加工进行复合,易于实现自动化。

2.电火花加工的局限性

(1)电火花加工一般加工速度较慢。

在安排工艺时,可采用机械加工去除大部分余量,然后进行电火花加工,以提高生产率。最近新的研究成果表明,采用特殊水基不燃性工作液进行电火花加工,生产率甚至高于切削加工。

(2)电火花加工存在电极损耗和二次放电。

采用电火花加工,电极损耗多集中在尖角或底面。最新的机床产品已能将电极相对损耗比降至 0.1%,甚至更小。电蚀产物在排除过程中与工具电极距离太小时会引起二次放电,形成加工斜度,影响成形精度。

(3)电火花加工最小角部半径有限制。

一般电火花加工能得到的最小角部半径等于加工间隙(通常为 0.02~0.3 mm)。若电极有损耗或采用平动、摇动加工,则角部半径还要增大。

3. 电火花加工的范围

电火花加工属于非接触、无宏观作用力的加工方法,完全适合各种高熔点、高硬度、高强度、高脆性和高纯度材料的加工。电火花加工的范围如下。

(1)加工任何难加工的导电材料,可以实现用软的工具加工硬脆材料,甚至一些超硬材料。

(2)适用于复杂表面形状的加工,如复杂型腔模具的加工。

(3)适合薄壁、低刚度、微细孔、异形孔和深小孔等有特殊要求零件的加工。

17.2.3　电火花加工工艺方法分类

按工具电极和工件相对运动的方式和用途的不同,电火花加工大致可分为电火花穿孔成形加工、电火花线切割、电火花内孔外圆和成形磨削、电火花同步共轭回转加工、电火花高速小孔加工、电火花表面强化与刻字六大类。它们的特点及用途如表 17.2 所示。

表 17.2　电火花加工工艺方法分类

类别	工艺	特点	用途	备注
I	电火花穿孔成形加工	(1)工具和工件间主要只有一个相对的伺服进给运动; (2)工具为成形电极,与被加工表面有相同的截面或形状	(1)型腔加工:加工各类型腔模及各种复杂的型腔零件。 (2)穿孔加工:加工各种冲模、挤压模、冶金模、各种异形孔及微孔等	电火花穿孔成形加工机床约占电火花机床总数的 30%,典型机床有 D7125、D7140 等
II	电火花线切割加工	(1)工具电极为顺电极轴线移动着的线状电极; (2)工具与工件在两个水平方向同时有相对伺服进给运动	(1)切割各种冲模和具有直纹面的零件; (2)下料、截割和窄缝加工	电火花线切割加工机床约占电火花机床总数的 60%,典型机床有 DK7725、DK7732
III	电火花内孔外圆和成形磨削	(1)工具与工件有相对的旋转运动; (2)工具与工件间有径向和轴向的进给运动	(1)加工精度高、表面粗糙度良好的小孔,如拉丝模、挤压模、微型轴承内环、钻套等; (2)加工外圆、小模数滚刀等	电火花内孔外圆和成形磨削机床约占电火花机床总数的 3%,典型机床有 D6310 等

续表

类别	工艺	特点	用途	备注
IV	电火花同步共轭回转加工	（1）成形工具与工件均作旋转运动，但二者角速度相等或成整倍数，相对应接近的放电点可有切向相对运动速度； （2）工具相对工件可作纵、横进给运动	以同步回转、展成回转、倍角速度回转等不同方式，加工各种复杂型面的零件，如高精度的异形齿轮，精密螺纹环规，高精度、高对称度、良好表面粗糙度的内、外回转体表面	电火花同步共轭回转加工机床约占电火花机床总数的1%，典型机床有 JN-2、JN-8 等
V	电火花高速小孔加工	（1）采用细管（＞φ0.3 mm)电极，管内冲入高压水基工作液； （2）细管电极旋转； （3）穿孔速度极高（60 mm/min）	（1）线切割预穿丝孔； （2）加工深径比很大的小孔，如喷嘴等	电火花高速小孔加工机床约占电火花机床总数的1%，典型机床有 D7003A 等
VI	电火花表面强化与刻字	（1）工具在工件表面上振动； （2）工具相对工件移动	（1）模具、刀具刃口、量具刃口表面强化和镀覆； （2）电火花刻字、打印记	电火花表面强化与刻字机床占电火花机床总数的2%～3%，典型机床有 D9105 等

17.3 电火花线切割加工

电火花线切割加工（wire cut EDM，简称 WEDM）是在电火花加工的基础上，由苏联在 20 世纪 50 年代末发展起来的一种新的工艺形式，是用线状电极（钼丝或铜丝）靠火花放电对工件进行切割，故称为电火花线切割加工，有时简称线切割。它已获得广泛的应用，目前国内外线电火花切割加工机床约占电火花机床的 60％。

17.3.1 电火花线切割加工的原理

电火花线切割加工的原理是利用移动的细金属丝导线（铜丝或钼丝）作为电极，利用数控技术对工件进行脉冲火花放电的腐蚀作用，对工件进行加工的一种方法。

根据电极丝的运行速度，电火花线切割加工机床通常分为两大类。一类是高速走丝电火花线切割加工机床（WEDM-HS）。这类机床的电极丝作高速往复运动，一般走丝速度为 8～10 m/s。这是我国生产和使用的主要机种，也是我国独有的电火花线切割加工模式。另一类是低速走丝电火花线切割加工机床（WEDM-LS）。这类机床的电极丝作低速单向运动，走丝速度低于 0.2 m/s。这是国外生产和使用的主要机种。此外，电火花线切割加工机床还可按控制方式分为靠模仿型控制、光电跟踪控制、数字过程控制等,按加工尺寸范围分为大型、中型、小型以及普通型与专用型等。目前国内外 95% 以上的电火花线切割加工机床都已采用不同水平的微机数控系统,从单片机、单板机到微型计算机系统,有的还具有自动编程功能。目前的电火花线切割加工机床多数都具有锥度切割、自动穿丝和找正功能。

图 17.3 所示为电火花线切割加工工艺及装置示意图。利用钼丝 4 或铜丝作工具电极进行切割,储丝筒 7 使钼丝作正反向交替移动,加工能源由脉冲电源 3 供给。在电极丝和工件之间浇注工作液,工作台在水平面两个坐标方向各自按预定的控制程序,根据火花间隙状态作伺服进给移动,从而合成各种曲线轨迹,把工件切割成形。

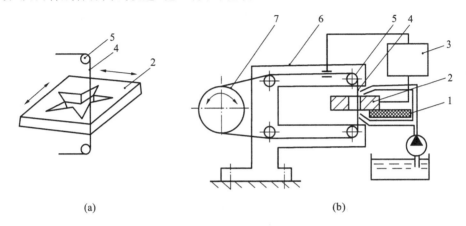

图 17.3 电火花线切割加工工艺及装置示意图

1—绝缘底板;2—工件;3—脉冲电源;4—钼丝;5—导向轮;6—支架;7—储丝筒

17.3.2 电火花线切割加工的特点

电火花线切割加工的工艺和机理既有与电火花穿孔成形加工共同的地方,又有它独特的地方。电火花线切割加工的特点表现在以下几个方面。

(1)电火花线切割加工采用水或水基工作液,不会引燃起火,容易实现安全无人运转,同时降低了加工成本。

(2)电极丝与工件始终有相对运动,尤其是高速走丝电火花线切割加工,间隙状态可以认为由正常火花放电、开路和短路这三种状态组成,不可能产生稳定的电弧放电。

(3)电极与工件之间存在着疏松接触式轻压放电现象。

在电极丝和工件之间存在着某种电化学产生的绝缘薄膜介质,当电极丝被顶弯所造成的压力和电极丝相对工件的移动摩擦使这种介质减薄到可被击穿的程度,才发生火花放电。因此电极短路已不成为大问题。

(4)电火花线切割加工省掉了成形的工具电极,大大降低了成形工具电极的设计和制造费用,缩短了生产准备时间。这对新产品的试制是很有意义的。

(5)由于电极丝比较细,电火花线切割加工可以加工微细异形孔、窄缝和复杂形状的工件。电火花线切割加工由于切缝很窄,且只对工件材料进行"套料"加工,实际金属去除量很少,材料的利用率和能量利用率都很高。这对加工贵重金属有重要的意义。

（6）由于电火花线切割加工采用移动的长电极丝进行加工，单位长度电极丝的损耗少，对加工精度的影响小，特别是在低速走丝电火花线切割加工时，电极丝的一次使用、电极损耗对加工精度的影响更小。

（7）在实体部分开始切割时，需加工穿丝用的预穿丝孔。

正因为有许多突出的长处，电火花线切割加工在国内外发展很快，得到广泛的应用。

17.3.3　电火花线切割加工的机床结构、机床型号和用途

1. 电火花线切割加工的机床结构

电火花线切割加工机床主要由三个部分组成，分别是机床的主体部分、脉冲电源和控制部分，如图 17.4 所示。

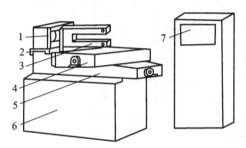

图 17.4　电火花线切割加工机床结构图

1—储丝筒；2—走丝溜板；3—丝架；4—上工作台；
5—下工作台；6—床身；7—脉冲电源及微机控制柜

1）机床的主体部分

机床的主体部分是电火花线切割加工机床的主要部分，由运丝机构、丝架、工作台、床身和工作液循环系统组成。

（1）运丝机构。

运丝机构主要用来带动电极丝按一定的线速度运动，一般由动力电机、储丝筒、走丝溜板和导轮等几个部分组成。运丝机构中的电极丝借助行程开关和挡铁作往复循环运动。

（2）丝架。

丝架主要对运动着的电极丝起支承作用，并保持电极丝与工作台台面成一定的几何角度。常用的丝架有固定式、升降式和偏移式三种。

（3）工作台。

工作台起装夹工件的作用，主要由上下工作台、手轮、丝杠螺母副和齿轮变速机构等四个部分组成。控制器控制步进电机将动力通过齿轮变速机构传递给丝杠螺母副，再由丝杠螺母副控制拖板沿 X、Y 方向运动，从而获得指定的工件加工轨迹。

（4）床身。

床身是整个机床的支承部分，主要起固定机床、安装和保护其他机构的作用。大部分床身采用箱式结构设计。

（5）工作液循环系统

工作液循环系统是电火花线切割加工机床的重要组成部分，它的好坏直接影响加工质量和加工效率。工作液循环系统一般由工作液箱体、工作液泵、过滤器、流量控制阀、进液管和回液管等组成。工作液一般由皂化油或乳化膏和水以一定的比例配制而成。

2）脉冲电源

脉冲电源又称高频电源，是电火花线切割加工机床的重要组成部分，主要由主振电路、脉宽调节电路、间隙调节电路、功率放大电路和整流电源等组成。

3）控制部分

控制部分是电火花线切割加工机床的重要组成部分,控制着 X、Y 方向工作台的运动及锥度切割装置 U、V 坐标的移动,并合成工件切割轨迹。目前大部分控制部分已实现了数字控制或微机控制。

2. 电火花线切割加工的机床型号

电火花线切割加工机床的型号很多,主要分高速走丝电火花线切割加工机床和低速走丝电火花线切割加工机床。国内现有的电火花线切割加工机床大多为高速走丝电火花线切割加工机床,进口电火花线切割加工机床一般为低速走丝电火花线切割加工机床。中国电火花线切割机床的型号编制是根据《金属切削机床 型号编制方法》编制的。机床型号由汉语拼音字母和阿拉伯数字组成,代表机床的类别、特征和基本参数。图 17.5 以 DK7740 为例介绍电火花线切割机床的型号。

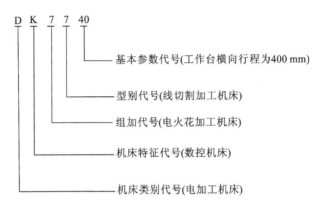

图 17.5　电火花线切割加工机床的型号

3. 电火花线切割加工的主要用途

电火花线切割加工为新产品试制、精密零件加工及模具制造开辟了一条新的工艺途径。它的主要用途如下。

(1)加工模具。

电火花线切割加工适用于加工各种形状的冲模。采用电火花线切割加工时,调整不同的间隙补偿量,只需一次编程就可以切割凸模、凸模固定板、凹模及卸料板等,模具配合间隙、加工精度通常都达到要求。此外,电火花线切割加工还可加工挤压模、粉末冶金模等带锥度的模具。

(2)加工电火花成形加工电极。

一般穿孔加工用的电极以及带锥度型腔加工用的电极,以及铜钨、银钨合金之类的电极材料,用电火花线切割加工特别经济。另外,电火花线切割加工也适用于加工微细复杂形状的电极。

(3)加工高硬度材料。

由于电火花线切割加工主要是利用热能进行加工,在切割过程中工件与工具没有相互接触,没有相互作用力,所以电火花线切割加工可以加工一些高硬度材料。

(4)加工贵重金属。

电火花线切割加工是通过线状电极的"切割"完成加工过程的,线状电极的直径很小(通常为0.13～0.18 mm),所以切割的缝隙也很小,这便于节约材料,所以电火花线切割加工可用来加工一些贵重的金属。

(5)加工试验品。

在试制新产品时,可采用电火花线切割加工在坯料上直接割出零件,如试制切割特殊微电机硅钢片定转子铁芯。由于不需要另行制造模具,所以采用电火花线切割加工加工试验品可大大缩短制造周期,降低成本。

17.3.4 电火花线切割加工程序的编制

1. 坐标系

1)标准坐标系(绝对坐标系)

标准坐标系(见图17.6)又称为绝对坐标系,遵循右手定则,只有一个坐标原点。

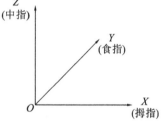

图 17.6 标准坐标系

2)增量坐标系

增量坐标系又称为相对坐标系。它的坐标值是相对于前一位置来计算的。在手工编程中常用增量坐标系,这样可以避免误差的累积。

2. 电火花线切割加工手工编程方法

电火花线切割加工手工编程方法多样,主要有3B法、4B法、5B法、ISO法等。下文将详细介绍3B法。3B编程格式如下。

  BXBYBJG Z

各个字母的含义具体介绍如下。

1)B

B为间隔符号,用于将X、Y、J三项数值分开来,以免执行命令时混淆。

2)X、Y

X、Y为坐标值。

(1)加工直线时,坐标原点移至加工起点,X、Y是终点相对于起点的绝对坐标值。

(2)加工圆弧时,坐标原点移至圆心,X、Y是圆弧起点相对于圆心的绝对坐标值。

3)G

G为计数方向,有GX和GY两种,可按加工直线或圆弧终点坐标值的绝对值大小来选取。

(1)直线计数方向。

加工直线时,终点靠近哪条轴,计数方向就取哪条轴。若与坐标轴成45°,则任取一个方向均可。

通常利用投影法判断终点靠近哪条轴。

(2)圆弧计数方向。

加工圆弧时,终点靠近哪条轴,则计数方向取另一轴(这与直线计数方向相反)。若终点与两轴成45°,取X、Y均可。

4)J——计数长度

(1)直线计数长度。

取被加工的直线在计数方向坐标轴上的投影绝对值,两投影相同时任取一个即可。

(2)圆弧计数长度。

取被加工的曲线在计数方向坐标轴上投影的绝对值总和,两投影相同时任取一个即可。

5)Z

Z 为加工指令。加工指令可分为 12 种及直线和圆弧两大类,用来传达机床的命令。直线加工指令有 L1~L4;圆弧加工指令又可分为两类,顺圆加工指令有 SR1~SR4,逆圆加工指令有 NR1~NR4。

(1)线加工指令。

一般直线加工指令为 L1,如图 17.7 所示。线落在坐标轴上的特殊情况如图 17.8 所示。

(2)圆加工指令。

①顺圆加工指令。

起点在第一象限的所有顺圆曲线加工指令为 SR1,如图 17.9 所示。同理有 SR2~SR4。

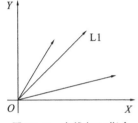

图 17.7 直线加工指令

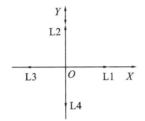

图 17.8 特殊直线加工指令

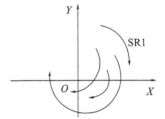

图 17.9 顺圆加工指令

②逆圆加工指令。

起点在第一象限的所有逆圆曲线加工指令为 NR1,如图 17.10 所示。同理有 NR2~NR4。

③圆弧加工指令特例。

圆弧曲线起点在轴上的特殊情况如图 17.11 所示。

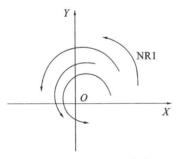

图 17.10 逆圆加工指令

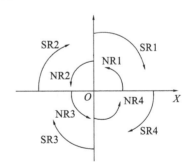

图 17.11 圆弧加工指令特例

注意:工件图样上各交点的 X、Y、Y、G、Z 诸项都确定后,即可按加工路线依次排序形成程序单。这里 X、Y 的单位为微米,坐标值符号不用写,全为正,因为可以利用加工指令 Z 来确定最终的符号。

6)编程中的补偿法

(1)对于有公差尺寸的编程计算法。

对于有公差尺寸,一般采用中差尺寸编程。大量统计表明,加工后的实际尺寸大部分是在公差带的中值附近,因此对于标注有公差的尺寸,应采用中差尺寸编程。计算公式如下:

$$中差尺寸＝公称尺寸＋(上极限偏差＋下极限偏差)/2$$

(2)间隙补偿问题。

由于加工中程序的执行是以电极丝中心为轨迹来计算的,而电极丝(钼丝)的中心轨迹与零件的实际轮廓并不重合,把钼丝中心到工件表面的距离补偿称为间隙补偿。补偿方法分为编程补偿和自动补偿。

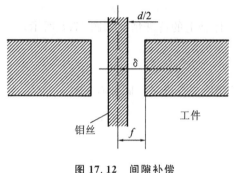

图 17.12　间隙补偿

①编程补偿:按钼丝轨迹进行编程,把间隙补偿考虑进去。

②自动补偿:按零件实际轮廓轨迹进行编程,然后把需要补偿的量告诉数控系统,进行自动补偿。

间隙补偿值用 f 表示,如图 17.12 所示。它的计算公式如下。

$$f=\frac{d}{2}+\delta$$

式中:d——钼丝直径(mm);

δ——放电间隙(mm)。

17.4　高能束加工

激光束加工、电子束加工和离子束加工统称为高能束加工。它们是以高能量密度束流为能源与材料作用,从而实现材料去除、连接、生长和改性。高能束加工具有独特的技术优势,被誉为 21 世纪先进制造技术之一,受到越来越多的重视,应用领域不断扩大。

17.4.1　激光束加工

1. 激光束加工的原理和特点

1) 激光束加工的原理

激光束加工是将激光束通过透镜聚焦后照射到工件表面,通过激光的高能量实现对工件的切割、熔化和表面改性的加工方法。图 17.13 所示为用于激光束加工的韩国现代威亚数控机床。

2) 激光束加工的特点

激光束加工的特点如下。

(1)激光束的能量密度非常高,可达 $10^5\sim10^{13}$ W/cm² ,由此产生的高温可以加工任何金属和非金属材料。但需要注意的是,对于表面光洁或透明的材料,为了减少光的反射作用,必须事先进行色化处理或打毛处理,以提高加工中光能到热能的转化率。

(2)激光通过聚焦可以形成微米级光斑,加工功率易于调节,配以数控系统,可以实现复杂形状的精密微细加工。

图 17.13 用于激光束加工的韩国现代威亚数控机床

(3)激光具有光的特性,可实现对玻璃等透明材料的内部雕刻,也可通过真空管的玻璃在其内部进行焊接。

(4)激光束加工无明显机械力,也不存在工具的损耗问题。

(5)激光束加工速度快,热影响区小,适合加工高熔点、高硬度、特种材料,且易保证加工质量。

(6)激光束加工的平均加工精度可达 0.01 mm,最高加工精度可达 0.001 mm,表面粗糙度值 0.4~0.1 μm。

(7)激光束加工要特别注意安全,对于加工中产生的金属蒸气和火花等飞溅物,要及时抽走。操作者必须戴防护眼镜。

(8)加工方法先进,可改进现有产品的结构和材料。

2. 激光束加工的主要用途

1)激光焊接

激光焊接利用激光束的热使工件接头处加热到熔化状态,冷却后连接在一起。激光焊接在航空航天、机械制造及电子和微电子工业方面得到了广泛的应用。激光焊接过程如图 17.14 所示。激光焊接加工实例如图 17.15 所示。

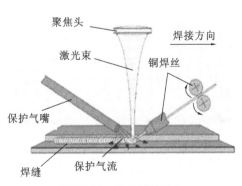

图 17.14 激光焊接过程

图 17.15 激光焊接加工实例

2）激光切割

激光切割所需的功率密度和激光焊接大致相同。激光可以切割金属材料，如钢板、钛板等；也可以切割非金属材料，如半导体硅片、石英、陶瓷、塑料和木材等。另外，激光切割还能透过玻璃真空管切割其内的钨丝，这是任何常规切削加工方法不能做到的。激光切割机工作原理示意如图17.16所示。激光切割加工实例如图17.17所示。

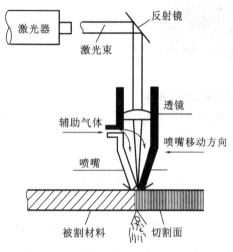

图17.16　激光切割机工作原理示意图　　　　　　图17.17　激光切割加工实例

3）激光打孔

激光打孔时的功率密度一般为 $10^7 \sim 10^8$ W/cm^2。目前激光打孔已应用于机械的燃料喷嘴、飞机机翼、发动机燃烧室、涡轮叶片、化学纤维喷丝板、宝石轴承、印刷电路板、过滤器、金刚石拉丝模及硬质合金、不锈钢等金属和非金属材料小孔、窄缝的微细加工。另外，激光打孔已成功地用于集成电路陶瓷衬套和手术针的小孔加工。图17.18所示为激光打孔加工实例。

图17.18　激光打孔加工实例

4）激光表面处理

激光表面处理工艺主要有激光表面淬火、激光表面合金化等。

激光表面淬火的功率密度为 $10^3 \sim 10^5$ W/cm²。激光表面淬火利用激光束扫描材料表面，使金属表层材料产生相变甚至熔化，随着激光束离开工件表面，工件表面的热量迅速向内部传递而形成极高的冷却速度，使表面硬化，从而提高零件表面的耐磨性能、耐腐蚀性能和疲劳强度。激光淬火可实现对球墨铸铁凸轮轴的凸轮、齿轮齿形、中碳钢零件，甚至低碳钢零件的表面淬火。激光表面淬火的淬火层深度一般为 0.7～1.1 mm。

激光表面合金化利用激光束的扫描照射作用，将一种或多种合金元素与工件表面快速熔凝，从而改变工件表面层的化学成分，形成具有特殊性能的合金化层。往熔化区加入合金元素的方法很多，包括工件表面电镀、真空蒸镀、预置粉末层、放置厚膜、离子注入、喷粉送丝和施加反应气体等。

17.4.2 电子束加工

1. 电子束加工的原理和特点

1）电子束加工的原理

电子束加工的过程是一个热效应过程：在真空条件下，质量大约为 9×10^{-29} kg、直径不足 6×10^{-12} mm 的电子通过聚焦形成电子束，能量密度达到 $10^6 \sim 10^9$ W/cm²，高速（光速的 60%～70%）撞击工件表面，在几分之一微秒的极短时间内，产生的热量来不及传导扩散，绝大部分转化为热能，使被撞击的工件表面瞬时局部温度到达几千摄氏度以上，从而引起工件材料局部熔化或气化。电子束加工原理示意图如图 17.19 所示。

2）电子束加工的特点

电子束加工的特点如下。

（1）束斑极小。

当电流为 1～10 mA 时，能聚焦到 10～100 μm；当电流为 1 nA 时，能聚焦到 0.1 μm，且加工面积小，电子束加工是一种精密微细的加工方法。

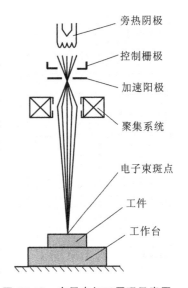

旁热阴极
控制栅极
加速阳极
聚集系统
电子束斑点
工件
工作台

图 17.19 电子束加工原理示意图

（2）能量密度极高。

由于电子束的能量密度极高（可达到 10^{10} W/cm²），使被撞击的材料获得极大的能量，发生高温熔化、汽化，而且电子束去除材料属于非接触式加工，工件不受机械作用力，不易产生宏观应力和变形，所以电子束加工适合加工各种深孔和窄缝。

（3）生产率极高。

电子束能量密度高，能量利用率高，加工效率极高。

（4）易于实现自动化。

在电子束加工过程中，可通过磁场和电场对电子束强度、位置、聚焦等进行直接控制，使整个过程易于实现自动化。

（5）污染极少。

电子束加工全部在真空中进行，产生的污染极少，而且被加工工件不易被氧化。

（6）成本高。

电子束加工需要整套专门的设备和真空系统，成本较高，因此在实际应用中受到一定的限制。

2. 电子束加工的主要用途

通过控制电子束能量密度的大小和能量注入时间，可将电子束加工分为热处理、焊接、打孔、光刻等方法。

1）电子束热处理

当电子束能量密度较小，只使材料局部加热而不熔化，即可进行电子束热处理。电子束热处理加热速度和冷却速度很快，相变过程时间极短，因而能获得超细晶粒组织，使工件获得常规热处理难以达到的硬度。如果在电子束热处理过程中控制加热温度，熔化某些新添加的熔点较低的元素，可在金属表面形成一层很薄的新合金层，从而获得理想的力学物理性能。

2）电子束焊接

电子束能量密度达到一定程度后，撞击工件表面，使材料局部熔化，可进行电子束焊接。电子束焊接是电子束加工技术中发展最快、应用最广的工艺。

3）电子束打孔

提高电子束能量密度，使材料熔化、汽化，便可进行打孔加工。电子束打孔的优点包括：能加工各种孔，包括异形孔、斜孔、锥孔和弯孔等；加工效率高；加工范围广；加工质量好，无毛刺。电子束打孔已被广泛应用于航空、核工业和电子等工业，如喷气发动机的叶片及其他零部件的冷却孔、涡轮发动机燃烧室头部及燃气涡轮、化纤喷丝头和电子电路印刷板等。

4）电子束光刻

利用较低能量密度的电子束照射高分子材料，入射电子与高分子相撞击，使分子链被切断或重新聚合而引起分子量的变化，称为电子束曝光。将此方法与其他工艺并用，即可在材料表面进行光刻加工。

17.4.3 离子束加工

1. 离子束加工的原理和特点

1）离子束加工的原理

离子束加工原理示意图如图 17.20 所示。离子束加工也是在真空条件下进行的，原理是：用氢气、氮气、氩气等惰性气体通过离子源产生离子束，离子束经过加速、聚焦后高速撞击工件表面，实现去除材料的加工。离子束加工的原理与电子束加工非常类似，但也存在一定的差异，具体如表 17.3 所示。

表 17.3　离子束加工与电子束加工的区别

加工方法	能　量　束	加工能量来源	加工原理	电　荷
电子束加工	电子束	热能	熔化、汽化	负电
离子束加工	离子束	动能	原子撞击	正点

2）离子束加工的特点

离子束加工的特点如下。

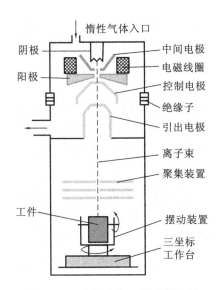

图 17.20　离子束加工原理示意图

（1）加工精度高。

离子束加工通过离子光学系统进行聚焦扫描，使离子束的聚焦光斑直径在几纳米以内，并可通过调节束流密度和能量大小等，实现高精密加工。

（2）加工污染少。

离子束加工是在真空条件下进行的，污染少，特别适合加工各种易氧化金属、合金材料和高纯度半导体等材料。

（3）加工应力，变形小。

离子束加工是靠离子束撞击材料表面的原子来实现的，虽然离子束高速撞击工件，但这只是一种粒子间的微观作用，宏观作用力非常小，以至于可以忽略，而且加工过程没有热变形，因此离子束加工应力和热变形极小，适合加工各种低刚度零件。

（4）加工成本高。

离子束加工需要专门的真空设备，机床造价高，加工成本高，在应用上受到一定的限制。

2. 离子束加工的主要用途

按所利用的物理效应和达到目的的不同，离子束加工可分为以下四类。

1）离子束刻蚀

离子束刻蚀是用能量为 0.5～5 keV 的氩离子轰击工件，将工件表面的原子逐个剥离，其实质是一种原子尺度的切削加工，所以也称为离子束铣削。离子束刻蚀可用于陀螺仪空气轴承和动压马达上的沟槽的加工，分辨率高，精度、重复一致性好。离子束刻蚀也可用于刻蚀高精度图形，如集成电路、光电器件和光集成器件等微电子学器件。离子束刻蚀还可应用于太阳能电池表面具有非反射纹理表面加工，以及减薄材料、制作穿透式电子显微镜试片。

2）离子束溅射沉积

离子束溅射沉积也是采用能量为 0.5～5 keV 的氩离子轰击靶材，离子将靶材原子击出，靶材原子沉积在靶材附近的工件上，使工件表面镀上一层薄膜。离子束溅射沉积可应用于各种薄膜的加工,包括金属、合金、化合物、氧化物和半导体材料;也可用于合成氧化物、化物和碳化物等,用于研制和批量生产多种声、光、电、磁和超导薄膜材料。离子束溅射沉积在制造纳米膜器件领域具有技术优势。

3)离子束镀

离子束镀也称离子束溅射辅助沉积,是用 0.5～5 keV 的氩离子轰击靶材的同时也轰击工件表面,使薄膜材料与工件基材间结合力增强,也可以在离子束镀的同时,将靶材高温蒸发。离子束镀可应用于镀制润滑膜、耐热膜、耐蚀膜、耐磨膜、装饰膜和电气膜等。

4)离子束注入

离子束注入是采用能量为 5～500 keV 的离子束,直接轰击被加工材料。由于离子束能量当大,离子直接注入工件后固溶,成为工件基体材料的一部分,达到改变材料性质的目的。该工艺可使离子数目得到精确控制,可注入任何材料。离子束注入的应用还在进一步研究,目前得到应用的主要有:半导体改变或制造 P-N 结;金属表面改性,提高润滑性能、耐热性能、耐蚀性能、耐磨性能;制造光波导等。

17.5 快速成形制造技术

快速成形制造技术也称为快速原型技术,它的起源可追测到 20 世纪 80 年代,美国 3D System 公司设计并生产出了第一台快速成形机。快速成形制造技术堪称制造领域人类思维的一次飞跃,实现了人们梦寐以求的集设计与制造于一体的目标。从成形机理上来说,传统的"去除"加工法是通过由重到轻、由大到小,逐步去除工件毛坯上的多余原材料来实现加工的,而快速成形制造技术是采用相反的"层层累加"加工法,即用一层一层的薄层逐层累加来实现工件成形的。快速成形制造技术集成了多门学科,如计算机技术、控制技术、材料科学、光学和机加工等的先进成果,解决了传统加工方法中复杂零件的快速制造难题,能自动、快速、准确地将设计转化为具有一定功能的产品原型或直接制造零件。中国第一台快速成形机——M220 多功能试验平台出现于 1993 年,是由清华大学开发的。它可完成 SSM 分层实体制造、SL 立体光刻、SLS 选择性激光烧结和冷冻成形等快速成形加工。

经过几十年的发展,快速成形制造工艺增加至数十种之多,其中典型的快速成形制造工艺有熔融沉积制造(fused deposition modeling,FDM)、选择性激光烧结(selective laser sintering,SLS)、分层实体制造(laminated object manufacturing,LOM)、立体光刻(stereo lithography apparatus,SLA)和三维印刷(three dimension printing,3DP)等。

17.5.1 快速成形制造技术的原理和特点

1. 熔融沉积制造技术

1)熔融沉积制造原理

熔融沉积制造技术是将计算机上制作的零件三维模型进行分层处理,得到各层截面的二维轮廓信息,按照这些轮廓信息自动生成加工路径,由成形头在控制系统的控制下现实分层固化,形成各个截面轮廓薄片,并逐步顺序叠加成三维坯件。熔融沉积制造原理如图 17.21 所示。熔融沉积制造常用材料是具有热塑性的丝状材料,如 ABS、尼龙等。为了方便成形,可将材料分为主材料和支撑材料两种,主材料又称为成形材料。

2)熔融沉积制造技术的特点

熔融沉积制造技术的特点如下。

(1)可以制造任意复杂的三维几何实体。

熔融沉积制造技术由于采用分层堆积成形的原理,将复杂的三维模型简化为二维模型的叠加,从而实现对任意复杂形状零件的加工。

(2)快速性。

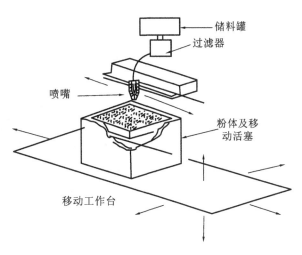

图 17.21 熔融沉积制造原理

熔融沉积制造技术从 CAD 设计到原型零件制成一般只需几个小时至几十个小时,速度比传统的成形方法快得多。

(3)高度柔性。

熔融沉积制造技术仅需改变 CAD 模型,重新调整和设置参数,即可生产出不同形状的零件模型。

2. 选择性激光烧结技术

选择性激光烧结技术作为快速成形制造技术的常用工艺,利用了粉末材料在激光照射下烧结的原理,在计算机的控制下实现层层堆积成形。与其他快速成形制造技术相比,选择性激光烧结技术最大的独特性在于它能够直接制作金属制品,而且工艺比较简单、精度高、无须支承结构、材料利用率高。

1)选择性激光烧结技术的工艺特点

(1)选择性激光烧结技术可以制成几何形状任意复杂的零件模具,而不受传统机械加工方法中刀具无法到达某些型面的限制。

(2)采用选择性激光烧结技术,在制造过程中不需要设计模具,也不需要传统的刀具或工装,加工过程只需在一台设备上完成,成形速度快。选择性激光烧结技术用于模具制造,可以大大地缩短产品开发周期,降低费用,一般只需传统加工方法 30%～50% 的工时和 20%～35% 的成本。

(3)选择性激光烧结技术实现了设计与制造一体化。

采用选择性激光烧结技术,CAD 数据的转化(分层和层面信息处理)可 100% 地自动完成,根据层面信息可自动生成数控代码,驱动成形机完成材料的逐层加工和堆积。

(4)选择性激光烧结属于非接触式加工,在加工过程中没有振动、噪声和切削废料。

(5)选择性激光烧结材料利用率高,并且未被烧结的粉末可以对下一层烧结起支承作用,因此选择性激光烧结不需要设计和制作复杂的支承系统。

(6)成形材料多样性是选择性激光烧结最显著的特点,理论上凡经激光加热后能在粉末间形成原子连接的粉末材料都可作为选择性激光烧结材料。目前已商业化的选择性激光烧结材料主要有塑料粉、蜡粉、覆膜金属粉、表面涂有黏结剂的陶瓷粉、覆膜砂等。

2）选择性激光烧结技术的应用

（1）选择性激光烧结技术在快速原形制造中的应用。

选择性激光烧结可快速制造设计零件的原型，以便及时进行评价、修正以提高产品的设计质量；可使客户获得直观的零件模型；可制造教学、试验用复杂模型；适用于单件或小批量生产。对于那些不能批量生产或形状很复杂的零件，利用选择性激光烧结技术来制造，可降低成本和节约生产时间，这对航空航天和国防工业具有重大意义。

（2）选择性激光烧结技术在模具制造中的应用。

①采用选择性激光烧结技术直接制造模具。

图 17.22　选择性激光烧结设备

美国 DTM 公司于 1994 年推出 Rapid Steel 制造技术，在 SLS-2000 系统中烧结表面包覆树脂材料的铁粉，初次成形零件后，置入铜粉中再一起放入高温炉进行二次烧结，制造出的注塑模在性能上相当于 7075 铝合金注塑模，寿命可达 5 万件以上。选择性激光烧结设备如图 17.22 所示。

②采用选择性激光烧结技术快速制作高精度的复杂塑料模，代替木模进行砂型铸造，或者将铸造树脂砂作为选择性激光烧结材料，直接生产出带有铸件型腔的树脂砂模型，进行一次性浇铸。

在铸造行业中，传统制造木模的方法，不仅周期长、精度低，而且对于一些复杂的铸件，如叶片和发动机气缸体、气缸盖等，制造木模困难。采用选择性激光烧结技术可以克服传统制模方法的上述问题，制模速度快，成本低，可完成复杂模具的整体制造。

③选择易熔消失模料作为选择性激光烧结材料，采用选择性激光烧结技术快速制作消失模，用于熔模铸造，得到金属精密制件或模具。

运用选择性激光烧结技术能制造出任意复杂形状的蜡型，实现快速、高精度、小批量生产。

④根据原型制造精度较高的 EDM 电极，然后由电火花加工模具型腔。

一个中等大小，较为复杂的电极，采用选择性激光烧结进行制造通常只需要 4 到 8 小时即可完成，而且复形精度完全能满足图纸的要求。福特汽车公司曾采用此技术制造汽车模具，取得了满意的效果。

⑤以选择性激光烧结技术成形实体为母模，翻制硅橡胶模、石膏模、环氧树脂模，或者通过RP 技术制作模具的基本原型，然后对其进行表面处理，通过金属冷喷涂或电铸等方法，在原型表面形成一定厚度且具有一定强度、硬度和表面质量的薄膜制作模具。

⑥将 RP 技术与精密铸造技术相结合，实现金属模具的快速制造。

上海交通大学开发了具有我国自主知识产权的铸造模样计算机辅助快速制造系统，为汽车行业制造了多种模具。北京隆源自动成型系统有限公司也为企业制造了多种精密铸模。

选择性激光烧结技术是一种基于离散-堆积思想的加工过程，根据所选材料的差异有不同的工艺方法和加工方式。由于自身的一些优势,选择性激光烧结技术得到了飞速的发展和广泛的应用,但也存在一些缺陷和不足。只有在实际工作中不断积累经验,才能设计出既满足使用要求又满足烧结工艺要求的模型。随着选择性激光烧结技术的发展,新工艺、新材料的不断出现,选择性激光烧结技术势必会对未来的实际零件制造产生重大影响,对制造业产生巨大的推动作用。

3. 分层实体制造技术

1) 分层实体制造的原理

分层实体制造是被广泛应用的一种快速成形制造工艺。分层实体制造系统主要由计算机、原材料送进机构、热压装置、激光切割系统、可升降工作台和数控系统等组成。分层实体制造的原理如下。

在 CAD 软件系统上建立产品的三维 CAD 模型,并传递到分层实体制造系统上的计算机中,通过数据处理软件,将 CAD 模型沿成形方向切成一系列具有一定厚度的"薄片"。原材料送进机构将底面涂有热熔胶和添加剂的纸或塑料等薄层材料送至工作台的上方。计算机自动控制激光切割系统,按"薄片"的横截面轮廓线,在工作台上方的薄层材料上切割出该层横截面的轮廓形状,并将材料的无轮廓区切割成小碎片。可升降工作台支承正在成形的零件,并在每层成形之后,降低一个分层厚度,然后新的一层材料叠加在上面,通过恒温控制的热压装置将其与下面的已切割层黏结在一起,激光束再次切割出物体的新一层截面轮廓,如此往复,层层堆积,直到所有的层都加工完后,便得到最终需要的三维产品。分层实体制造的原理如图 17.23所示。

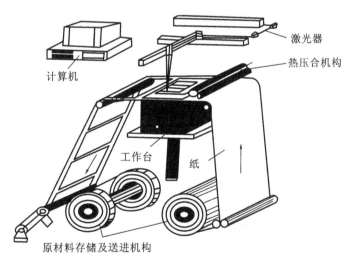

图 17.23 分层实体制造的原理

2) 分层实体制造的一般工艺过程

分层实体制造的一般工艺过程如下。

(1) 料带移动,使新的料带移到工件上方。

(2) 工作台往上升,同时热压辊移到工件上方,工件顶起新的料带,工作台停止移动,热压辊来回碾压新的薄片,将最上面一层的新材料与下面已成形的工件部分黏结起来,添加一新层。

（3）系统根据工作台停止的位置测出工件的高度，并反馈回计算机，计算机根据当前零件的加工高度，计算出三维实体模型的交截面。

（4）将截面的轮廓信息输入控制系统中，控制 CO_2 激光器沿截面轮廓切割。激光的功率设置在只能切透一层材料的功率值上。轮廓内、外面无用的材料用激光切成方形的网格，以便工艺完成后分离。

（5）工作台向下移动，使刚切下的新层与料带分离。

（6）料带移动一段比切割下的工件截面稍长一点的距离，并绕在复卷辊上。

（7）重复上述过程，直到最后一层。分离掉无用碎片，得到三维实体。

4. 立体光刻技术

立体光刻又称为立体光固化成形、立体光刻成形。立体光刻技术是最早发展起来的快速成形制造技术。它是机械工程技术、计算机辅助设计/制造技术（CAD/CAM）、计算机数字控制（CNC）技术、精密伺服驱动技术、检测技术、激光技术和新型材料科学技术的集成。它不同于传统的用材料去除方式制造零件的方法，是用材料一层一层积累的方式构造零件模型。

1）立体光刻的基本原理

立体光刻的成形过程如图 17.24 所示。液槽中盛满液态光敏树脂，氦-镉激光器或氩离子激光器发出的紫外激光束在控制系统的控制下按零件的各分层截面信息在光敏树脂表面进行逐点扫描，使被扫描区域的树脂薄层产生光聚合反应而固化，形成零件的一个薄层。一层固化完毕后，工作台下移一个层厚的距离，以便在原先固化好的树脂表面再敷上一层新的液态树脂，刮板将黏度较大的树脂液面刮平，然后进行下一层的扫描加工。新固化的一层牢固地黏结在前一层上，如此重复直至整个零件制造完毕，得到一个三维实体原型。当实体原型完成后，首先将实体原型取出，并将多余的树脂排净，之后去掉支承，进行清洗，然后将实体原型放在紫外激光下整体后固化。

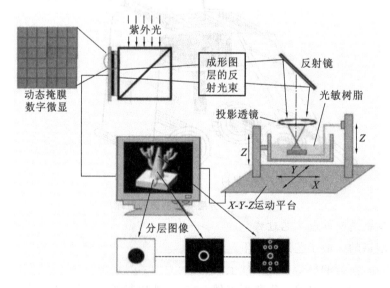

图 17.24 立体光刻的成形过程

2）立体光刻技术的特点

（1）立体光刻技术的优点。

①立体光刻是最早出现的快速成形制造工艺，成熟度高。

②立体光刻由 CAD 数字模型直接制成原型，加工速度快，产品生产周期短，无须切削工具和模具。

③立体光刻可以加工结构外形复杂或使用传统手段难以成形的原型和模具。

④立体光刻使 CAD 数字模型直观化，降低了修复错误的成本。

⑤立体光刻可为实验提供试样，可以对计算机仿真计算的结果进行验证和校核。

⑥立体光刻可联机操作，可远程控制，有利于实现生产的自动化。

（2）立体光刻技术的缺点。

①立体光刻系统造价高昂，使用和维护成本过高。

②立体光刻系统是要对液体进行操作的精密设备，对工作环境要求苛刻。

③成形件多为树脂类，强度、刚度、耐热性有限，不利于长时间保存。

④立体光刻的预处理软件和驱动软件运算量大，与加工效果关联性太高。

⑤立体光刻软件系统操作复杂，入门困难；使用的文件格式不为广大的设计人员所熟悉。

⑥立体光刻技术被单一公司垄断。

3）立体光刻技术的应用

在当前应用较多的几种快速成形制造工艺中，立体光刻由于具有成形过程自动化程度高、制作原型表面质量好、尺寸精度高和能够实现比较精细的尺寸成形等特点，得到较为广泛的应用，广泛应用于航空、汽车、电器、消费品以及医疗等行业。

（1）立体光刻技术在航空航天领域的应用。

在航空航天领域，立体光刻模型可直接用于风洞试验，进行可制造性、可装配性检验。航空航天零件往往是在有限空间内运行的复杂系统，在采用立体光刻技术以后，不但可以基于立体光刻原型进行装配干涉检查，还可以进行可制造性讨论评估，确定最佳的合理制造工艺。通过快速熔模铸造、快速翻砂铸造等辅助技术，立体光刻可进行特殊复杂零件（如涡轮、叶片、叶轮等）的单件、小批量生产，并进行发动机等部件的试制和试验。

（2）立体光刻技术在其他制造领域的应用。

立体光刻技术除了在航空航天领域有较为重要的应用外，在其他制造领域的应用也非常重要且广泛，如在汽车领域、模具制造、电器和铸造领域等。下面对立体光刻技术在汽车领域和铸造领域的应用做简要的介绍。

现代汽车生产的特点就是产品型号多、周期短，为了满足不同的生产需求，就需要不断地改型。现代计算机模拟技术虽然在不断完善，可以完成各种动力、强度、刚度分析，但研究开发中仍需要做成实物以验证其外观形象、工装可安装性和可拆卸性。对于形状、结构十分复杂的零件，可以使用立体光刻技术制作零件原型，以验证设计人员的设计思想，并利用零件原型做功能性和装配性检验。

（3）立体光刻技术在生物医学领域的应用。

立体光刻技术为不能制作或难以用传统方法制作的人体器官模型提供了一种新的方法，基于 CT 图像的立体光刻技术是应用于假体制作、复杂外科手术的规划、口腔颌面修复的有效方法。目前在生命科学研究的前沿领域出现的一门新的交叉学科——组织工程是立体光刻技术非常有前景的一个应用领域。基于立体光刻技术可以制作具有生物活性的人工骨支架,该支架具有很好的机械性能和与细胞的生物相容性,且有利于成骨细胞的黏附和生长。

17.5.2 快速成形制造技术的主要用途

自出现以来,快速成形制造技术由于具有独特的优越性和特点,广泛地应用于多学科多领域,如机械、电子航空航天、汽车、家电制造业,以及医疗、建筑和考古等。快速成形制造技术在这些行业中的应用主要体现在以下几个方面。

1. 设计实验

使用快速成形制造技术快速制作产品的物理模型,以验证设计人员的构思,发现产品设计中存在的问题,使用传统的方法制作原型,从绘图到工装、模具设计和制造,一般至少历时数月,经历多次返工和修改,采用快速成形制造技术可节省大量时间和费用。

2. 可制造性、可装配性检验

快速成形制造技术是一种面向装配和制造设计的配套技术,使用快速成形制造技术制作的原型可直接进行装配检验、干涉检查。

3. 功能验证

使用快速成形制造技术制作的原型装配后,还可以模拟产品真实的工作情况,进行一些功能试验,如运动分析、应力分析、流体和空气动力学分析等,从而迅速完善产品的结构和性能,改善相应的工艺,完成所需工模具的设计。

设计人员根据快速成形制造得到的试件原型对产品的设计方案进行试验分析、性能评价,借此缩短产品的开发周期、降低费用。典型的应用案例有:美国汽车制造商克莱斯勒(Chrysler)采用 SLA 制作的车体原型进行空气动力学试验,取得了较好的试验效果,不仅节约了新车型的开发费用,而且极大地缩短了新车型投放市场的时间。

4. 非功能性样品制作

在新产品正式投产之前或按照订单制造时,需要制作产品的展览样品或摄制产品样本照片,采用快速成形制造是理想的方法。当客户询问产品的情况时,能够提供物理原型无疑会加深客户对产品的印象。

5. 快速制模技术

经过发展,快速成形制造技术早已突破其最初意义上的"原型"概念,向着快速零件、快速工具等方向发展。传统的模具制造方法周期长、成本高,设计上的任何失误反映到模具上都会造成不可挽回的损失,从而促使了快速制模技术的发展。

17.6 其他特种加工方法

17.6.1 超声波加工

1. 超声波加工的原理

图 17.25 所示为超声波加工原理图。在工件和工具间加入磨料悬浮液,由超声发生器产生超声振荡波,经换能器转换成超声机械小振动,通过变幅杆将振幅放大后继续传递给工具,引起工具端面作超声的机械振动,使悬浮液中的磨料不断地撞击加工表面,把硬面的被加工材料局

部破坏而撞击下来,在工件表面瞬间正负交替的正压冲击波和负压空化作用下强化加工过程,因此,超声波加工实质上是磨料的机械冲击、超声波冲击和空化作用的综合结果,其中磨料的机械冲击是主要作用。

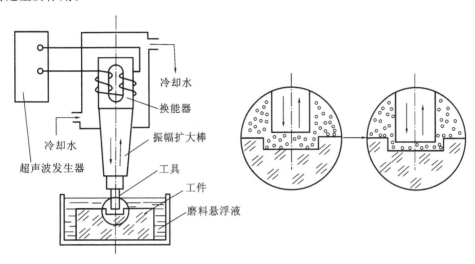

图 17.25　超声波加工原理图

2. 超声波加工的特点

(1)超声波加工不受材料是否导电的限制,材料适应范围广,适宜加工各种硬脆材料。超声波加工主要依赖于磨料对材料的高频率、微局部的撞击而去除材料,故对于电火花加工电解加工几乎无能为力的不导电硬脆材料,如玻璃、陶瓷、人造宝石和金刚石等,均适合采用超声波加工,对于半导体材料锗和硅,导电材料如硬质合金钢、淬火钢等,也可实现超声波加工。

(2)超声波加工工具可用较软材料制作,比较容易制作出各种复杂形状的工具。

(3)由于超声波加工工具多样,形状也可以很复杂,更换容易,灵活性大,所以超声波加工机床可以做得很简单,使用和维护也方便。

(4)由于管状工具金刚石磨料烧结难以保障形状精度,工具焊接时难以保证位置精度,故对于旋转超声波加工,工具的旋转精度比较难以保证。

(5)超声波加工工具对工件的作用力和热影响力较小,加工表面光洁,也不会发生烧伤、变形、残余应力等缺陷,所以超声波加工可以加工薄壁、细条、窄缝和低刚度的零件。

(6)超声波加工的精度、光洁度、速度均较高,加工精度为 $0.01 \sim 0.02$ mm,表面粗糙 Ra 值为 $0.1 \sim 0.8$ μm。

3. 超声波加工的应用

1)超声波成形加工

超声波可用于加工硬脆材料型孔、型腔、套料以及雕刻等。超声波雕刻作品如图 17.26 所示。超声波用于圆孔加工时,一般孔径范围为 $0.1 \sim 90$ mm,加工深度可在 100 mm 以上。对于材料的模具加工,可以先经过电加工后,再用超声波研磨抛光以减小表面粗糙度,提高表面质量。相对来说,型腔、型孔采用超声波成形加工的精度较高,表面质量较好。

2)超声波切割加工

超声波可用于切割硬脆的半导体等材料(如锗、硅等)。相对于普通机械切割加工,超声波切割加工的效率、精度均较高。

图 17.26　超声波雕刻作品

3)超声波复合加工

在通常的一些加工过程中,可同时将超声振动引入被加工区域内。这种将超声波加工与传统单一的加工工艺组合起来的加工模式,称为超声波复合加工。从应用的角度来看,超声波复合加工可分为超声频机械振动与其他机械作用过程相复合、超声机械振动与其他性质的作用过程相复合。引入超声波的目的是强化原加工过程,使得这些加工的速度明显提高,并改善加工质量,实现低耗高效。

17.6.2　电化学加工

电化学加工是基于电化学作用原理而去除材料(电化学阳极溶解)或增加材料(电化学阴极沉积)的加工技术。

常用的电化学加工有以下两种。

1. 电解加工

电解加工是继电火花加工之后发展较快、应用较广泛的一项新工艺,目前在枪炮、航空发动机、火箭、汽车、采矿机械等方面得到广泛应用,并成为现代制造不可缺少的一种工艺方法。

1)电解加工的原理

电解加工是利用金属在外电场作用下的高速局部阳极溶解过程,实现金属成形加工的种工艺方法。电解加工的原理如图 17.27 所示。为了实现电解加工,还必须满足以下条件。

(1)工件阳极和工具阴极间应保持一定的加工间隙(一般为 0.1~1 mm),且阴极对阳极作相对运动。

(2)电解液从加工间隙中不断高速(6~30 m/s)流过,带走反应中产生的大量金属溶解产物和气体以及热,同时流动的电解液还具有减轻极化的作用。电解加工的零件如图 17.28 所示。

(3)工件阳极和工具阴极分别和直流电源(一般为 10~24 V)连接,通过两极加工间隙的电流密度为 10^2 A/cm²。

2)电解加工的特点

与一般的机制工艺相比较,电解加工具有以下特点。

(1)电解加工能同时进行三维的加工,一次加工出形状复杂的型面、型腔、异形孔。

(2)由于加工中工件与刀具(阴极)不接触,电解加工不会产生切削力和切削热,不生成毛刺。

(3)由于与材料的机械性能(如硬度、韧性、强度)无关,因此电解加工可加工一般机械制造工艺难以加工的高硬度、高韧性、高强度材料,如硬质合金、淬火钢、耐热合金,但与材料的电化学性质、化学性质、金相组织密切相关。

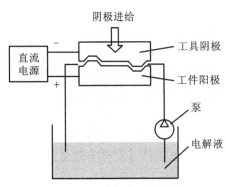

图 17.27　电解加工的原理

图 17.28　电解加工的零件

3) 电解加工的应用

经过近几十年的发展,电解加工得到了长足的发展,逐渐在各种型孔、模具型面、叶片、膛线、花键孔,深孔、异形零件、抛光等方面获得广泛应用。

(1) 型孔加工。

在生产中经常碰到一些形状复杂、尺寸较小的四方形、六方形、半圆形、椭圆形等形状的通孔和盲孔,利用传统机械切削加工难以完成,甚至无法完成,而电解加工可以加工各种形状的型孔,并能保证较高的加工质量和加工效率。

(2) 模具型面加工。

在 20 世纪 70 年代,电解加工开始在模具制造业各个领域得到应用。它在模具型面加工中具有生产率高、加工成本低、模具寿命高、重复精度好等优点。常见的模具型面有锻模型面、玻璃模型面、压铸模型面、冷镦模型面、橡胶模型面、注塑模型面等。

(3) 叶片型面加工。

叶片是航空发动机制造中最关键的零件,采用传统切削加工难度很大,采用电解加工具有加工效率高、生产周期短、手工劳动量小等特点。

2. 电铸加工

1) 电铸加工的基本原理和特点

(1) 电铸加工的基本原理。

电铸加工利用金属离子在电解液中发生电化学反应,实现在工件上的金属沉积。电铸加工原理如图 17.29 所示。电铸加工以导电的原模作阴极,以用于电铸的金属作阳极,以金属盐溶液作电铸液,在直流电的作用下,电铸液中的金属离子在阴极被还原成金属,沉积于原模表面;阳极金属原子失去电子,成为离子,为电铸液源源不断地补充金属离子,以保持电铸液中金属离子的质量分数不变。如此循环下去,直至阴极原模电铸层达到要求

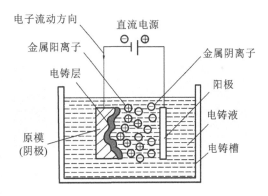

图 17.29　电铸加工原理

后,断开电源,电铸加工过程结束。

（2）电铸加工的特点。

①复制能力强。

电铸加工采用沉积法成形,对于各种复杂形状的型面和微细纹路,均能准确、高精度地复制出来。电铸加工还可以加工用机械加工难以成形,甚至无法成形的型腔。

②加工质量高。

电铸件与母模的形状吻合程度很高,只要母模制造精确,电铸件的精度就能满足要求。点逐渐的表面粗糙度 Ra 值小于或等于 $0.1\ \mu\mathrm{m}$,且由同一原模生产的电铸件一致性好。

③制造多种功能构件。

采用电铸加工,简单改变加工工艺,即可获得由不同材料组成的多层、镶嵌、中空等制品。通过改变电铸条件、电铸液组成,可使工件具有采用其他工艺方法难以获得的理化性质,如高硬度、高韧性等。

④电铸件的制造周期较长,如电铸镍,通常需数天时间;电铸层较薄(常为 $4\sim8$ mm),且厚度不易均匀;电铸件有较大的内应力,需要进行适当的热处理。

2）电铸加工的应用范围

（1）用于形状复杂、精度高的空心零件的制作,如波导管。

（2）用于复制精细的表面轮廓,如光盘模具的制造、艺术品的制造、纸币和邮票印刷板的制造等。

（3）用于表面粗糙度标准样板、反光镜、喷嘴和电加工电极等特殊零件的制作。

（4）用于注塑用的模具、厚度极小的薄壁零件的制作。

第 18 章　塑料成型加工

18.1　常用塑料基础知识

18.1.1　塑料概述

塑料是以树脂为主要成分的有机化合物。树脂可分为天然树脂和合成树脂两类。天然树脂包括树木分泌物(如松香、橡胶等)、昆虫分泌物(如虫胶等)和石油附产物(如沥青等)。与合成树脂相比,天然树脂的产量小、性能差。合成树脂是以石油为主要原料,采用化学方法合成的。它保留了天然树脂的结构特性,改善了成型工艺性能和使用性能,产量大且性能好。

天然树脂和合成树脂都是高分子聚合物,一个高分子所含原子很多,从几千个到几百万个不等,分子链很长。例如,低分子乙烯长度为 $0.000\,5\,\mu m$,而高分子聚乙烯的长度为 $6.8\,\mu m$,后者是前者的 $13\,600$ 倍。一个低分子相对分子质量小,几十到几百;一个高分子相对分子质量很大,几万到上千万。

塑料高分子间的作用力与低分子间的作用力大不相同。塑料具有特有的高强度、高韧度、高弹性等特性。

聚合物分子的基本形状有三种,如图 18.1 所示。

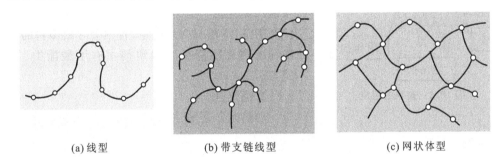

(a) 线型　　　　　　(b) 带支链线型　　　　　　(c) 网状体型

图 18.1　聚合物分子的基本形状

1. 线型

线型聚合物由一根根大分子链组成,每一根大分子链呈线状,富有弹性和塑性,溶解性能好,升温时流动性能好,可反复熔化成型(具有热塑性能),如高密度聚乙烯、聚苯乙烯。

2. 带支链线型

带支链线型聚合物的大分子主链上带有一些或长或短的小支链,整个分子链呈树枝状。因为存在支链,带支链线型聚合物的分子链结构不紧密,机械强度较低,溶解性能好,塑性较强,可反复熔化成型(具有热塑性能),如低密度聚乙烯。

3. 网状体型

网状体型聚合物的大分子主链之间由一些短链交联起来形成网状立体结构。网状体型聚合物脆性大、硬度高,不能反复成型(具有热固性能),如酚醛树脂。

塑料加热后在模具中冷却成型,分子会重新聚集。分子重新聚集的结构状态有两种:一种是聚合物的分子排列有序紧密(结晶型);另一种聚合物的分子排列无序随机,杂乱无章,且相互穿插交缠(非结晶型)。

所有塑料加热后在模具中冷却成型,分子重新聚集的结构状态都属于混合型(结晶区＋非结晶区),结晶度为结晶区所占质量的百分比。例如,低压聚乙烯在室温下的结晶度为85%~90%。结晶度对聚合物性能的影响很大:结晶度越高,聚合物分子聚集越紧密,分子间的作用力越强,聚合物的强度、硬度、刚度、熔点、耐热性能、耐化学性能等性能提高,但是弹性、伸长率、冲击强度等性能降低。

单纯的合成树脂不能满足性能需求,必须根据需要加入添加剂来全面改善工艺性能、使用性能,并降低经济成本。

18.1.2 塑料的组成

塑料的组成如图18.2所示。

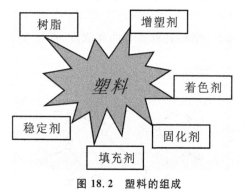

图 18.2 塑料的组成

1. 增塑剂

增塑剂分子插入树脂大分子链之间,增大了大分子链间的距离,削弱了大分子间的作用力,使树脂大分子容易产生相对滑移,使塑料在成型时具有良好的流动性能、可塑性能,冷却成型后具有良好的柔软性,如聚氯乙烯树脂＋增塑剂→橡胶般的软聚氯乙烯。需要注意的是,增塑剂必须适量,否则会导致塑料的力学性能和耐热性能降低。增塑剂主有甲酸酯类、氯化石蜡等。

2. 稳定剂

塑料制品在热、光、氧和霉菌等因素的作用下,长分子链会被分裂成较小的部分,导致塑料变质、性能下降。降解通常分为热降解、光降解、氧化降解、生物降解、机械降解、化学降解等类型。

稳定剂的作用是抑制热、光、氧和霉菌等的降解作用,延缓塑料的性能下降、变质。稳定剂的特点是耐水、耐油、耐化学药品,并与树脂相溶,在塑料成型过程中不分解,挥发性小。

3. 固化剂

固化剂可以促使树脂大分子链受热时交联,促进树脂固化硬化,形成网状体型结构。例如,在酚醛树脂中加入六亚甲基四胺固化剂,在环氧树脂中加入乙二胺、顺丁烯二酸酐固化剂等。

4. 填充剂

填充剂可以减少贵重树脂在产品中的使用量,降低成本,同时改善塑料的某些性能。填充剂一般不超过塑料质量的40%。例如,酚醛树脂中加入木粉后,既克服了它的脆性,又降低了成本。

对填充剂的要求是与树脂的黏附性好、性质稳定。填充剂的特点是价格便宜、来源丰富。

5. 着色剂

着色剂可以为塑件增色,使塑件更加美观,同时提高塑件的使用性能。例如,在塑料中加入金属絮片、珠光/磷光/荧光等色料,塑料可获得特殊的色彩。聚甲醛塑料用炭黑着色后可防止光降解老化等。对着色剂的要求是性能稳定、不易变色、不与其他成分(增塑剂、稳定剂等)起化学反应、着色力强、与树脂的相容性强。日用塑件应选用无毒、无臭的着色剂。

还有许多其他种类的添加剂,如润滑剂、发泡剂、阻燃剂、防静电剂、导电剂、导磁剂等,应视塑件功能的需要适当增添。

18.1.3 塑料的优缺点和分类

1. 塑料的优缺点

1)优点

(1)塑料的质量轻,普通塑料的密度约为铝材的 50%、钢材的 20%。塑料的力学性能比金属低,强度与木材相近。塑料的密度小,如果按单位质量计算,塑料的比强度和比刚度均大于或等于普通金属材料。例如,玻璃纤维的比强度大于或等于普通钢。塑料可用来制作受力不大的一般结构件。

(2)塑料的耐磨性能、减振性能、自润滑性能优良,摩擦因数小,具有良好的吸振性能和消声性能。

(3)塑料的电绝缘性能、绝热性能、绝声性能好,相对介电系数比空气高一倍甚至十几倍,热导率比金属低得多。

(4)塑料的化学稳定性能好,塑料抗酸、抗碱、抗盐、抗潮湿空气、抗蒸汽的腐蚀作用性能大大超过金属。例如,聚四氟乙烯在沸腾的"王水"中完全稳定。塑料在化工设备中用途广泛,经常用来制作各种管道、密封件、换热器和其他零部件等。

(5)塑料的成型性能和着色性能好。

2)缺点

(1)塑料的成型收缩率较高,甚至在 3% 以上,故塑件的尺寸精度不如金属件。

(2)塑料的耐热性能较差。一般塑件的使用温度仅 100 ℃ 左右,否则会降解、老化。

(3)塑料的导热性较差,不能用于要求导热性好的场合。

(4)塑料在光和热的作用下易降解老化。在使用寿命要求较长的场合,应选用金属件。

(5)若长期受载荷作用,即使温度不高,塑件也易产生蠕变,导致尺寸精度下降。

(6)塑料的吸湿性大,容易发生水解老化。

2. 塑料的分类

1)按分子结构特性分类

按分子结构特性分类,塑料可分为热塑性塑料和热固塑性塑料。

(1)热塑性塑料的分子链是线型结构或带支链线型结构。热塑性塑料包括聚乙烯(PE)、聚丙烯(PP)、聚苯乙烯(PS)、聚氯乙烯(PVC)等。热塑性塑料的成型特性是加热塑化成型→冷却后固化定型→若再次加热又塑化成型→冷却后再定型制成塑件→……如此可反复成型多次。原因是上述成型过程一般只有物理变化而无化学变化,允许回收,塑料加工中产生的边角料可粉碎后重新利用。

（2）热固性塑料的分子链是网状体型结构,特性是加热之初,分子是线型结构,具有可溶性和可塑性。继续升温,分子交联成网状结构,不熔融,不溶解,并使塑件形状固定,且不再变化。在上述成型过程中,既有物理变化,又有化学变化,变化过程不可逆,故边角料不可回收再生。常用的热固性塑料酚醛塑料、环氧树脂、氨基塑料等。

2）**按用途分类**

按用途分,塑料可分为通用塑料、工程塑料和特种塑料三类。

（1）通用塑料。

通用塑料的产量占塑料总产量的大半,它构成塑料工业主体。通用塑料性能一般,用途广,价格低。通用塑料主要有以下五大类。

①聚乙烯（PE）。聚乙烯又分为高密度聚乙烯和低密度聚乙烯。它的基本特性是无毒、无味、呈乳白色。聚乙烯力学性能一般,表面硬度差,但是耐腐蚀性能、绝缘性能优良,使用温度在—70～100 ℃范围内。聚乙烯主要用在食品袋、果汁瓶、薄膜、药瓶、牛奶瓶,以及上水管、高频绝缘电线、耐腐蚀管道、垫圈等方面。图 18.3 所示为聚乙烯产品。

②聚丙烯（PP）。聚丙烯无毒、无味,比聚乙烯透明、更轻,力学性能强于聚乙烯,主要用在食品外包装袋、薄膜、机器零部件、电气元件等方面。

③聚氯乙烯（PVC）。聚氯乙烯有微毒,与聚乙烯、聚丙烯相比价格低廉。聚氯乙烯又可分为硬聚氯乙烯和软聚氯乙烯两种。其中,硬聚氯乙烯力学强度高,介电性能好,化学稳定性能好,但耐热性能不高,流动性能差,成型困难,必须严格控制料温;而软聚氯乙烯富有弹性,但是机械性能、介电性能不如硬聚氯乙烯,易老化,耐热性能差。聚氯乙烯主要用于电线套管、下水管、塑料大棚、地膜、包装袋、桌布、窗帘、运动制品、护墙板、地板等方面,特别是在异型材塑料门窗市场占有率高居首位。图 18.4 所示为聚氯乙烯产品。

图 18.3　聚乙烯产品

图 18.4　聚氯乙烯产品

④聚苯乙烯（PS）。

⑤酚醛塑料（PF）,也称为热固性塑料。

（2）工程塑料。

工程塑料强度较高,耐磨性能很好,耐腐蚀性能、自润滑性能和尺寸稳定性能较好,具有某些金属特性,工程上常用作结构材料,代替金属制作机械零件、承载结构件,耐热件、耐腐蚀件、绝缘件。相对来说,工程塑料生产批量小、价格较贵、用途范围相对狭窄。常用的工程塑料有ABS 塑料、聚四氟乙烯、聚酰胺（PA）等。

①ABS 塑料。ABS 塑料是由丙烯腈、丁二烯和苯乙烯共同合成的三元共聚物。其中,丙烯

腈具有良好的耐化学腐蚀性能和表面硬度,丁二烯很坚韧,苯乙烯具有良好的加工性能(染色性能)。ABS 塑料具有良好的强度、耐磨性能、阻燃性能、耐寒性能、耐油性能、耐水性能、稳定性能、电气性能,并且无毒、无味、有光泽,呈微黄色,尺寸稳定性能好,易成型,易切削加工。图 18.5 所示为 ABS 塑料产品。

图 18.5　ABS 塑料产品

ABS 塑料的主要用途如下。

通用级:用于制造齿轮、轴承、机器外壳和部件、各种仪表、计算机、电视机、电话等的外壳。

阻燃级:用于制造电子部件,如计算机终端、机器外壳和各种家用电器产品。

透明级:用于制造刻度盘、冰箱内的食品盘等。

电镀级:用于制造汽车部件、各种旋钮、铭牌等。

②聚酰胺(PA)。聚酰胺俗称尼龙,具有优良的力学性能,抗拉、抗压、抗冲击、耐磨,具有良好的消声效果和自润滑性能,耐碱、弱酸,但不耐强酸和氧化剂,吸水性能强,收缩率大,适用温度为 80~100 ℃。

③酚醛塑料(PF)。酚醛塑料是热固性塑料,特别适用于压缩成型(成型性能好)。与一般的热塑性塑料相比,酚醛塑料刚性好、变形小、耐热、耐磨。在水润滑条件下,酚醛塑料有极低的摩擦因数,绝缘性能优良。酚醛塑料主要用于制造复杂的机械零件,如齿轮、轴瓦、轴承和复杂的电气零件。

④发泡塑料。发泡塑料是在热固性树脂和热塑性树脂中添加适量的发泡剂得到的。发泡塑料产品包括保温材料、发泡包装等。

(3)特种塑料。

特种塑料是指具有某些特殊性能的塑料,如耐热塑料、导电塑料、导磁塑料、导热塑料等。聚酰亚胺的工作温度为 −269~480 ℃。特种塑料是将通用塑料(或工程塑料)经特殊处理(或改性)而制成的,或是采用特种树脂制成的。

18.1.4　塑料常用成型方法

塑料成型工艺主要包括注塑成型、压缩成型、传递成型、挤塑成型、中空吹塑成型、热成型等。

1. 注塑成型

注塑成型又称注射模塑或注射成型,是热塑性塑料制品成型的一种重要方法。几乎所有的热塑性塑料均可采用此法生产塑件。注塑成型可获得各种形状、满足众多塑件的要求。注塑成型已成功地应用于某些热固性塑件,甚至橡胶制品的工业生产中。

注塑成型工艺流程是:粒状或粉状塑料从注塑机的料斗送入料筒→加热,塑化,熔融→螺杆(或柱塞)施压→从料筒端部喷嘴注入模具型腔→冷却硬化成模腔所赋予的形状→开模,取出塑件。

注塑成型的成型周期短、成型质量高,能够生产复杂塑件,尺寸精确,带有金属(或非金属)嵌件,适应性良好,适应用于各种塑料,生产效率高,能一次成型,易于实现全自动化。注塑成型因成型技术先进、高效、经济,所以应用最为广泛。图18.6所示为螺杆式注塑机。

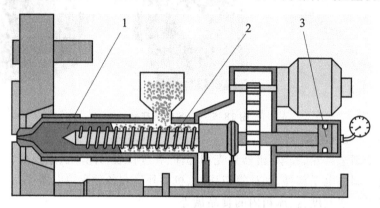

图18.6 螺杆式注塑机

1—料筒;2—螺杆;3—活塞

2.压缩成型

压缩成型又称压制成型、压缩模塑或模压成型。压缩成型技术主要用于生产热固性塑料制品,也用于热塑性塑料制品的热料冷压;或将原料放在模内,施以一定的压力,先加热后冷却定型的成型方法;还可用于粉料的冷压成型等。

热固性塑料压缩成型工艺流程是:将模具加热→开启模具→加料至加料室→闭合模具,加压→塑料熔融,充满型腔→树脂与固化剂等发生化学反应→塑料交联固化成网状结构→开模,取出塑件。

3.传递成型

传递成型又称传递模塑或注压成型,是基于压缩成型发展起来的一种热固性塑料成型方法。

(1)成型对象:热固性塑料制品。

(2)模具特点:具有单独的加料室和浇注系统,成型单位压力高。

(3)成型工艺流程:闭合型腔→预热到成型温度→将热固性塑料加入加料室→利用压柱施压→塑料在高温高压下转变成黏流态并以一定速度通过浇注系统→塑料进入型腔→保温保压一段时间后塑料交联固化→塑料达到最佳性能时即开模取出塑件。

(4)传递成型的特点。

①在成型工艺方面:传递模塑成型单位压力高,要求塑料流动性好,以便于迅速地充满型腔;模具温度稍低,以避免塑料过早固化而维持较长时间的流动性;保压时间大为缩短,传递模塑时物料高速挤入型腔,塑料升温快而均匀,进入型腔后塑料固化加快;成型效率中等(注塑成型效率最高,传递模塑次之,压缩成型最低)。

②在塑件质量方面:硬化一致良好,电气性能优良,强度较高;塑料注入闭合的型腔,故分型面制品飞边很薄,易去除;可成型有深孔或带细薄嵌件或嵌件较多的复杂塑件,而且精度较高。

③在模具结构和原料消耗方面:模具结构复杂,增加了加料室、压柱和浇注系统;成型压力高,操作比较麻烦;原料消耗量增多。

4. 挤塑成型

挤塑成型的原料为热塑性塑料。挤塑成型能生产连续型材,在塑料成型中占比重颇大。图 18.7 所示为挤塑成型产品。

图 18.7 挤塑成型产品

机头实质上是成型模具,需自行设计,它是挤塑机的核心装备。挤塑机配上各种类型机头,便可生产出诸多型材,包括棒材、管材、异型材、板材、片材、薄膜、单丝、电线电缆覆层、发泡材料中空制品等。

5. 中空吹塑成型

中空吹塑成型产品包括各类中空塑料制品,如瓶子、水壶、提桶、啤酒桶、储槽、油罐等。中空吹塑成型的原料为聚乙烯、聚氯乙烯等热塑性材料。中空吹塑成型的工艺特点是自动化程度高,工艺流程是使吹塑模具内型坯处于高弹态→将压缩空气充入型坯→冷却成型。图 18.8 所示为中空吹塑成型产品。

6. 热成型

热成型是以热塑性塑料片材为原料,裁切成样片夹持在设定框架上,将其加热至高弹态,施加压力贴近模具型面,成型压力大于片材两面的气压差,冷却定型后从模具中取出后修整成制品。图 18.9 所示为热成型产品。

图 18.8 中空吹塑成型产品

图 18.9 热成型产品

18.2 注塑成型过程

注塑工艺与模具设计关系密切,注塑成型工艺过程包括以下内容成型前的准备(预处理)、注塑成型过程、塑件的后处理。

18.2.1 成型前的准备

1. 原料预处理

检验塑料原料色泽、颗粒细度、均匀度等,测试塑料熔体的工艺性能,必要时还需要检验塑件原料的流动速率、热性能、收缩率等。针对吸湿性差的塑料,如聚碳酸酯、聚酰胺、ABS 塑料等,还需要进行干燥和预热处理。

2. 清洗、拆换注塑机

在在注塑的过程中更换了塑料品种,更换了颜色,或者发生了降解反应等情况下,必须清洗、拆换注塑机,特别是料筒。

3. 金属嵌件预热

因为塑料的收缩率大于金属的收缩率,嵌件周围塑料的收缩内应力上升,从而导致金属嵌件周围的塑料制品发生裂纹,所以必须在成型之前预热金属嵌件,以便成型时减少两者温差的适用范围,使得塑件的内应力下降。金属嵌件预热主要适用于收缩率较大的塑料品种或者尺寸较大的金属嵌件。

4. 涂脱模剂

对于脱模有困难的塑件,应在模具的表面需涂脱模剂,以便于顺利脱模。脱模剂材料包括硬脂酸锌、液状石蜡和硅油等。硬脂酸锌适用于高温模具;液状石蜡适用于中低温模具;硅油效果最好,但是价格昂贵。

18.2.2 注塑成型过程

注塑成型通过注塑机(见图 18.10)实现。注塑机分为柱塞式注塑机和螺杆式注塑机两大类。注塑机的基本作用有两个:一是加热熔融塑料,使其达到黏流状态;二是对处于黏流状态下的塑料施加高压,并将其射入模具型腔。由于螺杆式注塑机应用较多,下面介绍螺杆式注塑机的注塑工作过程。

图 18.10 注塑机

注塑机的一个循环注塑工作过程按时间顺序分成以下三个步骤。

(1)动模与定模闭合后,油缸活塞带动螺杆按要求的压力和速度,将塑料熔体从料筒端部经喷嘴注塑到模具型腔中,此时螺杆不转动。

(2)当熔融塑料充满模具型腔后,螺杆对熔体仍保持一定的压力(即保压),以阻止塑料倒流,同时因制品冷却收缩向型腔内补料。

(3)保压结束,活塞压力消失,螺杆开始转动。这时塑料经料斗进入料筒,随着螺杆转动向前输送。塑料受加热器和螺杆剪切摩擦的作用,逐渐升温直至熔融成黏流状态,并形成熔体压力。保压补料后,成型塑件在模具内冷却,直至完全冷却硬化,然后打开模具,利用脱模机构将塑件推出,然后合模。在保压的同时,料筒开始备料,熔体压力逐渐增大,通过螺杆头部,直至克服活塞阻力,使螺杆边转边退,这时料筒前端的熔体逐渐增多,当螺杆退到预定位置时即停止转动和后退。于是准备好一次注塑量,就完成一个工作循环。

18.2.3　塑件的后处理

塑件成型后处理的主要目的是减小塑件内应力,提高塑件性能,提高尺寸稳定性。塑件的后处理有以下几种方法。

1. 退火

注塑成型过程中混合结晶在各个方向上的取向及体内应力产生的原因不同,使得塑件的塑化不均匀,尤其是厚壁塑件或者带有金属嵌件的塑件,由于型腔冷却速度不同,这种现象更为严重。为了消除内应力所导致的塑件表面的开裂、皱折等现象,以及保证塑件的尺寸精度,在开模取出塑件后可以将塑件置于一定温度的烘箱或者加热液体介质(如热水、热的矿物油等)内静置一段时间,以减小塑件的内应力,提高结晶度,稳定结晶结构。

2. 调湿处理

有些塑料制品会因为易吸收水分而发生形状上的变化。例如聚酰胺塑料,这类塑件需进行调湿处理,因为这类塑料制品在空气中容易吸收水分而膨胀,在高温下与空气接触又常发生氧化变色反应,所以应先让塑件在具有一定湿度的环境中预先吸收一定的水分,然后隔绝空气防氧化,加快退火过程,以达到吸湿平衡,同时避免因吸湿的不平衡导致塑件外形上的翘曲变形。调湿处理的方法是将刚脱模的塑件放在 $100 \sim 120$ ℃的热水中处理,达到防止氧化变色和翘曲变形的目的。

参考文献

[1] 张明远.金属工艺学实习教材[M].北京:高等教育出版社,2003.

[2] 林江.机械制造基础[M].北京:机械工业出版社,2011.

[3] 朱江峰,肖元福.金工实训教程[M].北京:清华大学出版社,2004.

[4] 樊新民,黄洁雯.热处理工艺与实践[M].北京:机械工业出社,2012.

[5] 朱世范.机械工程训练[M].哈尔滨:哈尔滨工程大学出版社,2003.

[6] 周伯伟.金工实习[M].南京:南京大学出版社,2006.

[7] 董丽华.金工实习实训教程[M].北京:电子工业出版社,2006.

[8] 郗安民.金工实习[M].北京:清华大学出版社,2009.

[9] 范培耕.金属材料工程实习实训教程[M].北京:冶金工业出版社,2011.

[10] 韩国明.焊接工艺理论与技术[M].北京:机械工业出版社,2007.

[11] 程绪贤.金属的焊接与切割[M].东营:石油大学出版社,1995.

[12] 雷玉成,于治水.焊接成形技术[M].北京:化学工业出版社,2004.

[13] 北京机械工程学会,铸造专业学会铸造技术数据手册[M].北京:机械工业出版社,1996.

[14] 铸造工程师手册编写组.铸造工程师手册[M].2版.北京:机械工业出版社,2003.

[15] 高忠民.实用电焊技术[M].北京:金盾出版社,2012.

[16] 杜则裕.焊接科学基础——材料焊接科学基础[M].北京:机械工业出版社,2012.

[17] 文九巴.机械工程材料[M].北京.机械工业出版社,2002.

[18] 邵红红,纪嘉明.热处理工[M].北京:化学工业出版社,2004.

[19] 于永泗,齐民.机械工程材料[M].8版.大连:大连理工大学出版社,2010.

[20] 李占君,苏华礼.机械工程材料[M].吉林:吉林大学出版社,2009.

[21] 樊东黎,徐跃明,佟晓辉.热处理工程师手册[M].2版.北京:机械工业出版社,2005.

[22] 廖维奇,王杰,刘建伟.金工实习[M].北京:国防工业出版社,2007.

[23] 廖凯,韦绍杰.机械工程实训[M].北京:科学出版社,2014.

[24] 郭永环,姜银方.金工实习[M].北京:北京大学出版社,2006.

[25] 郑晓,陈仪先.金属工艺学实习教材[M].北京:北京航空航天大学出版社,2005.

[26] 严绍华,张学政.金属工艺学实习(非机类)[M].2版.北京:清华大学出版社,2006.

[27] 夏德荣,贺锡生.金工实习(修订版)[M].南京:东南大学出版社,1999.

[28] 王瑞芳.金工实习(机械类及近机械类用)[M].北京:机械工业出版社,2001.

[29] 邓文英.金属工艺学(上册)[M].4版.北京:高等教育出版社,2005.

[30] 陈小折.金工实习[M].武汉:武汉工业大学出版社,1996.

[31] 周济,周艳红.数控加工技术[M].北京:国防工业出版社,2002.

[32] 张学政,李家枢.金属工艺学实习教材[M].3版.北京:高等教育出版社,2003.

［33］刘建伟,吕汝金,魏德强.特种加工训练［M］.北京:清华大学出版社,2013.

［34］王俊勃.金工实习教程［M］.北京:科学出版社,2007.

［35］尚可超.金工实习教程［M］.西安:西北工业大学出版社,2007.

［36］李作全,魏德印.金工实训［M］.武汉:华中科技大学出版社,2008.

［37］张克义,张兰.金工实习［M］.北京:北京理工大学出版社,2007.

［38］魏斯亮,李兵,艾勇.金工实习［M］.北京:北京理工大学出版社,2009.

［39］朱民.金工实习［M］.成都:西南交通大学出版社,2008.

［40］黄诚忠,周泽华.金工实训操作指导［M］.北京:北京航空航天大学出版社,2010.

［41］郭术义.金工实习［M］.北京:清华大学出版社,2011.

［42］宋瑞宏,施昱.金工实习［M］.北京:国防工业出版社,2010.

［43］黄如林,汪群,刘新佳.金工实习教程［M］.北京:化学工业出版社,2009.

［44］陈季涛,苑喜军.金工实习［M］.北京:石油工业出版社,2008.

［45］侯伟,张益民,赵天鹏.金工实习［M］.武汉:华中科技大学出版社,2013.

［46］魏德强,吕汝金,刘建伟.机械工程训练［M］.北京:清华大学出版社,2016.

［47］钱继锋.金工实习教程［M］.北京:北京大学出版社,2006.

［48］刘传绍,郑建新.机械制造技术基础［M］.北京:中国电力出版社,2009.

普通高等院校机械类专业"十四五"规划教材

机械工程

训练报告

主　编　陈继兵

副主编　贺战文　李菊英　张可维

华中科技大学出版社

http://www.hustp.com

中国·武汉

工程材料基础训练报告

一、填空题

1. 工程材料可分为_____、_____和_____三大类。

2. 金属材料又可分为_____和_____。

3. 钢铁金属材料主要指各类_____和_____,包括含铁90%以上的工业纯铁。

4. 非铁金属材料主要指_____、_____、_____等。非铁金属是指除_____
_____、_____、_____以外的_____,通常分为_____、_____、
_____、_____和_____等。

5. 碳钢是碳的质量分数_____的铁碳合金。

6. 合金钢主要包含_____、_____、_____、_____、特殊性能
钢等。

*7. 强度是指_____。

*8. 塑性是指_____,也由拉伸试验测
定。常用的塑性判据是_____和_____。

*9. 硬度是指_____。

*10. 根据机器零件的工作条件、摩擦表面运动速度、所加的压力及其产生的塑性变形、介
质的性质和摩擦表面破坏的特征,磨损可分为五种类型:_____、_____、
_____、_____、_____。

二、简答题

1. 常用的硬度测试方法有几种?

2. 陶瓷材料的成形方法有几种?

3. 有机高分子材料可分为哪几类?

4.陶瓷的制造工艺包括哪些?

*5.粉末冶金主要应用在哪些方面?

*6.硬质合金有哪些性能特点?

*7.复合材料的性能有哪些特点?

铸造训练报告

一、填空题

1.将熔融的金属浇入与零件形状相适应的铸型型腔中,经_____、_____,从而获得一定_____和_____铸件的金属成形方法称为铸造。

2.铸造按造型方法一般分为_____和_____两大类。

3.砂型铸造按造型方法分为_____、_____、_____、_____等。

4.型芯的制造方法是根据型芯尺寸、形状、生产批量及具体生产条件进行选择的。在生产中,型芯的制造方法从总体上可分为_____和_____。

5.特种铸造分为_____、_____、_____、_____、_____等。

*6.砂型设有浇注系统,金属液从_____浇入,经_____、_____和_____流入型腔。

*7.型腔最高处开有_____,用以显示金属液_____、排除型腔中的_____等。

*8.在型芯中开设通气孔,可提高_____排气能力。通气孔应贯穿_____,并从_____引出。

*9.造芯方法一般分为两种:_____和_____。在单件小批量生产中,大多采用_____;在成批大量生产中,广泛采用_____。

*10.冒口有_____和_____两种。

二、简答题

1.简述熔模铸造的主要特点和工艺流程。

2.简述浇注系统的组成和作用。

*3.为了保证铸件质量,在设计和制造模样和芯盒时,必须先设计出铸造工艺图,然后根据工艺图的形状和尺寸,制造模样和芯盒。在设计工艺图时,要考虑那些问题?

*4.铸造有哪些特点?

*5.简述金属型铸造的特点和应用。

焊接训练报告

一、填空题

1. 根据图示填写各部分的名称。

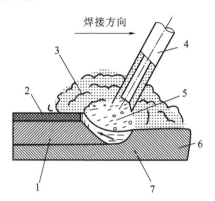

1—＿＿＿＿＿＿＿＿；2—＿＿＿＿＿＿＿＿；3—＿＿＿＿＿＿＿＿；

4—＿＿＿＿＿＿＿＿；5—＿＿＿＿＿＿＿＿；6—＿＿＿＿＿＿＿＿；

7—＿＿＿＿＿＿＿＿。

2. 焊接是指通过局部＿＿＿＿＿＿＿或＿＿＿＿＿＿＿等手段,加填充金属或不加填充金属,使分离的金属材料形成＿＿＿＿＿＿＿连接的一种加工方法。

3. 焊接按过程的特点分类可以分为＿＿＿＿＿＿＿、＿＿＿＿＿和＿＿＿＿＿三大类。

4. 焊接电弧由＿＿＿＿＿＿＿、＿＿＿＿＿和＿＿＿＿＿三个部分组成。

5. 焊机包括＿＿＿＿＿＿＿、＿＿＿＿＿和＿＿＿＿＿三个部分。

*6. 焊条的选用原则有＿＿＿＿＿＿＿、＿＿＿＿＿＿＿、＿＿＿＿＿＿＿和＿＿＿＿＿＿＿等。

*7. 焊接按焊缝空间位置的不同可分为＿＿＿＿＿＿＿、＿＿＿＿＿＿＿、＿＿＿＿＿＿＿和＿＿＿＿＿＿＿四种。

*8. 电阻焊可分为＿＿＿＿＿＿＿、＿＿＿＿＿＿＿和＿＿＿＿＿＿＿三种。

二、简答题

1. 与铸造、锻压等其他加工方法相比,焊接有哪些优点?

2. 电弧焊的原理是什么? 焊接电弧是如何产生的?

3.焊接工艺装备有哪些？焊接还需要哪些辅助器具？

4.焊条是由哪几部分组成？各部分的作用是什么？

*5.焊接接头形式、坡口形式有哪些？如何选择焊接接头形式、坡口形式？

*6.简述气焊和气割的原理和特点。

*7.常见的焊接缺陷有哪些？说明其形成原因。

锻压训练报告

一、填空题

1.锻压是＿＿＿＿＿＿＿＿和＿＿＿＿＿＿＿＿的合称,是利用锻压机械的锤头、砧铁、冲头或通过模具对金属坯料施加压力,使之产生＿＿＿＿＿＿＿＿,从而获得所需形状和尺寸的制件的成形加工方法。

2.锻造的根本目的是获得所需＿＿＿＿＿＿＿＿和＿＿＿＿＿＿＿＿、性能和组织要符合一定的技术要求的锻件,是在一定的温度条件下,用工具或模具对坯料施加外力,使金属发生＿＿＿＿＿＿＿＿,从而使金属坯料发生体积的转移和形状的变化,获得所需要的锻件。

3.锻造主要是指＿＿＿＿＿＿＿＿和＿＿＿＿＿＿＿＿。

4.冲压是靠压力机和模具对板材、带材、管材和型材等施加外力,使之产生＿＿＿＿＿＿＿＿或＿＿＿＿＿＿＿＿,从而获得所需形状和尺寸的工件(冲压件)的成形加工方法。

5.金属加热是为了提高金属坯料的＿＿＿＿＿＿＿＿,降低金属坯料的＿＿＿＿＿＿＿＿。

6.自由锻造是利用＿＿＿＿＿＿＿＿或＿＿＿＿＿＿＿＿使金属在上下两个砧铁之间产生变形,从而获得所需形状和尺寸的锻件。

*7.锻造时金属坯料在＿＿＿＿＿＿＿＿间受力变形时,沿变形方向可以＿＿＿＿＿＿＿＿、＿＿＿＿＿＿＿＿。

*8.自由锻造工序可分为＿＿＿＿＿＿＿＿、＿＿＿＿＿＿＿＿、＿＿＿＿＿＿＿＿。

*9.锻造的基本工序有＿＿＿＿＿＿＿＿、＿＿＿＿＿＿＿＿、＿＿＿＿＿＿＿＿、＿＿＿＿＿＿＿＿、＿＿＿＿＿＿＿＿、＿＿＿＿＿＿＿＿等。

*10.自由锻造常见的缺陷有＿＿＿＿＿＿＿＿、＿＿＿＿＿＿＿＿、＿＿＿＿＿＿＿＿等。

*11.利用冲床的外加压力和冲模使板料产生＿＿＿＿＿＿＿＿或＿＿＿＿＿＿＿＿的加工方法,称为板料冲压。这种加工方法一般是在常温下进行的,又称＿＿＿＿＿＿＿＿。通常当板料厚度超过＿＿＿＿＿＿＿＿mm 时,采用热冲压。

*12.为防止弯裂,最小弯曲半径应为 $r=$＿＿＿＿＿＿＿＿δ。

二、简答题

1.何为落料和冲孔?

2.板料冲压具有哪些特点?

3. 自由锻造常见的缺陷及其产生原因分别有哪些?

*4. 简述锻压在生产中的特点和应用。

*5. 锤上模锻有哪些特点?

金属热处理训练报告

一、填空题

1. 热处理工艺一般包括_____、_____、_____三个过程,有时只有_____、_____两个过程。这些过程互相衔接,不可间断。

2. 金属热处理工艺大体可分为_____、_____、_____三大类。

3. 钢铁整体热处理大致有_____、_____、_____和_____四种基本工艺。

4. 退火是将工件加热到适当_____,根据材料和工件尺寸采用不同的_____,然后进行_____,目的是使金属内部组织达到或接近平衡状态,获得良好的_____、_____,或者为进一步淬火做组织准备。

5. 正火是将工件加热到适宜的温度后在_____冷却,正火的效果同退火相似,只是得到的组织更细,常用于改善材料的切削加工性能,有时也用于作一些要求不高的零件的最终热处理。

6. 淬火是将工件加热保温后,在_____等淬冷介质中快速冷却。

7. 化学热处理是通过改变工件表层_____、_____、_____的金属热处理工艺。

8. 钢的热处理种类很多,但它们有一个共同的特点,即都包括_____、_____两个基本过程。

*9. 加热是热处理的第一道工序。加热分两种:一种是_____;另一种是_____加热,目的是获得_____,这一过程称为奥氏体化。

*10. 加热的目的是获得_____、_____的奥氏体,冷却的目的是获得_____以满足所需的力学性能。因此,_____是钢热处理的关键。

*11. 淬火的目的是得到_____。

*12. 根据回火加热温度的不同,回火常分为_____、_____、_____。

*13. 化学热处理是将工件置于一定的_____中加热和保温,使介质中的活性原子渗入工件表层,以改变工件表层的_____、_____,从而获得所需的力学性能或理化性能。

二、简答题

1. 热处理常见缺陷有哪些?

2.什么是高温回火？

3.影响奥氏体晶粒大小的因素有哪些？

* 4.简述金属热处理工艺分类。

* 5.钢的整体热处理包括哪些？

金属切削加工基础训练报告

一、填空题

1. 根据图示填写各部分的名称。

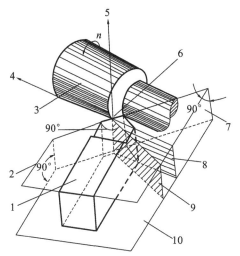

1—_____;2—_____;3—_____;
4—_____;5—_____;6—_____;
7—_____;8—_____;9—_____;
10—_____。

2. 金属切削加工包括_____和_____两大类。_____主要通过金属切削机床对工件进行切削加工。金属切削加工的基本形式有_____、_____、_____、_____、_____等。

3. 金属的切削加工是通过_____来完成的。所谓_____,是指在零件的切削加工过程中_____之间的相对运动,即表面成形运动。

4. 切削速度是指单位时间内,刀具沿主运动方向的_____。计算切削速度时,应选取刀刃上_____的点进行计算。

5. 定位基准是获得_____、_____和_____的直接基准,可以分为_____和_____,又可分为_____和_____。

*6. 韧性是指金属材料在_____作用下不被破坏的能力。只有具有较好的冲击韧性,刀具在切削加工过程中才不至于因_____、_____等外界因素而崩刃或断裂。

*7. 硬质合金是将_____、_____的金属碳化物,以钴、镍等金属为_____,通过粉末冶金的方法制成的合金。

*8. 零件的表面在切削加工后,总会留下相应的_____,通常给人的感觉就是光滑或粗糙,但即使是看起来十分光滑的零件表面,经过放大之后,也会发现零件表面遍布着_____的_____。

二、简答题

1.切削运动可分为哪两大类？

2.刀具材料应具有哪些性能？

3.零件切削加工步骤的安排是怎样的？

*4.对零件切削加工有哪些技术要求？

*5.什么是表面粗糙度？它的标准是什么？

钳工加工训练报告

一、填空题

1. 根据图示填写各部分的名称。

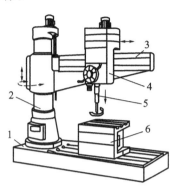

1—_____;2—_____;3—_____;
4—_____;5—_____;6—_____。

2. 钳工的基本操作_____、_____、_____和_____。

3. 钳工常用的设备包括_____、_____等。

4. 划线的种类有_____和_____两种。

5. 手锯由_____和_____两个部分组成。

6. 锯条的规格以_____和_____来表示(长度有150～400 mm)。常用的锯条长_____,宽_____,厚_____。

*7. 锯削加工过程分_____、_____和_____三个阶段。

*8. 锉刀由_____、_____、_____和_____等组成。

*9. 钳工加工孔的方法一般是指_____、_____和_____。

二、简答题

1. 套螺纹时,圆杆直径是如何确定的?

2.如何确定攻螺纹前底孔的直径和深度？

3.孔加工操作要点有哪些？

*4.锉削加工注意事项有哪些？

*5.简述锯条损坏的原因以及预防办法。

普通车削加工训练报告

一、填空题

1. 根据图示填写各部分的名称。

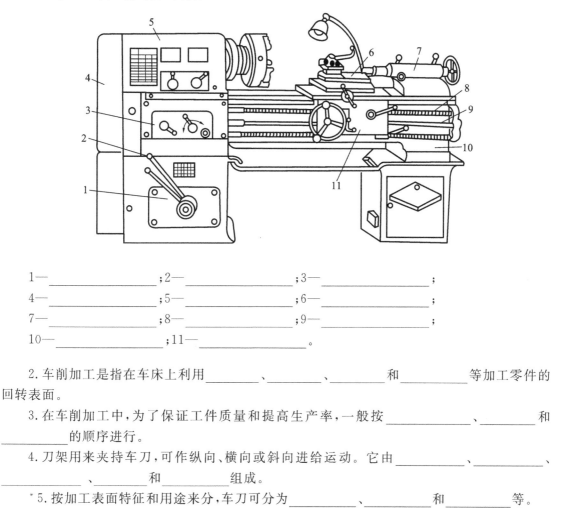

1—＿＿＿＿＿＿＿＿＿＿；2—＿＿＿＿＿＿＿＿＿＿；3—＿＿＿＿＿＿＿＿＿＿；
4—＿＿＿＿＿＿＿＿＿＿；5—＿＿＿＿＿＿＿＿＿＿；6—＿＿＿＿＿＿＿＿＿＿；
7—＿＿＿＿＿＿＿＿＿＿；8—＿＿＿＿＿＿＿＿＿＿；9—＿＿＿＿＿＿＿＿＿＿；
10—＿＿＿＿＿＿＿＿＿＿；11—＿＿＿＿＿＿＿＿＿＿。

2. 车削加工是指在车床上利用＿＿＿＿＿＿＿＿、＿＿＿＿＿＿＿＿、＿＿＿＿＿＿＿＿和＿＿＿＿＿＿＿＿等加工零件的回转表面。

3. 在车削加工中，为了保证工件质量和提高生产率，一般按＿＿＿＿＿＿＿＿＿＿、＿＿＿＿＿＿＿和＿＿＿＿＿＿＿＿＿＿的顺序进行。

4. 刀架用来夹持车刀，可作纵向、横向或斜向进给运动。它由＿＿＿＿＿＿＿＿＿＿、＿＿＿＿＿＿＿＿＿＿、＿＿＿＿＿＿＿＿＿＿、＿＿＿＿＿＿＿和＿＿＿＿＿＿＿＿组成。

*5. 按加工表面特征和用途来分，车刀可分为＿＿＿＿＿＿＿＿＿＿、＿＿＿＿＿＿＿＿和＿＿＿＿＿＿＿＿等。

*6. 车刀刃磨主要有＿＿＿＿＿＿＿＿和＿＿＿＿＿＿＿＿两种方法。

*7. 为了提高生产率、保证加工质量，生产中常把车削加工分为＿＿＿＿＿＿＿＿＿＿和＿＿＿＿＿＿＿＿。零件精度要求高需要磨削加工时，车削加工分为＿＿＿＿＿＿＿和＿＿＿＿＿＿＿＿。

*8. 常用的磨刀砂轮有两种，一种是＿＿＿＿＿＿＿砂轮，另一种是绿色的＿＿＿＿＿＿＿砂轮。

二、简答题

1. 车床根据什么来分类？分别有哪些？

2. 简述 CA6140 型车床型号中各字母和数字的意义。

3. 以 CA6140 型车床为例介绍卧式车床的组成。

*4. 刀具切削部分主要由哪几个部位构成？是如何定义的？

*5. 试说明硬质合金车刀刃磨的一般步骤。

铣削加工训练报告

一、填空题

1. 根据图示填写各部分的名称。

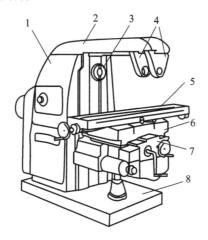

1—_____;2—_____;3—_____;
4—_____;5—_____;6—_____;
7—_____;8—_____。

2. 铣削加工时,主运动是_____,_____为进给运动。

3. 根据结构形式不同,铣床主要分为_____、_____、_____、_____、_____以及各种专门化铣床等。

4. 周铣是用圆柱形铣刀圆周上的_____对工件进行切削,根据铣刀旋转_____和工件移动进给_____的关系,可分为_____和_____两种。

5. 按齿面加工原理,齿轮加工方法可分为_____、_____两种。

*6. 铣刀尽可能靠近_____,使铣刀有足够的_____。

*7. 工件相对铣刀回转中心处于对称位置时称为_____。

*8. 用立铣刀铣键槽时,由于铣刀的端面齿是_____,吃刀困难,应先在封闭式键槽的一端圆弧处用_____的钻头钻一个孔,然后用_____。

二、简答题

1. 简述周铣和端铣的异同。

2.简述铣削加工平面的步骤。

* 3.简述常见的四种斜面铣削加工方法。

* 4.简述展成法加工齿轮的原理。

刨削加工训练报告

一、填空题

1.根据图示填写各部分的名称。

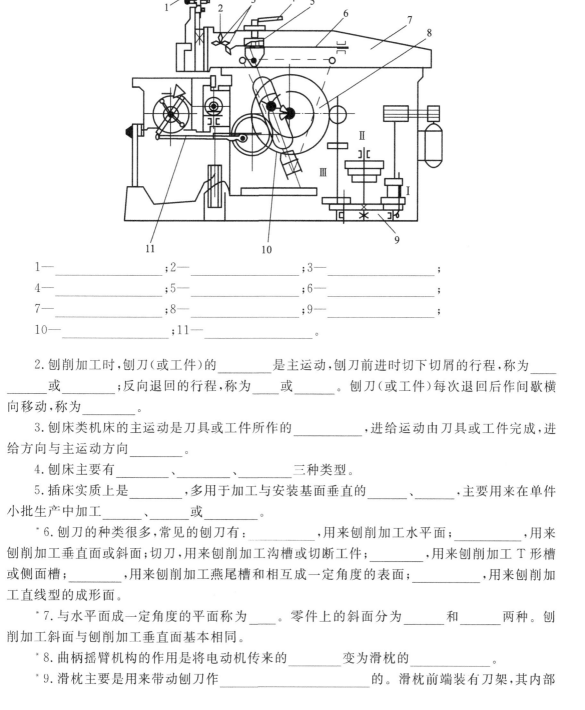

1—_____;2—_____;3—_____;

4—_____;5—_____;6—_____;

7—_____;8—_____;9—_____;

10—_____;11—_____。

2.刨削加工时,刨刀(或工件)的_____是主运动,刨刀前进时切下切屑的行程,称为_____或_____;反向退回的行程,称为_____或_____。刨刀(或工件)每次退回后作间歇横向移动,称为_____。

3.刨床类机床的主运动是刀具或工件所作的_____,进给运动由刀具或工件完成,进给方向与主运动方向_____。

4.刨床主要有_____、_____、_____三种类型。

5.插床实质上是_____,多用于加工与安装基面垂直的_____、_____,主要用来在单件小批生产中加工_____、_____或_____。

*6.刨刀的种类很多,常见的刨刀有:_____,用来刨削加工水平面;_____,用来刨削加工垂直面或斜面;切刀,用来刨削加工沟槽或切断工件;_____,用来刨削加工T形槽或侧面槽;_____,用来刨削加工燕尾槽和相互成一定角度的表面;_____,用来刨削加工直线型的成形面。

*7.与水平面成一定角度的平面称为_____。零件上的斜面分为_____和_____两种。刨削加工斜面与刨削加工垂直面基本相同。

*8.曲柄摇臂机构的作用是将电动机传来的_____变为滑枕的_____。

*9.滑枕主要是用来带动刨刀作_____的。滑枕前端装有刀架,其内部

装有丝杠螺母传动装置,用以改变滑枕的_____。

二、简答题

1. 简述刨削加工的特点和应用。

2. 刨削的操作的步骤有哪些?

3. 刨削加工垂直面时,应注意哪些事项?

*4. 主要的刨削加工过程有哪些?

*5. 在牛头刨床上用平口虎钳装夹加工工件时,应注意哪些事项?

磨削加工训练报告

一、填空题

1.根据图示填写各部分的名称。

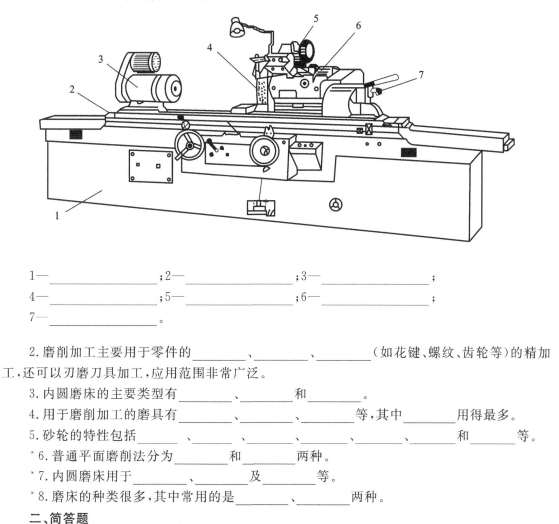

1—＿＿＿＿＿＿＿＿＿＿＿＿；2—＿＿＿＿＿＿＿＿＿＿＿＿；3—＿＿＿＿＿＿＿＿＿＿＿＿；

4—＿＿＿＿＿＿＿＿＿＿＿＿；5—＿＿＿＿＿＿＿＿＿＿＿＿；6—＿＿＿＿＿＿＿＿＿＿＿＿；

7—＿＿＿＿＿＿＿＿＿＿＿＿。

2.磨削加工主要用于零件的＿＿＿＿＿＿＿、＿＿＿＿＿＿＿、＿＿＿＿＿＿＿（如花键、螺纹、齿轮等）的精加工，还可以刃磨刀具加工，应用范围非常广泛。

3.内圆磨床的主要类型有＿＿＿＿＿＿＿、＿＿＿＿＿＿＿和＿＿＿＿＿＿＿。

4.用于磨削加工的磨具有＿＿＿＿＿＿＿、＿＿＿＿＿＿＿、＿＿＿＿＿＿＿等，其中＿＿＿＿＿＿＿用得最多。

5.砂轮的特性包括＿＿＿＿＿＿、＿＿＿＿＿＿、＿＿＿＿＿＿、＿＿＿＿＿＿、＿＿＿＿＿＿和＿＿＿＿＿＿等。

*6.普通平面磨削法分为＿＿＿＿＿＿＿和＿＿＿＿＿＿＿两种。

*7.内圆磨床用于＿＿＿＿＿＿＿、＿＿＿＿＿＿＿及＿＿＿＿＿＿＿等。

*8.磨床的种类很多，其中常用的是＿＿＿＿＿＿＿、＿＿＿＿＿＿＿两种。

二、简答题

1.万能外圆磨床与普通外圆磨床的主要区别是什么？

2.与其他切削加工（车削加工、铣削加工、刨削加工）相比较，磨削加工具有什么特点？

3.砂轮硬度的选用原则是什么？

4.与外圆磨削加工相比，内圆磨削加工有什么特点？

*5.砂轮的硬度对磨削效率、磨削表面质量有什么影响？

*6.什么是结合剂？影响结合剂性能的因素有哪些？

*7.说出下图中 v_w，$f_纵$，$f_横$ 代表什么，并说明什么是 v_w，$f_纵$，$f_横$。

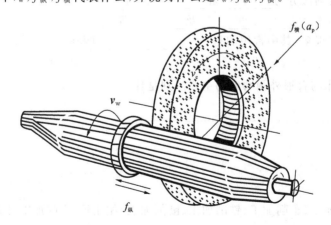

数控加工基础知识训练报告

一、填空题

1.常见的数控加工方法有_____、_____、_____、_____、_____、_____、_____等。

2.目前数控加工多应用于加工_____、_____,以及_____的场合。

3.一般数控机床由_____、_____、_____、_____、_____、_____组成。

4.现代数控加工正在向_____、_____、_____、_____、_____和_____等方向发展。

*5.除通用辅助装置外,从目前数控机床技术现状看,还有以下经常配备的几类辅助装置:_____、_____、_____、_____、_____。

*6.数控机床按工艺用途可分类可分为_____、_____、_____、_____,按控制运动的方式可分类为_____、_____和_____。

*7.数控加工工艺设计的主要内容有_____、_____、_____和_____。

二、简答题

1.简述数控机床的工作原理。

2.简述数控加工的特点。

3. 什么是机床坐标系？什么是工件坐标系？

* 4. 简述数控编程的方法。

* 5. 对于数控加工来说，夹具和刀具的选择应注意哪些事项？

数控车削加工训练报告

一、填空题

1.填写各分图的图名。

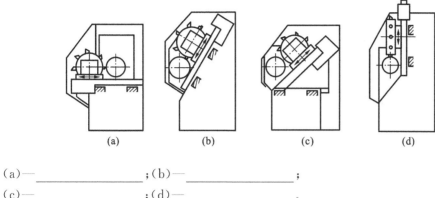

(a) (b) (c) (d)

（a）—＿＿＿＿＿＿＿＿＿＿＿＿；（b）—＿＿＿＿＿＿＿＿＿＿＿＿；
（c）—＿＿＿＿＿＿＿＿＿＿＿＿；（d）—＿＿＿＿＿＿＿＿＿＿＿＿。

2.数控车削加工是数控加工中用得最多的加工方法之一。结合数控车削加工的特点,与普通车床相比,数控车床适合于车削加工具有以下要求和特点的回转体零件：＿＿＿＿＿＿＿＿＿＿

＿＿＿＿＿＿＿＿,＿＿＿＿＿＿＿＿＿＿＿＿＿＿＿＿,＿＿＿＿＿＿＿＿＿＿＿＿＿＿＿

＿,＿＿＿＿＿＿＿＿＿＿＿＿＿＿＿＿。

3.定位基准(指精基准)选择的原则是＿＿＿＿＿＿＿＿＿、＿＿＿＿＿＿＿＿、＿＿＿＿＿＿

＿、＿＿＿＿＿＿＿＿＿＿＿。

4.数控车削加工常用工件装夹方式有＿＿＿＿＿＿＿＿＿＿、＿＿＿＿＿＿＿＿＿、＿＿＿

＿＿＿＿＿＿＿、＿＿＿＿＿＿＿＿＿。

5.普通机床无法加工的内容应作为数控车削加工首选内容。数控车削加工首选内容包括：

＿＿＿＿＿＿＿＿＿＿＿＿＿＿,＿＿＿＿＿＿＿＿＿＿＿＿＿＿＿,＿＿＿＿＿＿＿＿＿＿

＿＿＿＿＿＿＿＿＿＿＿＿＿＿。

*6.对于机床难以加工、质量也难以保证的内容应作为数控车削加工重点选择内容。数控车削加工重点选择内容包括：＿＿＿＿＿＿＿＿＿＿＿＿＿＿,＿＿＿＿＿＿＿＿＿＿＿

＿＿＿＿＿＿＿＿,＿＿＿＿＿＿＿＿＿＿＿＿＿＿＿＿。

*7.对于加工精度为IT9～IT7级、表面粗糙度 Ra 为＿＿＿＿＿＿＿的除淬火钢以外的常用金属,可采用＿＿＿＿＿＿＿＿→＿＿＿＿＿＿＿＿→＿＿＿＿＿＿＿＿的方案加工。

二、简答题

1.安排零件数控车削加工工序顺序时一般遵循哪些原则?

2. 数控机床加工过程中的进给路线是指什么？

3. 简述数控车床的编程特点。

* 4. 何为零件结构工艺性？零件结构工艺性分析的主要内容是什么？

* 5. 技术要求分析的主要内容有哪些？

数控铣削加工训练报告

一、填空题

1. 数控铣床是机床设备中应用非常广泛的加工机床,可进行 _____、_____、_____、_____、_____、_____ 及空间三维复杂形面的铣削加工。

2. 按主轴与工作台的位置,数控铣床可分为 _____、_____、_____ 三种。

3. 数控铣床按构造可分为 _____、_____、_____ 三类。

4. 主轴头升降式数控铣床在 _____、_____、_____ 等方面具有很多优点,已成为数控铣床的主流。

5. 数控铣削加工具有 _____、_____、_____ 等特点,广泛应用于形状复杂、加工精度要求较高的零件的中、小批量生产。

6. 铣削加工是机械加工中最常用的加工方法之一,主要包括平面铣削加工和轮廓铣削加工,也可以对零件进行 _____、_____、_____、_____、锪加工及螺纹加工等。

7. 数控铣床的对刀内容包括 _____、_____ 两个部分。

二、简答题

1. 数控铣床的工作特点主要有哪些?

2. 数控铣削加工程序的一般格式是什么?

3. 常采用数控铣削加工的加工内容有哪些?

4.数控铣床的结构组成有哪些？各部分的作用是什么？

5.在数控铣床上所能用到的刀具按切削加工工艺可分为哪几种？

6.数控铣削加工的切入点（进刀点）、切出点（退刀点）怎么确定？

7.数控铣削加工的进刀、退刀方式有哪几种？

加工中心训练报告

一、填空题

1.根据图示填写各部分的名称。

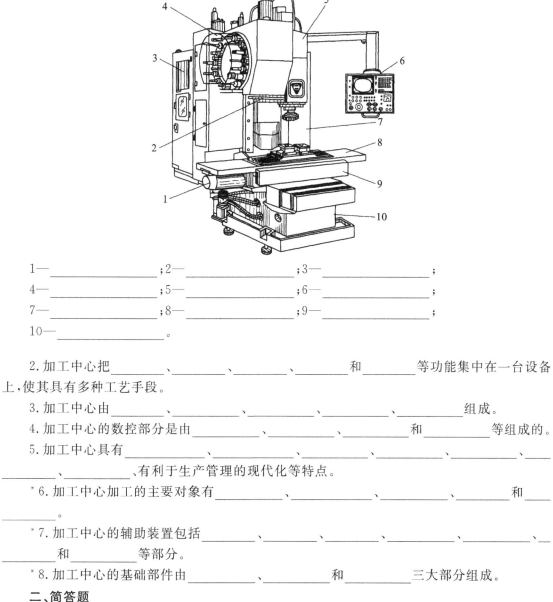

1—_____；2—_____；3—_____；
4—_____；5—_____；6—_____；
7—_____；8—_____；9—_____；
10—_____。

2.加工中心把_____、_____、_____、_____和_____等功能集中在一台设备上，使其具有多种工艺手段。

3.加工中心由_____、_____、_____、_____组成。

4.加工中心的数控部分是由_____、_____、_____和_____等组成的。

5.加工中心具有_____、_____、_____、_____、_____、有利于生产管理的现代化等特点。

*6.加工中心加工的主要对象有_____、_____、_____、_____和_____。

*7.加工中心的辅助装置包括_____、_____、_____、_____、_____和_____等部分。

*8.加工中心的基础部件由_____、_____和_____三大部分组成。

二、简答题

1.加工中心按换刀形式可以分为哪几类？

2. 使用加工中心进行加工,在编程时要考虑哪些问题?

3. 在对加工中心进行换刀动作的编程安排时,应考虑哪些问题?

4. 使用加工中心进行加工,在选择定位基准时,要全面考虑各个工位的加工情况,达到哪些目的?

*5. 使用加工中心进行加工,在具体确定零件的定位基准时,要遵循哪些原则?

*6. 使用加工中心进行加工,工件安装需要注意什么问题?

*7. 加工中心操作时有哪些注意事项?

特种加工训练报告

一、填空题

1.根据图示填写各部分的名称。

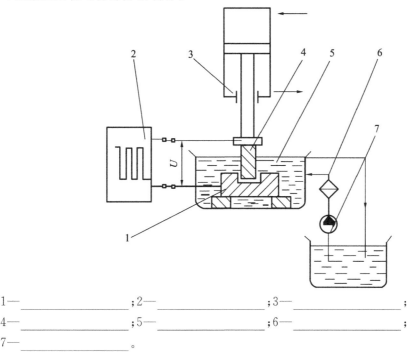

1—＿＿＿＿＿＿＿＿＿＿＿；2—＿＿＿＿＿＿＿＿＿＿＿；3—＿＿＿＿＿＿＿＿＿＿＿；
4—＿＿＿＿＿＿＿＿＿＿＿；5—＿＿＿＿＿＿＿＿＿＿＿；6—＿＿＿＿＿＿＿＿＿＿＿；
7—＿＿＿＿＿＿＿＿＿＿＿。

2.电火花加工又称放电加工、电蚀加工（electro-dischargemachining，EDM），是一种利用
＿＿＿＿＿＿＿＿＿＿＿产生的热能进行加工的方法。

3.按工具电极和工件相对运动的方式和用途的不同，电火花加工大致可分为＿＿＿＿＿＿＿＿＿＿＿、
＿＿＿＿＿＿＿＿＿、＿＿＿＿＿＿＿＿＿、＿＿＿＿＿＿＿＿＿、＿＿＿＿＿＿＿＿＿六大类。

4.电火花线切割加工是指利用移动的＿＿＿＿＿＿＿＿＿＿＿作为电极，利用数控技术对工件进行
＿＿＿＿＿＿＿＿＿＿＿的腐蚀作用，对工件进行加工的一种方法。

5.根据电极丝的运行速度，电火花线切割加工机床通常分为两大类。一类是＿＿＿＿＿＿＿＿
电火花线切割加工机床（WEDM-HS）。这类机床的电极丝作高速往复运动，一般走丝速度为
＿＿＿m/s，这是我国生产和使用的主要机种，也是我国独有的电火花线切割加工机床。另一类
是＿＿＿＿＿＿＿＿电火花线切割加工机床（WEDM-LS）。这类机床的电极丝作低速单向运动，走
丝速度低于＿＿＿m/s，这是国外生产和使用的主要机种。

*6.经过多年的发展，快速成形制造工艺增加至数十种之多，其中典型的工艺有＿＿＿＿＿＿＿＿
＿＿＿＿、＿＿＿＿＿＿＿＿＿、＿＿＿＿＿＿＿＿＿、＿＿＿＿＿＿＿＿＿和＿＿＿＿＿＿＿＿＿等。

*7.超声波加工实质上是磨料的＿＿＿＿＿＿＿＿＿＿＿与＿＿＿＿＿＿＿＿＿及＿＿＿＿＿＿＿＿＿的综合结
果，其中＿＿＿＿＿＿＿＿＿是主要作用。

*8.电化学加工是基于电化学作用原理而＿＿＿＿＿＿＿＿＿＿＿材料（电化学阳极溶解）或＿＿＿＿
＿＿＿＿＿材料（电化学阴极沉积）的加工技术。

二、简答题

1. 特种加工与传统切削加工的不同点是什么?

2. 简述电火花加工的优点和局限性。

3. 简述电火花线切割加工的特点。

*4. 简述电子束加工的特点。

*5. 简述超声波加工的特点。

塑料成型加工训练报告

一、填空题

1.塑料是以树脂为主要成分的有机化合物,可分为_____和_____两类。

2.塑料的组成成分有_____、_____、_____、_____、_____。

3.按分子结构特性分类,塑料可分为_____与_____。

4.按用途分,塑料可分为_____、_____、_____三类。

*5.ABS 塑料是由_____、_____和_____共同合成的三元共聚物。

*6.塑料成型工艺主要有_____、_____、_____、_____和_____等。

*7.注塑机分为两大类:_____和_____。

*8.塑件成型后处理的主要目的是_____,_____,_____。

二、简答题

1.聚合物分子的基本形状有几种不同的类型？各有什么特点？

2.稳定剂和固化剂的区别是什么？

3. 塑料有哪些优缺点？

4. 工程塑料的优缺点有哪些？

*5. 注塑成型工艺流程是什么？注塑成型的优缺点有哪些？

*6. 传递成型的工艺流程是什么？

*7. 塑件退火后处理的目的是什么？

实 习 总 结

实习答辩记录及评分表

姓　　名		学　　号		班　　级	
专　　业		实习类型		指导教师	

答辩记录(主要问题及回答):

问1:＿＿＿＿＿＿＿＿＿＿＿＿＿＿＿＿＿＿＿＿＿＿＿＿＿＿＿＿＿

答:＿＿＿＿＿＿＿＿＿＿＿＿＿＿＿＿＿＿＿＿＿＿＿＿＿＿＿＿＿＿

＿＿＿＿＿＿＿＿＿＿＿＿＿＿＿＿＿＿＿＿＿＿＿＿＿＿＿＿＿＿＿

问2:＿＿＿＿＿＿＿＿＿＿＿＿＿＿＿＿＿＿＿＿＿＿＿＿＿＿＿＿＿

答:＿＿＿＿＿＿＿＿＿＿＿＿＿＿＿＿＿＿＿＿＿＿＿＿＿＿＿＿＿＿

＿＿＿＿＿＿＿＿＿＿＿＿＿＿＿＿＿＿＿＿＿＿＿＿＿＿＿＿＿＿＿

问3:＿＿＿＿＿＿＿＿＿＿＿＿＿＿＿＿＿＿＿＿＿＿＿＿＿＿＿＿＿

答:＿＿＿＿＿＿＿＿＿＿＿＿＿＿＿＿＿＿＿＿＿＿＿＿＿＿＿＿＿＿

＿＿＿＿＿＿＿＿＿＿＿＿＿＿＿＿＿＿＿＿＿＿＿＿＿＿＿＿＿＿＿

实习实训相关内容评价:

(1)实习过程

（　　）规范　　　（　　）比较规范　　　（　　）一般　　　（　　）不规范

(2)陈述报告

（　　）规范　　　（　　）比较规范　　　（　　）一般　　　（　　）不规范

(3)回答问题

（　　）规范　　　（　　）比较规范　　　（　　）一般　　　（　　）不规范

(4)实习效果

（　　）好　　　　（　　）较好　　　　（　　）一般　　　（　　）较差

年　　月　　日

实习表现:		答辩成绩:	
答辩小组成员签字:			